Arbeitsbuch Mathematik

Analysis II

Oberstufe

Alexandra Casper
Felix Fähnrich
Carsten Thein

Ernst Klett Verlag
Stuttgart · Leipzig

Inhalt

Ich kann's ☑

Grundlagen

Exponentialfunktionen

Ich kann ...

Integralrechnung

Ich kann ...

Grundlagen

Hier lernst du Grundlagen, die du für die Analysis (Teil 2) der Oberstufe brauchst.

Potenzen mit negativen und gebrochenen Hochzahlen

Generell kannst du Potenzen mit negativen und gebrochenen Hochzahlen als Ergebnis stehenlassen.
Willst du allerdings mit diesen Termen weiterechnen, ist es oft sinnvoller, sie in einen Term ohne Potenz umzuschreiben. Hier helfen dir die folgenden Schreibweisen:

I $a^{-n} = \frac{1}{a^n}$

II $a^{\frac{1}{n}} = \sqrt[n]{a}$

SO GEHT'S

1 Beispiel
Schreibe den Term als Potenz.
a) 5^{-3}
b) $2^{\frac{1}{2}}$
c) $x^{\frac{1}{4}}$
d) $5^{\frac{2}{7}}$
e) $x^{-\frac{1}{2}}$
f) $(3x)^{-\frac{1}{3}}$

Du bist dran
Schreibe den Term als Potenz.
a) 3^{-4}
b) $5^{\frac{1}{2}}$
c) $x^{\frac{1}{3}}$
d) $3^{\frac{4}{5}}$
e) $x^{-\frac{1}{5}}$
f) $5x^{-\frac{1}{2}}$

Schreibe ohne Potenz, indem du die obigen Schreibweisen anwendest:

a) $5^{-3} = \frac{1}{5^3} = \frac{1}{125}$
b) $2^{\frac{1}{2}} = \sqrt[2]{2} = \sqrt{2}$
c) $x^{\frac{1}{4}} = \sqrt[4]{x}$
d) $5^{\frac{2}{7}} = (5^2)^{\frac{1}{7}} = \sqrt[7]{5^2} = \sqrt[7]{25}$
e) $x^{-\frac{1}{2}} = \frac{1}{x^{\frac{1}{2}}} = \frac{1}{\sqrt[2]{x}} = \frac{1}{\sqrt{x}}$
f) $(3x)^{-\frac{1}{5}} = \frac{1}{(3x)^{\frac{1}{5}}} = \frac{1}{\sqrt[5]{3x}}$

Tipp
Allgemein gilt die Vereinfachung:
$\sqrt[2]{x} = \sqrt{x}$

○ **2** Schreibe den Term ohne Potenz.
a) 3^{-4} **b)** 4^{-3} **c)** x^{-5} **d)** $(x^2)^{-3}$ **e)** $(3x^2)^{-3}$

○ **3** Schreibe den Term ohne Potenz.
a) $3^{\frac{1}{5}}$ **b)** $5^{\frac{1}{8}}$ **c)** $x^{\frac{1}{9}}$ **d)** $x^{\frac{3}{5}}$ **e)** $(2x)^{\frac{2}{5}}$

○ **4** Schreibe den Term ohne Potenz.
a) $4^{-\frac{1}{5}}$ **b)** $3^{-\frac{1}{3}}$ **c)** $x^{-\frac{1}{11}}$ **d)** $x^{-\frac{2}{3}}$ **e)** $(x^2)^{-\frac{3}{5}}$

TIPPS ZUM LÖSEN DER AUFGABEN 2 UND 3

2 d) Nach dem Umformen kannst du den Term im Nenner noch mit der dritten Potenzregel vereinfachen. **e)** Denke daran, dass die $3x^2$ nach dem Umformen in einer Klammer stehen müssen. Dann kannst du den Term im Nenner noch mit der dritten Potenzregel vereinfachen.
3 e) Denke daran, dass die 2x nach dem Umformen in einer Klammer stehen müssen. Dann kannst du den Term unter der Wurzel noch mit der dritten Potenzregel vereinfachen.

Tipp
$\log_a(b)$ heißt in Worten: der Logarithmus von b zur Basis a

Erklärfilm
Lösen von Exponentialgleichungen
9un6ux

Tipp
$\log(b)$ ist die Kurzschreibweise des Logarithmus von b zur Basis 10, es gilt also: $\log(b) = \log_{10}(b)$

Tipp
Falls dein Taschenrechner den Logarithmus zu einer beliebigen Basis nicht berechnen kann, gilt:
$\log_a(b) = \frac{\log(b)}{\log(a)}$

Lösen von Exponentialgleichungen mit dem Logarithmus

Eine Gleichung der Form $a^x = b$ hat die Lösung $x = \log_a(b)$.

SO GEHT'S

1 Beispiel
Löse die Exponentialgleichung. Gib die Lösung erst exakt mithilfe des Logarithmus an. Bestimme dann einen Näherungswert mit zwei Dezimalen.

a) $3^x = 8$
b) $2 \cdot 2^x = 10$
c) $5 \cdot 4^x + 2 = 12$

Forme (falls nötig) die Gleichung so um, dass die Potenz alleine auf einer Seite steht und berechne die Lösung mithilfe des Logarithmus:

a) $3^x = 8 \quad | \log_3(\,)$
$x = \log_3(8) \approx 1{,}89$

b) $2 \cdot 2^x = 10 \quad | :2$
$2^x = 5 \quad | \log_2(\,)$
$x = \log_2(5) \approx 2{,}32$

c) $5 \cdot 6^x - 10 = 0 \quad | +10$
$5 \cdot 6^x = 10 \quad | :5$
$6^x = 2 \quad | \log_6(\,)$
$x = \log_6(2) \approx 0{,}39$

Du bist dran
Löse die Exponentialgleichung. Gib die Lösung erst exakt mithilfe des Logarithmus an. Bestimme dann einen Näherungswert mit zwei Dezimalen.

a) $5^x = 9$
b) $3 \cdot 6^x = 15$
c) $2 \cdot 3^x + 7 = 17$

○ **2** Löse die Exponentialgleichung. Gib die Lösung erst exakt mithilfe der Logarithmusschreibweise an. Bestimme dann einen Näherungswert mit zwei Dezimalen.

a) $7^x = 12$
b) $2 \cdot 8^x = 16$
c) $\frac{1}{3} \cdot 3^x = 11$
d) $4 \cdot 3^x - 2 = 8$
e) $3 \cdot 4^x + 2 = 12$
f) $3^{2x} = 6$
g) $4^{2x+1} = 5$
h) $4 \cdot 2^{2x+1} = 12$

○ **3** Löse die Exponentialgleichung. Gib den exakten Wert für x an, ohne den Taschenrechner zu verwenden.

a) $3^x = 27$
b) $2^{2x} = 8$
c) $\frac{1}{5} \cdot 5^{4x} = 5$
d) $2 \cdot 2^{2x} - 2 = 6$

TIPPS ZUM LÖSEN DER AUFGABEN 2 UND 3

2 e) Nachdem die Gleichung umgeformt wurde, kannst du x auch ohne Taschenrechner bestimmen. **2 f), g), h)** Nachdem der natürliche Logarithmus gebildet wurde, muss die Gleichung noch so umgeformt werden, dass x auf einer Seite der Gleichung alleine steht.
3 Mache dir zunutze, dass $x = \log_a(b)$ diejenige Zahl ist, mit der a potenziert werden muss, um b zu erhalten. Zum Beispiel ist $x = \log_4(16) = 2$, denn $4^2 = 16$.

Rechnen mit Klammern – Binomische Formeln

Mit den binomischen Formeln kannst du ein Produkt aus zwei Summen sehr schnell berechnen. Folgende drei binomische Formeln gibt es:

1. $(a + b)^2 = a^2 + 2ab + b^2$
2. $(a - b)^2 = a^2 - 2ab + b^2$
3. $(a + b) \cdot (a - b) = a^2 - b^2$

SO GEHT'S

Erklärfilm
Binomische Formeln
9un6ux

1 Beispiel

Vereinfache.

a) $(x + 4)^2$

b) $(3x - 4y)^2$

c) $(2x - 3y) \cdot (2x + 3y)$

Du bist dran

Vereinfache.

a) $(x + 5)^2$

b) $(2x - 3y)^2$

c) $(4x - 5y) \cdot (4x + 5y)$

Überlege dir, welche binomische Formel passt, und wende sie an:

a) Verwende die 1. binomische Formel, da in der Klammer eine Summe steht.
$(x + 4)^2 = x^2 + 2 \cdot x \cdot 4 + 4^2$
$= x^2 + 8x + 16$

b) Verwende die 2. binomische Formel, da in der Klammer eine Differenz steht.
$(3x - 4y)^2$
$= (3x)^2 - 2 \cdot 3x \cdot 4y + (4y)^2$
$= 9x^2 - 24xy + 16y^2$

c) Verwende die 3. binomische Formel, da hier zwei Klammern mit gleichen Zahlen multipliziert werden.
$(2x - 3y) \cdot (2x + 3y) = (2x)^2 - (3y)^2$
$= 4x^2 - 9y^2$

Tipp
Bei einer Minusklammer bezieht sich das Minus auf die gesamte Klammer.
$-(a - b) = -a + b$

○ **2** Vereinfache mithilfe der 1. binomischen Formel.

a) $(x + 6)^2$ **b)** $(2x + 5)^2$
c) $(4a + 3)^2$ **d)** $(x + 2y)^2$
e) $(3m + 4e)^2$

○ **3** Vereinfache mithilfe der 2. binomischen Formel.

a) $(x - 3)^2$ **b)** $(4f - 3)^2$
c) $(5x - 2)^2$ **d)** $(x - 5y)^2$
e) $(7r - 2s)^2$

○ **4** Vereinfache mithilfe der 3. binomischen Formel.

a) $(x + 3) \cdot (x - 3)$ **b)** $(2d + 3) \cdot (2d - 3)$
c) $(4x + 2y) \cdot (4x - 2y)$ **d)** $(7g + 8h) \cdot (7g - 8h)$

◒ **5** Vereinfache und verwende dabei, wenn möglich, die binomischen Formeln.

a) $(2x + 2)^2$ **b)** $(6u - 2)^2$
c) $(3t - 9w) \cdot (3t + 9w)$ **d)** $(5x + 2y) \cdot (5x - 3y)$

TIPP ZUM LÖSEN DER AUFGABE 5

5d) Hier kannst du keine binomische Formel anwenden, sondern musst einfach ausmultiplizieren ☹.

Erklärfilm
Schnittpunkte von Geraden
9un6ux

Schnittpunkte von Funktionen

Um die Schnittpunkte zweier Funktionen zu bestimmen, musst du deren Funktionsterme gleichsetzen und nach x auflösen.

SO GEHT'S

1 Beispiel
Bestimme den Schnittpunkt der Funktionen.
$f(x) = 2x + 1$ und $g(x) = x - 1$

Setze die beiden Funktionsterme gleich $(f(x) = g(x))$:

$2x + 1 = x - 1$

Löse die Gleichung nach x auf:

$2x + 1 = x - 1 \quad | -x - 1$
$x = -2$

Setze den x-Wert in eine der beiden Funktionen ein, um den y-Wert des Schnittpunktes zu berechnen:

$f(-2) = 2 \cdot (-2) + 1 = -4 + 1 = -3$

Gib den Schnittpunkt an:

$P(-2\,|\,-3)$

Du bist dran
Bestimme den Schnittpunkt der Funktionen.
$f(x) = 2x - 5$ und $g(x) = x + 3$

Tipp
Da die Funktionswerte am Schnittpunkt gleich sind, ist es egal, in welche der beiden Funktionen du den x-Wert einsetzt.

○ **2** Bestimme den Schnittpunkt der Funktionen f und g.
a) $f(x) = 3x + 1;\ g(x) = -x + 5$ **b)** $f(x) = -6x + 2;\ g(x) = 6 + 2x$

○ **3** Bestimme die Schnittpunkte der Funktionen f und g.
a) $f(x) = 3x^2 - 2{,}5x - 5;\ g(x) = x^2 + 0{,}5x$ **b)** $f(x) = -x^2 - 4x + 1;\ g(x) = x^2 - x - 1$

Lösen von Gleichungen mit Parametern

Um Gleichungen zu lösen, in denen neben der Variablen x zusätzliche Parameter vorkommen, musst du diese wie Zahlen behandeln.

SO GEHT'S

1 Beispiel
Bestimme die Lösung der Gleichung in Abhängigkeit von t.
$2x - 2 = tx + 1 \ (t \neq 2)$

Bringe zunächst alle Summanden, die die Variable x enthalten, auf die linke Seite und alle Summanden ohne x auf die rechte Seite der Gleichung:

$2x - 2 = tx + 1 \quad | -tx + 2$
$2x - tx = 3$

Klammere das x auf der linken Seite aus und teile die Gleichung durch den mit x verbundenen Faktor:

$x \cdot (2 - t) = 3 \quad | : (2 - t)$
$x = \frac{3}{2 - t}$

Du bist dran
Bestimme die Lösung der Gleichung in Abhängigkeit von t.
$4x + 3 = 1 - tx \ (t \neq -4)$

TIPP ZUM LÖSEN DER AUFGABE 3

3 Nach dem Gleichsetzen der beiden Funktionsterme bringst du alle Summanden auf eine Seite und bestimmst die x-Werte der Schnittpunkte mithilfe der pq- oder der abc-Formel.

Verschieben und Strecken von Funktionen und deren Graphen

Eine Funktion $f(x)$ kann durch verschiedene Parameter verschoben und gestreckt bzw. gestaucht werden.

Für $f(x) = a \cdot f(x - c) + d$ gilt:

a: Streckung des Graphen
Wenn $a < 0$, wird die Funktion an der x-Achse gespiegelt.

c: Verschiebung auf der x-Achse
$c > 0$: Verschiebung nach rechts
$c < 0$: Verschiebung nach links

d: Verschiebung auf der y-Achse
$d > 0$: Verschiebung nach oben
$d < 0$: Verschiebung nach unten

Tipp
Wenn $0 < a < 1$, spricht man von einer Stauchung.

SO GEHT'S

1 Beispiel

Es werden die Funktionen $f(x) = x^2$ und $g(x) = 2(x + 2)^2 - 3$ betrachtet.

a) Beschreibe, durch welche Verschiebung bzw. Streckung die Funktion g aus f entsteht.

b) Die Funktion h entsteht durch Verschieben der Funktion um 3 nach rechts, 2 nach oben und eine Streckung mit dem Faktor 0,5. Gib den Term der Funktion h an.

a) Lies zunächst die Parameter a, c und d in der Funktionsgleichung von g ab:

$a = 2,\ c = -2,\ d = -3$

Beschreibe in Worten, wie die Funktion g aus der Funktion f entsteht:

Die Funktion f wurde um 2 nach links und 3 nach unten verschoben und mit dem Faktor 2 gestreckt.

b) Entnimm dem Text zunächst die drei Parameter a, c und d:

$a = 0{,}5,\ c = 3,\ d = 2$

Gib die Funktionsgleichung von h an.

$h(x) = 0{,}5(x - 3)^2 + 2$

Du bist dran

Es werden die Funktionen $f(x) = x^3$ und $g(x) = 3(x - 4)^2 + 1$ betrachtet.

a) Beschreibe, durch welche Verschiebung bzw. Streckung die Funktion g aus f entsteht.

b) Die Funktion h entsteht durch Verschieben der Funktion um 3 nach links, 1,5 nach unten und eine Streckung mit dem Faktor 3. Gib den Term der Funktion h an.

○ **2** Beschreibe, durch welche Verschiebung bzw. Streckung die Funktion g aus f entsteht.

a) $f(x) = x^3;\quad g(x) = (x - 3)^3 - 2$

b) $f(x) = \sqrt{x};\quad g(x) = 0{,}2\sqrt{x} + 2$

c) $f(x) = x^4;\quad g(x) = 3(x - 2)^4 + 5$

d) $f(x) = \frac{1}{x};\quad g(x) = \frac{2}{(x - 3)} + 1$

○ **3** Nenne die Funktionsgleichung der verschobenen Funktion g:

a) $f(x) = \frac{1}{x}$; Verschiebung um 2 nach links und 1 nach oben.

b) $f(x) = x^3$; Streckung mit dem Faktor 2 und Verschiebung um 3 nach unten.

c) $f(x) = \frac{1}{x^2}$; Streckung mit dem Faktor 0,5 und Verschiebung um 2 nach links und 1 nach oben.

d) $f(x) = \sqrt{x}$; Streckung mit dem Faktor 4 und Verschiebung um 2 nach rechts und 2 nach oben.

◒ **4** Verbinde die Funktionen mit den passenden Kärtchen.

A: $f(x) = (x-3)^2 + 2$ B: $g(x) = (x-3)^2 - 2$ C: $h(x) = (x+3)^2 + 2$ D: $k(x) = (x+3)^2 - 2$

I
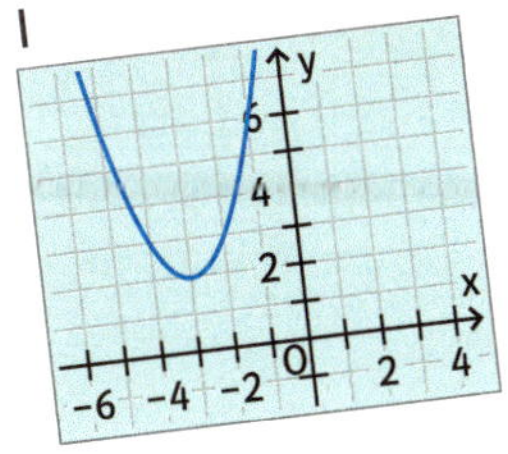

II
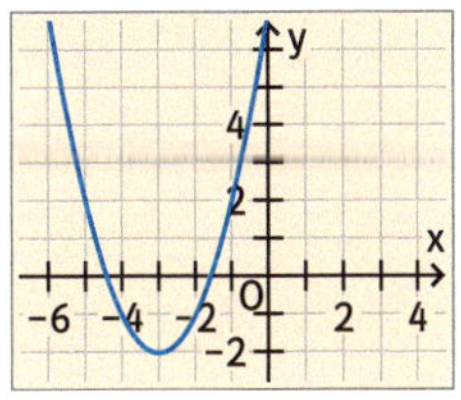

III
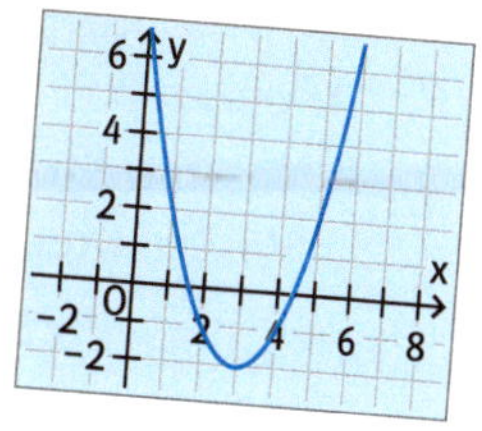

IV
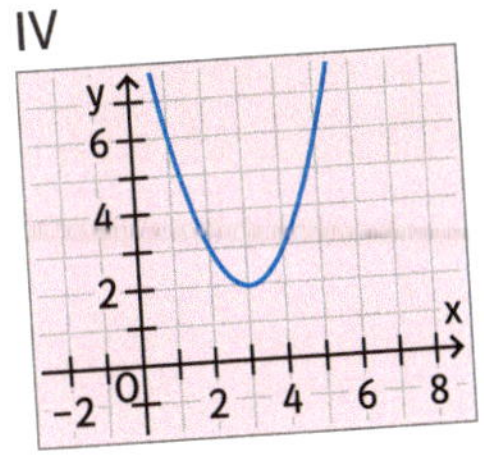

Die Steigung von Geraden bestimmen

Verläuft eine Gerade durch zwei Punkte $A\,(x_1\,|\,y_1)$ und $B\,(x_2\,|\,y_2)$, so kannst du deren Steigung mit der folgenden Formel berechnen:

$$m = \frac{y_2 - y_1}{x_2 - x_1}$$

Eine Gerade hat die allgemeine Form: $y = m \cdot x + c$

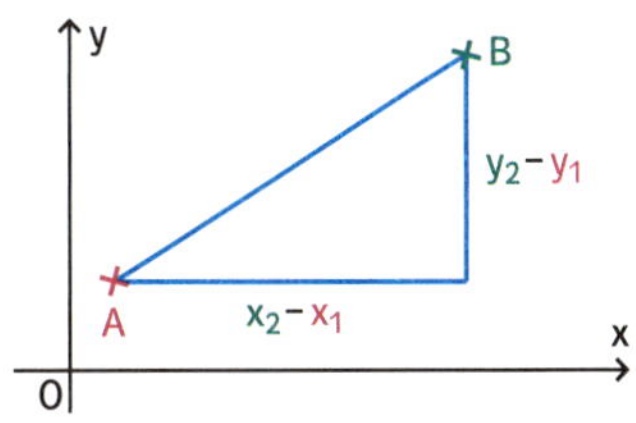

SO GEHT'S

1 **Beispiel**
Eine Gerade verläuft durch die Punkte $A(-1\,|\,2)$ und $B(2\,|\,4)$.
a) Berechne ihre Steigung.
b) Gib ihre Geradengleichung an.

Du bist dran
Eine Gerade verläuft durch die Punkte $A(-1\,|\,6)$ und $B(2\,|\,3)$.
a) Berechne ihre Steigung.
b) Gib ihre Geradengleichung an.

a) Setze die Koordinaten der Punkte in die Formel für die Steigung ein und berechne sie:

$$m = \frac{4-2}{2-(-1)} = \frac{2}{2+1} = \frac{2}{3}$$

Tipp
Es gilt:
$m > 0$: Die Gerade steigt.
$m < 0$: Die Gerade fällt.

b) Setze die Steigung m und einen der gegebenen Punkte in die allgemeine Geradengleichung ein und löse sie nach c auf:

$$2 = \frac{2}{3} \cdot (-1) + c$$
$$2 = -\frac{2}{3} + c \qquad \left| + \frac{2}{3}\right.$$
$$\frac{8}{3} = c$$

Gib die Geradengleichung mit den Werten von m und c an:

$$y = \frac{2}{3} \cdot x + \frac{8}{3}$$

○ **2** Bestimme die Steigung der Geraden durch die beiden gegebenen Punkte.
a) $A(1\,|\,-2)$, $B(3\,|\,-5)$
b) $A(2\,|\,-0{,}5)$, $B(4\,|\,0{,}5)$
c) $A(-2\,|\,-3)$, $B(2\,|\,1)$
d) $A(2\,|\,-3)$, $B(-4\,|\,6)$

○ **3** Bestimme die Gleichung der Geraden durch die beiden Punkte.
a) $A(3\,|\,0)$, $B(6\,|\,1)$
b) $A(2\,|\,1{,}5)$, $B(4\,|\,2)$
c) $A(5\,|\,6)$, $B(10\,|\,13)$
d) $A(-2\,|\,-1)$, $B(3\,|\,1{,}5)$

Erklärfilm
Lineare Funktionen – Aufstellen von Geradengleichungen
9un6ux

Lineare Funktionen aus deren Graphen bestimmen

Um aus einem gegebenen Graphen eine Funktionsgleichung abzulesen, muss man jeweils deren Steigung m und den y-Achsenabschnitt c erkennen.

SO GEHT'S

1 Beispiel
Bestimme die Funktionsgleichung zum dargestellten Graphen.

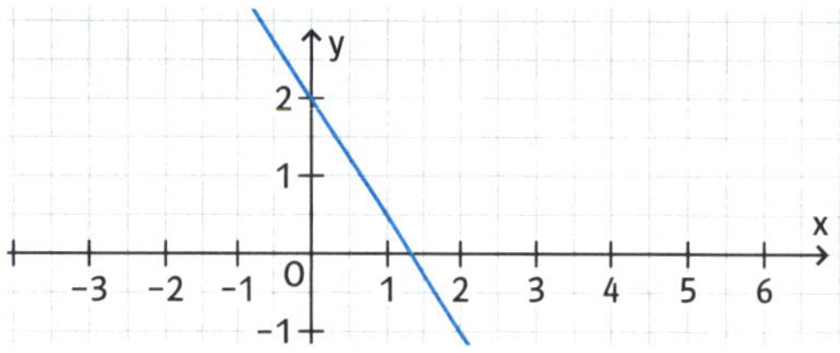

Du bist dran
Bestimme die Funktionsgleichung zum dargestellten Graphen.

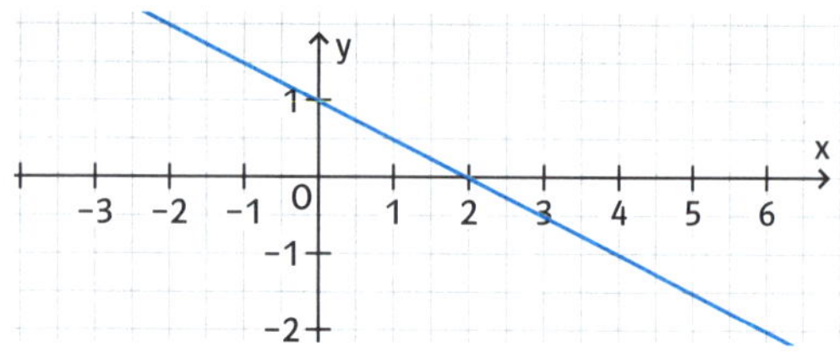

Lies aus dem Graphen auf der y-Achse den y-Achsenabschnitt c ab.

$c = 2$

Gehe von diesem Punkt aus eine Längeneinheit nach rechts und dann nach oben bzw. unten, sodass du wieder den Graphen erreichst. Die nach oben oder unten zurückgelegte Länge entspricht der Steigung m.

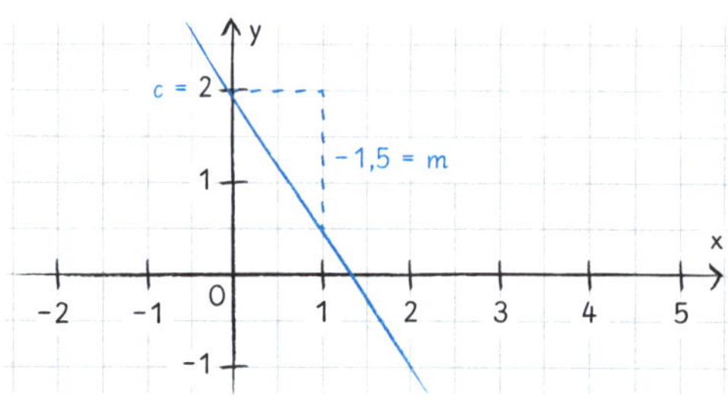

$m = -1,5$

Gib die Funktionsgleichung an:

$y = -1,5x + 2$

Tipp
Du gehst im Steigungsdreieck immer nach rechts. Gehst du dann nach oben, ist die Steigung positiv. Gehst du nach unten, ist sie negativ.

○ **2** Bestimme die Funktionsgleichung.

a)

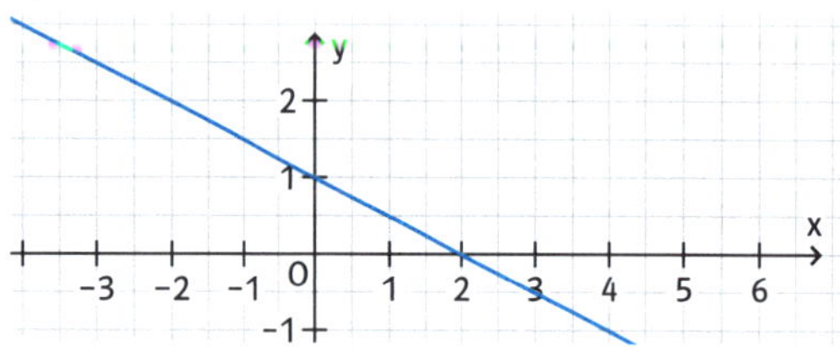

b)

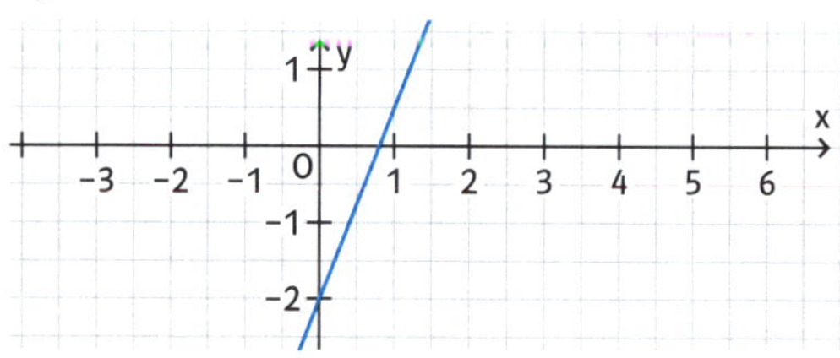

c)

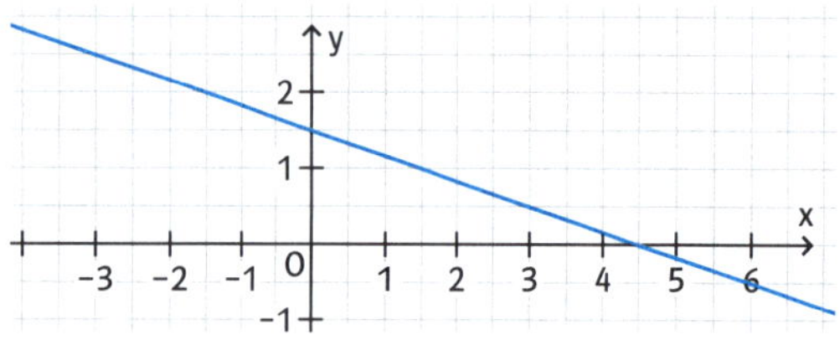

d)

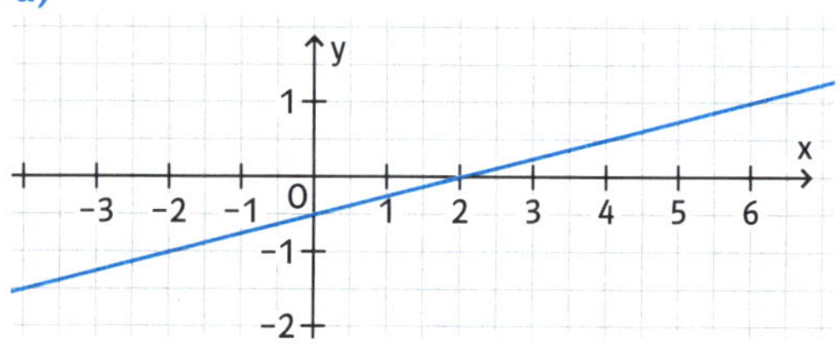

TIPPS ZUM LÖSEN DER AUFGABE 2

2c) Du musst 3 Längeneinheiten nach rechts gehen, damit der abzulesende Wert ganzzahlig wird. Du erhältst die Steigung, indem du die nach unten gegangene Längeneinheit durch die nach rechts gegangenen Längeneinheiten teilst (siehe auch Erklärfilm).
d) Verfahre wie bei Teilaufgabe c), hier musst du 2 Längeneinheiten nach rechts gehen.

Ableitungsregeln – Potenz-, Faktor- und Summenregel

Mit der Ableitung einer Funktion kannst du ihre Steigung an einer Stelle berechnen. Die folgenden Regeln helfen dir, die Ableitung einer Funktion zu bestimmen.

Tipp
Die Summenregel gilt auch für Differenzen.

Es gilt:

Potenzregel:	$f(x) = x^r$	$f'(x) = r \cdot x^{r-1}$
Faktorregel:	$f(x) = c \cdot g(x)$	$f'(x) = c \cdot g'(x)$
Summenregel:	$f(x) = g(x) + h(x)$	$f'(x) = g'(x) + h'(x)$

Erklärfilm
Potenz-, Faktor- und Summenregel
9un6ux

SO GEHT'S

1 Beispiel
Es wird die Funktion $f(x) = \frac{2}{3}x^3 - 4x^2 + 3$ betrachtet.
Berechne die Steigung an der Stelle $x = -1$.

Du bist dran
Es wird die Funktion $f(x) = 0{,}5x^3 + 8x - 2$ betrachtet.
Berechne die Steigung an der Stelle $x = -1$.

a) Bilde die erste Ableitung nach der Potenz-, Faktor und Summenregel:

$f(x) = \frac{2}{3}x^3 - 4x^2 + 3$

$f'(x) = \frac{2}{3} \cdot 3x^{3-1} - 4 \cdot 2x^{2-1}$

$= 2x^2 - 8x$

Tipp
Ein konstanter Summand fällt beim Ableiten weg.

b) Setze den Wert für x in die Funktionsgleichung von f' ein:

$f'(-1) = 2 \cdot (-1)^2 - 8 \cdot (-1)$

$= 2 + 8 = 10$

Die Funktion hat an der Stelle $x = -1$ die Steigung 10.

○ **2** Bilde die Ableitung und berechne die Steigung an der Stelle a.

a) $f(x) = 2x^2 - 4x + 7;\ a = 2$

b) $f(x) = x^3 + \frac{1}{2}x^2 - \frac{1}{2}x - 1;\ a = 3$

c) $f(x) = 0{,}5x^4 + 2{,}5x^2 - 4;\ a = -\frac{1}{2}$

d) $f(x) = 0{,}25x^4 - 3x^3 - 30x;\ a = 1$

◐ **3** Bestimme die Stellen, an denen die Funktion f die Steigung m hat.

Tipp
Ist der Wert der Ableitung bekannt, setzt du die Ableitung mit diesem Wert gleich und bestimmst den Wert für x.

a) $f(x) = -x^2 + 5x;\ m = -4$

b) $f(x) = 5x^2 - 8x + 2;\ m = 2$

c) $f(x) = x^3 - 12x;\ m = 9$

d) $f(x) = \frac{1}{3}x^3 + x^2 - 15x;\ m = 0$

Ableitungsregeln – Kettenregel

Liegt eine Funktion als Verkettung von zwei Funktionen u und v vor, kannst du sie mit folgender Formel ableiten:

$f(x) = (3x - 6)^5$
innere Funktion v: $3x - 6$
äußere Funktion u: $(\ldots)^5$

Kettenregel:
$f(x) = u(v(x))$
$f'(x) = u'(v(x)) \cdot v'(x)$
$u'(v(x))$ äußere Ableitung; $v'(x)$ innere Ableitung

Das bedeutet: Leite zunächst die äußere Funktion ab (die innere bleibt unverändert) und multipliziere dann mit der Ableitung der inneren Funktion.

TIPP ZUM LÖSEN DER AUFGABE 3
3 d) Um die Nullstellen der Ableitung zu bestimmen, brauchst du die pq- oder die abc-Formel.

🌐 **Erklärfilm**
Kettenregel
9un6ux

SO GEHT'S

1 **Beispiel**
Es wird die Funktion $f(x) = \sqrt{2x^2 - 6}$ betrachtet. Bilde die Ableitung.

Du bist dran
Es wird die Funktion $f(x) = \sqrt{3x^3 + 5}$ betrachtet. Bilde die Ableitung.

Bilde zuerst die äußere Ableitung und multipliziere sie mit der inneren Ableitung:

$f(x) = \sqrt{2x^2 - 6} = (2x^2 - 6)^{\frac{1}{2}}$

$f'(x) = \frac{1}{2} \cdot (2x^2 - 6)^{-\frac{1}{2}} \cdot 4x$

Vereinfache danach den Term soweit wie möglich:

$f'(x) = 2x(2x^2 - 6)^{-\frac{1}{2}}$

Tipp
Du kannst manchmal auch ausmultiplizieren, hast aber meistens mehr Arbeit.

○ **2** Bilde die Ableitung der Funktion f.

a) $f(x) = (4x + 1)^2$
b) $f(x) = (x^2 - 3x)^5$
c) $f(x) = \sqrt{24 - x}$
d) $f(x) = \sqrt{x^2 - 3x}$
e) $f(x) = \frac{1}{x^4 - 3}$
f) $f(x) = \frac{36}{3x^2 - 5}$

◐ **3** Ordne den Funktionen die passenden Ableitungen zu.

I $f(x) = (x^2 + 2x)^2$

II $f(x) = (x^2 + 2)^2$

III $f(x) = (x^2 + x)^2$

IV $f(x) = (2x^2 + 2)^2$

A $f'(x) = 8x \cdot (2x^2 + 2)$

C $f'(x) = 2 \cdot (x^2 + 2x) \cdot (2x + 2)$

B $f'(x) = 2 \cdot (x^2 + x) \cdot (2x + 1)$

D $f'(x) = 4x \cdot (x^2 + 2)$

Ableitungsregeln – Produktregel

Um eine Funktion abzuleiten, die aus dem Produkt zweier Funktionen besteht, musst du folgende Regel anwenden:

Produktregel:
$f(x) = u(x) \cdot v(x)$
$f'(x) = u'(x) \cdot v(x) + u(x) \cdot v'(x)$ Kurzform: $f' = u'v + uv'$

🌐 **Erklärfilm**
Produktregel
9un6ux

SO GEHT'S

1 **Beispiel**
Es wird die Funktion
$f(x) = \sqrt{2x + 7} \cdot (x^3 - 3)$ betrachtet.
Bilde die Ableitung.

Du bist dran
Es wird die Funktion
$f(x) = \sqrt{x - 3} \cdot (x^2 - 2)$ betrachtet.
Bilde die Ableitung.

Bilde die Ableitungen der einzelnen Funktionen u und v:

$v(x) = \sqrt{2x + 7} = (2x + 7)^{\frac{1}{2}}$

$v'(x) = \frac{1}{2}(2x + 7)^{-\frac{1}{2}} \cdot 2 = (2x + 7)^{-\frac{1}{2}}$

$u(x) = x^3 - 3$

$u'(x) = 3x^2$

TIPPS ZUM LÖSEN DER AUFGABE 2

2c) $f(x) = \sqrt{24 - x} = (24 - x)^{\frac{1}{2}}$ **d)** $f(x) = \sqrt{x^2 - 3x} = (x^2 - 3x)^{\frac{1}{2}}$ **e)** $f(x) = \frac{1}{x^4 - 3} = (x^4 - 3)^{-1}$
f) $f(x) = \frac{36}{3x^2 - 5} = 36(3x^2 - 5)^{-1}$

Setze alles in die Produktregel $f' = u' \cdot v + u \cdot v'$ ein:

$$f'(x) = 3x^2 \cdot \sqrt{2x+7} + (x^3 - 3) \cdot (2x+7)^{-\frac{1}{2}}$$

○ **2** Bilde die Ableitung.

a) $f(x) = \sqrt{x} \cdot (2x-5)$
b) $f(x) = (x-5{,}2) \cdot \sqrt{3x}$
c) $f(x) = \sqrt{2x-5} \cdot (2x-5)$
d) $f(x) = \sqrt{3x-4} \cdot (5x+3)$

◒ **3** Bilde die Ableitung.

a) $f(x) = x^2 \cdot (5x-2)^3$
b) $f(x) = -6x \cdot \sqrt{3x+2}$
c) $f(x) = \frac{1}{2} \cdot \frac{3}{4x^2+6}$
d) $f(x) = \sqrt{x \cdot (x^2+6)}$

Aufstellen einer Tangente in einem Punkt eines Graphen

Erklärfilm
Bestimmung der Tangentengleichung
9un6ux

Um die **Tangente t** in einem Punkt B des Graphen von f mit $B(b \mid f(b))$ zu berechnen, benötigst du die Steigung $m = f'(b)$ und den y-Achsenabschnitt c.

t: $y = m \cdot x + c$
$m = f'(b)$ c: y-Achsenabschnitt

Tipp
Du kennst die Gleichung vielleicht auch in der Form $y = mx + n$ oder $y = mx + b$.

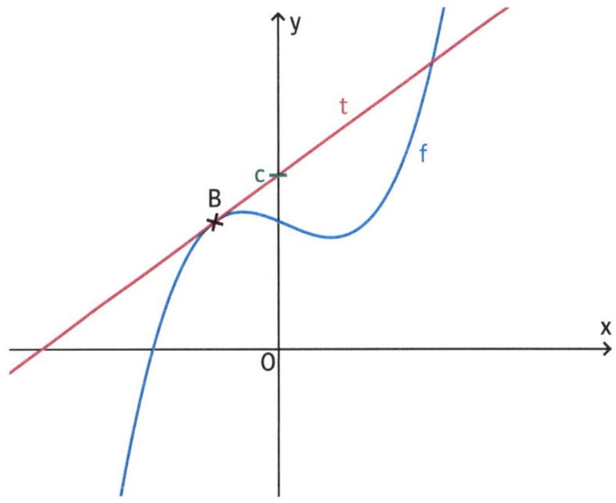

SO GEHT'S

1 **Beispiel**
Es wird die Funktion $f(x) = x^3 - 4$ betrachtet. Stelle die Gleichung der Tangente an der Stelle $x = 2$ auf.

Bilde die Ableitung:

$f'(x) = 3x^2$

Setze den x-Wert in f(x) und in f'(x) ein:

$y = f(2) = 2^3 - 4 = 8 - 4 = 4$
$m = f'(2) = 3 \cdot 2^2 = 12$

Setze alle Werte in die Geradengleichung $y = m \cdot x + c$ ein und löse die Gleichung nach c auf:

$4 = 12 \cdot 2 + c \quad | -24$
$c = -20$
Tangente: $y = 24x - 20$

Du bist dran
Es wird die Funktion $f(x) = 2x^2 - 1$ betrachtet. Stelle die Gleichung der Tangente an der Stelle $x = 2$ auf.

○ **2** Stelle die Gleichung der Tangente von f an der Stelle b auf.

a) $f(x) = 0{,}5x^3 + 1;\ b = 1$
b) $f(x) = x^2 + 3x - 2;\ b = -2$
c) $f(x) = 2 \cdot \frac{1}{x^3};\ b = 2$
d) $f(x) = \sqrt{x};\ b = 1$

○ **3** Es wird die Funktion $f(x) = x^2 + 2x - 4$ betrachtet.

a) Bestimme den Berührpunkt B der Tangente an f, die parallel zu der Geraden $g: y = 8x + 5$ verläuft.

b) Stelle die Gleichung der Tangente auf.

Tipp
Diese Tangente nennt man auch Wendetangente.

◒ **4** Es wird die Funktion $f(x) = 0{,}5x^3 + 1{,}5x^2$ betrachtet.
Stelle die Gleichung der Tangente im Wendepunkt auf.

Verhalten von Funktionen für $x \to \pm\infty$

Um das Verhalten von $f(x) = a_n x^n + \ldots + a_2 x^2 + a_1 x + a_0$ für $x \to \pm\infty$ zu untersuchen, genügt es, den Term $a_n x^n$ genauer zu betrachten.

SO GEHT'S

1

Beispiel
Gegeben ist die ganzrationale Funktion $f(x) = \frac{1}{3}x^3 + 2x^2 + 4$. Beschreibe das Verhalten von f für $x \to \pm\infty$.

Du bist dran
Gegeben ist die ganzrationale Funktion $f(x) = \frac{1}{5}x^4 + 3x^3 + 2x$. Beschreibe das Verhalten von f für $x \to \pm\infty$.

Prüfe die höchste Potenz und notiere das Verhalten von f für $x \to +\infty$ und $x \to -\infty$:

Die höchste Potenz ist 3, also $n = 3$.

Prüfe das Vorzeichen des Koeffizienten:

$\frac{1}{3} > 0$

Fasse zusammen:

Für $x \to \pm\infty$ verläuft die Funktion wie $+x^3$.
Für $x \to +\infty$ gilt $f(x) \to +\infty$.
Für $x \to -\infty$ gilt $f(x) \to -\infty$.

○ **2** Beschreibe für die ganzrationale Funktion f das Verhalten für $x \to \pm\infty$.

a) $f(x) = 0{,}5x^3 + 2x^2 + 4$

b) $f(x) = -0{,}5x^3 + 2x^2 + 4$

c) $f(x) = \frac{1}{5}x^4 + 3x^3 + 2x$

d) $f(x) = -\frac{1}{5}x^4 + 3x^3 + 2x$

○ **3** Ordne aufgrund des Verhaltens für $x \to \pm\infty$ jedem Graphen die passende Funktion zu.

A $f(x) = 0{,}5x^5 - 2x^3 + 1$
B $f(x) = 0{,}5x^4 - 2x^2 + 1$
C $f(x) = 0{,}5x^5 - 2x^3 - 1$
D $f(x) = -0{,}5x^4 - 2x^3 + 1$

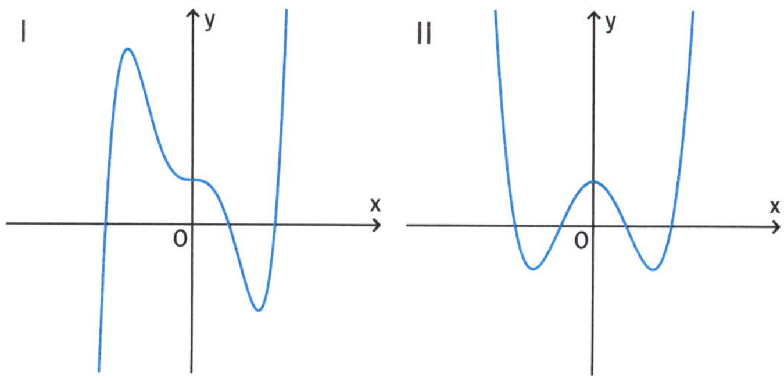

TIPPS ZUM LÖSEN DER AUFGABEN 3, 4 (TANGENTEN) UND 2 UND 3 (VERHALTEN $x \to \pm\infty$)

3 a) Löse die Gleichung $f'(b) = 8$. **4** Zur Berechnung des Wendepunktes löse die Gleichung $f''(x) = 0$.

2 b), d) Steht vor der höchsten Potenz ein Minuszeichen, dann dreht sich das Verhalten um.

3 Beachte auch immer den letzten Summanden. Er ist der y-Achsenabschnitt der Funktion.

Berechnung des Sinus und Kosinus im rechtwinkligen Dreieck

Folgende Längenverhältnisse gelten in einem rechtwinkligen Dreieck:

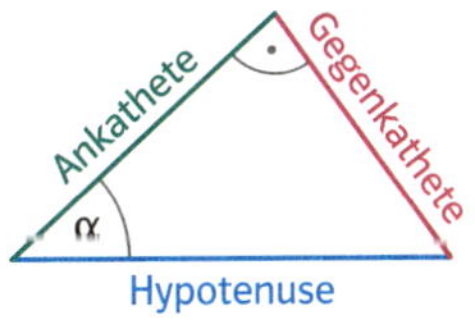

$\sin(\alpha) = \frac{\text{Gegenkathete}}{\text{Hypotenuse}}$

$\cos(\alpha) = \frac{\text{Ankathete}}{\text{Hypotenuse}}$

SO GEHT'S

1 Beispiel
Bestimme für das abgebildete Dreieck die fehlenden Streckenlängen x und y.

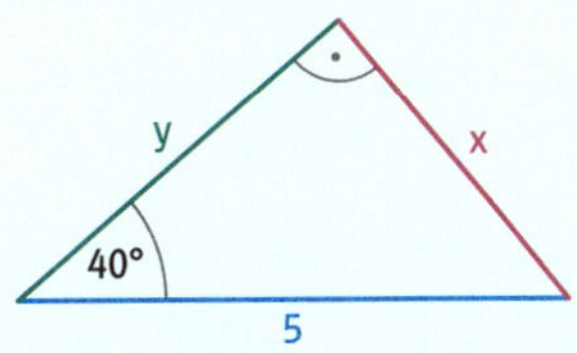

Bestimme die fehlende Streckenlänge x mithilfe des Sinus:

$\sin(40°) = \frac{x}{5} \quad | \cdot 5$

$x = \sin(40°) \cdot 5$

$x \approx 3{,}73$

Bestimme die fehlende Streckenlänge y mithilfe des Kosinus:

$\cos(40°) = \frac{y}{5} \quad | \cdot 5$

$y = \cos(40°) \cdot 5$

$y \approx 3{,}21$

Du bist dran
Bestimme für das abgebildete Dreieck die fehlenden Streckenlängen x und y.

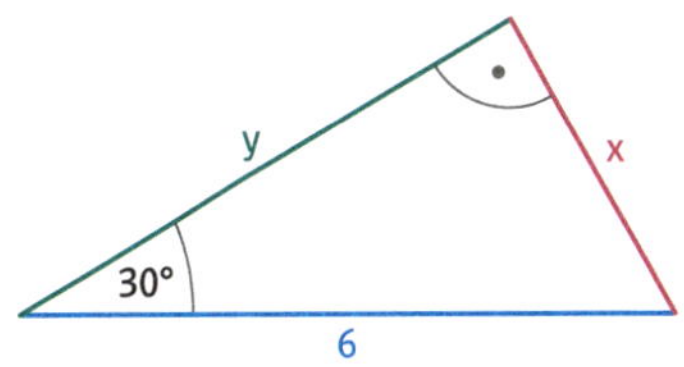

Erklärfilm
Sinus, Kosinus und Tangens
9un6ux

Tipp
Rechne im Taschenrechner im DEG-Modus.

○ **2** Bestimme in dem abgebildeten Dreieck die fehlenden Streckenlängen x und y.

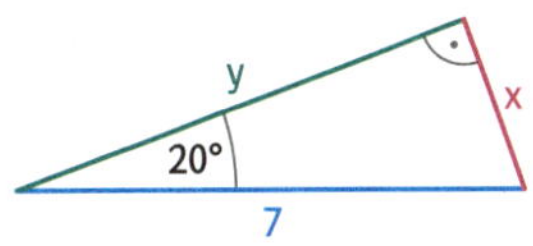

◒ **3** Bestimme in dem abgebildeten Dreieck die fehlenden Streckenlängen.

a)

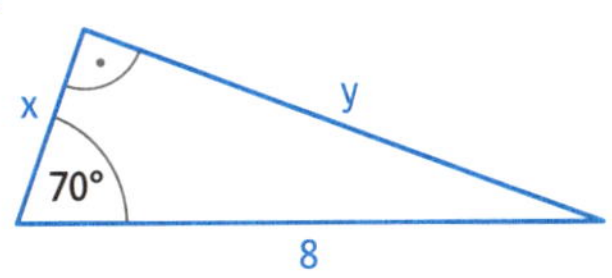

b)

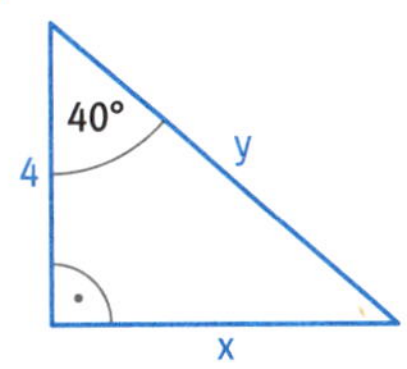

c)

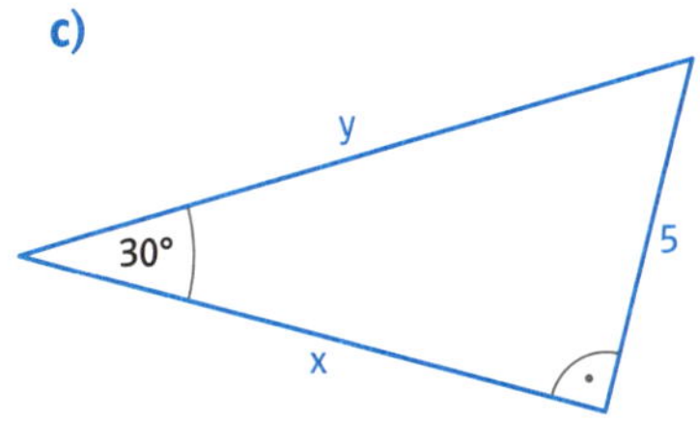

TIPPS ZUM LÖSEN DER AUFGABE 3

3 b) Hier ist die Ankathete gegeben. Benutze zuerst den Kosinus, um die Hypotenuse y zu berechnen. **3 c)** Hier ist die Gegenkathete gegeben. Benutze zuerst den Sinus, um die Hypotenuse y zu berechnen.

SCHRITT 1

Ich kann natürliche Exponentialfunktionen ableiten.

Hier lernst du, wie du natürliche Exponentialfunktionen der Art $f(x) = (2x+3)^5 \cdot e^{2x+4}$ ableitest.

→ Ketten- und Produktregel (Grundlagen)

DAS BRAUCHST DU WIEDER

Allgemein: Kettenregel: $f(x) = u(v(x))$ $\quad f'(x) = u'(v(x)) \cdot v'(x)$

Produktregel: $f(x) = u(x) \cdot v(x)$ $\quad f'(x) = u'(x) \cdot v(x) + u(x) \cdot v'(x)$

Beispiele: $f(x) = 4 \cdot (x^3-3)^2$ $\quad f'(x) = 4 \cdot 2 \cdot (x^3-3) \cdot 3x^2 = 24x^2 \cdot (x^3-x)$

$f(x) = 7 \cdot (5x-3)^3$ $\quad f'(x) =$ ______ = ______

$f(x) = 3x^5 \cdot (x^2-5)^3$ $\quad u(x) = 3x^5$ $\quad u'(x) = 3 \cdot 5 \cdot x^4 = 15x^4$

$v(x) = (x^2-5)^3$ $\quad v'(x) = 3(x^2-5)^2 \cdot 2x = 6x(x^2-5)^2$

$f'(x) = 15x^4 \cdot (x^2-5)^3 + 3x^5 \cdot 6x(x^2-5)^2 = 15x^4(x^2-5)^3 + 18x^6 \cdot (x^2-5)^2$

$f(x) = 2x^3 \cdot (x^3-2)^4$ $\quad u(x) =$ ______ $\quad u'(x) =$ ______ = ______

$v(x) =$ ______ $\quad v'(x) =$ ______ = ______

$f'(x) =$ ______ = ______

DARUM GEHT'S

Exponentialfunktionen sind Funktionen, bei denen das x im Exponent steht, z. B. 2^x; 3^x; 4^x; $\left(\frac{1}{2}\right)^x$; $\left(\frac{1}{5}\right)^x$; $2{,}34^x$; $(-3{,}567)^x$. Im Exponent kann auch eine Summe oder ein Produkt stehen, z. B. 5^{x+4}; 2^{3x}; $4{,}56^{2x+2}$.

Tipp
Der Exponent wird auch Hochzahl genannt.

Tipp
Die Basis wird auch Grundzahl genannt.

Es gibt eine besondere Exponentialfunktion, die **natürliche Exponentialfunktion e^x**. Ihre Basis ist die **eulersche Zahl e**. Sie hat unendlich viele Nachkommastellen und ist gerundet 2,7183. Das Besondere an der Funktion $\mathbf{f(x) = e^x}$ ist, dass die Funktion und ihre Ableitungsfunktion identisch sind.

Es gilt also: $\mathbf{f'(x) = f(x)}$

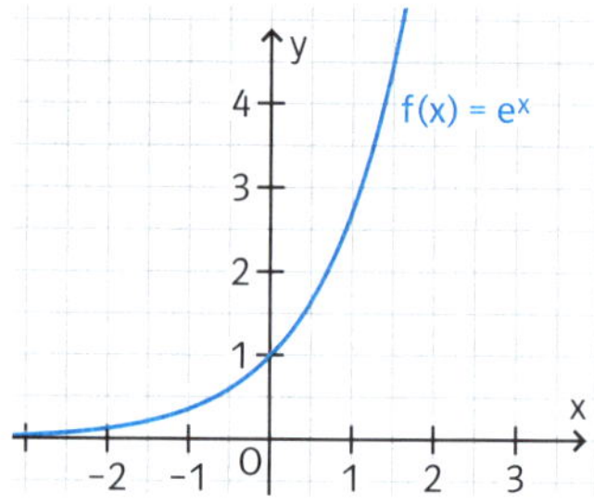

Merke:
$\mathbf{f(0) = e^0 = 1}$ und $\mathbf{f(1) = e^1 = e}$

Natürliche Exponentialfunktionen ableiten

Diese Strategie verwendest du, wenn du eine Exponentialfunktion ableiten willst.

SO GEHT'S

1 **Beispiel**
Bestimme die Ableitung der Funktion f und vereinfache das Ergebnis.
a) $f(x) = e^{2x}$
b) $f(x) = 4 \cdot e^{3x+1}$
c) $f(x) = (3x+4)^4 \cdot e^{3x+1}$

Du bist dran
Bestimme die Ableitung der Funktion f und vereinfache das Ergebnis.
a) $f(x) = e^{5x}$
b) $f(x) = 5 \cdot e^{4x+3}$
c) $f(x) = (2x+3)^5 \cdot e^{2x+4}$

Berechne die Ableitung mithilfe der Kettenregel:

a) $f'(x) = e^{2x} \cdot 2 = 2e^{2x}$

Berechne die Ableitung mithilfe der Kettenregel:

b) $f'(x) = 4 \cdot e^{3x+1} \cdot 3 = 12 \cdot e^{3x+1}$

Erklärfilm
Ableitung der e-Funktion
9un6ux

Berechne die Ableitung mit der Produkt- und Kettenregel:

c) $u(x) = (3x + 4)^4$

$u'(x) = 4 \cdot (3x + 4)^3 \cdot 3$

$= 12 \cdot (3x + 4)^3$

$v(x) = e^{3x + 1}$

$v'(x) = 3 \cdot e^{3x + 1}$

$f'(x) = 12 \cdot (3x + 4)^3 \cdot e^{3x + 1}$

$+ (3x + 4)^4 \cdot 3 \cdot e^{3x + 1}$

$= 12 \cdot e^{3x + 1} (3x + 4)^3$

$+ 3e^{3x + 1} (3x + 4)^4$

○ **2** Bestimme die Ableitung der Funktion f und vereinfache das Ergebnis so weit wie möglich.

a) $f(x) = e^{8x}$ **b)** $f(x) = e^{3x+6}$

c) $f(x) = 2e^{6x-8}$ **d)** $f(x) = -6e^{-2x-9}$

e) $f(x) = xe^x$ **f)** $f(x) = (5x - 6) \cdot e^x$

g) $f(x) = 3x^2e^x$ **h)** $f(x) = \frac{x}{e^x}$

○ **3** Bestimme die Ableitung der Funktion f und klammere aus.

a) $f(x) = 3x \cdot e^{8x}$ **b)** $f(x) = (x - 2) \cdot e^{3x}$

c) $f(t) = 4te^{6t-8}$ **d)** $f(t) = t^3 \cdot e^{0{,}3t} + 5$

e) $f(t) = (t + 5) \cdot e^{0{,}7t}$ **f)** $f(t) = (-t^2 - 2t) \cdot e^{-2t}$

◒ **4** Gegeben sind die Funktionen f, g und h mit $f(x) = e^{-x}$, $g(x) = -e^x$ und $h(x) = -e^{-x}$. Beschreibe, wie die Funktionen f, g und h aus der natürlichen Exponentialfunktion hervorgehen.

◒ **5** Die Graphen der Funktionen A, B, C, D und E sind jeweils Exponentialfunktionen.

a) Gib an, welche Funktion zum Funktionsterm $f(x) = e^x$, $g(x) = e^x + 3$ und $h(x) = e^{x+3}$ gehört.

b) Gib für die beiden fehlenden Funktionen einen Funktionsterm an.

c) Gib an, welche der fünf Funktionen aus a) und b) die gleiche Ableitung besitzen.

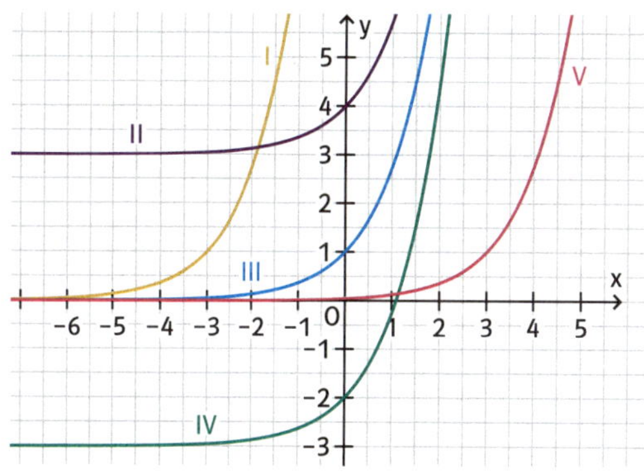

● **6** Gib die 100. Ableitung der Funktion f mit $f(x) = e^x$, der Funktion g mit $g(x) = e^{5x}$ und der Funktion h mit $h(x) = e^{-4x}$ an.

TIPPS ZUM LÖSEN DER AUFGABEN 2, 4, 5 UND 6

2b), c), d) Wende hier die Kettenregel an. **2e), f), g)** Wende hier die Produktregel an. **2h)** Du musst die Funktion vor dem Ableiten mit der Produktregel erst umschreiben: $\frac{x}{e^x} = x \cdot \frac{1}{e^x} = x \cdot e^{-x}$. **3c), d), e), f)** Hier entspricht das t dem x, das du kennst. **4** Skizziere die Funktionen. Überlege dir, wie sich der Funktionsterm ändert, wenn man eine Funktion an den Achsen spiegelt. **5** Um den Graph der Funktion h zu bestimmen, bestimme den y-Wert an der Stelle $x = -3$. **6** Schreibe die ersten 3 Ableitungen auf und versuche, ein Muster zu erkennen.

SCHRITT **2**

Ich kann Exponentialgleichungen lösen.

Hier lernst du, wie du Exponentialgleichungen der Art $e^{4x} = 5$ lösen kannst.

→ Potenzen mit negativen und gebrochenen Hochzahlen (Grundlagen)

→ Logarithmus (Grundlagen)

Tipp
$\sqrt{x} = \sqrt[2]{x}$

DAS BRAUCHST DU WIEDER

Allgemein: Potenzen umschreiben: $\frac{1}{a^n} = a^{-n}$ $\sqrt[n]{a^m} = a^{\frac{m}{n}}$

Logarithmus: Die Lösung der Gleichung $b^x = a$ ist der Logarithmus von a zur Basis b, kurz $x = \log_b a$

Beispiele:

$\frac{1}{x} = x^{-1}$	$\frac{1}{x^2} =$ ______	$\frac{2}{x^3} =$ ______	$\frac{-4}{3x} =$ ______
$\sqrt{x} = x^{\frac{1}{2}}$	$\sqrt[3]{x} =$ ______	$\sqrt{x^3} =$ ______	$\sqrt[3]{x^2} =$ ______
$5^x = 3$	$4^x = 9$	$3^x = 9$	$2^x = 32$
$x = \log_5 3$	$x =$ ______	$x =$ ______	$x =$ ______

DARUM GEHT'S

Die natürliche Exponentialfunktion e^x hast du schon kennengelernt. Jetzt lernst du, wie Exponentialgleichungen der Form $e^x = a$, z. B. $e^x = 3$, gelöst werden. Grafisch entspricht diese Gleichung folgender Problemstellung: Bestimme rechnerisch die Stelle x, an der der Graph der natürlichen Exponentialfunktion e^x die rote Gerade mit der Funktionsgleichung $y = 3$ schneidet.

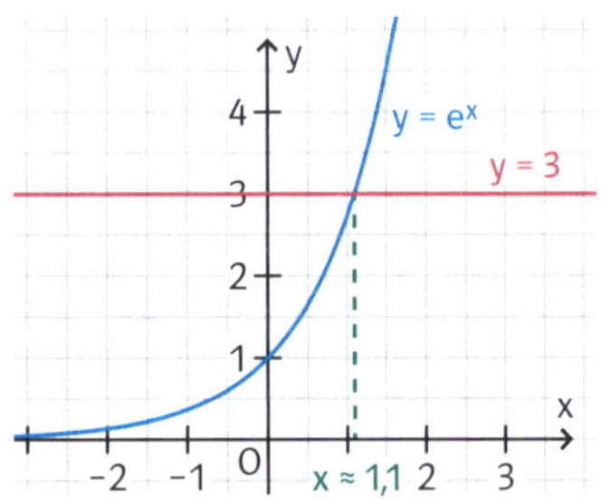

Dazu muss man die Funktionengleichungen $y = e^x$ und $y = 3$ gleichsetzen und lösen:

$$e^x = 3 \quad |\ln(\ )$$
$$\ln(e^x) = \ln(3)$$
$$x = \ln(3)$$

Tipp
Der natürliche Logarithmus ist also die Umkehroperation der natürlichen Exponentialfunktion.

Die Lösung ist ln(3), also der **natürliche Logarithmus von 3**. Dieser ist $x \approx 1{,}1$.

Merke:
- Die Lösung der Gleichung $\mathbf{e^x = a}$ ist der **natürliche Logarithmus von a**, kurz $\mathbf{x = \ln(a)}$.
- $\mathbf{e^{\ln(a)} = a}$
- $\mathbf{\ln(e^x) = x}$

Exponentialgleichungen lösen

Diese Strategie verwendest du, wenn du eine natürliche Exponentialgleichung lösen willst.

SO GEHT'S

Erklärfilm
Lösen von Exponentialgleichungen
9un6ux

1 Beispiel
Löse die Gleichung und gib die Lösung mithilfe des natürlichen Logarithmus an.

a) $e^{2x} = 4$

b) $e^{2x} = -4$

c) $e^{2x} = \frac{1}{e^3}$

Du bist dran
Löse die Gleichung und gib die Lösung mithilfe des natürlichen Logarithmus an.

a) $e^{4x} = 5$

b) $e^{4x} = -5$

c) $e^{4x} = \frac{1}{e^3}$

Berechne die Lösung mithilfe des natürlichen Logarithmus:

a) $e^{2x} = 4 \quad | \ln(\ )$

$\ln(e^{2x}) = \ln(4)$

$2x = \ln(4) \quad | :2$

$x = \frac{1}{2}\ln(4)$

Denke daran, dass die natürliche Exponentialfunktion nur positive Werte hat:

b) Die Gleichung ist unlösbar, da $e^x > 0$ und damit auch $e^{2x} > 0$ für alle $x \in \mathbb{R}$.

Berechne die Lösung, indem du den Bruch in die Potenzschreibweise umschreibst:

Tipp
$\frac{1}{e^a} = e^{-a}$

c) $e^{2x} = \frac{1}{e^3}$

$e^{2x} = e^{-3} \quad | \ln(\ )$

$\ln(e^{2x}) = \ln(e^{-3})$

$2x = -3 \quad | :2$

$x = -1{,}5$

○ **2** Löse die Gleichung und gib die Lösung mithilfe des natürlichen Logarithmus an.

a) $e^x = 8$ **b)** $e^{5b} = 7$ **c)** $5e^c = 15$ **d)** $e^{x+4} = 4$

e) $2 \cdot e^{9-3y} = 2$ **f)** $e^{4x+1} = \frac{1}{e^3}$ **g)** $e^{x-0{,}5} = \sqrt{e}$ **h)** $e^{2x} = \sqrt[3]{e}$

○ **3** Ordne jeder Exponentialgleichung die richtige Lösung zu.

II $e^{2x} = 9$ | C $\ln(2)$ | IV $e^{2-4x} = 4$ | E $\ln(11)$

F $\frac{1}{3}$ | D $\ln(3)$ | I $e^x - 7 = 4$ | B $\ln(6) - 5$

V $2e^{3x-1} = 2$ | VI $5e^{5+x} = 30$ | A $\frac{1-\ln(2)}{2}$ | III $2e^{3x} + 14 = 30$

◐ **4** Gib eine Lösung der Gleichung mithilfe des Graphen der natürlichen Exponentialfunktion an.

a) $e^x = 2$

b) $e^x = -5$

c) $2e^x = 8$

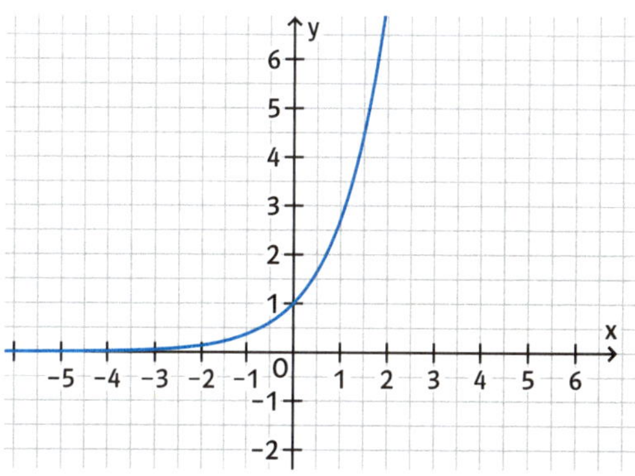

● **5** Bestimme die Lösung der Gleichung $f(x) = 3$ mit

a) $f(x) = 5^x$ **b)** $f(x) = 1 + 2^x$ **c)** $f(x) = 0{,}5 \cdot 4^{-x}$ **d)** $f(x) = 2 + 4^{3x}$

TIPPS ZUM LÖSEN DER AUFGABEN 2, 3, 4 UND 5

2c) Teile die Gleichung erst durch 5, bevor du den natürlichen Logarithmus anwendest. **2d)** Nachdem du den natürlichen Logarithmus angewendet hast, musst du noch 4 subtrahieren. **2f)** $\frac{1}{e^3} = e^{-3}$ **2g)** $\sqrt{e} = e^{\frac{1}{2}}$ **2h)** $\sqrt[3]{e} = e^{\frac{1}{3}}$ **3c)** $e = e^1$ **4** Zeichne eine Gerade ein. **4c)** Forme zuerst so um, dass e^x auf einer Seite alleine steht. **5** Schreibe so um, dass a^x alleine auf einer Seite steht.

SCHRITT 3

Ich kann Exponentialgleichungen mit mehreren Exponentialfunktionen lösen.

Hier lernst du, wie du die Exponentialgleichungen der Art $e^{2x} - 3e^{x} = 0$ oder $e^{2x} + e^{x} - 6 = 0$ lösen kannst.

→ Exponentialgleichungen mit der Basis e lösen (Schritt 2)

DAS BRAUCHST DU WIEDER

Allgemein: $e^{x} = a \quad | \ln(\ )$
$x = \ln(a)$

Beispiele: $e^{x} = 5 \quad | \ln(\ )$ $\quad e^{x} = 4 \quad |$ ____ $\quad 3e^{x} = 12 \quad |$ ____ $\quad e^{2x} = \frac{1}{e^{3}}$

$x = \ln(5)$ $\quad x =$ ____ $\quad$ ____ $\quad$ ____

____

____

DARUM GEHT'S

Wenn mehrere Exponentialfunktionen in einer Gleichung vorhanden sind, musst du zunächst null auf die rechte Seite der Gleichung bringen, um eine Nullgleichung zu erhalten. Danach unterscheidet man zwei verschiedene Fälle:

Fall	Die Gleichung enthält **nur** Exponentialfunktionen.	Die Gleichung enthält zwei Exponentialfunktionen und **einen konstanten Summanden**.
Beispiel	$e^{2x} - 3e^{x} = 0$	$e^{2x} + e^{x} - 6 = 0$
Vorgehen	**e^{x} ausklammern** und den **Satz des Nullprodukts** anwenden. Dieser besagt: Ein Produkt ist dann gleich null, wenn die einzelnen Faktoren gleich null sind.	**Substitution von e^{x} mit der Variablen u**, dann die quadratische Gleichung mit der abc- oder der pq-Formel lösen und rücksubstituieren.

Exponentialgleichungen mit mehreren Exponentialfunktionen lösen

Diese Strategie verwendest du, wenn du eine Exponentialgleichung mit mehreren Exponentialfunktionen lösen willst.

SO GEHT'S

🌐 **Erklärfilm**
Lösen von Exponentialgleichungen
9un6ux

1 Beispiel
Löse die Gleichung und gib die Lösung mithilfe des natürlichen Logarithmus an.
a) $e^{2x} - 5e^{x} = 0$
b) $e^{2x} + e^{x} - 2 = 0$

Du bist dran
Löse die Gleichung und gib die Lösung mithilfe des natürlichen Logarithmus an.
a) $e^{2x} - 3e^{x} = 0$
b) $e^{2x} + e^{x} - 6 = 0$

Berechne die Lösung, indem du e^{x} ausklammerst und dann den Satz vom Nullprodukt anwendest:

a) $e^{2x} - 5e^{x} = 0$
$e^{x}(e^{x} - 5) = 0$
1. Fall: $e^{x} = 0 \Rightarrow$ keine Lösung,
da $e^{x} > 0$ für alle x
2. Fall: $e^{x} - 5 = 0 \quad | +5$
$e^{x} = 5 \quad | \ln(\ )$
$x = \ln(5)$

Tipp
Ein Nullprodukt löst man, indem man die Faktoren einzeln gleich null setzt.

Substituiere $u = e^x$.

b) $u = e^x$ und $u^2 = e^{2x}$
$u^2 + u - 2 = 0$

Löse die Gleichung durch Anwendung der pq- oder der abc-Formel.

Tipp
Hier hast du Platz, mit der pq- oder der abc-Formel zu rechnen.

Erklärfilm
Lösen von quadratischen Gleichungen mit der abc-Formel
9un6ux

Erklärfilm
Lösen von quadratischen Gleichungen mit der pq-Formel
9un6ux

$u_1 = 1;\ u_2 = -2$

Substituiere $u = e^x$ zurück.

1) $e^x = 1 \quad | \ln(\ )$
$x = \ln(1) = 0$
2) $e^x = -2$
Keine Lösung, da $e^x > 0$ für alle x

○ 2 Löse die Gleichung durch Ausklammern.

a) $e^{2x} + 10e^x = 0$ **b)** $5e^{2x} - 30e^x = 0$
c) $e^{3x} + 3e^{2x} = 0$ **d)** $e^{4x} - 5e^{3x} = 0$

○ 3 Löse die Gleichung durch Substitution.

a) $e^{2x} - 3e^x + 2 = 0$ **b)** $e^{2x} - 6e^x + 8 = 0$ **c)** $e^{2x} - 8e^x + 16 = 0$

◐ 4 Löse die Gleichung durch Ausklammern oder Substituieren.

a) $x \cdot e^x - 4e^x = 0$ **b)** $e^x - 8e^{-x} = 2$ **c)** $2x^2 \cdot e^x + x \cdot e^x = 0$
d) $2e^{2x} + 24e^x = 90$ **e)** $0{,}5e^{2x} + 10 = 4{,}5e^x$ **f)** $3x + x \cdot e^x = 0$
g) $e^{4x} + 6 = 5e^{2x}$ **h)** $3 - e^x = \frac{2}{e^x}$ **i)** $2 + \frac{15}{e^x} = -e^x$

◐ 5 Löse die Gleichung.

a) $(6 - e^{2x}) \cdot (2x^2 - 8) = 0$ **b)** $(x^4 - 27x) \cdot (e^{2x} - 7) = 0$

● 6 Löse die Gleichung.

a) $8 + (e^x)^2 = 6e^x$ **b)** $\frac{45}{e^x} - e^x = 12$ **c)** $e^x \cdot e^{2x} - e^{2x} = 6e^x$

● 7 Löse die Gleichung.

a) $e^x - 2e = 4$ **b)** $e^x - 2e^{x+1} = 0$ **c)** $50e^{-0{,}1x} - 100e^{-0{,}1x+1} = 1$

TIPPS ZUM LÖSEN DER AUFGABEN 2, 3, 4, 5, 6 UND 7

2 b) Teile die Gleichung erst durch 5, bevor du ausklammerst. **2 c)** Hier kannst du e^{2x} ausklammern. **2 d)** Hier kannst du e^{3x} ausklammern. **3 c)** Hier erhältst du bei der quadratischen Gleichung nur eine Lösung, da der Term unter der Wurzel 0 ergibt. **4 a), c), f)** Klammere zunächst einen Faktor aus. **4 f)** Man kann mehr als einen Faktor ausklammern.
4 b), d), e), g), h), i) Forme zunächst die Gleichung so um, dass auf einer Seite die Null steht. **4 b), e), f)** Multipliziere die Gleichung mit e^x. **4 g)** Substituiere e^{2x}. **5** Verwende den Satz vom Nullprodukt. **6 b)** Multipliziere mit e^x. **6 c)** Bringe alles auf eine Seite und klammere e^x aus. **7 b)** Du kannst kannst folgendermaßen umformen: $e^{x+1} = e^x \cdot e$. **7 b)** Du kannst folgendermaßen umformen: $e^{-0{,}1x+1} = e^{-0{,}1x} \cdot e$.

SCHRITT 4

Ich kann Graphen von Exponentialfunktionen auf ihr Verhalten für $x \to \pm\infty$ untersuchen.

Hier lernst du, wie du die waagerechte Asymptote der Funktion $f(x) = -2 + e^x \cdot x^3$ bestimmst.

→ Verhalten von Funktionen für $x \to \pm\infty$ (Grundlagen)

Tipp
Ist das Verhalten für beide Richtungen gleich, so kannst du auch schreiben: Für $x \to \pm\infty$ …

DAS BRAUCHST DU WIEDER

Allgemein: Verhalten von Potenzfunktionen für $x \to \pm\infty$.

Beispiele:

$f(x) = x^2$
Für $x \to +\infty$: $x^2 \to +\infty$
Für $x \to -\infty$: $x^2 \to +\infty$

$f(x) = x^3$
Für $x \to +\infty$: ____________________
Für $x \to -\infty$: ____________________

$f(x) = -x^4$
Für $x \to +\infty$: $-x^4 \to -\infty$
Für $x \to -\infty$: $-x^4 \to -\infty$

$f(x) = -x^5$
Für $x \to +\infty$: ____________________
Für $x \to -\infty$: ____________________

DARUM GEHT'S

Neben dem Graphen der natürlichen Exponentialfunktion $\mathbf{f(x) = e^x}$ solltest du auch noch den Graphen der Exponentialfunktion $\mathbf{f(x) = e^{-x}}$ kennen. Wir betrachten, wie sich die Graphen verhalten, wenn x unendlich groß oder klein wird:

Funktionsgleichung	$\mathbf{f(x) = e^x}$	$\mathbf{f(x) = e^{-x}}$
Graph	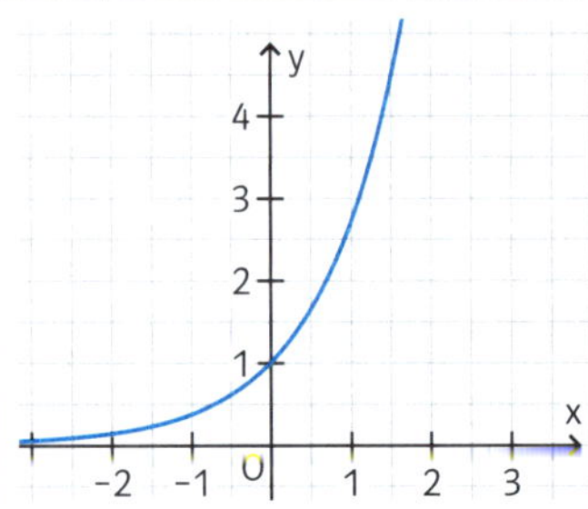	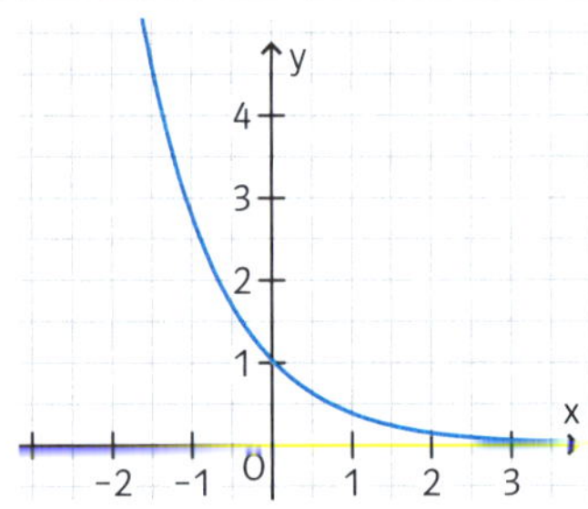
$\mathbf{x \to +\infty}$	$f(x) \to +\infty$	$f(x) \to 0$
$\mathbf{x \to -\infty}$	$f(x) \to 0$	$f(x) \to +\infty$

Wenn sich der Graph einer Funktion für $x \to +\infty$ und/oder $x \to -\infty$ der x-Achse annähert, so ist $y = 0$ eine **waagerechte Asymptote** des Graphen für $x \to +\infty$ und/oder $x \to -\infty$.

In zusammengesetzten Funktionen mit natürlichen Exponentialfunktionen als Bestandteil **dominiert** immer der Teil mit e^x gegenüber x-Potenzen.

Gibt es in einer zusammengesetzten Funktion mit einer natürlichen Exponentialfunktion als Bestandteil auch einen konstanten Summanden, so verschiebt sich deren waagerechte Asymptote um den Wert des Summanden nach oben oder unten.

Graphen von Exponentialfunktionen untersuchen

Diese Strategie verwendest du, wenn du waagerechte Asymptoten von Exponentialfunktionen bestimmen willst.

SO GEHT'S

1 Beispiel

Gegeben ist die Funktion f mit
$f(x) = 3 + x^2 \cdot e^{-x}$.

a) Gib das Verhalten von f für $x \to \pm\infty$ an.
b) Gib, falls vorhanden, die Gleichung der waagerechten Asymptoten an.

Bestimme das Verhalten der einzelnen Bestandteile der Funktion:

a) Für $x \to +\infty$: $x^2 \to +\infty$ und $e^{-x} \to 0$
Für $x \to -\infty$: $x^2 \to +\infty$ und $e^{-x} \to +\infty$

Bestimme das Verhalten der zusammengesetzten Funktion:

Für $x \to +\infty$ gilt $x^2 \cdot e^{-x} \to 0$, da e^x gegenüber x^2 dominiert.
Für $x \to -\infty$ gilt $x^2 \cdot e^{-x} \to +\infty$, da beide gegen $+\infty$ streben.

Bestimme das Verhalten der Gesamtfunktion:

Für $x \to +\infty$ gilt $f(x) \to 3$.
Für $x \to -\infty$ gilt $f(x) \to +\infty$.

Gib die waagerechte Asymptote der Funktion an:

b) Die Funktion ist um 3 auf der y-Achse nach oben verschoben.
Für $x \to +\infty$ hat f die waagerechte Asymptote $y = 3$.

Du bist dran

Gegeben ist die Funktion f mit
$f(x) = -2 + e^x \cdot x^3$.

a) Gib das Verhalten von f für $x \to \pm\infty$ an.
b) Gib, falls vorhanden, die Gleichung der waagerechten Asymptoten an.

Tipp
Das Verhalten des e^x-Bestandteils wird für die gesamte Funktion übernommen. Falls der x^n Bestandteil ein negatives Vorzeichen hat, kehrt dieses das eben bestimmte Verhalten um.

Tipp
Addiert man zu unendlich noch einen Summanden, ist das Ergebnis wieder unendlich.

○ **2** Gib das Verhalten von f für $x \to +\infty$ und $x \to -\infty$ an und untersuche die Funktion auf waagerechte Asymptoten.

a) $f(x) = e^{3x}$ **b)** $f(x) = -e^{-x} + 2$ **c)** $f(x) = 1 - e^x$ **d)** $f(x) = 2x \cdot e^{x^2}$
e) $f(x) = \frac{e^x}{x^3}$ **f)** $f(x) = 2 - \frac{x^5}{e^x}$ **g)** $f(x) = \frac{3x^2 e^x}{2x e^{2x}}$ **h)** $f(x) = (e^{-x} - 2) \cdot 4$

○ **3** Gib das Verhalten von f für $x \to +\infty$ und $x \to -\infty$ an und untersuche die Funktion auf waagerechte Asymptoten.

a) $f(x) = -e^{-2x}$ **b)** $f(x) = 3 + e^{-x}$ **c)** $f(x) = e^x - 1$ **d)** $f(x) = 2 + 5e^x$
e) $f(x) = x^{10} \cdot e^{-x}$ **f)** $f(x) = \frac{x^2}{e^x} - 2$ **g)** $f(x) = x^2 + \frac{1}{e^x}$ **h)** $f(x) = 2 \cdot (4 - e^{-x})$

◐ **4** Gib, falls möglich, die Gleichung der waagerechten Asymptoten an.

a) $f(x) = \frac{e^{-x}}{x^{100} + 1}$ **b)** $f(x) = \frac{e^x}{x} - 3e^x$ **c)** $f(x) = \frac{2}{e^x} - 2x$

TIPPS ZUM LÖSEN DER AUFGABEN 2 UND 3

2 e), f), g) Schreibe die Brüche so um, dass der Nenner als Faktor mit negativem Exponenten dargestellt wird. **2 g)** Den Bruch solltest du zunächst so weit wie möglich kürzen. **2 h)** Du musst zunächst die Klammer auflösen und den Faktor 4 mit jedem Summanden der Klammer multiplizieren. **3 e)** Beachte, dass die e-Funktion dominant ist. **3 f), g)** Schreibe den Bruch um, sodass der Exponent negativ ist. **3 h)** Multipliziere zuerst aus.

5 Gib einen Funktionsterm einer Funktion f an, die die gegebene Bedingung erfüllt.
a) Der Graph von f hat die waagerechte Asymptote $y = 3$.
b) Der Graph von f hat die waagerechte Asymptote $y = -4$.
c) Der Graph von f hat keine waagerechte Asymptote.

6 Ordne den Funktionstermen den passenden Graphen zu und begründe deine Entscheidung.

A $f_1(x) = \frac{2x}{1-x}$

B $f_2(x) = \frac{x^4}{e^x}$

C $f_3(x) = 10xe^{-x^2} + 1$

D $f_4(x) = 8xe^x$

I

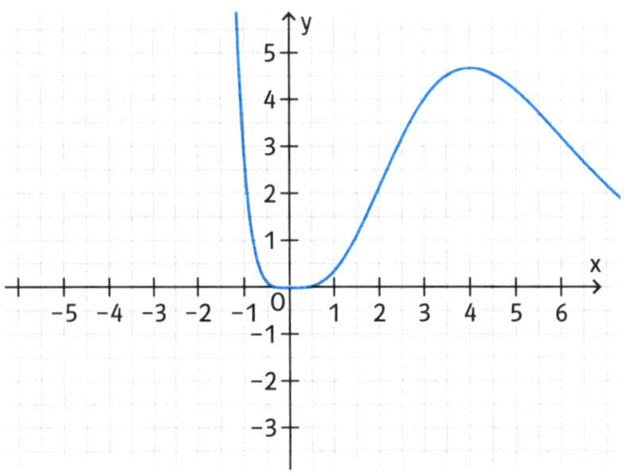

II

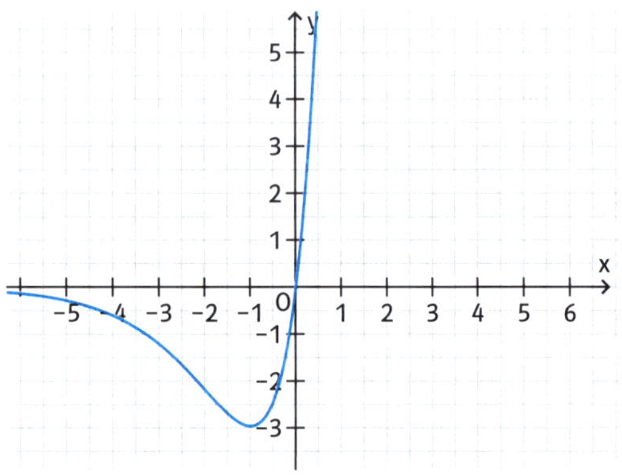

III

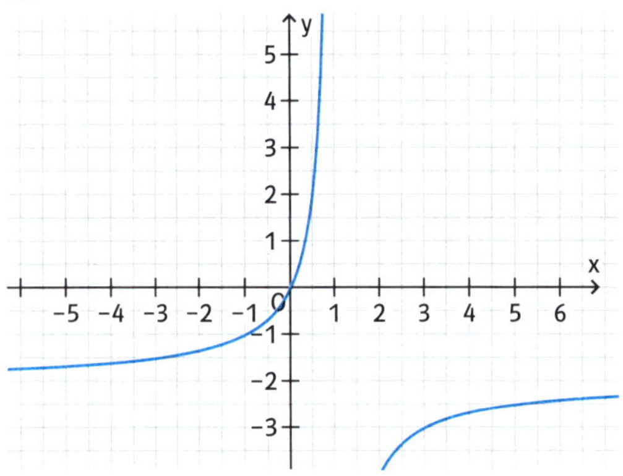

IV

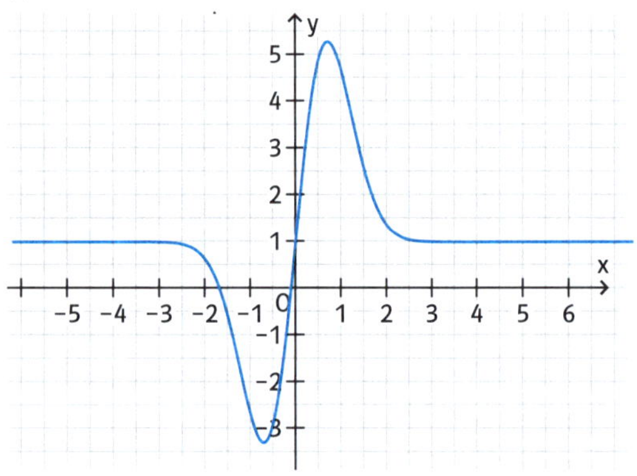

7 Gegeben ist die Funktion f mit $f(x) = \frac{x-1}{x} \cdot e^x$.

Untersuche das Verhalten von f für $x \to +\infty$ und $x \to -\infty$ und gib gegebenenfalls die waagerechte Asymptote an.

8 Gegeben ist f mit $f(x) = g(x) \cdot e^x$, wobei g eine ganzrationale Funktion ist.
Es gilt: $f(x) \to 0$ für $x \to -\infty$. Gib einen möglichen Funktionsterm für g(x) an.

TIPPS ZUM LÖSEN DER AUFGABEN 5, 6 UND 7

5 c) Schreibe den Bruch so um, dass der Nenner als Faktor mit negativem Exponenten dargestellt wird. **6** Berechne zunächst – falls vorhanden – die waagerechten Asymptoten und suche dir den Graphen mit der passenden waagerechten Asymptote. **7** Schreibe den Bruch so um, dass der Nenner als Faktor mit negativem Exponenten dargestellt wird. Beachte, dass die e-Funktion dominant ist.

SCHRITT 5

Ich kann Graphen von Exponentialfunktionen auf Extrem- und Wendestellen untersuchen.

Hier lernst du, wie du die Extrem- und Wendestellen der Funktion $f(x) = -2x \cdot e^x$ bestimmst.

→ Ketten- und Produktregel (Grundlagen)

DAS BRAUCHST DU WIEDER

Allgemein:

Kettenregel:	$f(x) = u(v(x))$	$f'(x) = u'(v(x)) \cdot v'(x)$
Produktregel:	$f(x) = u(x) \cdot v(x)$	$f'(x) = u'(x) \cdot v(x) + u(x) \cdot v'(x)$

Bestimmen von Extremstellen ganzrationaler Funktionen:
1) $f'(x) = 0$ und mögliche Extremstellen x_0 bestimmen
2) $f''(x_0)$ untersuchen und Extremstellen angeben

→ Bestimmen von Extrem- und Wendestellen (Grundlagen)

Beispiele:

$f(x) = x^2 + 2x$

1) $f'(x) = 2x + 2$

$2x + 2 = 0$

$x = -1$

2) $f''(x) = 2$

$f''(-1) = 2 > 0$

Tiefpunkt bei $x = -1$

$f(x) = -2x^2 + x$

1) $f'(x) =$ ______________________

____

____

2) ______________________

____

____

DARUM GEHT'S

Die natürliche Exponentialfunktion $\mathbf{f(x) = e^x}$ ist streng monoton wachsend und hat weder Extrem- noch Wendestellen.

Sobald sie aber mit anderen Funktionen verknüpft wird, z.B. $f(x) = -e^x \cdot 4x$, kann diese verknüpfte Funktion Extrem- und Wendestellen haben.

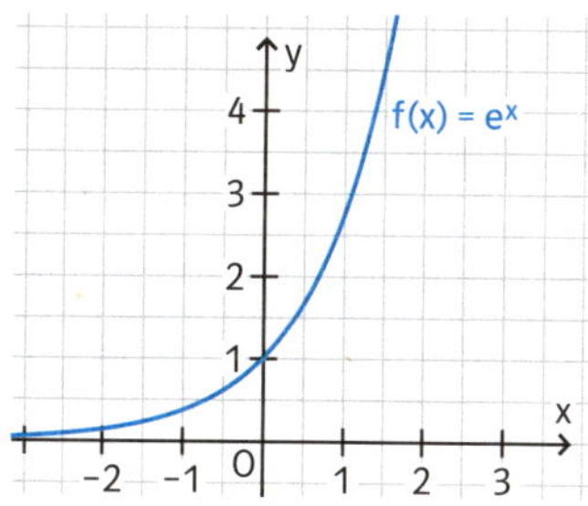

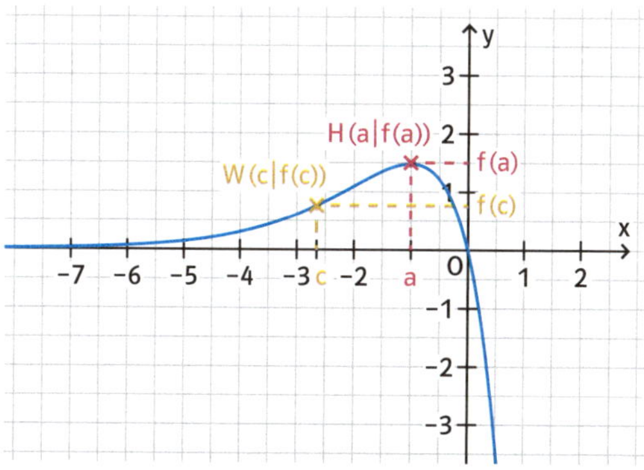

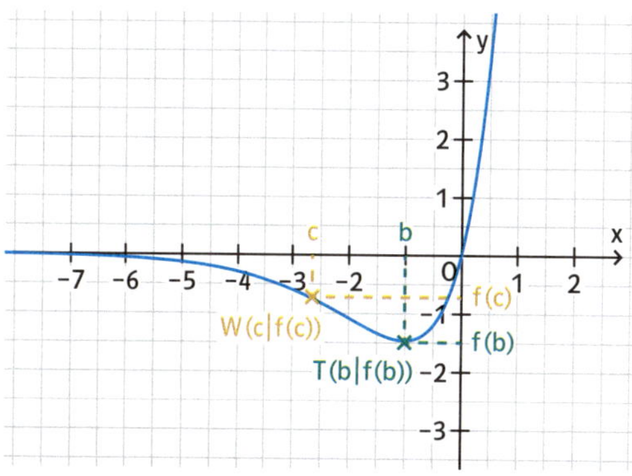

Um eine solche Funktion auf Extrem- oder Wendestellen zu untersuchen, verwendet man üblicherweise die in der folgenden Tabelle dargestellten Bedingungen:

Hochpunkt H(a | f(a))	Tiefpunkt T(b | f(b))	Wendepunkt W(c | f(c))
$f'(a) = 0$	$f'(a) = 0$	$f''(c) = 0$
$f''(a) < 0$	$f''(b) < 0$	$f'''(c) \neq 0$

Bestimmen von Extrempunkten

Diese Strategie verwendest du, wenn du Extrempunkte von Exponentialfunktionen bestimmen sollst.

SO GEHT'S

1 Beispiel

Gegeben ist die Funktion f mit $f(x) = e^x \cdot 3x$.
Untersuche den Graphen der Funktion auf Extrempunkte.

Du bist dran

Gegeben ist die Funktion f mit $f(x) = -2x \cdot e^x$.
Untersuche den Graphen der Funktion auf Extrempunkte.

Bestimme die 1. Ableitung von f mithilfe der Produktregel:

$u(x) = e^x \qquad u'(x) = e^x$
$v(x) = 3x \qquad v'(x) = 3$
$f'(x) = e^x \cdot 3x + e^x \cdot 3$
$\quad = 3e^x \cdot (x + 1)$

Bestimme die 2. Ableitung von f mithilfe der Produktregel:

$u(x) = 3e^x \qquad u'(x) = 3e^x$
$v(x) = x + 1 \qquad v'(x) = 1$
$f''(x) = 3e^x \cdot (x + 1) + 3e^x$ | ausklammern
$\quad = 3e^x \cdot (x + 1 + 1)$
$\quad = 3e^x \cdot (x + 2)$

Setze die 1. Ableitung $f'(x) = 0$ und löse die Gleichung:

$3e^x \cdot (x + 1) = 0$
$x + 1 = 0 \quad | -1$
$x = -1$

Setze die Lösung in die 2. Ableitung f″(x) ein:

$f''(-1) = 3e^{-1} \cdot (-1 + 2)$
$\quad = 3e^{-1} \cdot (1) = 3e^{-1} \cdot 1 > 0$
$\Rightarrow$ Tiefpunkt bei $x = -1$

Setze die Lösung in die Funktionsgleichung von f zur Bestimmung des y-Werts ein:

$f(-1) = e^{-1} \cdot 3 \cdot (-1) = -3e^{-1} = -\frac{3}{e}$

Tiefpunkt $T\left(-1 \middle| -\frac{3}{e}\right)$

🌐 **Erklärfilm**
Ableitung der e-Funktion
9un6ux

🌐 **Erklärfilm**
Extrempunkte von e-Funktionen
9un6ux

Tipp
Ein Nullprodukt löst man, indem man die Faktoren einzeln gleich null setzt. Beachte dabei, dass e^x immer größer als Null ist.

○ **2** Untersuche den Graphen der Funktion f auf Extrempunkte.

a) $f(x) = xe^x$ **b)** $f(x) = e^x \cdot (-x)$
c) $f(x) = x^2e^x$ **d)** $f(x) = e^x \cdot (x + 1)$

Tipp
Ist in der Aufgabenstellung nach Extremstellen statt -punkten gefragt, müssen die Funktionswerte $f(x_0)$ nicht bestimmt werden.

○ **3** Untersuche den Graphen der Funktion f auf Wendestellen.

a) $f(x) = -e^{-x} + e^x$ **b)** $f(x) = 2xe^{2x}$ **c)** $f(x) = -6xe^{-1,5x}$

◐ **4** Untersuche den Graphen der Funktion f auf Extremstellen.

a) $f(x) = (e^x - 1)^2$ **b)** $f(x) = (2 - x) \cdot e^x$ **c)** $f(x) = 2xe^{-0,5x}$

Tipp
Die Bestimmung von Wendepunkten verläuft analog, nur dass du hier $f''(x)$ gleich null setzt und $f'''(x)$ für potenzielle Stellen x_0 untersuchst.

TIPPS ZUM LÖSEN DER AUFGABEN 3 UND 4

3a) Es gilt: $\ln(1) = 0$. **3b)** Wende die Produktregel an. Klammere e^x bei jeder Ableitung aus, denn es gilt: $e^x > 0$. **4a), c)** Wende die Produktregel an. **4b)** Wende die Kettenregel an.

5 Untersuche den Graphen der Funktion f auf Wendestellen.
a) $f(x) = -2e^{-x} + 2e^{x}$ **b)** $f(x) = 5xe^{5x}$ **c)** $f(x) = -12xe^{-1{,}5x}$

6 Gegeben ist die Funktion f mit $f(x) = (e^{-x} - 1)^2$.
a) Untersuche auf Schnittpunkte des Graphen von f mit den Koordinatenachsen und gib diese gegebenenfalls an.
b) Untersuche auf Extremstellen des Graphen von f und gib diese gegebenenfalls an.
c) Untersuche auf Wendestellen des Graphen von f und gib diese gegebenenfalls an.
d) Untersuche die Funktion f auf waagerechte Asymptoten und gib diese gegebenenfalls an.

7 Berechne die Extrempunkte und Wendepunkte der Funktion f.
a) $f(x) = (e^{x} - e)^2$ **b)** $f(x) = (e^{x} - 2e)^2$

8 Tim erhält ein Medikament. Der Graph f mit $f(t) = te^{-t+1}$ beschreibt die im Blut vorhandene Wirkstoffmenge (in mg) in Abhängigkeit der Zeit ($t \geq 0$ in Stunden).
a) Berechne, zu welchem Zeitpunkt die Wirkstoffmenge im Blut am größten ist und gib diesen Wert an.
b) Zeige, dass die Wirkstoffmenge im Blut langfristig abgebaut wird.
c) Berechne den Zeitpunkt, zu dem die Änderungsrate der Wirkstoffmenge am größten ist.
d) Angenommen, die Wirkstoffmenge wird im Blut ab dem Zeitpunkt $t = 2$ linear mit der größten Änderungsrate abgebaut. Bestimme den Zeitpunkt, an dem kein Wirkstoff mehr im Blut ist.

9 Eine neue Maissorte, die eine maximale Höhe von 1,80 m erreicht, wird in einer Versuchsreihe beobachtet. Zu Beginn der Messung ist die Pflanze 30 cm groß, nach einer Woche bereits 60 cm. Das Pflanzenwachstum kann mithilfe der Funktion f mit

$f(t) = \frac{a}{e^{ct} + b}$ $(c < 0)$ modelliert werden

(f in cm, t in Wochen).
a) Berechne die Werte a, b und c.
b) Gib an, zu welchem Zeitpunkt die Pflanze eine Höhe von 90 cm erreicht.

TIPPS ZUM LÖSEN DER AUFGABEN 5, 6, 8 UND 9

5 b), c) Wende die Produktregel an. **6 b), c)** Wende die Produktregel an. Klammere e^x bei jeder Ableitung aus, denn es gilt: $e^x > 0$. **8 c)** Änderungsrate ist ein Stichwort für die Ableitung. Bestimme also das Maximum der Ableitung. **8 d)** Bestimme die Tangentengleichung $y = mx + c$ durch den Punkt $P(2 \mid f(2))$. Dabei gilt: $m = f'(x)$. **9 a)** Da der Mais eine maximale Höhe von 1,80 m erreicht, bedeutet das: für $x \to \infty$ gilt: $f(x) = 1{,}80$ m. **9 b)** Löse die Gleichung $f(t) = 180$, also $\frac{a}{b} = 180$.

SCHRITT 6

Ich kann Exponentialfunktionen mit einem Parameter untersuchen.

Hier lernst du, wie du die Extrempunkte des Graphen der Funktionsschar $f_t(x) = (2x - 4t) \cdot e^x - 2$ bestimmst.

→ Gleichungen mit Parametern (Grundlagen)

DAS BRAUCHST DU WIEDER

Allgemein: Gleichungen mit Parametern lösen

Beispiele:

$2x + 6a = 0 \quad | -6a$

$2x = -6a \quad | : 2$

$x = -3a$

$9a - 3x = 0$ ______

$4 + 2x - 2a = 0$ ______

$(x + a) \cdot 4 + 2 = 0$ ______

DARUM GEHT'S

Die Funktionenschar $f_t(x) = e^x - (x - t)$ enthält den Parameter t. Je nachdem, welchen Wert dieser annimmt, verändern sich Eigenschaften und Graph der zugehörigen Funktion.

Im dargestellten Graphen sind die Funktionen für $t = -1$, $t = 0$, $t = 1$ und $t = 2$ dargestellt.

Möchte man z. B. deren **Extremstellen bestimmen**, muss man dies nicht für jede einzelne Funktion machen, sondern kann auch die Extremstellen der gesamten Funktionenschar in Abhängigkeit vom Parameter bestimmen.

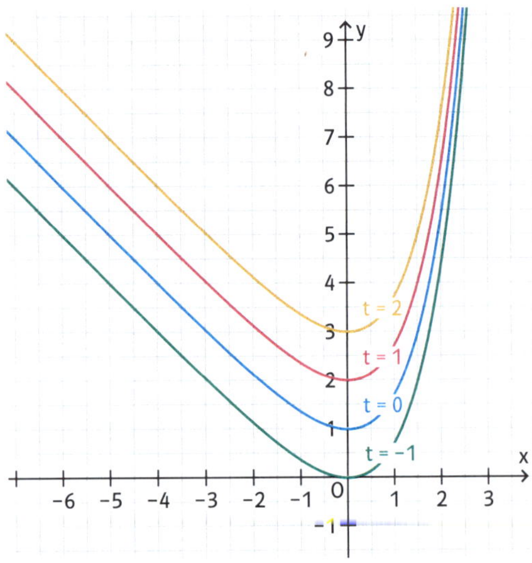

Tipp
Der Parameter kann durch jeden beliebigen Kleinbuchstaben dargestellt werden, er sollte sich jedoch von der Variablen (hier x) unterscheiden.

Bestimmen von Extrempunkten

Diese Strategie verwendest du, wenn du Extrempunkte von Exponentialfunktionen mit Parametern bestimmen willst.

SO GEHT'S

Erklärfilm
Extrempunkte von e-Funktionen mit Parametern
9un6ux

1 Beispiel

Gegeben ist die Funktion f mit $f_t(x) = e^x \cdot (x - t) + 4$.

a) Bestimme den Extrempunkt des Graphen der Funktion $f_t(x)$ in Abhängigkeit von t.

b) Für welchen Wert von t liegt der Extrempunkt auf der y-Achse?

Du bist dran

Gegeben ist die Funktion f mit $f_t(x) = (2x - 4t) \cdot e^x - 2$.

a) Bestimme den Extrempunkt des Graphen der Funktion $f_t(x)$ in Abhängigkeit von t.

b) Für welchen Wert von t liegt der Extrempunkt auf der y-Achse?

Tipp
Beim Ableiten wird der Parameter wie eine Zahl behandelt.

Tipp
Ein Nullprodukt löst man, indem man die Faktoren einzeln gleich null setzt. Beachte dabei, dass e^x immer größer als null ist.

Tipp
Wie in Schritt 5 könnte hier auch $f_t''(x)$ bestimmt und die mögliche Extremstelle eingesetzt werden. Allerdings ist das Bilden der zweiten Ableitung mit Parametern häufig mühsam.

Bestimme die erste Ableitung von f mithilfe der Produktregel:

a) $f_t'(x) = e^x + e^x \cdot (x - t)$
$= e^x(1 + x - t)$

Setze die 1. Ableitung gleich null und löse die Gleichung:

$e^x(1 + x - t) = 0$
$1 + x - t = 0 \quad | -1 + t$
$x = t - 1$

Überprüfe, ob an der eben bestimmten Stelle ein Vorzeichenwechsel der ersten Ableitung vorliegt:

$f_t'(t-2) = e^{t-2}(1 + t - 2 - t)$
$= e^{t-2}(1 + t - 2 - t)$
$= -e^{t-2} < 0$
$f_t'(t) = e^t(1 + t - t)$
$= e^t > 0$
$f_t'(t)$ wechselt bei $x = t - 1$ das Vorzeichen von − nach +.

Gib die Art der Extremstelle an:

$f_t(x)$ hat an der Stelle $x = t - 1$ einen Tiefpunkt.

Setze die Lösung in die Funktionsgleichung von f_t zur Bestimmung des y-Werts ein:

$f_t(t-1) = e^{t-1} \cdot (t - 1 - t) + 4$
$= -e^{t-1} + 4$

Gib die Koordinaten des Extrempunktes an:

$T(t-1 \mid -e^{t-1} + 4)$

Setze die x-Koordinate des Extrempunkts gleich null:

b) $t - 1 = 0 \quad | +1$
$t = 1$
Für den Wert $t = 1$ liegt der Extrempunkt auf der y-Achse.

○ **2** Jede Funktion der Funktionenschar f_a hat genau eine Extremstelle. Bestimme diese Extremstelle und gib an, für welchen Wert von a diese Extremstelle auf der y-Achse liegt.
a) $f_a(x) = e^{x-a} \cdot (x - a)$ **b)** $f_a(x) = (4x - a) \cdot e^x + 1$ **c)** $f_a(x) = (x - 1) \cdot e^{x-a}$

○ **3** Jede Funktion der Funktionenschar f_a hat genau eine Wendestelle. Bestimme diese Wendestelle und gib an, für welchen Wert von a diese Wendestelle auf der y-Achse liegt.
a) $f_a(x) = (x + a)e^x$ **b)** $f_a(x) = e^x - e^{a-x}$ **c)** $f_a(x) = e^x(e^x - a)$

TIPPS ZUM LÖSEN DER AUFGABEN 2 UND 3

2c) Du wirst hier eine Lösung enthalten, die den Parameter a nicht enthält. Führe die Schritte dennoch so aus wie in den bisherigen Aufgaben. **3** Klammere bei jeder Ableitung e^x aus. Es gilt $e^x > 0$.

4 Bestimme, falls möglich, die Extremstellen des Graphen der Funktionenschar f_t.
a) $f_t(x) = xe^{tx} + 5$ **b)** $f_t(x) = (x - t)\,e^{x-t}$
c) $f_t(x) = 5\,e^{x+2t} - 10$ Hier genügt der Nachweis einer Wendestelle.

5 Bestimme, falls möglich, die Wendestellen des Graphen der Funktionenschar $f_t\ (t > 0)$.
a) $f_t(x) = -\frac{2x}{t}\,e^{tx}$ **b)** $f_t(x) = e^{tx} - x$ **c)** $f_t(x) = 5\,x^3 e^{-tx}$

6 Gegeben ist die Funktionenschar $f_k(x) = x - ke^x\ (k \neq 0)$.
Zeige, dass die Hochpunkte der Funktionenschar auf der Geraden mit der Gleichung $y = x - 1$ liegen.

7 Gegeben ist der Graph f der Wachstumsrate (cm/Woche) einer Pflanze.
a) Beschreibe die Wachstumsrate in den ersten 7 Wochen seit Beobachtungsbeginn.
b) Gib den Zeitpunkt des größten Wachstums an. Gib an, um wieviel cm die Pflanze gewachsen ist.

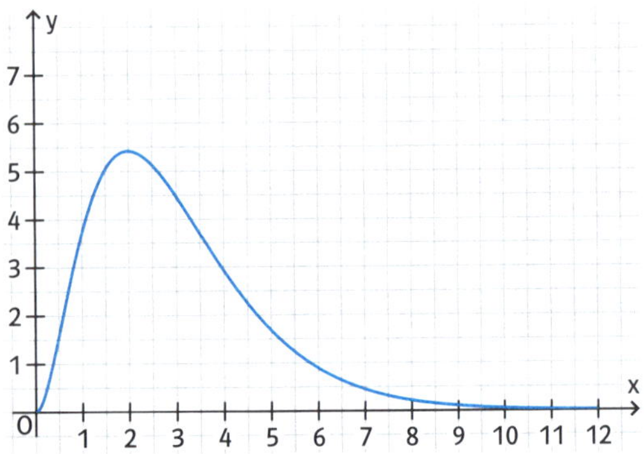

8 Halfpipes können durch die Funktionenschar f_a mit $f_a(x) = -10\,a^2x^2e^{-ax}\ (x > 0)$ beschrieben werden.
a) Zeige, dass die Tiefpunkte aller Halfpipes auf der gleichen Höhe liegen und berechne diese.
b) Zeige, dass alle Halfpipes bis zum Tiefpunkt streng monoton fallend sind.

TIPPS ZUM LÖSEN DER AUFGABEN 4, 5, 6, 7 UND 8

4 Klammere bei jeder Ableitung e^x aus. Es gilt $e^x > 0$. **5** Klammere bei jeder Ableitung e^x aus. Es gilt $e^x > 0$. **6** Klammere bei jeder Ableitung e^x aus. Es gilt $e^x > 0$. Setze deine Lösung von $f_k'(t) = 0$ in die Funktion $f_k(t)$ ein, dann erhältst du den y-Wert aller Hochpunkte der Funktionenschar. **7** Die Aufgabe ist rein grafisch zu lösen. **8 a)** Es gilt $e^x > 0$. Setze deine Lösung von $f_k'(t) = 0$ in die Funktion $f_k(t)$ ein, dann erhältst du den y-Wert aller Hochpunkte der Funktionenschar, der die Höhe beschreibt. **8 b)** Überprüfe, ob $f_a(x) < 0$ zwischen 0 und dem Wert des Tiefpunktes ist.

SCHRITT **7**

Ich kann natürliche Logarithmusfunktionen untersuchen.

Hier lernst du, wie du Eigenschaften des Graphen der Funktion $f(x) = -\ln(3x+2)$ bestimmst.

→ Kettenregel (Grundlagen)

DAS BRAUCHST DU WIEDER

Allgemein: Kettenregel: $f(x) = u(v(x))$ $\qquad f'(x) = u'(v(x)) \cdot v'(x)$

Beispiele: $f(x) = \frac{1}{(2x-2)} = (2x-2)^{-1}$

$f'(x) = (2x-2)^{-2} \cdot 2$

$= 2 \cdot (2x-2)^{-2} = \frac{2}{(2x-2)^2}$

$f(x) = \frac{1}{(3-4x)} =$ ____________

____

____

DARUM GEHT'S

Du kennst den natürlichen Logarithmus $\ln(a) = x$ bereits als Lösung der Gleichung $e^x = a$. Du kannst ihn auch als Funktion der Form $\mathbf{f(x) = \ln(x)}$ betrachten und zum Beispiel seinen Graphen zeichnen.

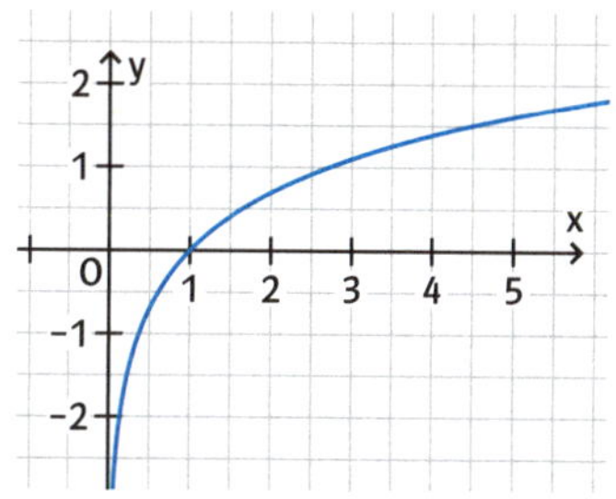

Diese Funktion hat einige spezielle Eigenschaften, so gibt es keine Funktionswerte für $x \le 0$, da der Logarithmus **nur für positive Werte von x definiert** ist.

Außerdem ist der Graph der Funktion streng monoton steigend und besitzt keine Extrem- oder Wendepunkte. Durch eine Verknüpfung der natürlichen Logarithmusfunktion mit anderen Funktionen, z. B. $f(x) = 4 \cdot \ln(x)$, können Extrem- und Wendepunkte auftreten.

Die natürliche Logarithmusfunktion $f(x) = \ln(x)$ hat die **Ableitung** $\mathbf{f'(x) = \frac{1}{x}}$.

Untersuchen von Logarithmusfunktionen

Diese Strategie verwendest du, wenn du bestimmte Eigenschaften von Logarithmusfunktionen bestimmen willst.

SO GEHT'S

1 Beispiel

Gegeben ist die Funktion f mit $f(x) = 2 \cdot \ln(2x+1)$.

a) Für welchen x-Wert hat f den Funktionswert 4?

b) Gib die Nullstellen von f an.

c) Zeige, dass f streng monoton wachsend ist.

d) Zeige, dass der Graph von f eine Rechtskurve ist.

Du bist dran

Gegeben ist die Funktion f mit $f(x) = -\ln(3x+2)$.

a) Für welchen x-Wert hat f den Funktionswert 6?

b) Gib die Nullstellen von f an.

c) Zeige, dass f streng monoton fallend ist.

d) Zeige, dass der Graph von f eine Linkskurve ist.

Setze f(x) mit dem Funktionswert gleich und bestimme x.

a) $2 \cdot \ln(2x+1) = 4 \qquad | :2$

$\ln(2x+1) = 2 \qquad | e^{()}$

$2x+1 = e^2 \qquad | -1$

$2x = e^2 - 1 \qquad | :2$

$x = \frac{e^2}{2} - \frac{1}{2}6$

Tipp
$e^{\ln(x)} = x$

> **Tipp**
> $e^0 = 1$

Setze f(x) gleich 0 und bestimme x.

b) $2 \cdot \ln(2x + 1) = 0$

$\ln(2x + 1) = 0$

$2x + 1 = e^0$

$2x + 1 = 1 \quad | -1$

$2x = 0 \quad | :2$

$x = 0$

> **Tipp**
> streng monoton wachsend:
> $f'(x) > 0$
> streng monoton fallend:
> $f'(x) < 0$

Berechne die Ableitung mit der Kettenregel und untersuche sie.

c) $f'(x) = 2 \cdot \frac{1}{2x + 1} \cdot 2$

$= \frac{4}{2x + 1} > 0$ für alle $x > 0$

Die Funktion ist streng monoton wachsend.

> **Tipp**
> Linkskurve: $f''(x) > 0$
> Rechtskurve: $f''(x) < 0$

Untersuche die 2. Ableitung von f(x).

d) $f'(x) = \frac{4}{2x + 1} = 4 \cdot (2x + 1)^{-1}$

$f''(x) = -4 \cdot (2x + 1)^{-2} \cdot 2$

$= \frac{-8}{(2x + 1)^2} < 0$ für alle $x > 0$

Der Graph von f ist eine Rechtskurve.

○ **2** Gegeben ist die Funktion f mit $f(x) = 2 - \ln(4x - 1)$.

a) Für welchen x-Wert hat f den Funktionswert 4?

b) Gib die Nullstellen von f an.

c) Zeige, dass f streng monoton wachsend ist.

d) Zeige, dass der Graph von f eine Linkskurve ist.

○ **3** Löse die Gleichung.

a) $\ln(x) = 0$

b) $\ln(x) = 1$

c) $\ln(x) = -3$

d) $2\ln(x) = 4$

e) $\ln(x) = \frac{1}{2}$

f) $\ln(x - 3) = 5$

○ **4** Berechne die Ableitungsfunktion von f.

a) $f(x) = \ln(x)$

b) $f(x) = 3\ln(x)$

c) $f(x) = 3 - \ln(x)$

d) $f(x) = 4\ln(x) + 3x$

e) $f(x) = 3x^2 - \ln(x + 2)$

f) $f(x) = \frac{1}{x} - \ln(x) + 5$

TIPPS ZUM LÖSEN DER AUFGABEN 3 UND 4

3c) Es gilt: $\ln(x) > 0$. **4f)** Schreibe den Bruch so um, dass der Nenner als Faktor mit negativem Exponenten dargestellt wird.

5 Gegeben ist das Schaubild einer Logarithmusfunktion.

a) Bestimme grafisch die Extrempunkte und gib ihre ungefähren Koordinaten an.

b) Bestimme grafisch die Wendestelle und gib ihren ungefähren Wert an.

c) Zeichne die Tangente an den Graphen im Punkt $P(8\,|\,f(8))$ ein. Lies den Schnittpunkt der Tangente mit der x-Achse ab.

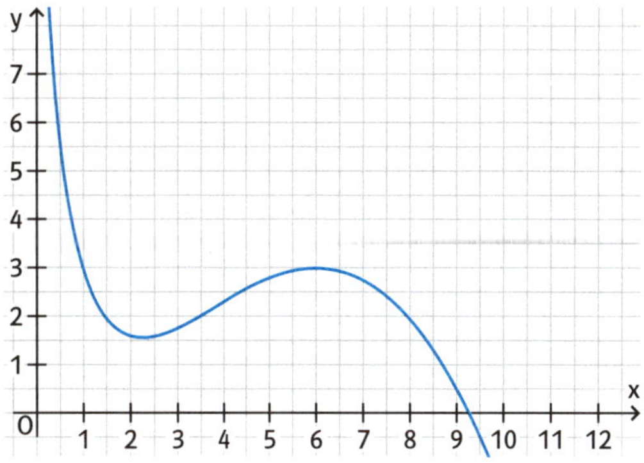

6 Beschreibe, wie der Graph der Funktion f aus dem Graphen der natürlichen Logarithmusfunktion hervorgeht.

a) $f(x) = 5\ln(x)$

b) $f(x) = \ln(x) + 3$

c) $f(x) = -\ln(x)$

d) $f(x) = \ln(-x)$

e) $f(x) = \ln(x - 2)$

f) $f(x) = \ln\left(\frac{1}{x}\right)$

7 Gegeben ist die Funktion f mit $f(x) = 1 - (\ln(1 - x))^2,\ x < 0$.

a) Berechne die Schnittpunkte mit den Koordinatenachsen.

b) Berechne, falls möglich, Extrempunkte der Funktion f.

c) Berechne, falls möglich, Wendepunkte der Funktion f.

8 Gegeben ist die Funktionenschar f_t mit $f_t(x) = \frac{x + 2 + \ln(x + t)}{x + t},\ x > -t$.

a) Berechne, falls möglich, Extrempunkte der Funktion f_2.

b) Berechne, falls möglich, Wendepunkte der Funktion f_2.

9 Gegeben ist die Funktionenschar f_t mit $f_t(x) = \frac{8}{x + t}\ln(x + t),\ x > -t$.

a) Berechne, falls möglich, die Schnittpunkte mit der x-Achse in Abhängigkeit von t.

b) Berechne, falls möglich, die Extrempunkte in Abhängigkeit von t.

10 Gegeben ist die Funktionenschar f_t mit $f_t(x) = 2x^3\ln(tx),\ t > 0, x > 0$.

a) Berechne, falls möglich, die Schnittpunkte mit der x-Achse in Abhängigkeit von t.

b) Berechne, falls möglich, die Extrempunkte in Abhängigkeit von t.

c) Berechne, falls möglich, die Wendepunkte in Abhängigkeit von t.

TIPPS ZUM LÖSEN DER AUFGABEN 6, 7, 8, 9 UND 10

6 Überlege dir, wie der Funktionswert verändert wird, wenn man eine Funktion auf der x- oder y-Achse verschiebt und auf der y-Achse streckt bzw. staucht. **7 a)** Schnittpunkte mit den Koordinatenachsen sind die Schnittpunkte mit der y-Achse und der x-Achse (auch Nullstellen genannt). Beachte $\ln(x) > 0$. **7 b), c)** Vergiss beim Ableiten das Minus vor der Klammer nicht ☺. Wende die Kettenregel an. **8** Schreibe den Bruch so um, dass der Nenner als Faktor mit negativem Exponenten dargestellt wird. Beachte, dass gilt: $x > -t$. **9 b)** Schreibe den Bruch so um, dass der Nenner als Faktor mit negativem Exponenten dargestellt wird und leite dann ab. **10** Wende die Produktregel an.

TRAINING

○ **1** Berechne die Ableitung f′ der Funktion f und vereinfache das Ergebnis. → Schritt 1

a) $f(x) = e^x$
b) $f(x) = 2e^x + 2x$
c) $f(x) = 2e^{3x} + 3x + 3$
d) $f(x) = 4x \cdot e^{2x}$
e) $f(x) = (x - 4) \cdot e^{3x}$
f) $f(x) = 2xe^x - 2e^x$

○ **2** Löse die Gleichung. → Schritt 2

a) $e^x - 15 = 0$
b) $e^z = -19$
c) $e^{-x} = 100$
d) $2e^{2x} = 32$
e) $3 + e^{2x} = 28$
f) $e^{2x+3} = 27$

◒ **3** Löse die Gleichung. → Schritt 3

a) $e^{2x} + e^x + 10 = 40$
b) $e^{2x} + 3e^x + 24 = 42$
c) $2e^{2x} + 20 = -3e^x$
d) $4e^{2x} + 20 = 80 - 8e^x$
e) $5e^x + 4 = \frac{12}{e^x}$
f) $e^x + 25e^{-x} = 4$

◒ **4** Gegeben ist die Funktion f mit $f(x) = x^2 \cdot e^{-0{,}5x^2 + 2}$.

a) Untersuche das Verhalten von f für $x \to \infty$ und für $x \to -\infty$ und gib gegebenenfalls die waagerechte Asymptote an. → Schritt 4

b) Berechne, falls vorhanden, die Extremstellen der Funktion f. → Schritt 5

◒ **5** Für jedes positive reelle t ist die Funktionenschar f_t gegeben durch $f_t(x) = \frac{x}{t} \cdot e^{-tx}$.

a) Berechne die Schnittpunkte mit den Achsen und untersuche das Verhalten für $x \to \pm\infty$ für $t = 0{,}5$. → Schritt 4

b) Bestimme die Extremstellen des Graphen der Funktionschar f_t. → Schritt 6

◒ **6** Gegeben ist Funktionenschar f_t mit $f_t(x) = ax - \ln(x)$ mit $x > 0$ und $a > 0$. → Schritt 7

a) Berechne, falls vorhanden, die Extrempunkte der Funktionenschar f_t.

b) Berechne, falls vorhanden, die Wendepunkte der Funktionenschar f_t.

● **7** Gegeben ist die Funktionenschar f_t mit $f_t(x) = (2 - x) \cdot e^{tx}$.

a) Berechne die Schnittpunkte mit den Achsen, Hoch-, Tief- und Wendepunkte der Funktion f_1. → Schritt 5

b) Zeige, dass alle Hochpunkte der Funktion f_t auf der Kurve mit der Gleichung $y = (2 - x) \cdot e^{\frac{x}{(2-x)}}$ (für $x \neq 2$) liegen. → Schritt 6

SCHRITT 8

Ich kann Stammfunktionen mit den Integrationsregeln bestimmen.

Hier lernst du, wie du Stammfunktionen von Funktionen der Art $f(x) = 4x^5 + 6$ und $f(x) = (5x + 2)^3$ bestimmen kannst.

→ Potenz-, Faktor- und Summenregel (Grundlagen)

DAS BRAUCHST DU WIEDER

Allgemein:	Potenzregel:	$f(x) = x^r$	$f'(x) = r \cdot x^{r-1}$
	Faktorregel:	$f(x) = c \cdot g(x)$	$f'(x) = c \cdot g'(x)$
	Summenregel:	$f(x) = g(x) + h(x)$	$f'(x) = g'(x) + h'(x)$
Beispiele:	$f(x) = 3x^4 + e^{7x}$	$f'(x) = 3 \cdot 4x^{4-1} + 7e^{7x} = 12x^3 + 7e^{7x}$	
	$f(x) = 5 \cdot x^4 + e^{6x}$	$f'(x) =$ ______	
	$f(x) = \frac{1}{2} \cdot x^2 - x^{-2}$	$f'(x) =$ ______	

DARUM GEHT'S

Du kennst schon die Ableitung f' einer Funktion f. Jetzt lernst du die Stammfunktion F kennen. Sie ist das Gegenteil der Ableitung, man könnte daher umgangssprachlich auch „Aufleitung" zu ihr sagen. Es gilt:

$\mathbf{F'(x) = f(x)}$

Für das Aufstellen einer Stammfunktion gibt es folgende Regeln, die man als **Integrationsregeln** bezeichnet:

	Potenzregel ($r \neq -1$)	Faktorregel	Summenregel	Lineare Substitution
Funktion f	x^r	$c \cdot g(x)$	$g(x) + h(x)$	$g(a \cdot x + b)$
Stammfunktion F	$\frac{1}{r+1} \cdot x^{r+1}$	$c \cdot G(x)$	$G(x) + H(x)$	$\frac{1}{a} \cdot G(a \cdot x + b)$

Sonderfälle:

Funktion f	$\frac{1}{x}$	$\sin(x)$	$\cos(x)$	e^{ax}
Stammfunktion F	$\ln(\lvert x \rvert)$	$-\cos(x)$	$\sin(x)$	$\frac{1}{a} \cdot e^{ax}$

Stammfunktionen mit den Integrationsregeln bestimmen

Diese Strategie verwendest du, wenn du eine Stammfunktion F einer Funktion f bestimmen willst.

SO GEHT'S

1 Beispiel

Bestimme eine Stammfunktion von f.

a) $f(x) = 5x^3 + 3$

b) $f(x) = (3x + 4)^6$

c) $f(x) = \sin(2x + 3)$

Gib eine Stammfunktion mit der Potenz-, Faktor- und Summenregel an:

a) $F(x) = 5 \cdot \frac{1}{3+1} \cdot x^{3+1} + 3 \cdot x$

Vereinfache die Stammfunktion:

$F(x) = \frac{5}{4}x^4 + 3x$

Du bist dran

Bestimme eine Stammfunktion von f.

a) $f(x) = 4x^5 + 6$

b) $f(x) = (5x + 2)^3$

c) $f(x) = \sin(4x - 6)$

Erklärfilm
Bestimmen von Stammfunktionen
9un6ux

Tipp
Die Stammfunktion einer konstanten Funktion $f(x) = c$ ist $F(x) = c \cdot x$.

Gib eine Stammfunktion an:

b) $F(x) = \frac{1}{3} \cdot \frac{1}{6+1} \cdot (3x+4)^{6+1}$

Vereinfache die Stammfunktion:

$F(x) = \frac{1}{21}(3x+4)^7$

Gib eine Stammfunktion mithilfe der Regel zur linearen Substitution an:

c) $F(x) = \frac{1}{2} \cdot -\cos(2x+3)$

○ **2** Gib eine Stammfunktion von f an.

a) $f(x) = 5x^7 + 3x^2$ **b)** $f(x) = 3x$ **c)** $f(x) = e^{5x}$

d) $f(x) = x^{-2}$ **e)** $f(x) = (8x+6)^2$ **f)** $f(x) = \left(\frac{1}{3}x + 4\right)^3$

g) $f(x) = -2\cos(x)$ **h)** $f(x) = \frac{3}{x}$ **i)** $f(x) = \sin(5x+2)$

○ **3** Bestimme eine Stammfunktion F von f.

a) $f(x) = 3x^2 - 2x + \frac{3}{4}$ **b)** $f(x) = 4x^7 - 2x + 5$ **c)** $f(x) = (5x+3)^6$

d) $f(x) = 3x^{-4} + 2x^5$ **e)** $f(x) = -\frac{4}{x^{-3}} - 7x^3$ **f)** $f(x) = \frac{3}{2x^3} + 5$

◒ **4** Bestimme eine Stammfunktion F von f.

a) $f(x) = 3\sqrt{x}$ **b)** $f(x) = 2\sqrt{x} + 2$ **c)** $f(x) = \frac{2}{3\sqrt{x}}$

d) $f(x) = \sqrt{x} + \frac{2}{\sqrt{x}}$ **e)** $f(x) = 3e^{3x}$ **f)** $f(x) = 2e^{4x} + 5$

◒ **5** Zeige, dass die Funktion F eine Stammfunktion der Funktion f ist.

a) $F(x) = (x+2) \cdot e^x,\ f(x) = (x+1) \cdot e^x$ **b)** $F(x) = -3x^3 \cdot e^x,\ f(x) = (-9x^2 - 3x^3) \cdot e^x$

◒ **6** Bestimme die Stammfunktion F von f.

a) $f(x) = 3e^x + \cos(x) + 2\sqrt{x}$ **b)** $f(x) = 3 \cdot (2\cos(x) + 2e^{3x})$

c) $f(x) = -\sin(x) + \frac{4}{3\sqrt{x}} - 5e^{-5x}$ **d)** $f(x) = 3 \cdot (2e^{-3x} + 5) - \cos(x) + 7$

◒ **7** Gib eine Stammfunktion F von f an.

a) $f(x) = \frac{x^3+3}{x^3}$ **b)** $f(x) = \frac{x^4 - 2x}{2x^3}$

TIPPS ZUM LÖSEN DER AUFGABEN 2, 3, 4, 5, 6 UND 7

2b) 3x kannst du auch als $3x^1$ schreiben. **2c)** Nutze die Regel der linearen Substitution mit $a = 5$ und somit $\frac{1}{a} = \frac{1}{5}$. **2d)** Nutze die Potenzregel. r ist hier −2. Also ist $r + 1 = -1$ und nicht etwa −3 ☺. **2f)** Nutze die Regel der linearen Substitution mit $a = \frac{1}{3}$ und somit $\frac{1}{a} = 3$. **2h)** $\frac{3}{x}$ kannst du zu $3 \cdot \frac{1}{x}$ umschreiben. **2i)** Nutze die Regel der linearen Substitution mit $a = 5$ und somit $\frac{1}{a} = \frac{1}{5}$. **3e)** Schreibe den Bruch so um, dass der Nenner als Faktor mit positivem Exponenten dargestellt wird, da dieser bereits negativ ist. **3f)** Schreibe den Bruch so um, dass der Nenner als Faktor mit negativem Exponenten dargestellt wird. **4a)–d)** Die Wurzel lässt sich umschreiben als: $\sqrt{x} = x^{\frac{1}{2}}$. **4c), d)** Schreibe den Bruch so um, dass der Nenner als Faktor mit negativem Exponenten dargestellt wird. **5** Löse die Klammer bei f(x) auf, integriere und klammere aus. **6b), d)** Löse zuerst die Klammer auf und integriere dann. **6c)** Schreibe den Bruch so um, dass der Nenner als Faktor mit negativem Exponenten dargestellt wird. **7** Schreibe zunächst als Summe um, z. B. $\frac{a+b}{c} = \frac{a}{c} + \frac{b}{c}$.

SCHRITT 9

Ich kann Stammfunktionen aus gegebenen Eigenschaften aufstellen.

Hier lernst du, wie du die Stammfunktion der Funktion $f(x) = 6x^2 + 4$ aufstellst, deren Graph durch den Punkt $P(2 | 8)$ verläuft.

→ Stammfunktion bestimmen (Schritt 8)

DAS BRAUCHST DU WIEDER

Allgemein:

	Potenzregel ($r \neq -1$)	Faktorregel	Summenregel	Lineare Substitution
Funktion f	x^r	$c \cdot g(x)$	$g(x) + h(x)$	$g(a \cdot x + b)$
Stammfunktion F	$\frac{1}{r+1} \cdot x^{r+1}$	$c \cdot G(x)$	$G(x) + H(x)$	$\frac{1}{a} \cdot G(a \cdot x + b)$

Beispiele:

$f(x) = x^4$ — $F(x) = \frac{1}{5}x^5$

$f(x) = 5 \cdot x^3$ — $F(x) =$ ____________________

$f(x) = 2 \cdot x^7 + x^{-3}$ — $F(x) =$ ____________________

$f(x) = (5x + 3)^4$ — $F(x) =$ ____________________

Erklärfilm
Zusammenhang zwischen Funktion und Stammfunktion
9un6ux

DARUM GEHT'S

Da beim Ableiten einer Funktion ein konstanter Faktor wegfällt, gibt es zum Beispiel zu der Funktion $f(x) = 4x^3$ nur eine Ableitung $f'(x) = 12x^2$, aber unendlich viele Stammfunktionen $F(x) = x^4 + c$.

Im letzten Lernschritt haben wir die Stammfunktion immer mit dem konstanten Faktor **c = 0** gebildet.
c kann aber jeden beliebigen anderen Wert annehmen.

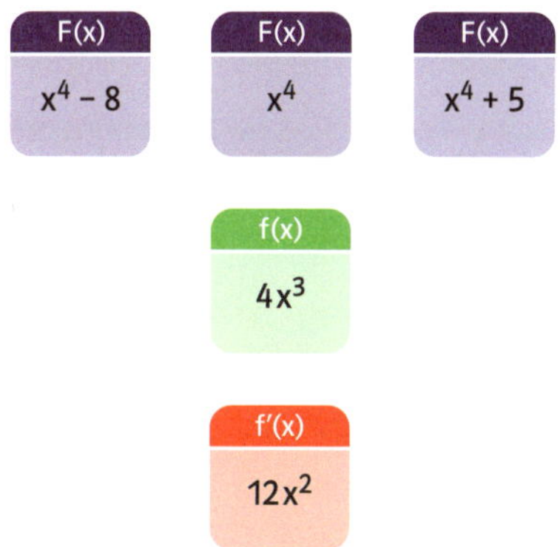

Tipp
Durch den konstanten Faktor c verschiebt sich der Graph der Stammfunktion in y-Richtung nach oben bzw. unten.

Stammfunktionen aus gegebenen Eigenschaften aufstellen

Diese Strategie verwendest du, wenn du die Stammfunktion F einer Funktion f bestimmen willst, deren Graph durch einen bestimmten Punkt verläuft.

SO GEHT'S

Erklärfilm
Bestimmen von Stammfunktionen
9un6ux

1 **Beispiel**
Bestimme die Stammfunktion von f mit $f(x) = 3x^2 + 5$, deren Graph durch den Punkt $P(2 | 7)$ verläuft.

Gib eine allgemeine Stammfunktion an:

$F(x) = 3 \cdot \frac{1}{3}x^3 + 5x + c$

Vereinfache die Stammfunktion:

$F(x) = x^3 + 5x + c$

Du bist dran
Bestimme die Stammfunktion von f mit $f(x) = 6x^2 + 4$, deren Graph durch den Punkt $P(2 | 8)$ verläuft.

Setze den Punkt P in die Stammfunktion ein und löse nach c auf:

$7 = 2^3 + 5 \cdot 2 + c$
$7 = 18 + c \quad | -18$
$c = -11$

Schreibe die Stammfunktion auf:

$F(x) = x^3 + 5x - 11$

○ **2** Bestimme die Stammfunktion von f, deren Graph durch den Punkt P verläuft.

a) $f(x) = 4x^3 + 4;\ P(1|3)$
b) $f(x) = 2x^5 - 3x;\ P(0|4)$
c) $f(x) = x^{-2};\ P\left(2\middle|\frac{1}{2}\right)$
d) $f(x) = e^{4x};\ P(1|5)$
e) $f(x) = (5x+5)^3;\ P(1|300)$
f) $f(x) = \left(\frac{1}{3}x + 4\right)^2;\ P(-3|30)$

○ **3** Bestimme eine Stammfunktion F zu f für die gilt: $F(1) = 50$.

a) $f(x) = 4x^3$
b) $f(x) = 3x^4 + 6$
c) $f(x) = x^{-4}$
d) $f(x) = 5$
e) $f(x) = 0{,}5x + 3$
f) $f(x) = (3x+4)^2$

◒ **4** Bestimme den Wert für a und b so, dass F eine Stammfunktion von f ist.

a) $f(x) = 4x^3;\ F(x) = x^a$
b) $f(x) = 5x^6;\ F(x) = ax^7$
c) $f(x) = 6x^3 + 4;\ F(x) = \frac{3}{2}x^4 + ax^b$
d) $f(x) = 2x^4 - \frac{2}{x^2};\ F(x) = ax^5 + 1x^b$

◒ **5** Bestimme den y-Wert des Punktes P auf dem Graphen der Stammfunktion F von f an der Stelle $x = 3$.

a) $f(x) = 2x^2$
b) $f(x) = 3x^4 + 4$
c) $f(x) = \frac{1}{3}x^3 + 5x^2 - 2$
d) $f(x) = (x+1)^2$
e) $f(x) = (3x+4)^2$
f) $f(x) = (2x+3)^2 + 3x^2$

● **6** Ein Bambusbaum wächst in den ersten 14 Tagen 40 cm. Innerhalb der nächsten 56 Tage kann seine Wachstumsrate w beschrieben werden durch die Funktion $w(x) = e^{0{,}1151x}$. Gib eine Formel zur Berechnung der Größe des Bambusbaums an und berechne seine Größe nach 42 Tagen.

TIPPS ZUM LÖSEN DER AUFGABEN 3, 4, 5 UND 6

3 f) Wende die 1. binomische Formel an und bilde dann die Stammfunktion. **4** Bilde eine Stammfunktion und überlege dir, welche Zahl du für die Variablen einsetzen musst, damit diese übereinstimmen. **5 d), e), f)** Wende die 1. binomische Formel an und bilde dann die Stammfunktion. **6** Der Begriff „Wachstumsrate" beschreibt die Ableitung.

SCHRITT 10 Ich kann aus dem Graphen einer Funktion Aussagen über den Graphen der Stammfunktion treffen.

Hier lernst du, wie du an dem gegebenen Graphen der Funktion f untersuchen kannst, ob Aussagen über den Graphen der Stammfunktion F wahr sind.

→ Steigung von Funktionen (Grundlagen)

DAS BRAUCHST DU WIEDER

Allgemein: Steigung $f'(x) = \frac{\text{y-Differenz}}{\text{x-Differenz}}$

Beispiele: $f'(a) = \frac{1{,}5}{1} = 1{,}5$

$f'(b) =$ ____________________

$f'(c) =$ ____________________

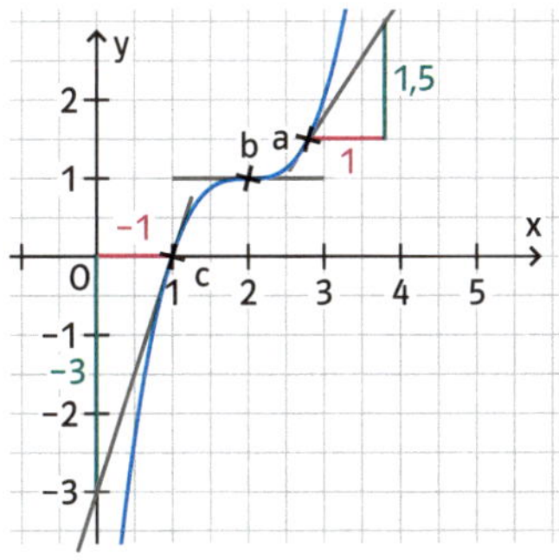

DARUM GEHT'S

Folgenden Zusammenhang kennst du bereits:
Die **Ableitungsfunktion f′** gibt die **Steigung der Funktion f** an.

Dieses Wissen kannst du jetzt auf die Stammfunktion übertragen:
Die **Funktion f** gibt die **Steigung der Stammfunktion F** an.

Hat die Funktion f zum Beispiel an der Stelle $x = 2$ eine Nullstelle mit Vorzeichenwechsel, also $f(2) = 0$, dann hat die Stammfunktion F an der Stelle $x = 2$ eine Extremstelle, also die Steigung 0.

Hat die Funktion f zum Beispiel an der Stelle $x = 3$ eine Extremstelle, dann hat die Stammfunktion F an der Stelle $x = 3$ eine Wendestelle.

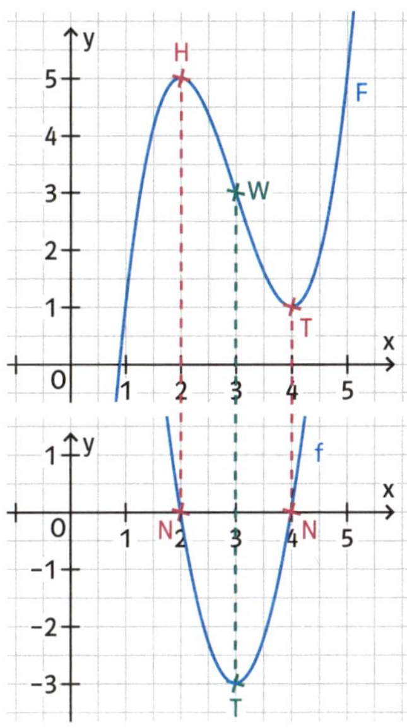

Tipp
Hat f eine Nullstelle ohne Vorzeichenwechsel, in der der Graph die x-Achse also nur berührt, so hat F an dieser Stelle einen Sattelpunkt.

Aussagen über den Graphen der Stammfunktion treffen

Diese Strategie verwendest du, wenn du an dem gegebenen Graphen der Funktion f untersuchen musst, ob Aussagen über den Graphen der Stammfunktion F wahr sind.

SO GEHT'S

1 Beispiel
Der Graph zeigt eine ganzrationale Funktion f 2. Grades. Untersuche, welche der Aussagen über F wahr sind. Begründe deine Entscheidung.

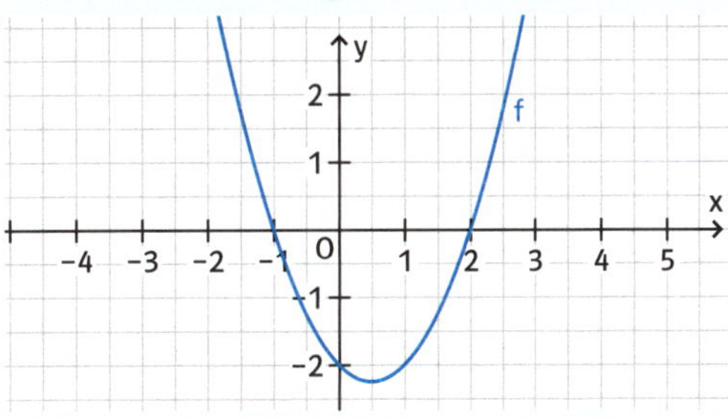

Du bist dran
Der Graph zeigt eine ganzrationale Funktion f 2. Grades. Untersuche, welche der Aussagen über F wahr sind. Begründe deine Entscheidung.

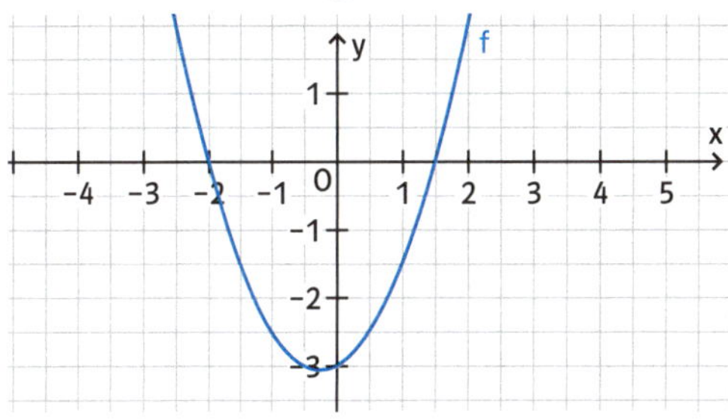

a) F hat genau 2 Extremstellen.
b) F hat an der Stelle $x = -1$ einen Tiefpunkt.
c) F hat genau eine Wendestelle.

a) F hat genau 3 Extremstellen.
b) F hat an der Stelle $x = -2$ einen Hochpunkt.
c) F hat genau 2 Wendestellen.

Untersuche, ob die 1. Aussage wahr ist und begründe deine Entscheidung:

a) Die Aussage ist wahr. Der Graph von f hat zwei Nullstellen mit Vorzeichenwechsel. Also hat der Graph von F zwei Extremstellen.

Untersuche, ob die 2. Aussage wahr ist und begründe deine Entscheidung:

b) Die Aussage ist falsch. Der Graph von f hat an der Stelle $x = -1$ zwar eine Nullstelle, da der Graph von f aber vorher im positiven und nachher im negativen Bereich ist, steigt zuerst der Graph von F und fällt danach. Daher hat der Graph der Funktion F hier einen Hochpunkt.

Untersuche, ob die 3. Aussage wahr ist und begründe deine Entscheidung:

c) Die Aussage ist wahr. Der Graph von f hat genau eine Extremstelle. Also hat der Graph von F genau eine Wendestelle.

○ **2** Der Graph zeigt eine ganzrationale Funktion 3. Grades. Untersuche, welche der Aussagen über F wahr sind und begründe.
a) F hat an der Stelle $x = 4$ einen Hochpunkt.
b) F hat an der Stelle $x = 1$ einen Extrempunkt.
c) F hat genau zwei Wendestellen.

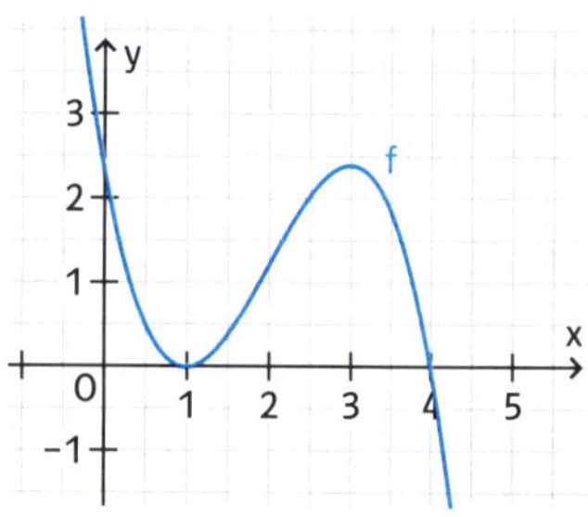

○ **3** Begründe, welcher der folgenden Graphen von F eine Stammfunktion zum Graphen von f ist.

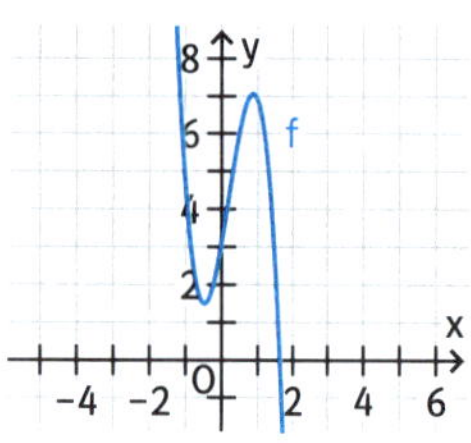

A

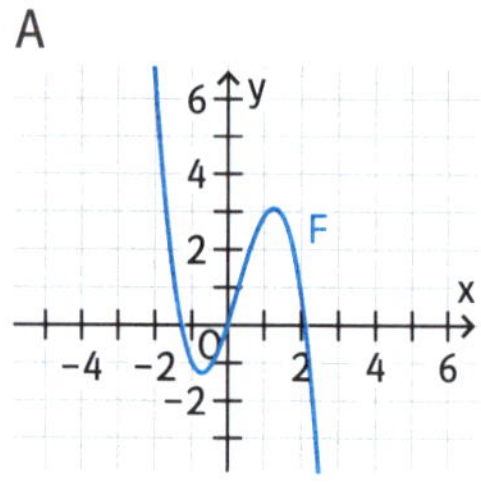

B

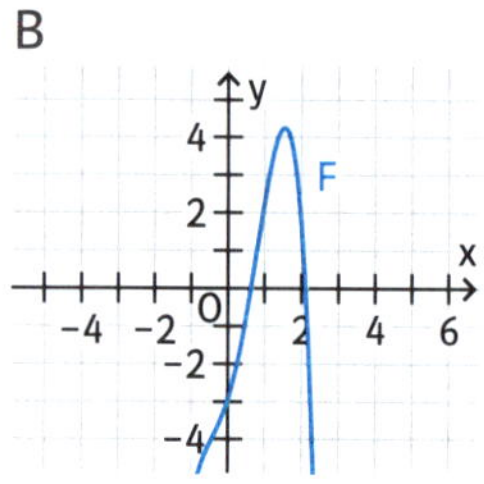

C

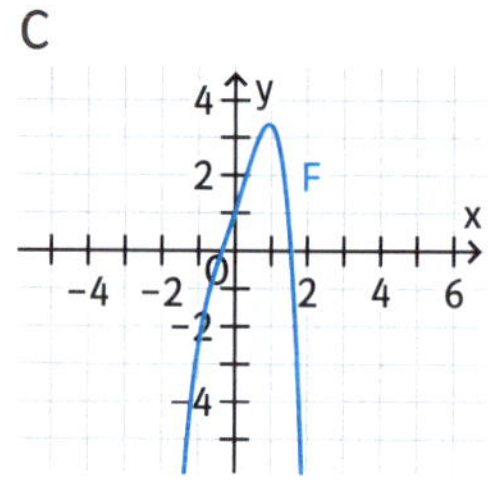

TIPPS ZUM LÖSEN DER AUFGABEN 2 UND 3

2b) Der Graph von f hat an der Stelle $x = 1$ zwar eine Nullstelle, dennoch hat der Graph von F an dieser Stelle keinen Extrempunkt. Warum? **3** Untersuche die charakteristischen Punkte (Hochpunkt, usw.) von F(x) und vergleiche mit f(x).

4 Gegeben ist der Graph der Funktion f. F ist eine beliebige Stammfunktion von f. Gib an, ob die Aussage wahr oder falsch ist und begründe deine Antwort.

a) F hat bei $x \approx 0{,}4$ eine Extremstelle.
b) F hat an der Stelle $x = -0{,}75$ einen Tiefpunkt.
c) F ist in $[-0{,}5; 0]$ streng monoton steigend.
d) F hat bei $x = 0$ eine Wendestelle.
e) F hat an der Stelle $x = -1{,}5$ den Funktionswert $y \approx 23$.

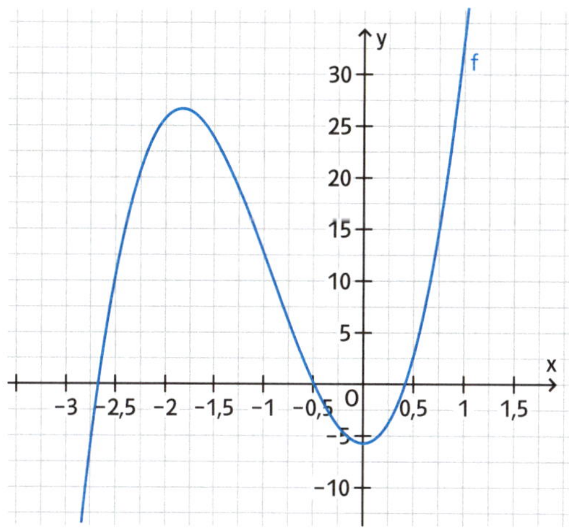

5 Gegeben ist der Graph der Funktion f. F ist eine Stammfunktion von f. Gib an, an welchen markierten Stellen

a) F(x) einen Hochpunkt besitzt,
b) F(x) einen Tiefpunkt besitzt,
c) F′(x) ein lokales Minimum besitzt.

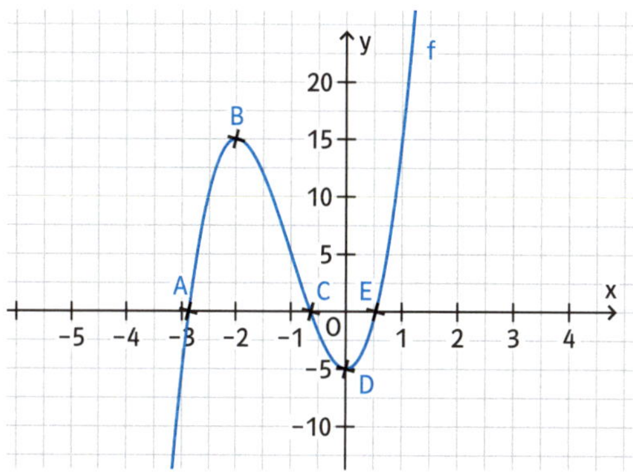

6 Gegeben ist der Graph der Funktion f. F ist eine beliebige Stammfunktion von f. Begründe, welche der folgenden Aussagen über F wahr oder falsch sind.

I) F(x) besitzt an der Stelle $x = 0$ einen Tiefpunkt.
II) F(x) besitzt an der Stelle $x = -1$ die Steigung $m = 0$.
III) F(x) besitzt einen Wendepunkt.
IV) $F(1) > F(0)$

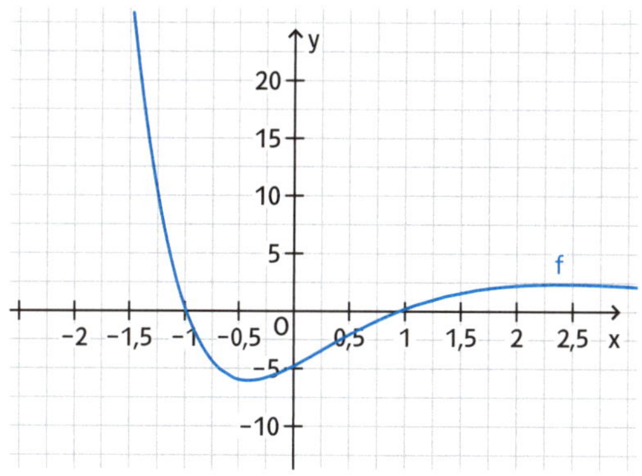

7 Gegeben ist der Graph der Stammfunktion F von f. Gib an, ob die Aussage wahr, falsch oder unentscheidbar ist. Begründe deine Entscheidung.

a) Die Funktion f hat drei Nullstellen.
b) $F(-2) - f(3) < 3$
c) $f(x) > 0$ im Intervall $-3 < x < -2$

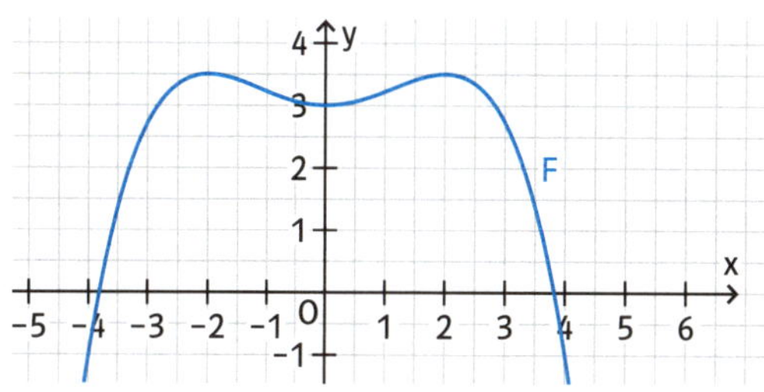

TIPPS ZUM LÖSEN DER AUFGABEN 4, 5, 6 UND 7

4a), b) Überlege, welche Bedingungen an einen Extrempunkt, Tiefpunkt bzw. Wendepunkt geknüpft sind. **4c)** Überlege, was für die Ableitung einer monoton steigenden Funktion gilt. **4** Es gibt unendlich viele Stammfunktionen. Kannst du etwas über die Lage einzelner Punkte aussagen? **5c)** Es gilt: $F'(x) = f(x)$. **6** II) Steigung ist ein Stichwort für die 1. Ableitung, also $F'(x) = f(x)$. 6 IV) Überlege dir, ob die Funktion im Intervall $I = [0; 1]$ monoton steigt oder monoton fällt. Was bedeutet dies jeweils für die Funktionswerte? **7c)** f(x) beschreibt die Steigung von F(x). Was gilt für F(x), wenn die Steigung im gegeben Intervall positiv ist?

8 Gegeben sind die vier Graphen I, II, III, IV. Drei dieser vier Graphen stellen eine Funktion f, deren Ableitung f′ und ihre Stammfunktion F dar. Gib an, bei welchem Graphen es sich um die Stammfunktion F, die Funktion f und die Ableitungsfunktion f′ handelt.

I

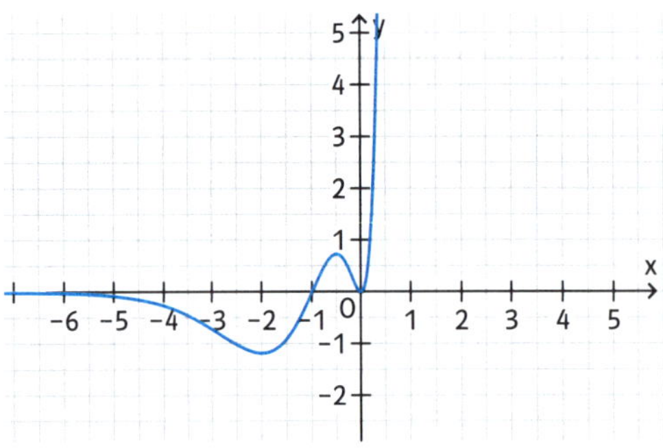

II

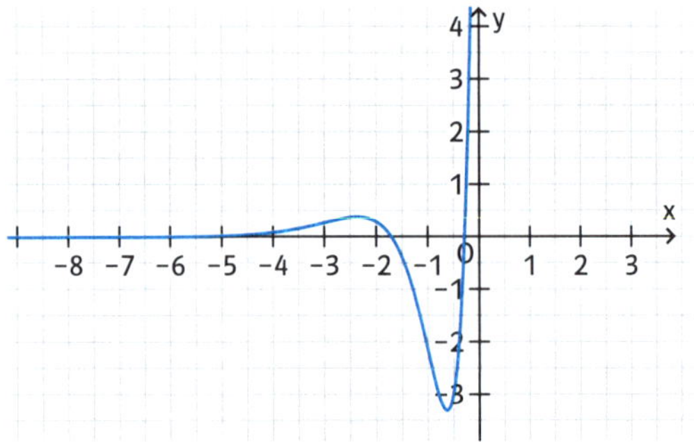

III

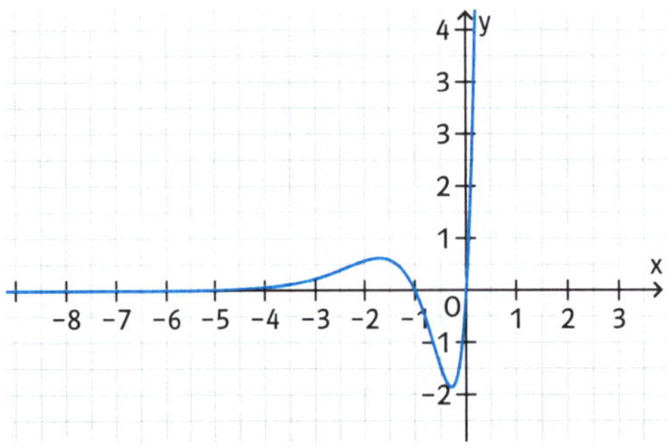

IV

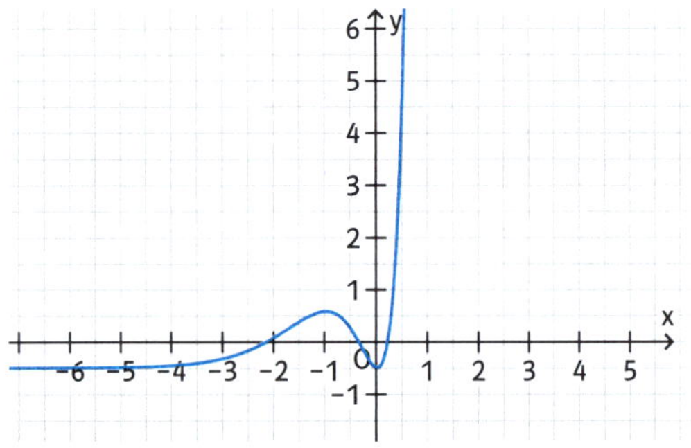

TIPP ZUM LÖSEN DER AUFGABE 8

8 Wähle dir eine Funktion als F(x) und versuche damit f(x) und f′(x) zu finden. Klappt das nicht, wähle eine andere Funktion als F(x) und verfahre gleichermaßen.

SCHRITT 11

Ich kann Integrale berechnen (Hauptsatz der Differential- und Integralrechnung).

Hier lernst du, wie du das Integral $\int_2^3 3x^2+4\,dx$ berechnest.

→ Stammfunktion bestimmen (Schritt 8)

DAS BRAUCHST DU WIEDER

Allgemein:

	Potenzregel ($r \neq -1$)	Faktorregel	Summenregel	Lineare Substitution
Funktion f	x^r	$c \cdot g(x)$	$g(x)+h(x)$	$g(a \cdot x + b)$
Stammfunktion F	$\frac{1}{r+1} \cdot x^{r+1}$	$c \cdot G(x)$	$G(x)+H(x)$	$\frac{1}{a} \cdot G(a \cdot x + b)$

Beispiele:

$f(x) = 7 \cdot x^5$ $F(x) = 7 \cdot \frac{1}{5+1} x^{5+1} = 7 \cdot \frac{1}{6} x^6 = \frac{7}{6} x^6$

$f(x) = 5 \cdot x^2$ $F(x) =$ ______

$f(x) = 4 \cdot x^{-2} + x^3$ $F(x) =$ ______

$f(x) = (2x-5)^3$ $F(x) =$ ______

DARUM GEHT'S

🌐 **Erklärfilm**
Hauptsatz der Differential- und Integralrechnung
9un6ux

Du lernst jetzt das Integral kennen. Mit diesem Hilfsmittel kannst du den orientierten Flächeninhalt, den der Graph von f mit der x-Achse und den Grenzen a und b einschließt, berechnen.

Der orientierte Flächeninhalt oberhalb der x-Achse ist positiv.
Der orientierte Flächeninhalt unterhalb der x-Achse ist negativ.

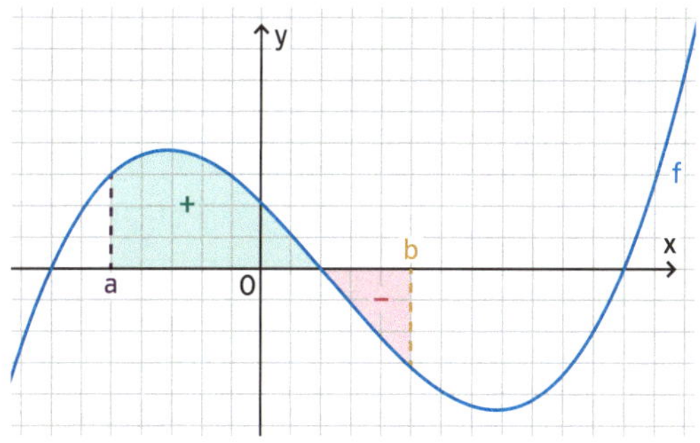

Man schreibt:

$\int_a^b \mathbf{f(x)\,dx}$

Man spricht:
Das **Integral von f von a bis b**.

Du kannst schon die Stammfunktion F einer Funktion f berechnen und nun kannst du damit den Hauptsatz der Differential- und Integralrechnung anwenden. Mithilfe dieses Satzes und der Stammfunktion F einer Funktion f kannst du Integrale berechnen.
Er lautet:

$$\int_a^b f(x)\,dx = [F(x)]_a^b = F(b) - F(a)$$

Integrale berechnen (Hauptsatz der Differential- und Integralrechnung)

🌐 **Erklärfilm**
Berechnung von Integralen
9un6ux

Diese Strategie verwendest du, wenn du ein Integral berechnen willst.

SO GEHT'S

Tipp
Du bildest hier am besten immer die Stammfunktion, bei der $c = 0$ ist.
Das verringert den späteren Rechenaufwand.

1 **Beispiel**
Berechne das Integral $\int_0^2 4x^3+2\,dx$.

Du bist dran
Berechne das Integral $\int_2^3 3x^2+4\,dx$.

Bilde eine Stammfunktion mit der Potenz-, Faktor- und Summenregel:

$F(x) = 4 \cdot \frac{1}{4} x^4 + 2x$

Vereinfache die Stammfunktion:

$F(x) = x^4 + 2x$

Berechne das Integral mit dem Hauptsatz der Differential- und Integralrechnung:

$$\int_1^2 4x^3 + 2\,dx = [x^4 + 2x]_1^2$$
$$= 2^4 + 2 \cdot 2 - (1^4 + 2 \cdot 1)$$
$$= 20 - 3$$
$$= 17$$

Tipp
Schreibe den Term mit eingesetzter unterer Grenze immer in Klammer, da das Minus aus der Formel für den gesamten Term gilt.

○ **2** Berechne das Integral.

a) $\int_1^2 4x\,dx$ **b)** $\int_0^2 3x^2\,dx$

c) $\int_0^1 3e^{0,5x}\,dx$ **d)** $\int_1^2 \frac{1}{x}\,dx$

e) $\int_{-1}^2 \frac{1}{x^2} + 1\,dx$ **f)** $\int_{-1}^0 (3x-5)^2\,dx$

○ **3** Berechne das Integral.

a) $\int_2^5 4x^2 + 2x\,dx$ **b)** $\int_2^4 4e^{2x}\,dx$

c) $\int_5^{99} 1\,dx$ **d)** $\int_1^3 \frac{5}{x}\,dx$

e) $\int_1^2 \frac{1}{3x^2}\,dx$ **f)** $\int_{-5}^5 (2x-4)^3\,dx$

◒ **4** Gib an, welches der folgenden Integrale durch die Rechenvorschrift $[0{,}3x^2]_1^2$ berechnet werden kann.

A $\int_1^2 \frac{12}{20}x\,dx$ B $\int_1^2 0{,}6x + 3\,dx$ C $\int_1^2 -0{,}3c + 0{,}9x\,dx$

◒ **5** Untersuche, ob die Funktion F mit $F(x) = 0{,}1x^6 - 5$ oder die Funktion G mit $G(x) = \frac{3}{30}x^6$ eine Stammfunktion von h mit $h(x) = \frac{3}{5}x^5$ ist.

● **6** Berechne eine positive Zahl a, sodass die Gleichung erfüllt ist.

a) $\int_0^a x\,dx = 8$ **b)** $\int_0^a 3x\,dx = 6$ **c)** $\int_a^5 3x^2\,dx = 98$

TIPPS ZUM LÖSEN DER AUFGABEN 2, 3, 4, 5 UND 6

2 c) Beachte, dass sich der Exponent von $e^{0,5x}$ beim Bilden der Stammfunktion nicht ändert. Nutze die Regel der linearen Substitution mit $a = 0{,}5$ und somit $\frac{1}{a} = 2$. **2 d)** Die Stammfunktion von $\frac{1}{x}$ ist $\ln(|x|)$ und es gilt: $\ln(1) = 0$. **2 e)** Schreibe $\frac{1}{x^2}$ als x^{-2}. **2 f)** Nutze die Regel der linearen Substitution mit $a = 3$ und somit $\frac{1}{a} = \frac{1}{3}$. **3 d)** Schreibe den Bruch so um, dass der Nenner als Faktor mit negativem Exponenten dargestellt wird. Es gilt: $\ln(1) = 0$. **3 e)** Schreibe den Bruch so um, dass der Nenner als Faktor mit negativem Exponenten dargestellt wird. **3 f)** Keine Angst vor dem Ergebnis ☺. **4** Vereinfache zuerst die Rechenausdrücke und vergleiche dann. **5** Bilde eine allgemeine Stammfunktion von $h(x)$ und vergleiche dann mit $F(x)$ und $G(x)$. **6** Berechne zuerst das Integral und setze das Ergebnis dann mit der Zahl gleich.

SCHRITT 12 Ich kann Integralfunktionen bestimmen.

Hier lernst du, wie du die Integralfunktion $I_1(x)$ zur Funktion $f(x) = e^{3x}$ mit dem Hauptsatz der Differential- und Integralrechnung bestimmst.

→ Integrale berechnen (Schritt 11)

DAS BRAUCHST DU WIEDER

Allgemein: Der Hauptsatz der Differential- und Integralrechnung:

$$\int_a^b f(x)\,dx = [F(x)]_a^b = F(b) - F(a)$$

Beispiele:

a) $\int_0^1 x^2\,dx = \left[\frac{1}{3} \cdot x^3\right]_0^1 = \frac{1}{3} \cdot 1^3 - \frac{1}{3} \cdot 0^3 = \frac{1}{3}$

b) $\int_0^1 e^x\,dx =$ ______________________________

DARUM GEHT'S

Du kannst jetzt schon mit dem Hauptsatz der Differential- und Integralrechnung Integrale berechnen. Bei einer Integralfunktion $I_a(x)$ berechnest du auch ein Integral, nur mit dem Unterschied, dass die obere Grenze b einen variablen Wert x besitzt.
Die untere Grenze a hat nach wie vor einen festen Wert.

Tipp
Da man für die Grenzen und die Variable der zu integrierenden Funktion nicht dieselbe Variable verwenden darf, schreiben wir f(t).

$$I_a(x) = \int_a^x f(t)\,dt = [F(t)]_a^x = F(x) - F(a)$$

In der Abbildung ist die Funktion $f(t) = 0{,}2\,t^2$ gegeben. Würden wir zum Beispiel die Integralfunktion $I_2(x)$ berechnen, dann wäre $I_2(6)$ das Integral von f(t) von 2 bis 6, also der orientierte Flächeninhalt von 2 bis 6.

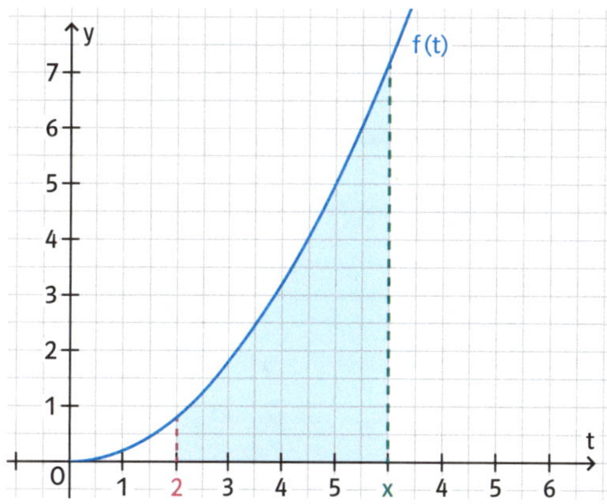

Integralfunktionen bestimmen

Diese Strategie verwendest du, wenn du die Integralfunktion $I_a(x)$ bestimmen willst.

SO GEHT'S

1 Beispiel
Bestimme zur Funktion f mit $f(x) = e^{2x}$ die Integralfunktion $I_0(x)$.

Du bist dran
Bestimme zur Funktion f mit $f(x) = e^{3x}$ die Integralfunktion $I_1(x)$.

Bestimme eine Stammfunktion und vereinfache sie gegebenenfalls:

$F(x) = \frac{1}{2}\,e^{2x}$

Tipp
Du bildest hier am besten immer die Stammfunktion, bei der $c = 0$ ist.
Das verringert den späteren Rechenaufwand.

Ersetze die Variable x durch die Variable t:

$F(t) = \frac{1}{2}\,e^{2t}$

Bestimme die Integralfunktion mit dem Hauptsatz der Differential- und Integralrechnung:

$$I_0(x) = \int_0^x e^{2t}\,dt = \left[\frac{1}{2}\,e^{2t}\right]_0^x$$
$$= \frac{1}{2}\,e^{2x} - \frac{1}{2}\,e^{2 \cdot 0}$$
$$= \frac{1}{2}\,e^{2x} - \frac{1}{2}$$

○ **2** Bestimme die Integralfunktion $I_a(x)$ zur gegebenen unteren Grenze a.

a) $f(t) = t^2;\ a = 0$

b) $f(t) = t^3;\ a = 0$

c) $f(t) = e^{\frac{1}{2}t};\ a = 0$

d) $f(t) = t + 5;\ a = 2$

e) $f(t) = \sin(2t);\ a = 0$

f) $f(t) = \frac{1}{t^2};\ a = 1$

○ **3** Gegeben ist die Funktion f. Bestimme die Integralfunktion $I_a(x)$ zur gegebenen unteren Grenze a. Überprüfe, ob $I_a(x)$ eine Stammfunktion von f ist.

a) $f(t) = t^2;\ a = 2$

b) $f(t) = 5t^4;\ a = 2$

c) $f(t) = 4t^3 - 2t^2;\ a = 3$

d) $f(t) = e^t + 1;\ a = 1$

e) $f(t) = 2e^{2t};\ a = 0$

f) $f(t) = 2e^{0,5t} + 3t^2;\ a = 0$

◒ **4** Löse die Gleichung $(x > 0)$.

a) $\int_1^x 2t^2 - 3\,dt = \frac{34}{3}$

b) $\int_0^x 4e^t\,dt = 16$

c) $\int_2^x \frac{1}{t^2} + 2t\,dt = -3,5$

d) $\int_0^x 2e^{0,5t}\,dt = 28$

◒ **5** Gegeben ist der Graph der Stammfunktion F von f. Gib an, ob die Aussagen wahr oder falsch sind und begründe deine Antwort.

A F ist die Stammfunktion von f mit $F(0) = 3$.

B H mit $H(x) = F(x) - 3$ ist eine Integralfunktion I_a von f.

C $\int_{-3}^{3} f(x)\,dx > 6$

D $F(3) + f(3) = 4$

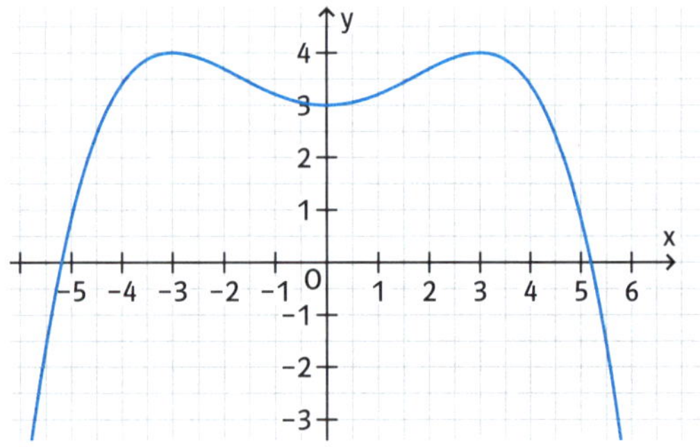

● **6** Das Wachstum eines Baumes in cm pro Woche kann modellhaft durch den abgebildeten Graphen der Funktion f beschrieben werden.

a) Erläutere im Sachzusammenhang die Bedeutung der Funktionswerte der Integralfunktion $I_0(x) = \int_0^x f(t)\,dt$.

b) Bestimme näherungsweise $I_0(3)$.

c) Gib an, um wie viel cm der Baum zwischen der 3. und 4. Woche gewachsen ist.

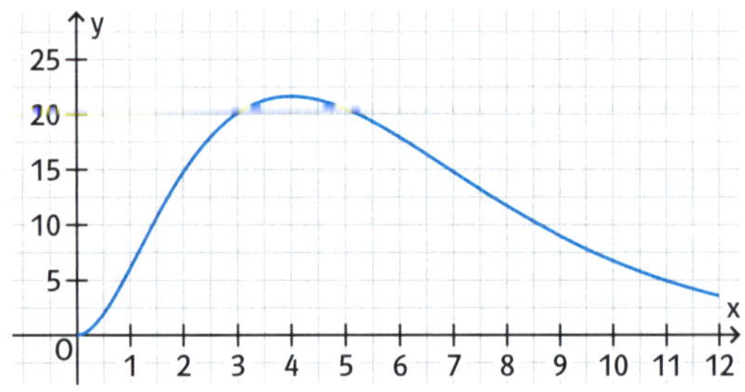

TIPPS ZUM LÖSEN DER AUFGABEN 4 UND 6

4 Bestimme zuerst die Stammfunktion und löse dann die Gleichung. **4a)** Ergebnis als Wurzel stehen lassen. **4c)** Multipliziere die Gleichung mit x. **6c)** Kann man im Schaubild ablesen ☺.

SCHRITT 13

Ich kann den Flächeninhalt zwischen dem Graphen einer Funktion und der x-Achse bestimmen.

Hier lernst du, wie du die Fläche zwischen dem Graphen der Funktion $f(x) = (x+2)^2 - 4$, der x-Achse und den Geraden $x = -2$ und $x = 1$ bestimmen kannst.

→ Stammfunktion bestimmen (Schritt 8)

DAS BRAUCHST DU WIEDER

Allgemein:

	Potenzregel ($r \neq -1$)	Faktorregel	Summenregel	Lineare Substitution
Funktion f	x^r	$c \cdot g(x)$	$g(x) + h(x)$	$g(a \cdot x + b)$
Stammfunktion F	$\frac{1}{r+1} \cdot x^{r+1}$	$c \cdot G(x)$	$G(x) + H(x)$	$\frac{1}{a} \cdot G(a \cdot x + b)$

Beispiele:

$f(x) = 9 \cdot x^4$ $\quad F(x) = 9 \cdot \frac{1}{4+1} x^{4+1} = 9 \cdot \frac{1}{5} x^5 = \frac{9}{5} x^5$

$f(x) = 3 \cdot x^6$ $\quad F(x) =$ ______

$f(x) = 2x^{-3} + 4x^2$ $\quad F(x) =$ ______

$f(x) = (3x - 6)^4$ $\quad F(x) =$ ______

DARUM GEHT'S

Im einfachsten Fall grenzen der Graph von f und die x-Achse eine **einzelne Fläche** ein.

Deren Inhalt berechnest du mit dem Integral von f(x) mit den Nullstellen der Funktion als Integrationsgrenzen. Liegt die Fläche unterhalb der x-Achse, musst du den Betrag des Integrals nehmen, da ein Integral immer den orientierten Flächeninhalt berechnet und dieser unterhalb der x-Achse negativ ist.

$$A = \left| \int_{x_1}^{x_2} f(x)\,dx \right|$$

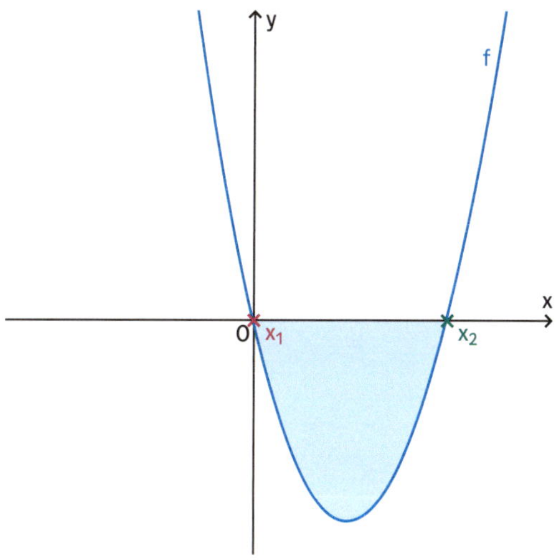

Tipp
Neben den Nullstellen können auch zusätzlich angegebene Geraden oder Intervallgrenzen die Teilflächen begrenzen.

Handelt es sich um **mehrere Teilflächen**, so werden diese einzeln berechnet und anschließend addiert. Auch hier erhalten alle Integrale mit einem negativen Wert Betragszeichen.

Inhalt der Fläche, die vom Graphen von f, der x-Achse und den Geraden $x = a$ und $x = b$ eingeschlossen wird:

$$A = \left| \int_{a}^{x_1} f(x)\,dx \right| + \left| \int_{x_1}^{b} f(x)\,dx \right|$$

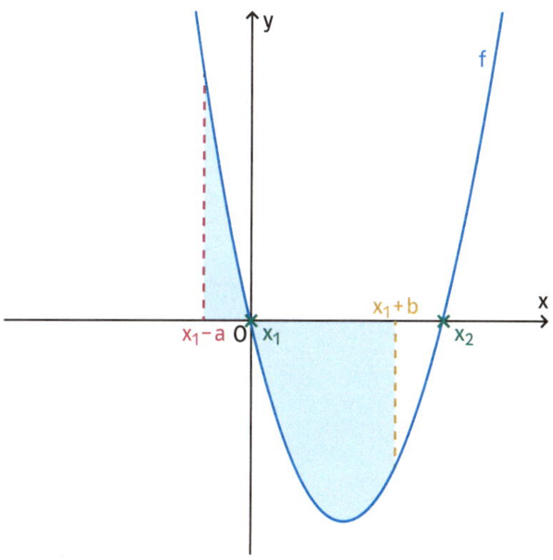

Flächen zwischen Graphen und der x-Achse berechnen.

Diese Strategie verwendest du, wenn du den Flächeninhalt zwischen dem Graphen einer Funktion f und der x-Achse bestimmen willst.

SO GEHT'S

Erklärfilm
Flächeninhalt zwischen dem Graphen einer Funktion f und der x-Achse
9un6ux

Tipp
Je nach Art der Gleichung musst du hier ausklammern, Äquivalenzumformungen durchführen und/oder die pq-/abc-Formel anwenden.

1 Beispiel

Berechne den Inhalt der Fläche, die vom Graphen von f mit $f(x) = -1 + (x-1)^2$, der x-Achse und den Geraden $x = 1$ und $x = 3$ eingeschlossen wird.

Du bist dran

Berechne den Inhalt der Fläche, die vom Graphen von f mit $f(x) = (x+2)^2 - 4$, der x-Achse und den Geraden $x = -2$ und $x = 1$ eingeschlossen wird.

Vereinfache zunächst die Funktionsgleichung durch Ausmultiplizieren:

$$f(x) = -1 + x^2 - 2x + 1$$
$$= x^2 - 2x$$

Bestimme die Schnittpunkte mit der x-Achse:

$$x^2 - 2x = 0$$
$$x \cdot (x-2) = 0$$
$$x_1 = 0 \text{ und } x_2 = 2$$

Bestimme die Teilintegrale mit den gegebenen Geraden bzw. den zuvor bestimmten Schnittpunkten als Grenzen. Beachte dabei nur Schnittpunkte, die im Bereich zwischen den gegebenen Geraden liegen.

$x_1 = 0$ liegt nicht im Bereich zwischen den gegebenen Geraden und entfällt damit.

$$\int_1^2 (x^2 - 2x)\,dx = \left[\frac{1}{3}x^3 - x^2\right]_1^2$$
$$= \frac{8}{3} - 4 - \left(\frac{1}{3} - 1\right)$$
$$= \frac{8}{3} - 4 - \frac{1}{3} + 1$$
$$= \frac{7}{3} - 3 = \frac{7}{3} - \frac{9}{3} = -\frac{2}{3}$$

$$\int_2^3 (x^2 - 2x)\,dx = \left[\frac{1}{3}x^3 - x^2\right]_2^3$$
$$= \frac{27}{3} - 9 - \left(\frac{8}{3} - 4\right)$$
$$= 9 - 9 - \frac{8}{3} + 4$$
$$= -\frac{8}{3} + \frac{12}{3} = \frac{4}{3}$$

Bestimme die Gesamtfläche, indem du die Beträge der Teilintegrale addierst:

$$A = \left|\int_1^2 (x^2 - 2x)\,dx\right| + \left|\int_2^3 (x^2 - 2x)\,dx\right|$$
$$= \left|-\frac{2}{3}\right| + \frac{4}{3}$$
$$= \frac{2}{3} + \frac{4}{3} = \frac{6}{3} = 2$$

○ **2** Berechne den Inhalt der Fläche, die vom Graphen von f, der x-Achse und den beiden Geraden eingeschlossen wird.

a) $f(x) = 2x$; Geraden: $x = -1$; $x = 2$
b) $f(x) = x^2 - x - 6$; Geraden: $x = -1$; $x = 2$
c) $f(x) = 3x(x-2)$; Geraden: $x = -1$; $x = 3$
d) $f(x) = x^4 + x^2 - 2$; Geraden: $x = 0$; $x = 2$

Tipp
Sind keine Grenzen in Form von Geraden oder Intervallen gegeben, bestimmst du die Teilflächen zwischen den Schnittpunkten mit der x-Achse.

○ **3** Berechne den Inhalt der Fläche, die der Graph von f mit der x-Achse einschließt.

a) $f(x) = 4x^2 - 4$
b) $f(x) = 4 - x^2$
c) $f(x) = 5 - 5x^2$
d) $f(x) = (2 - x)(x + 2)$
e) $f(x) = 3(x + 1)(x - 3)$
f) $f(x) = x^2 - 16$
g) $f(x) = 0{,}5x^2 + 0{,}5x - 1$
h) $f(x) = 3x^2 - 12$
i) $f(x) = 4x^2 + 4x - 8$

◒ **4** Berechne den Inhalt der Fläche, die der Graph von f mit der x-Achse einschließt.

a) $f(x) = 2{,}5(x - 1{,}5)(x + 3)$
b) $f(x) = \sqrt{x}\,(x - 3)$
c) $f(x) = 2e^{2x} - 6e^x + 4$
d) $f(x) = -2x^2 + 8x$
e) $f(x) = \frac{1}{48}x^3 - \frac{1}{4}x^2 + \frac{3}{4}x$
f) $f(x) = \frac{1}{48}x^4 - x^2 + 9$

◒ **5** Berechne den Inhalt der gefärbten Fläche.

a)

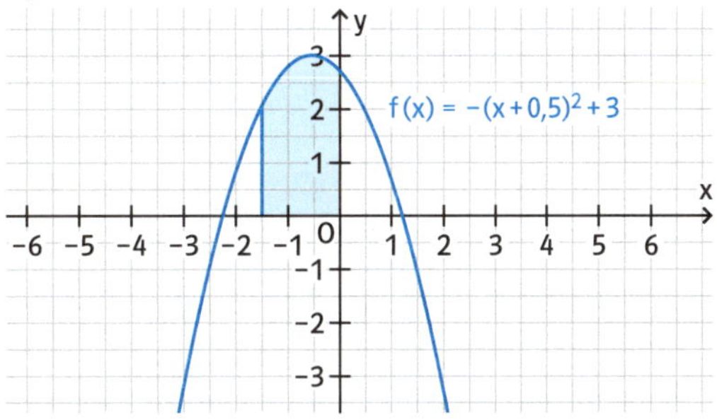

b)

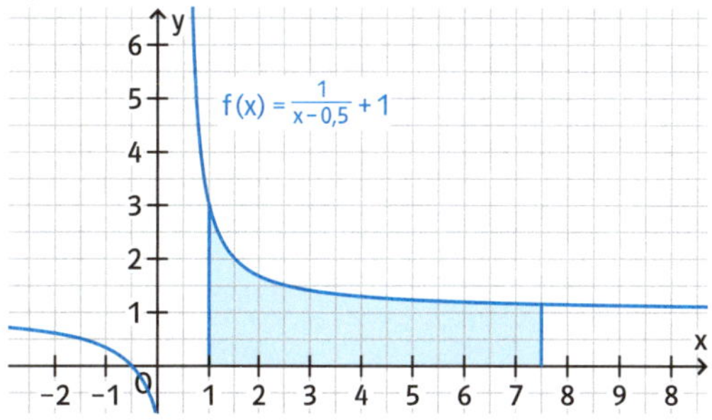

◒ **6** Ein Hase gräbt sich eine Mulde. Der Querschnitt dieser Mulde kann durch die Funktion f mit $f(x) = 0{,}5(x - 3)^2 - 3$ angegeben werden.

a) Berechne die Breite der Mulde an der Erdoberfläche (x-Achse).
b) Berechne die Querschnitsfläche der Mulde.

◒ **7** Ein Erdhügel hat die Form einer Kurve mit der Gleichung $f(x) = -\frac{1}{4}x^3 + \frac{3}{2}x^2$.

a) Berechne seine Querschnittsfläche zwischen den Nullstellen der Funktion in Flächeneinheiten (FE).
b) Berechne sein Volumen in Volumeneinheiten (VE), wenn seine Länge 10 Längeneinheiten (LE) beträgt.

● **8** Gegeben ist die Funktionenschar f_t mit $f_t(x) = -\frac{1}{3}tx^3 + 4tx$.

a) Berechne für $t = 1$ die Fläche zwischen dem Graphen und der x-Achse.
b) Erläutere, welchen Einfluss der Parameter t auf die Fläche hat.

TIPPS ZUM LÖSEN DER AUFGABEN 2, 3, 4, 6, 7 UND 8

2 b) Hier brauchst du die abc- oder pq-Formel zum Berechnen der Nullstellen. **2 d)** Hier brauchst du zum Berechnen der Nullstellen das Verfahren der Substitution. **3 d), e)** Verwende den Satz vom Nullprodukt und multipliziere vor dem Integrieren aus. **3 g), h)** Löse die Gleichung mithilfe der abc-Formel. **4 a)** Verwende den Satz vom Nullprodukt und multipliziere zuerst aus, bevor du integrierst. **4 b)** Schreibe die Wurzel als Potenzschreibweise und löse die Klammer auf. **4 c)** Zum Lösen der Gleichung musst du substituieren, lasse den ln in der Lösung stehen. **4 d), e)** Klammere x aus und berechne dann. **4 f)** Hier musst du substituieren. **6 + 7** Rechne ohne Einheiten. Die Einheiten werden im Antwortsatz angegeben. **8 b)** Berechne die Fläche für verschiedene t-Werte und vergleiche. Beachte den Unterschied zwischen dem Flächeninhalt und dem orientierten Flächeninhalt.

SCHRITT 14

Ich kann Flächeninhalte zwischen den Graphen zweier Funktionen bestimmen.

Hier lernst du, wie du die Fläche zwischen den Graphen der Funktionen $f(x) = x^2 - 1$ und $g(x) = 3x - 3$ bestimmen kannst.

→ Schnittpunkte von Funktionen (Grundlagen)

DAS BRAUCHST DU WIEDER

Allgemein: Schnittstellen von Funktionen
Um die Schnittstellen zweier Funktionen zu bestimmen, musst du deren Funktionsgleichungen gleichsetzen und die entstehende Gleichung lösen.

Beispiele:

$f(x) = x^2 - 2x;\ g(x) = 4x$	$f(x) = 2x^2 + 4x;\ g(x) = 3x + x^2$
$x^2 - 2x = 4x \quad \vert -4x$	______
$x^2 - 6x = 0$	______
$x(x-6) = 0$	______
$x_1 = 0;\ x_2 = 6$	______

DARUM GEHT'S

Gegeben sind die Graphen zweier Funktionen f und g. Die Graphen der Funktionen können eine oder mehrere Flächen einschließen. Deren Flächeninhalt A erhältst du als **Integral der Differenz beider Funktionen**.

In dem dargestellten Fall bildet der x-Wert x_1 des Schnittpunkts S_1 die untere Grenze, der x-Wert x_2 des Schnittpunkts S_2 die obere Grenze des Integrals.

$$A = \left| \int_{x_1}^{x_2} f(x) - g(x)\,dx \right|$$

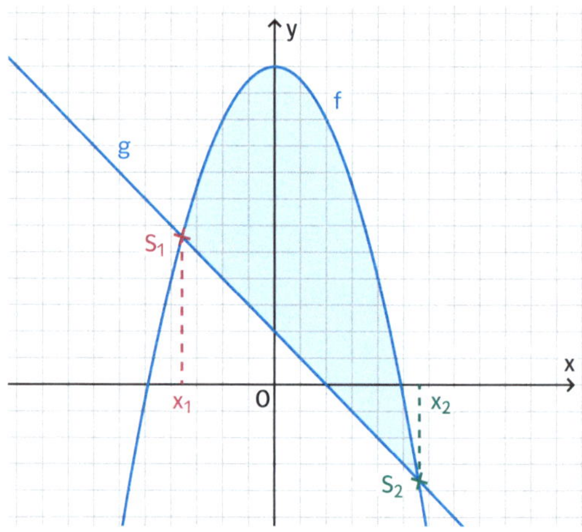

Tipp
Unabhängig davon, ob Teile oder die gesamte von zwei Graphen eingeschlossene Fläche oberhalb oder unterhalb der x-Achse liegt, ist der Wert des Integrals immer positiv.

Flächen zwischen Graphen zweier Funktionen berechnen

Diese Strategie verwendest du, wenn du den Flächeninhalt zwischen den Graphen zweier Funktionen f und g bestimmen willst.

SO GEHT'S

Erklärfilm
Flächeninhalt zwischen den Graphen zweier Funktionen
9un6ux

1 **Beispiel**
Berechne den Flächeninhalt zwischen den beiden Funktionen f und g mit $f(x) = x^2 + 3$ und $g(x) = x + 5$.

Setze die beiden Funktionen gleich und schreibe die Gleichung zu einer Nullgleichung um:

$$f(x) = g(x)$$
$$x^2 + 3 = x + 5 \quad \vert -x - 5$$
$$x^2 - x - 2 = 0$$

Du bist dran
Berechne den Flächeninhalt zwischen den beiden Funktionen f und g mit $f(x) = x^2 - 1$ und $g(x) = 3x - 3$.

🌐 **Erklärfilm**
Lösen von quadratischen Gleichungen mit der abc-Formel
9un6ux

🌐 **Erklärfilm**
Lösen von quadratischen Gleichungen mit der pq-Formel
9un6ux

Löse die Gleichung durch Verwendung der pq- oder abc-Formel:

$x_1 = -1;\ x_2 = 2$

Berechne den Flächeninhalt als Integral des Betrages der Differenz beider Funktionen:

$$A = \left| \int_{-1}^{2} f(x) - g(x)\,dx \right|$$
$$= \left| \int_{-1}^{2} x^2 + 3 - (x + 5)\,dx \right|$$
$$= \left| \int_{-1}^{2} x^2 + 3 - x - 5\,dx \right|$$
$$= \left| \int_{-1}^{2} x^2 - x - 2\,dx \right|$$
$$= \left| \left[\tfrac{1}{3}x^3 - \tfrac{1}{2}x^2 - 2x\right]_{-1}^{2} \right|$$
$$= \left| \tfrac{8}{3} - \tfrac{4}{2} - 4 - \left(-\tfrac{1}{3} - \tfrac{1}{2} + 2\right) \right|$$
$$= \left| \tfrac{8}{3} - 2 - 4 + \tfrac{1}{3} + \tfrac{1}{2} - 2 \right|$$
$$= \left| \tfrac{9}{3} + \tfrac{1}{2} - 8 \right|$$
$$= |3 + 0{,}5 - 8|$$
$$= |-4{,}5|$$
$$= 4{,}5$$

Tipp
Immer an das Vorzeichen vor der gesamten Klammer denken.

○ **2** Berechne den Flächeninhalt zwischen den beiden Funktionen f und g.

a) $f(x) = x^2 - 3;\ g(x) = 2x$
b) $f(x) = x^2 + 4;\ g(x) = -x^2 + 6$
c) $f(x) = x^2;\ g(x) = x^3$
d) $f(x) = x^4 - x^2;\ g(x) = x^2 - 1$

○ **3** Berechne den Inhalt der Fläche, die der Graph der Funktion f mit $f(x) = x + 1$ mit dem Graphen der Funktion g einschließt.

a) $g(x) = x^2 - 1$
b) $g(x) = x^2 - 2x - 3$
c) $g(x) = x^2 - 2x + 1$
d) $g(x) = x^2 - x - 2$
e) $g(x) = x^2 - 4x - 5$

TIPPS ZUM LÖSEN DER AUFGABEN 2 UND 3

2b) Hier brauchst du keine Lösungsformel, sondern kannst nach dem Gleichsetzen nach x auflösen. **2c)** Klammere nach dem Gleichsetzen der Funktionen und Umschreiben zur Nullgleichung x^2 aus. **2d)** Hier musst du das Verfahren der Substitution anwenden, um die x-Werte der Schnittpunkte zu bestimmen. **3** Setze die Funktionen gleich, bringe alles auf eine Seite und verwende die Lösungen als Integrationsgrenzen.

4 Berechne den Inhalt der Fläche, die von den Graphen der Funktionen f und g begrenzt wird.

a) $f(x) = x - 1;\ g(x) = 1 - x^2$
b) $f(x) = x^2 + 4x;\ g(x) = 2x$
c) $f(x) = 2x^2 + 2x + 4;\ g(x) = -4x$
d) $f(x) = 5x^2 + 3x + 2;\ g(x) = 4x^2$
e) $f(x) = -9x;\ g(x) = -3x^2 - 2$
f) $f(x) = 6x;\ g(x) = 2x^2 + 4$

5 Berechne den Inhalt der Fläche, die von den Graphen der Funktionen f und g eingeschlossen wird.

a) $f(x) = \sqrt{x^3};\ g(x) = 3\sqrt{x}$
b) $f(x) = -x - 2;\ g(x) = -x^2 - 4$
c) $f(x) = e^{2x} + 6;\ g(x) = 5e^x$
d) $f(x) = -2e^{2x};\ g(x) = -6e^x + 4$
e) $f(x) = 4x^2 - 4x - 8;\ g(x) = -x^2 + x + 2$
f) $f(x) = x^2 - x - 2;\ g(x) = 4x^2 - 4x - 8$
g) $f(x) = \frac{1}{2}e^{2x} + \frac{7}{2}e^x - 3;\ g(x) = e^{2x}$

6 Berechne den Flächeninhalt zwischen den beiden Funktionen im angegeben Intervall.

a) $f(x) = (x+1)^2(x-2);\ g(x) = -\frac{1}{2}x^2 + 2x - 2;\ I = [-1;2]$
b) $f(x) = \frac{1}{8}x^3 - \frac{1}{2}x;\ g(x) = -\frac{1}{2}x^2 + x;\ I = [-2;2]$
c) $f(x) = \frac{1}{48}x^3 - \frac{1}{4}x^2 + \frac{3}{4}x;\ g(x) = \frac{1}{2}x^2 - 3x;\ I = [-1;3]$
d) $f(x) = \frac{1}{3}x^3 - 3x^2 + 8x;\ g(x) = \frac{5}{4}x;\ I = [0;3]$

7 Auf der Baustelle wird eine Senke ausgehoben, die durch die Funktion f mit $f(x) = -\frac{1}{4}x^4 + x^2 - 1$ beschrieben werden kann. Dabei beschreibt die x-Achse den Erdboden.

a) Berechne die Querschnittsfläche der Senke.
b) Durch einen Regenschauer füllt sich die Senke bis zu einer Höhe, die durch die Gerade $y = -\frac{1}{4}$ beschrieben werden kann, mit Wasser. Berechne die wassergefüllte Querschnittsfläche der Senke.
c) Nach ein paar sonnigen Tagen ist die Senke wieder trocken und kann aufgeschüttet werden. Der entstehende Sandhügel hat die Form, die durch die Funktion g mit $g(x) = -x^2 + 4$ beschrieben werden kann. Berechne die Querschnittsfläche des entstandenen Sandhügels.

8 Um den Verkehrsfluss bei der Krötenwanderung zu entlasten, soll 2,5 m unterhalb des Erdbodens ein Tunnel gebaut werden. Die Querschnittsfläche des Tunnels lässt sich durch die Funktion t mit $t(x) = -\frac{3}{4}x^2 - 0,5$ beschreiben (siehe Skizze).
Berechne die Querschnittsfläche des Tunnels.

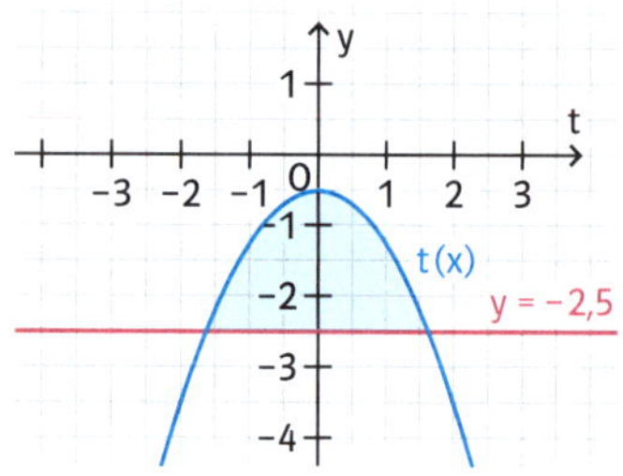

TIPPS ZUM LÖSEN DER AUFGABEN 4, 5, 6, 7 UND 8

4 Setze die Funktionen gleich, bringe alles auf eine Seite und verwende die Lösungen als Integrationsgrenzen. **5 a)** Schreibe die Wurzel als Potenz um. **5 c), d), g)** Hier musst du substituieren. **6** Berechne zuerst die Schnittpunkte der Funktionen und bestimme dann die Teilintervalle, berechne diese und addiere die Ergebnisse. **7 a)** Berechne die Schnittpunkte mit der x-Achse. Der Abstand der beiden Schnittpunkte ist die Querschnittslänge. **7 b)** Berechne die Schnittpunkte der Geraden mit der Funktion und verwende diese als Integrationsgrenzen. **7 c)** Berechne die Schnittfläche der Senke und des Erdhügels. **8** Berechne zunächst die Schnittpunkte der Geraden und der Funktion t(x) und verwende diese als Integrationsgrenzen.

SCHRITT **15**

Ich kann Mittelwerte von Funktionen bestimmen.

Hier lernst du, wie du den Mittelwert der Funktion $f(x) = \frac{1}{4}x^2$ im Intervall $[-1;2]$ bestimmst.

› Integrale berechnen (Schritt 11)

DAS BRAUCHST DU WIEDER

Allgemein: Arithmetisches Mittel
Das Arithmetische Mittel von n Zahlen ist die Summe der Zahlen, geteilt durch ihre Anzahl.

Beispiele: {2; 5; 7; 3; 12; 9; 4} $2 + 5 + 7 + 3 + 12 + 9 + 4 = 42$
$42 : 7 = 6$

{10; 11; 13; 5; 2; 3; 19} ____________________

____

{1; 3; 5; 7; 9; 11; 13; 15} ____________________

____

DARUM GEHT'S

Du kennst bereits den Mittelwert von n Zahlen. Diesen erhältst du wie oben beschrieben. Willst du den Mittelwert $\overline{m}$ von Funktionswerten auf einem Intervall $[a;b]$ herausfinden, so gilt Folgendes:

$$\overline{m} = \frac{1}{b-a}\int_a^b f(x)\,dx$$

Grafisch entspricht der Mittelwert $\overline{m}$ einer Parallelen zur x-Achse. Das von ihr zusammen mit den beiden Grenzen des Intervalls eingegrenzte Rechteck hat den gleichen Flächeninhalt wie die hier blau dargestellte Fläche zwischen dem Graphen von f und der x-Achse.

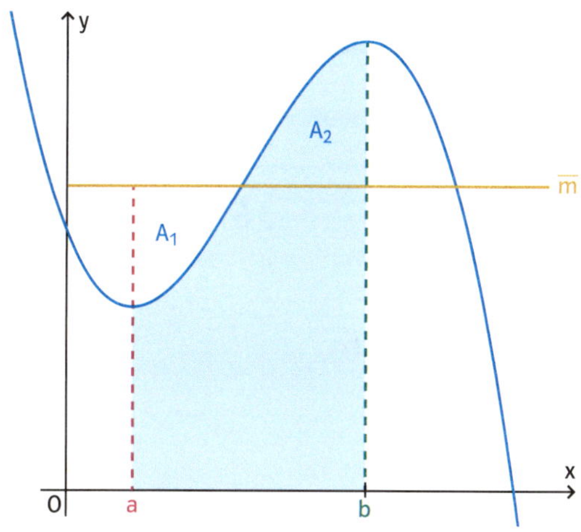

Tipp
Die beiden Teilflächen A_1 und A_2 ober- bzw. unterhalb der Mittelwertslinie sind gleich groß.

Mittelwert einer Funktion bestimmen

Diese Strategie verwendest du, wenn du den Mittelwert einer Funktion f auf einem Intervall $[a;b]$ bestimmen willst.

SO GEHT'S

1 **Beispiel**
Bestimme den Mittelwert der Funktion $f(x) = -4x^3$ im Intervall $[1;4]$.

Stelle das Integral von f(x) mit dem Vorfaktor für den Mittelwert auf:

$$\overline{m} = \frac{1}{4-1}\int_1^4 -4x^3\,dx = \frac{1}{3}\int_1^4 -4x^3\,dx$$

Du bist dran
Bestimme den Mittelwert der Funktion $f(x) = \frac{1}{4}x^2$ im Intervall $[-1;2]$.

Berechne den Vorfaktor und das Integral:

$= \frac{1}{3}\left[-x^4\right]_1^4$

$= \frac{1}{3}(-4^4 - (-1^4))$

$= \frac{1}{3}(-256 - (-1))$

$= \frac{1}{3}(-256 + 1)$

$= \frac{1}{3}(-255)$

$= -85$

○ **2** Bestimme den Mittelwert der Funktion f im Intervall $[a; b]$.

a) $f(x) = 0{,}5x^2$; $a = -1$; $b = 2$
b) $f(x) = -x + 0{,}5$; $a = 1$; $b = 4$
c) $f(x) = 2x^3 - 1$; $a = -1$; $b = 1$
d) $f(x) = 4 - x^2$; $a = -3$; $b = 3$

○ **3** Gegeben ist die Funktion f mit $f(x) = 0{,}5(x-2)^2 + 2$.

a) Zeichne den Graphen in ein Koordinatensystem und stelle den Mittelwert im Intervall $[-1; 5]$ grafisch (ohne zu rechnen) dar.
b) Berechne den Mittelwert der Funktion im Intervall $[-1; 5]$ und vergleiche mit dem Ergebnis aus a).

◒ **4** Bestimme den Mittelwert der Funktion f im Intervall $[a; b]$.

a) $f(x) = x^2$; $a = 0$; $b = 3$
b) $f(x) = \frac{2}{x^2}$; $a = 1$; $b = 5$
c) $f(x) = e^{-x}$; $a = -1$; $b = 1$
d) $f(x) = 4 \cdot \sqrt{3x}$; $a = 3$; $b = 27$

◒ **5** Gib zwei Funktionen an, deren Mittelwert auf dem Intervall $[-1; 1]$ genau 1 ist.

◒ **6** Entscheide, welcher der eingezeichneten Mittelwerte der richtige ist und begründe deine Aussage.

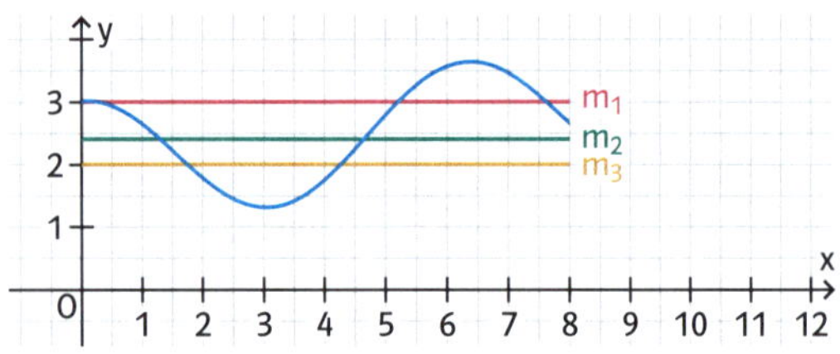

● **7** Bestimme die obere Grenze b so, dass die Funktion f im Intervall $[a; b]$ den vorgegebenen Mittelwert m hat $(b > a)$.

a) $f(x) = 0{,}5x + 2$; $a = 0$; $m = 6$
b) $f(x) = 2x^2 - 2$; $a = 0$; $m = 3$
c) $f(x) = -2x + 2$; $a = -2$; $m = 2$
d) $f(x) = x + 1$; $a = 2$; $m = 4$

TIPPS ZUM LÖSEN DER AUFGABEN 3, 4, 6 UND 7

3 a) Der Graph des Mittelwertes ist eine Gerade. **4 b)** Schreibe den Bruch so um, dass der Nenner als Faktor mit negativem Exponenten dargestellt wird. **4 c)** Schreibe die Wurzel so um, dass du statt des Wurzelzeichens einen Exponenten hast. **6** Versuche die Flächen oberhalb und unterhalb des Mittelwertes zu vergleichen. Sind diese gleich groß, hast du den Mittelwert gefunden. **7** Berechne zuerst das uneigentliche Integral und setze dein Ergebniss dann mit dem Mittelwert gleich.

SCHRITT 16 Ich kann unbegrenzte Flächen untersuchen.

Hier lernst du, wie du mithilfe des Integrals die unbegrenzte Fläche unter dem Graphen $y = 2e^{-\frac{1}{2}x}$ berechnest.

→ Verhalten von Funktionen für $x \to \pm\infty$ (Grundlagen)

DAS BRAUCHST DU WIEDER

Allgemein: Verhalten von Funktionen für $x \to \pm\infty$
Überlege dir jeweils, wie sich die Funktionswerte entwickeln, wenn du unendlich große Werte für x bzw. Werte, die sehr nahe bei 0 liegen, einsetzt.

→ Graphen von Exponentialfunktionen auf ihr Verhalten für $x \to \pm\infty$ untersuchen (Schritt 4)

Beispiele:

$f(x) = \frac{3}{x}$;	$x \to \infty$	Für $x \to \infty$ gilt $f(x) \to 0$.
$f(x) = \frac{2}{\sqrt{x}}$;	$x \to 0$	Für $x \to 0$ gilt $f(x) \to \infty$.
$f(x) = e^{-5x}$;	$x \to \infty$	Für $x \to \infty$ gilt $f(x) \to 0$.
$f(x) = -\frac{2}{x}$;	$x \to \infty$	______
$f(x) = -\frac{4}{x}$;	$x \to 0$	______
$f(x) = e^{3x}$;	$x \to \infty$	______

Erklärfilm
Untersuchen unbegrenzter Flächen
9un6ux

DARUM GEHT'S

Bisher hatten die berechneten Flächeninhalte immer eine feste untere und obere Grenze. Wir betrachten jetzt Flächen, die entweder keine untere oder keine obere Grenze haben. Man würde annehmen, dass dann der Flächeninhalt auch unendlich groß ist. Das ist aber nicht immer der Fall. Generell unterscheidet man zwei Fälle:

	Nach rechts unbegrenzte Fläche	Nach oben unbegrenzte Fläche
Schaubild	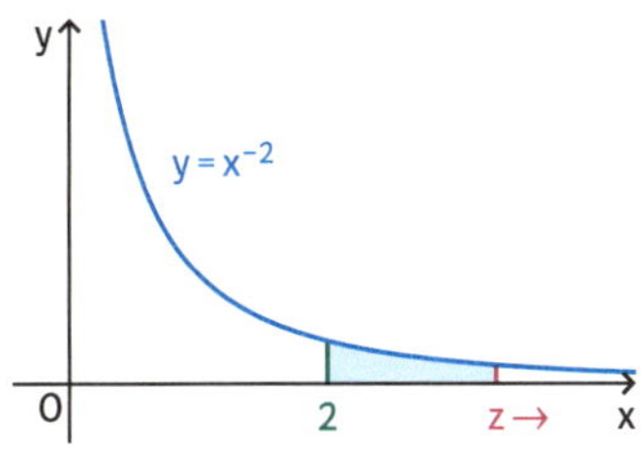	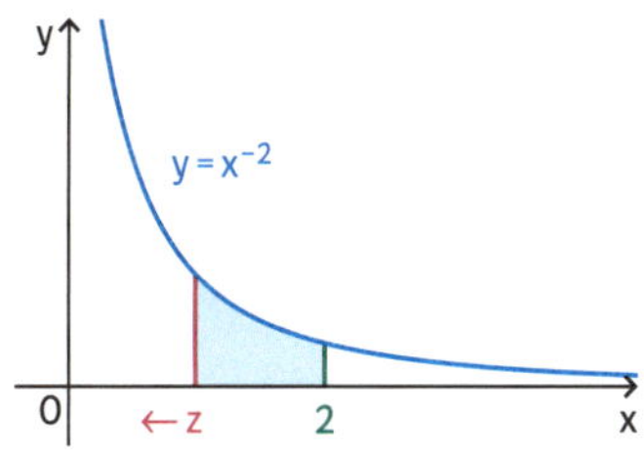
Variabler Flächeninhalt	$A(z) = \int_2^z f(x)\,dx$ $= \int_2^z x^{-2}\,dx = [-x^{-1}]_2^z$ $= -z^{-1} + 2^{-1} = -\frac{1}{z} + \frac{1}{2}$	$A(z) = \int_z^2 f(x)\,dx$ $= \int_z^2 x^{-2}\,dx = [-x^{-1}]_z^2$ $= -2^{-1} + z^{-1} = -\frac{1}{2} + \frac{1}{z}$
Grenzwertbetrachtung	$A(z) \to \frac{1}{2}$ für $z \to \infty$	$A(z) \to \infty$ für $z \to 0$

Ergibt sich beim Verhalten für A(z) ein Grenzwert, so ist die unbegrenzte Fläche endlich und man spricht von einem **uneigentlichen Integral**.

Unbegrenzte Flächen untersuchen

Diese Strategie verwendest du, wenn du untersuchen willst, ob eine unbegrenzte Fläche einen endlichen Inhalt hat.

SO GEHT'S

1 Beispiel

Untersuche, ob die gefärbte unbegrenzte Fläche einen endlichen Inhalt A hat. Gib A gegebenenfalls an.

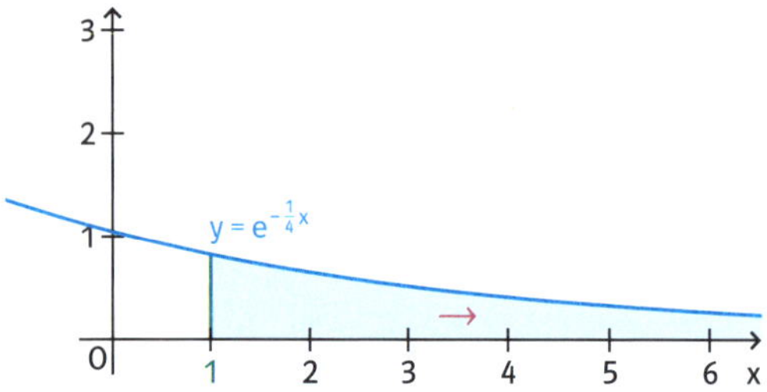

Schreibe A(z) als Integral mit fester und variabler Grenze auf:

$$A(z) = \int_1^z e^{-\frac{1}{4}x}\,dx$$

Bestimme die Stammfunktion und notiere sie in der Schreibweise mit eckigen Klammern und den Grenzen des Integrals:

$$= \left[-4e^{-\frac{1}{4}x}\right]_1^z$$

Setze die obere und die untere Grenze in die Stammfunktion ein und bilde die Differenz:

$$= -4e^{-\frac{1}{4}z} - \left(-4e^{-\frac{1}{4}}\right)$$
$$= -4e^{-\frac{1}{4}z} + 4e^{-\frac{1}{4}}$$

Untersuche das Verhalten für A(z) für $z \to \infty$:

Für $z \to \infty$ gilt $e^{-\frac{1}{4}z} \to 0$ und deshalb $-4e^{-\frac{1}{4}z} \to 0$.

Somit gilt $A(z) \to 4e^{-\frac{1}{4}} \approx 3{,}12$

Die Fläche hat einen endlichen Inhalt von ca. 3,12 FE.

Du bist dran

Untersuche, ob die gefärbte unbegrenzte Fläche einen endlichen Inhalt A hat. Gib A gegebenenfalls an.

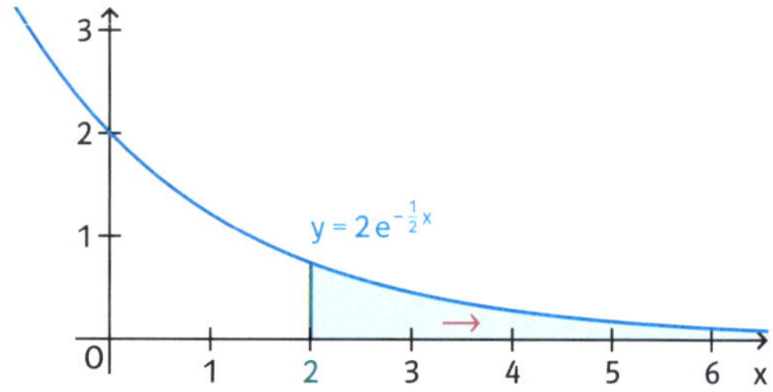

○ **2** Untersuche, ob die gefärbte unbegrenzte Fläche einen endlichen Inhalt A hat. Gib gegebenenfalls den Wert von A an.

a)

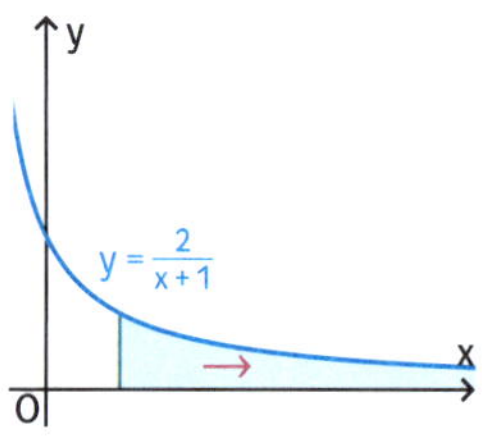

b)

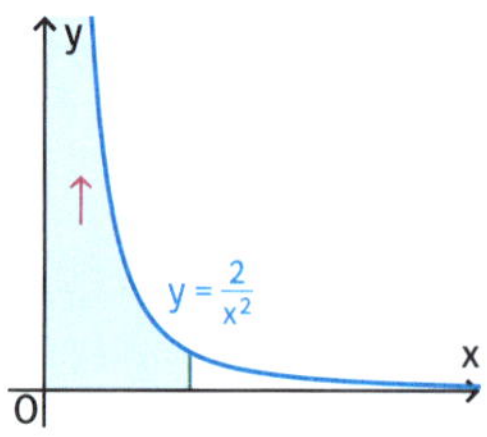

c)

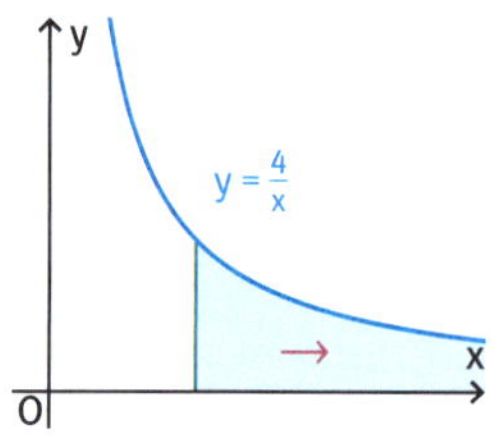

d)

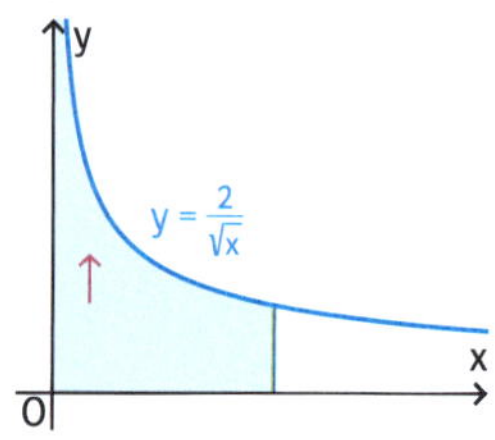

Erklärfilm
Untersuchen unbegrenzter Flächen
9un6ux

TIPPS ZUM LÖSEN DER AUFGABE 2

2 a) Die Stammfunktion wird mit dem natürlichen Logarithmus ln gebildet.

2 b), c), d) Schreibe die Funktion zunächst so um, dass das x nicht mehr im Nenner steht bzw. die Wurzel durch eine Potenz ersetzt wird und bilde erst dann die Stammfunktion. Vor dem Einsetzen der Grenzen solltest du die Stammfunktion dann aber wieder so umschreiben, dass x-Potenzen im Nenner stehen.

3 Ordne den Graphen in A und B den richtigen Rechenausdruck zu.

A

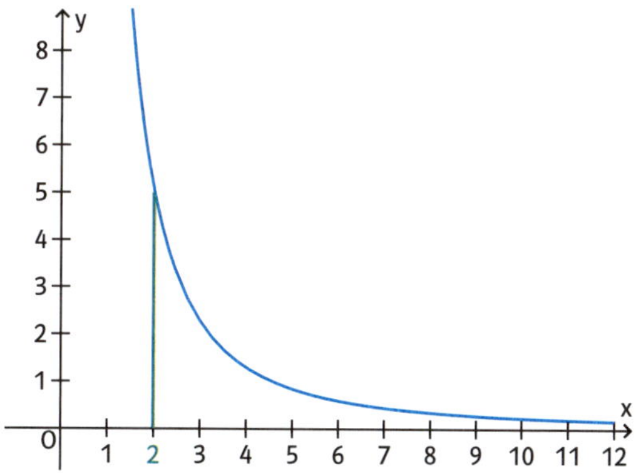

B

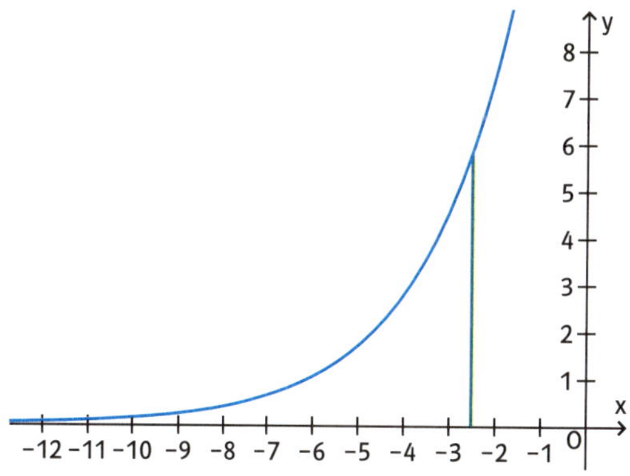

I $A(z) = \int_{z}^{-2,5} 20\,e^{0,5x}\,dx$

II $A(z) = \int_{-4}^{z} \frac{20}{x^2}\,dx$

III $A(z) = \int_{2}^{z} \frac{20}{x^2}\,dx$

4 Gegeben sind die Funktionen f, g und h mit $f(x) = \frac{1}{x^4}$, $g(x) = \frac{1}{\sqrt{x}}$ und $h(x) = \frac{1}{x^5}$.
Gib an, ob die uneigentliche Integrale im Intervall $[1; \infty)$ exisitieren.

5 Untersuche, ob das uneigentliche Integral der Funktion f im Intervall $[2, \infty)$ exisitiert und gib gegebenenfalls dessen Wert an.

a) $f(x) = \frac{4}{\sqrt{3x+5}}$

b) $f(x) = 4(2x+5)^{-\frac{3}{2}}$

c) $f(x) = \frac{2}{e^{x+5}}$

d) $f(x) = 4\sqrt{2x+5}$

e) $f(x) = \frac{7}{e^{3x}}$

f) $f(x) = \frac{8}{(4x+5)^{\frac{5}{2}}}$

6 Gegeben ist die Funktion f mit $f(x) = (x-1)e^x$.
a) Weise nach, dass die Funktion F mit $F(x) = (x-2)e^x$ eine Stammfunktion von f ist.
b) Die Funktion f schließt mit der x-Achse und der Geraden $x = u$ mit $u < 0$ eine Fläche ein. Berechne den Flächeninhalt in Abhängigkeit von u.
c) Die Funktion f schließt mit der x-Achse eine nach links unbegrenzte Fläche ein. Berechne den Wert des uneigentlichen Integrals.

7 Gegeben ist der Graph der Funktion f mit $f(x) = \frac{1}{x+2}$.

Der Graph von f und die beiden Koordinatenachsen begrenzen eine nach rechts unbegrenzte Fläche. Überprüfe, ob die Fläche einen endlichen Flächeninhalt hat und gib diesen gegebenenfalls an.

TIPPS ZUM LÖSEN DER AUFGABEN 4, 5, 6 UND 7

4 Schreibe den Bruch so um, dass der Nenner als Faktor mit negativem Exponenten dargestellt wird. **5 a), c), e), f)** Schreibe den Bruch so um, dass der Nenner als Faktor mit negativem Exponenten dargestellt wird. **6 a)** Berechne die Ableitung von F(x). **7** Die Stammfunktion von $\frac{1}{x+a}$ ist $\ln(|x+a|)$.

SCHRITT 17 Ich kann Rotationsvolumen berechnen.

Hier lernst du, wie du das Volumen des Körpers berechnest, der entsteht, wenn der Graph der Funktion $f(x) = x^2 - 2$ um die x-Achse rotiert.

→ Binomische Formeln (Grundlagen)

DAS BRAUCHST DU WIEDER

Allgemein: Binomische Formeln:
1) $(a + b)^2 = a^2 + 2ab + b^2$
2) $(a - b)^2 = a^2 - 2ab + b^2$
3) $(a + b)(a - b) = a^2 - b^2$

Beispiele: $(2 - x^2)^2 = 2^2 - 2 \cdot 2 \cdot x^2 + (x^2)^2 = 4 - 4x^2 + x^4$

$(-y^2 + 1)^2 =$ ____________________

$(a^3 + 4) \cdot (a^3 - 4) =$ ____________________

DARUM GEHT'S

Ein Rotationskörper entsteht, wenn die vom Graphen einer Funktion f über dem Intervall $[a; b]$ eingeschlossene Fläche um die x-Achse rotiert.

Sein Volumen V beträgt $V = \pi \int_a^b (f(x))^2 dx$.

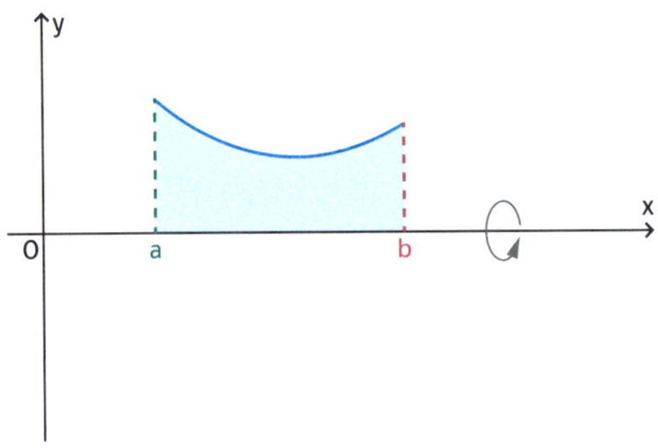

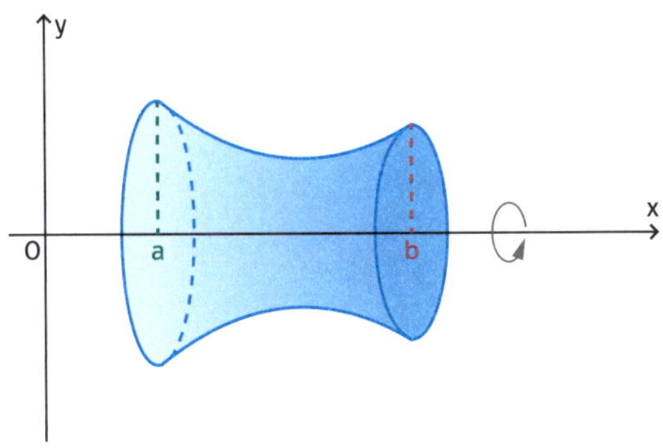

Rotationsvolumen berechnen

Diese Strategie verwendest du, wenn du das Volumen des Körpers berechnen willst, der entsteht, wenn der Graph einer Funktion um die x-Achse rotiert.

SO GEHT'S

1 Beispiel

Durch Rotation des Graphen um die x-Achse entsteht ein Drehkörper. Berechne sein Volumen.

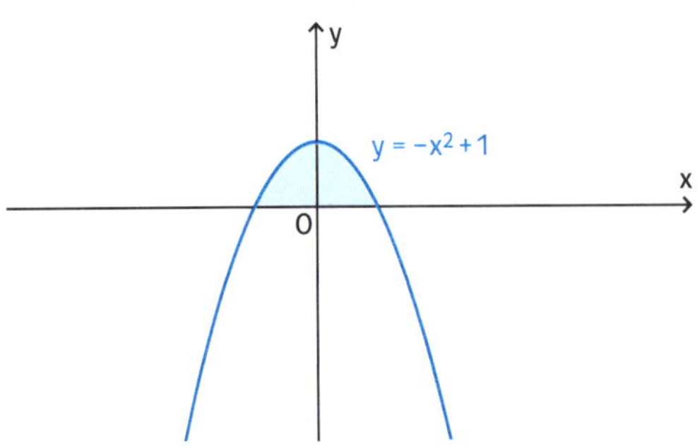

Du bist dran

Durch Rotation des Graphen um die x-Achse entsteht ein Drehkörper. Berechne sein Volumen.

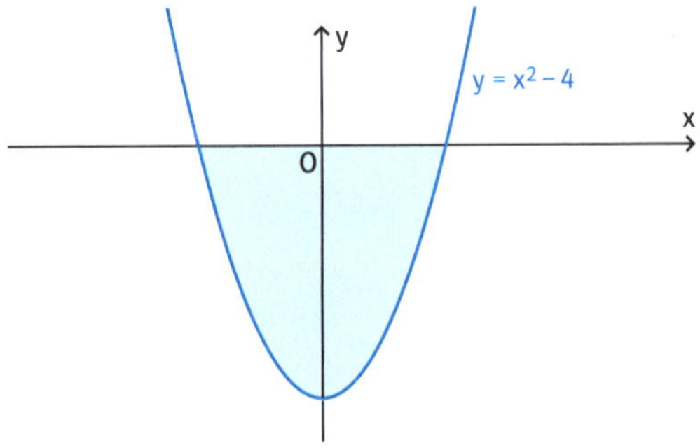

Berechne die Schnittstellen des Graphen mit der x-Achse:

$$-x^2 + 1 = 0 \quad |-1$$
$$-x^2 = -1 \quad |\cdot(-1)$$
$$x^2 = 1 \quad |\sqrt{}$$
$$x_1 = -1;\; x_2 = 1$$

Setze die Werte in die Formel für das Volumen eines Rotationskörpers ein:

$$V = \pi \int_{-1}^{1} (-x^2 + 1)^2 \, dx$$
$$= \pi \int_{-1}^{1} (x^4 - 2x^2 + 1) \, dx$$

Bestimme eine Stammfunktion, setze die obere und die untere Grenze in die Stammfunktion ein und bilde die Differenz:

$$= \pi \left[\tfrac{1}{5}x^5 - \tfrac{2}{3}x^3 + x\right]_{-1}^{1}$$
$$= \pi \left(\left(\tfrac{1}{5} - \tfrac{2}{3} + 1\right) - \left(-\tfrac{1}{5} + \tfrac{2}{3} - 1\right)\right)$$
$$= \pi \left(\tfrac{1}{5} - \tfrac{2}{3} + 1 + \tfrac{1}{5} - \tfrac{2}{3} + 1\right)$$
$$= \pi \left(\tfrac{2}{5} - \tfrac{4}{3} + 2\right)$$
$$= \pi \left(\tfrac{6}{15} - \tfrac{20}{15} + \tfrac{30}{15}\right)$$
$$= \tfrac{16}{15}\pi \approx 3{,}35$$

Der Drehkörper hat ein ungefähres Volumen von 3,35 VE.

Tipp
VE steht für Volumeneinheiten.

○ **2** Die gefärbte Fläche rotiert um die x-Achse. Bestimme das Volumen des durch Rotation entstehenden Körpers.

a)

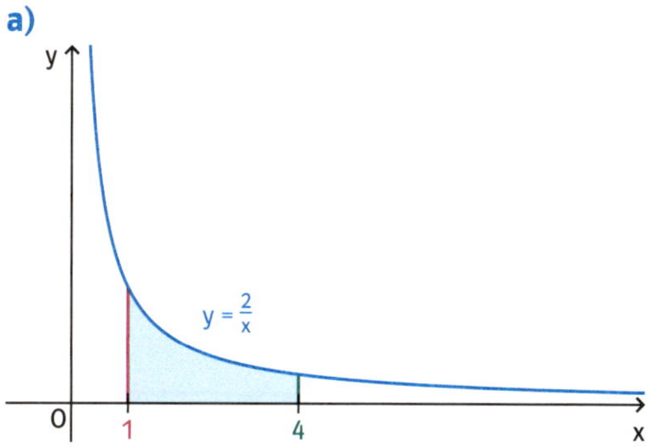

b)

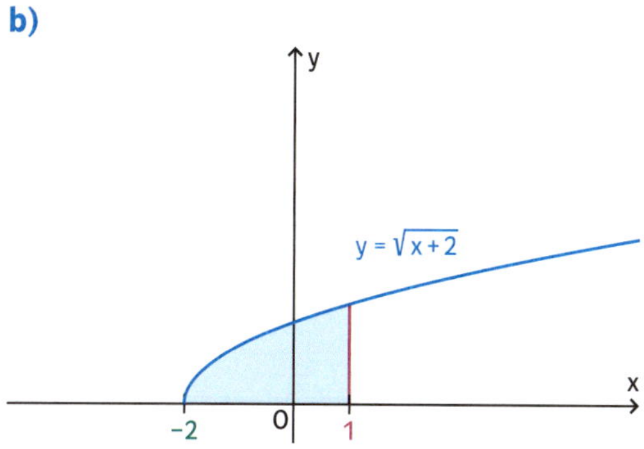

○ **3** Der Graph von f begrenzt mit der x-Achse eine Fläche, die um die x-Achse rotiert. Berechne das Volumen des Rotationskörpers.

a) $f(x) = x^2 - 4$ **b)** $f(x) = 3x^2 - 12$ **c)** $f(x) = 4 - x^2$
d) $f(x) = 0{,}5x^2 + 0{,}5x - 1$ **e)** $f(x) = 3x^2 - 3x - 6$ **f)** $f(x) = 4x^2 + 4x - 8$

TIPPS ZUM LÖSEN DER AUFGABEN 2 UND 3

2a) Hier musst du keine Schnittstellen mit der x-Achse berechnen, sondern kannst sofort die gegebenen Geraden als Grenzen des Integrals verwenden. **2b)** Schreibe die Wurzel vor dem Bilden der Stammfunktion zu einer Klammer mit dem Exponenten $\frac{1}{2}$ um. **3** Bestimme zunächst die Nullstellen der Funktion und verwende diese als Grenzen deines Integrals.

○ **4** Beschreibe, welcher Körper entsteht, wenn die Funktion f im Intervall $[0;5]$ um die x-Achse rotiert.

a) $f(x) = 3$ **b)** $f(x) = \sqrt{x}$ **c)** $f(x) = x$

Kugel   Kegel   Zylinder   Pyramide   Paraboloid

Tipp
Ein Paraboloid sieht aus wie ein Sektglas ohne Stiel.

◒ **5** Der Graph der Funktion f mit $f(x) = x^2 - 4$ rotiert im Intervall $[-2;2]$ um die x-Achse.

a) Beschreibe den Körper, der dabei entsteht.

b) Gleichzeitig wird nun die Funktion g mit $g(x) = (x-1)(x+1)$ um die x-Achse rotiert. Beschreibe den nun entstehenden Körper.

◒ **6** Die Schnittfläche der beiden Funktionsgraphen rotiert um die x-Achse. Bestimme das Volumen des Rotationskörpers.

a)

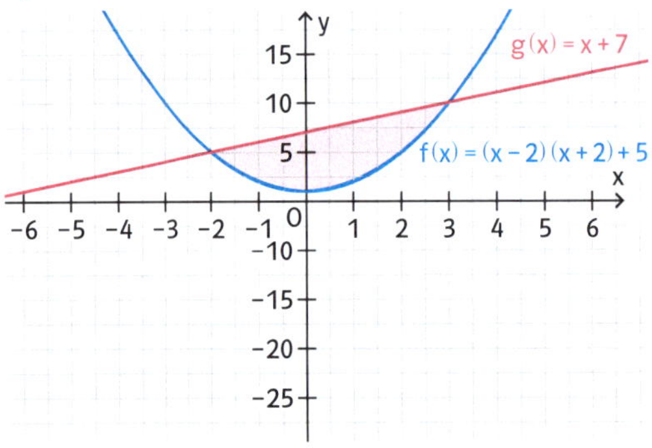

b)

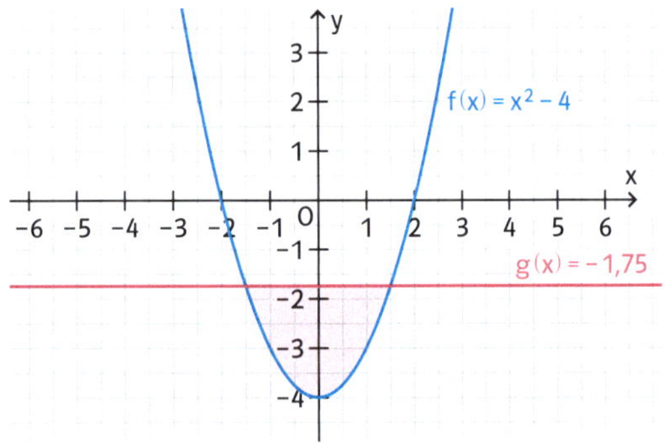

c)

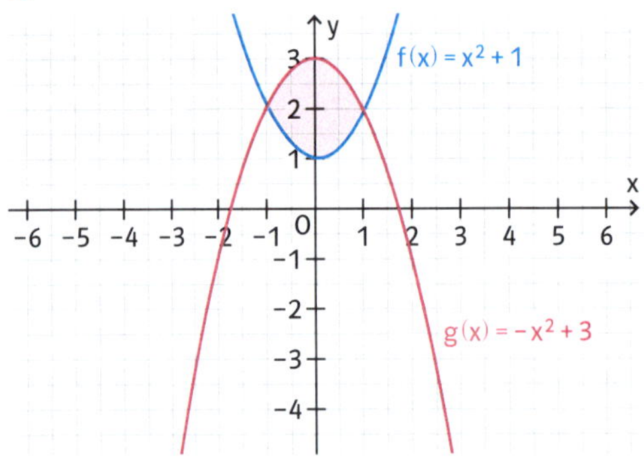

d)

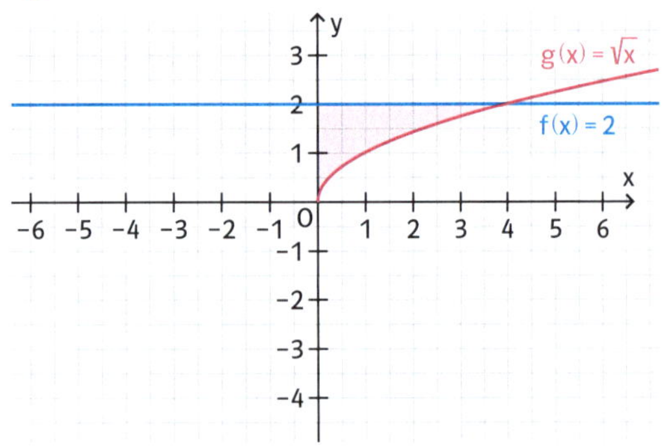

● **7** Der Graph der Funktion f mit $f(x) = \sqrt{x-1}$ rotiert im Intervall $[1;4]$ um die Gerade $y = 1$. Beschreibe dein Vorgehen, um das Volumen des Rotationskörpers zu bestimmen und berechne dieses.

TIPPS ZUM LÖSEN DER AUFGABEN 4, 6 UND 7

4 Für die bessere Vorstellung kannst du die Funktionen skizzieren. **6** Bestimme zunächst die Schnittpunkte der beiden Funktionen und verwende diese als Grenzen deines Integrals. **7** Da die Rotation um die Gerade $y = 1$ nur eine Verschiebung des Graphen um 1 LE nach oben ist, bleibt das Volumen gleich.

TRAINING

○ **1** Gib eine Stammfunktion F von f an. → Schritt 8

a) $f(x) = 0{,}5x^2$ **b)** $f(x) = x + \sin(x)$

c) $f(x) = (2x+3)^4$ **d)** $f(x) = e^{0{,}5x} + 1$

e) $f(x) = x + \frac{1}{x^2}$ **f)** $f(x) = \frac{5}{2x} + e^x$

○ **2** Bestimme eine Stammfunktion F von f, für die gilt: $F(1) = 2$. → Schritt 9

a) $f(x) = 4x^3$ **b)** $f(x) = e^x + 2$

c) $f(x) = 3(4x+1)^2$ **d)** $f(x) = \frac{2}{x^2}$

e) $f(x) = e^{2x} + 3x$ **f)** $f(x) = (3x+3)^4$

◒ **3** Gegeben ist der Graph einer Funktion f. F ist Stammfunktion von f. Begründe, welche der Aussagen wahr, falsch oder unentscheidbar ist. → Schritt 10

A F hat an der Stelle $x = 1$ eine Extremstelle.
B F hat an der Stelle $x = -3$ einen Tiefpunkt.
C F ist im Bereich $-3 < x < 0$ monoton steigend.
D $F(0) = 3$
E $F(-4) < F(-3)$

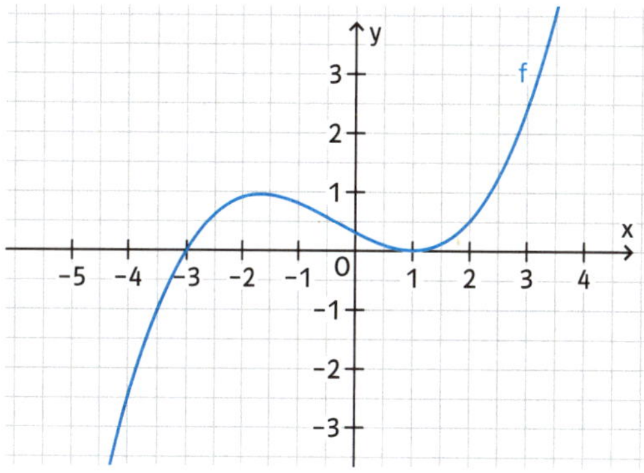

◒ **4** Gegeben ist die Funktion f mit $f(x) = \frac{1}{3}x^3 + x$.

a) Berechne das Integral $\int_0^3 f(x)\,dx$. → Schritt 11

b) Berechne die obere Grenze z so, dass gilt: $\int_0^z f(x)\,dx = 6$. → Schritt 11, 12

◒ **5** Gegeben ist die Funktion f mit $f(x) = x^2 + x - 2$.
a) Berechne die Fläche, die der Graph von f mit der x-Achse einschließt. → Schritt 13
b) Berechne die Fläche, die vom Graphen von f und dem Graphen der Funktion g mit $g(x) = 3x + 1$ eingeschlossen wird. → Schritt 14

◒ **6** Berechne den Mittelwert m der Funktion f mit Intervall I. → Schritt 15
a) $f(x) = 8x^3 - 1$; $I = [-1; 3]$ **b)** $f(x) = 4e^{2x} + 2$; $I = [0; 1]$

◒ **7** Untersuche, ob das uneigentliche Integral der Funktion f im Intervall I existiert und gib gegebenenfalls seinen Wert an. → Schritt 16

a) $f(x) = 2e^{-x}$; $I = [0; \infty)$

b) $f(x) = 5e^{-x} - 1$; $I = (-\infty; 0]$

c) $f(x) = \frac{1}{x^2} + 2x$; $I = (-\infty; -1]$

● **8** Der Graph von f mit $f(x) = \sqrt{9 - x^2}$ rotiert um die x-Achse. → Schritt 17
a) Beschreibe den entstehenden Rotationskörper.
b) Berechne die Nullstellen von f(x).
c) Berechne das Volumen des Rotationskörpers.
d) Beschreibe, wie sich das Volumen verändert, wenn der Graph um die Gerade $y = 1$ rotiert.

SCHRITT **18**

Ich kann Sinus- und Kosinusfunktionen skizzieren und Winkel zu gegebenen Sinuswerten ermitteln.

Hier lernst du, wie du aus dem Graphen der Kosinusfunktionen ermitteln kannst, für welche Winkel $\cos(\alpha) = 0{,}3$ gilt.

→ Sinus- und Kosinus an rechtwinkligen Dreiecken (Grundlagen)

DAS BRAUCHST DU WIEDER

Allgemein:

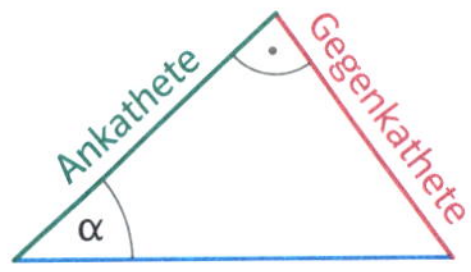

$\sin(\alpha) = \frac{\text{Gegenkathete}}{\text{Hypotenuse}}$

$\cos(\alpha) = \frac{\text{Ankathete}}{\text{Hypotenuse}}$

Beispiele:

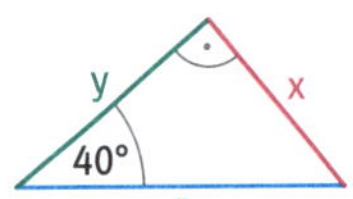

$\sin(40°) = \frac{\text{Gegenkathete}}{5}$

$\cos(40°) =$ ______

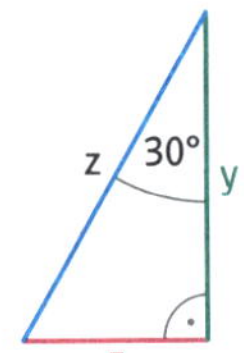

$\sin(30°) =$ ______

$\cos(30°) =$ ______

Erklärfilm
Sinus, Kosinus und Tangens
9un6ux

DARUM GEHT'S

Du kennst schon Sinus und Kosinus als Streckenverhältnisse in rechtwinkligen Dreiecken. Ordnet man jedem Winkel α seinen Sinuswert bzw. Kosinuswert zu, so erhält man eine Funktion f mit **$f(\alpha) = \sin(\alpha)$** bzw. mit **$f(\alpha) = \cos(\alpha)$**.

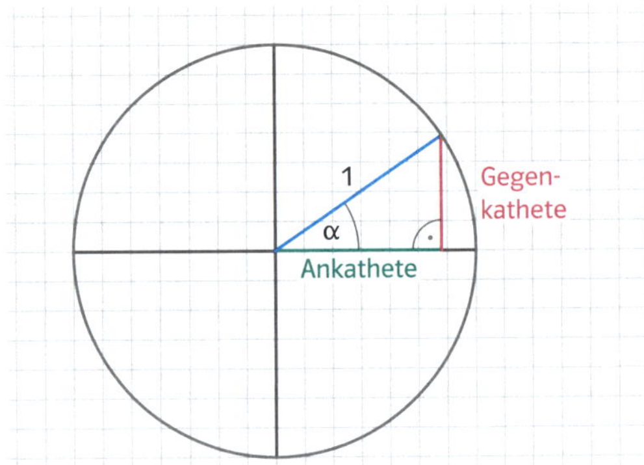

Mittels eines Einheitskreises kannst du die Funktion in einer Wertetabelle darstellen. Ein Einheitskreis hat den Radius 1. Es ergibt sich damit:

$\sin(\alpha) = \frac{\text{Gegenkathete}}{1} = \text{Gegenkathete}$ $\qquad$ $\cos(\alpha) = \frac{\text{Ankathete}}{1} = \text{Ankathete}$

Erklärfilm
Sinus- und Kosinusfunktionen skizzieren und Winkel zu gegebenen Sinuswerten ermitteln
9un6ux

Der $\sin(\alpha)$ enspricht also der Gegenkathete und der $\cos(\alpha)$ enspricht der Ankathete. Bei bestimmten Winkelgrößen ist das Dreieck nur noch eine Strecke, entweder die Gegen- oder die Ankathete. Es ergeben sich folgende Werte, die du als Punkte in ein Koordinatensystem eintragen und verbinden kannst:

Tipp
Den Wert des Sinus liest du immer auf der y-Achse ab, den des Kosinus auf der x-Achse.

α		sin (α)		cos (α)
0°		0		1
90°		1		0
180°		0		−1
270°		−1		0
360°		0		1

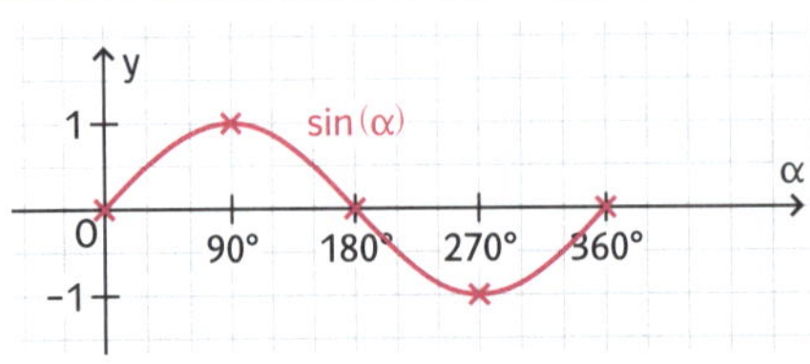

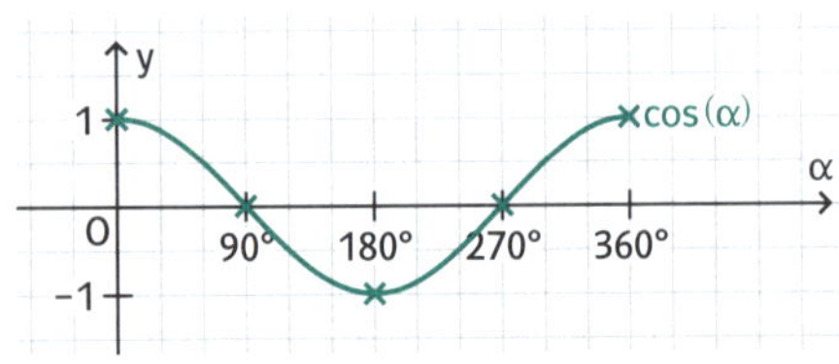

Sinus- und Kosinusfunktion zeichnen

Diese Strategie verwendest du, wenn du aus dem Graphen der Sinus- oder Kosinusfunktion ermitteln willst, für welche Winkel die Funktion einen bestimmen Funktionswert hat.

SO GEHT'S

1 Beispiel

Bestimme

a) zeichnerisch alle Winkel α mit $0° \leq \alpha \leq 360°$, für die $\sin(\alpha) = 0{,}3$ gilt.

b) rechnerisch alle Winkel α mit $0° \leq \alpha \leq 360°$, für die $\sin(\alpha) = 0{,}3$ gilt.

Du bist dran

Bestimme

a) zeichnerisch alle Winkel α mit $0° \leq \alpha \leq 360°$, für die $\cos(\alpha) = 0{,}3$ gilt.

b) rechnerisch alle Winkel α mit $0° \leq \alpha \leq 360°$, für die $\cos(\alpha) = 0{,}3$ gilt.

Zeichne die sin- bzw. cos-Funktion sowie die Parallele zur x-Achse bei $y = 0{,}3$:

a)

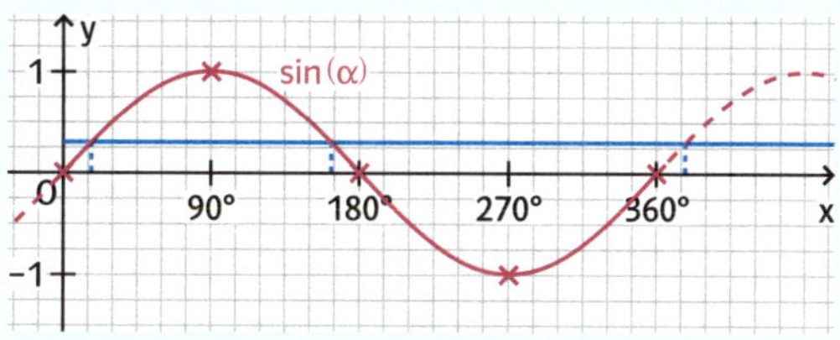

Lies die α-Werte der Schnittpunkte ab:

$\alpha_1 \approx 12° \quad \alpha_2 \approx 168°$

Löse die Gleichung mit dem Taschenrechner:

b) $\sin(\alpha) = 0{,}3 \quad | \sin^{-1}(\ )$

$\alpha = \sin^{-1}(0{,}3)$

$\alpha_1 \approx 17{,}46°$

An der Zeichnung oben erkennt man, dass es einen zweiten Winkel α_2 geben muss, für den gilt:

$\alpha_2 \approx 180° - 17{,}46° \approx 162{,}54°$

Tipp
Mit $\sin^{-1}$ meinen wir hier die Umkehrfunktion des sin. Eigentlich heißt sie aber arcsin.

Tipp
Verwende beim Taschenrechner den DEG-Modus.

○ **2** Bestimme

a) zeichnerisch alle Winkel α mit $0° \leq \alpha \leq 360°$, für die $\sin(\alpha) = -0{,}3$ gilt.

b) rechnerisch alle Winkel α mit $0° \leq \alpha \leq 360°$, für die $\sin(\alpha) = -0{,}3$ gilt.

○ **3** Bestimme

a) zeichnerisch alle Winkel α mit $0° \leq \alpha \leq 360°$, für die $\cos(\alpha) = 0{,}4$ gilt.

b) rechnerisch alle Winkel α mit $0° \leq \alpha \leq 360°$, für die $\cos(\alpha) = 0{,}4$ gilt.

TIPPS ZUM LÖSEN DER AUFGABEN 2 UND 3

2 a) Zeichne den Graphen der Sinusfunktion und den Graphen der Funktion $f(x) = -0{,}3$.

3 a) Zeichne den Graphen der Kosinusfunktion und den Graphen der Funktion $f(x) = 0{,}4$.

4 Bestimme, falls möglich, zeichnerisch und rechnerisch alle Winkel α $0° \leq \alpha \leq 360°$, für die gilt:

a) $2\sin(\alpha) = 0{,}8$
b) $4\cos(\alpha) = 1{,}2$
c) $3\sin(\alpha) = 5$

5 Bestimme, falls möglich, zeichnerisch und rechnerisch alle Winkel α $0° \leq \alpha \leq 360°$, für die gilt:

a) $5\sin(\alpha) - 2 = -1{,}5$
b) $0{,}3\cos(\alpha) + 1 = 1{,}3$
c) $0{,}1\cos(\alpha) + 2 = 1$

6 Auf welchen Kärtchen steht derselbe Wert?

$\sin(90°)$ | $\cos(0°)$ | $\sin(0°)$ | $\cos(90°)$

-1 | $\sin(180°)$ | 0 | $\cos(180°)$ | 1

7 Zeichne einen Kreis mit dem Radius 10 cm in dein Heft. Die 10 cm entsprechen der Längeneinheit 1.

a) Zeichne ein geeignetes rechtwinkliges Dreieck ein und lies die Werte von $\cos(30°)$ und $\sin(30°)$ ab.

b) Berechne mithilfe von a) den Wert des folgenden Terms:
$\sin^2(30°) + \cos^2(30°)$.

c) Überprüfe die Gleichung $\sin(90° - \alpha) = \cos(\alpha)$ für drei verschiedene Werte von α.

8 Begründe, dass die folgende Gleichung gilt: $\sin^2(\alpha) + \cos^2(\alpha) = 1$.

TIPPS ZUM LÖSEN DER AUFGABEN 4, 5, 6, 7 UND 8

4 + 5 Forme die Gleichungen zunächst so um, dass der Sinus bzw. der Kosinus auf einer Seite alleine steht. Zeichne dann die Funktion f(x) mit dem Ergebnis auf der anderen Seite des Gleichheitszeichens bzw. berechne im Taschenrechner. **6** Zeichne die Sinus- und Kosinusfunktion auf. **7** Geeignete Winkel sind z.B. 0°, 90°, 180°. **8** Zeichne den Einheitskreis und beschrifte die Seitenlängen des Dreiecks mit Sinus und Kosinus. Der Satz des Pythagoras ist hier hilfreich.

SCHRITT 19 Ich kann das Bogenmaß x zu gegebenen Sinus- und Kosinuswerten ermitteln und einfache trigometrische Gleichungen lösen.

Hier lernst du, wie du aus dem Graphen der Kosinusfunktionen ermitteln kannst, für welche Werte $\cos(x) = 0{,}5$ gilt.

→ Sinus- und Kosinusfunktion (Schritt 18)

DAS BRAUCHST DU WIEDER

Allgemein: Den Graphen der Sinus- und Kosinusfunktionen kennen.

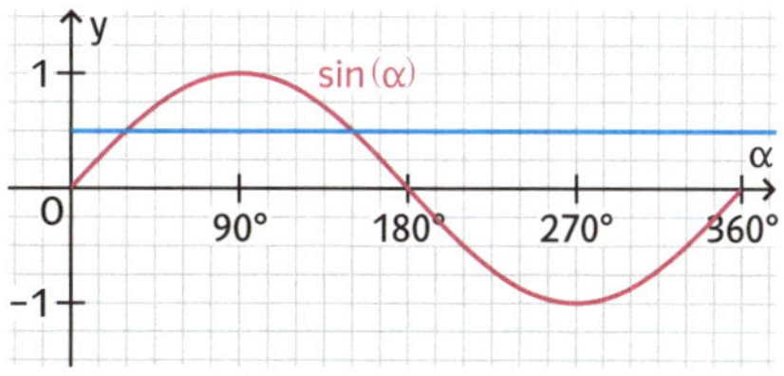

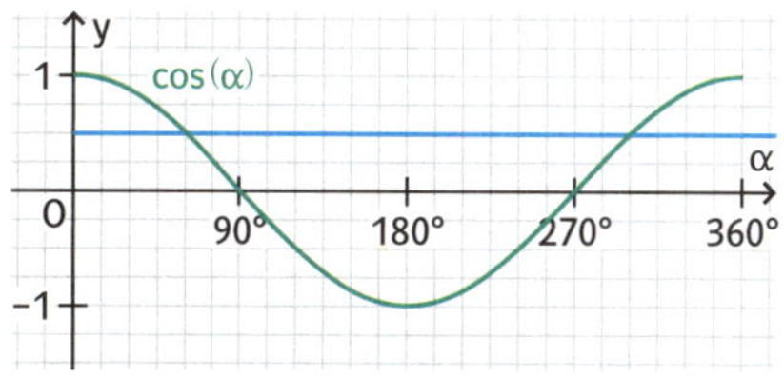

Beispiele:

Bestimme rechnerisch alle Winkel α mit $0° \leq \alpha \leq 360°$, für die $\sin(\alpha) = 0{,}5$ gilt.

$\sin(\alpha) = 0{,}5 \quad | \sin^{-1}(\ )$

$\alpha_1 = \sin^{-1}(0{,}5) = 30°$

$\alpha_2 = 180° - 30° = 150°$

Bestimme rechnerisch alle Winkel α mit $0° \leq \alpha \leq 360°$, für die $\cos(\alpha) = 0{,}5$ gilt.

____

____

____

DARUM GEHT'S

Du kennst schon die Sinus- und Kosinusfunktion. Diese beiden Funktionen ordnen einem Winkel eine Zahl zu.

Jetzt lernst du das **Bogenmaß** eines Winkels kennen. Es ordnet jedem Winkel eine Zahl zu: Das Bogenmaß x des Winkels α ist die zugehörige Bogenlänge x am Einheitskreis.

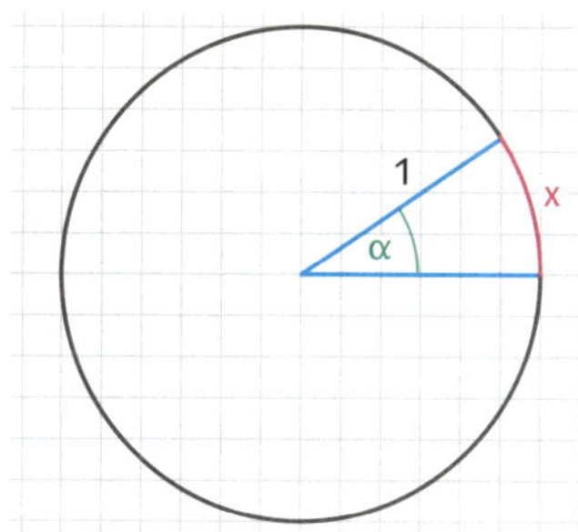

Für den Winkel 0° ergibt sich $x = 0$.
Für den Winkel 360° ergibt sich $x = 2\pi$. (Dies ist der Kreisumfang)
Für den Winkel 180° ergibt sich $x = \pi$. (Dies ist der halbe Kreisumfang)

Allgemein gilt: $x = \frac{\alpha}{180°} \cdot \pi$

Anhand der Formel wird ersichtlich, dass man auch Winkeln, die größer als 360° sind, x-Werte zuordnen kann:
Für den Winkel 540° ergibt sich $x = 3\pi$.
Für den Winkel 720° ergibt sich $x = 4\pi$.

Anhand der Formel wird auch ersichtlich, dass man ebenfalls Winkeln, die kleiner als 0° sind, x-Werte zuordnen kann:
Für den Winkel −180° ergibt sich $x = -\pi$.
Für den Winkel −360° ergibt sich $x = -2\pi$.

Bei der Sinus- und Kosinusfunktion musst du nur die Skalierung und Einheit der x-Achse ersetzen. Das sieht dann folgendermaßen aus:

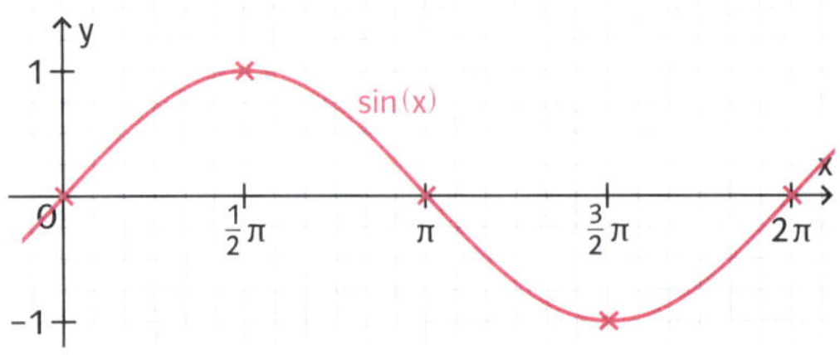

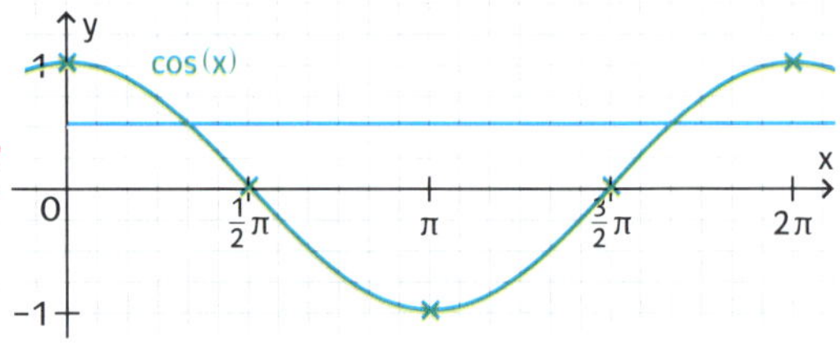

Bogenmaß x zu gegebenen Sinus- und Kosinuswerten ermitteln

Diese Strategie verwendest du, wenn du aus dem Graphen der Sinus- oder Kosinusfunktion ermitteln willst, für welche x-Werte die Funktion einen bestimmen Funktionswert hat.

SO GEHT'S

1 **Beispiel**
Für welche Werte von $x \in [0;3\pi]$ gilt $\sin(x) = 0{,}5$?

Du bist dran
Für welche Werte von $x \in [0;3\pi]$ gilt $\cos(x) = 0{,}5$?

Zeichne die sin- bzw. cos-Funktion sowie die Parallele zur x-Achse bei $y = 0{,}5$:

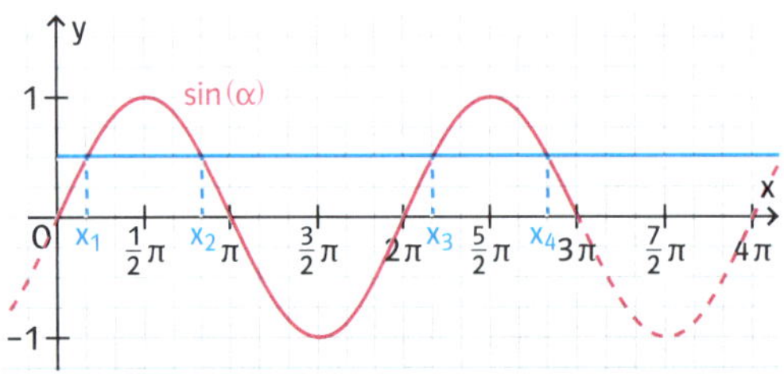

Löse die Gleichung mit dem Taschenrechner:

Tipp
Verwende beim Taschenrechner den RAD-Modus.

$\sin(x) = 0{,}5 \quad | \sin^{-1}(\ )$
$x = \sin^{-1}(0{,}3)$
$x_1 \approx 0{,}52$
An der Zeichnung oben erkennt man, dass es eine zweite Stelle x_2 geben muss, für die gilt:
$x_2 \approx \pi - 0{,}52 \approx 2{,}62$

Außerdem erkennt man, dass es zwei weitere Nullstellen im Bereich zwischen 0 und 3π gibt:
$x_3 = 0{,}52 + 2\pi \approx 6{,}80$
$x_4 = 2{,}62 + 2\pi \approx 8{,}90$

○ **2** Bestimme alle Werte von $x \in [0;3\pi]$, für die gilt:
a) $\sin(x) = 0{,}7$
b) $\cos(x) = 0{,}7$
c) $\sin(x) = -0{,}7$
d) $\cos(x) = -0{,}7$

TIPP ZUM LÖSEN DER AUFGABE 2

2 Skizziere zu allen Teilaufgaben jeweils die Graphen wie im Beispiel bei „So geht's".

○ **3** Bestimme das zugehörige Bogenmaß des Winkels α.

a) $\alpha = 30°$ **b)** $\alpha = 145°$ **c)** $\alpha = 450°$
d) $\alpha = 45°$ **e)** $\alpha = 270°$ **f)** $\alpha = 360°$

○ **4** Bestimme den zugehörigen Winkel α zum gegebenen Bogenmaß.

a) $x = \frac{1}{3}\pi$ **b)** $x = \frac{3}{2}\pi$ **c)** $x = 5\pi$
d) $x = \frac{1}{8}\pi$ **e)** $x = \frac{1}{9}\pi$ **f)** $x = 6\pi$

◒ **5** Lies die folgenden Werte für Sinus und Kosinus in der Grafik im Intervall $[-2\pi; 6\pi]$ ab.

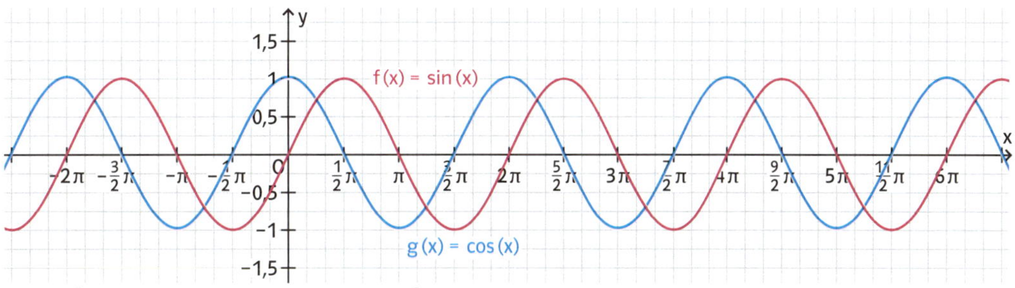

a) $x = \frac{1}{2}\pi$ **b)** $x = \frac{3}{2}\pi$ **c)** $x = 5\pi$
d) $x = \frac{7}{2}\pi$ **e)** $x = \frac{1}{4}\pi$ **f)** $x = 6\pi$
g) $\sin(x) = 1$ **h)** $\cos(x) = 0{,}5$ **i)** $\sin(x) = -0{,}7$

◒ **6** Jeweils drei Zahlen haben denselben Sinuswert. Verbinde die Kärtchen passend.

$4{,}5\pi$ -2π $5{,}5\pi$ $-1{,}5\pi$

5π $-0{,}5\pi$ $3{,}5\pi$ 0 $0{,}5\pi$

◒ **7** Bestimme, falls möglich, die im Intervall $[0; 2\pi]$ liegenden Lösungen.

a) $3\sin(x) = 0$ **b)** $2\sin(x) - 2 = 0$ **c)** $3\sin(x) - 2 = 0$
d) $3\sin(x) - \sin(x) = 1{,}2$ **e)** $4\cos(x) = 4$ **f)** $4\cos(x) = 1 - 2\cos(x)$
g) $(\sin(x))^2 = \frac{1}{4}$ **h)** $(\cos(x))^2 = 0{,}36$ **i)** $5(\cos(x))^2 = 20$

● **8** Zeichne für $0 \leq x \leq 2\pi$ in dasselbe Koordinatensystem die Schaubilder für die Funktionen f und g mit $f(x) = \sin(x)$ und $g(x) = \sin(-x)$.
a) Begründe: $\sin(-x) = -\sin(x)$.
b) Erläutere diesen Zusammenhang auch am Einheitskreis.

TIPPS ZUM LÖSEN DER AUFGABEN 3, 4, 5, 6, 7 UND 8

3 Schreibe dir die Gleichung zur Umrechnung eines Winkels in Bogenmaß auf. **4** Forme die Gleichung $x = \frac{\alpha}{180°} \cdot \pi$ nach α um und berechne anschließend. **5 g), h), i)** Zeichne eine Gerade ein und lies die Schnittpunkte ab. **6** Mindestens alle 2π hat der Sinus den gleichen Wert ☺. Als Hilfestellung kann man die Grafik aus Aufgabe 5 verwenden. **7** Forme die Gleichung so um, dass der Sinus bzw. der Kosinus alleine auf einer Seite steht und löse anschließend die Gleichung wie im durchgerechneten Beispiel. Fertige – wenn nötig – eine Skizze an. **8** Achte auf Symmetrie.

SCHRITT 20

Ich kann Graphen von Funktionen f mit $f(x) = a \cdot \sin(x - c) + d$ zeichnen und untersuchen.

Hier lernst du, wie du den Graphen einer trigonometrischen Funktion der Form $g(x) = 1{,}5 \cdot \cos(x - \pi) + 0{,}5$ zeichnest und aus einem gegebenen Graphen die passende Funktionsgleichung bestimmst.

→ Verschieben und Strecken von Funktionen und deren Graphen (Grundlagen)

Tipp
Wenn $0 < a < 1$ spricht man von einer Stauchung.

DAS BRAUCHST DU WIEDER

Allgemein: Verschieben und Strecken von Funktionen und deren Graphen
$f(x) = a \cdot f(x - c) + d$
a: Streckung des Graphen
c: Verschiebung auf der x-Achse
d: Verschiebung auf der y-Achse

Beispiele: Verbinde die Graphen mit den passenden Kärtchen.

I $f(x) = (x - 2)^2 + 1$ II $f(x) = (x + 2)^2 + 1$ III $f(x) = (x + 2)^2 - 1$ IV $f(x) = (x - 2)^2 - 1$

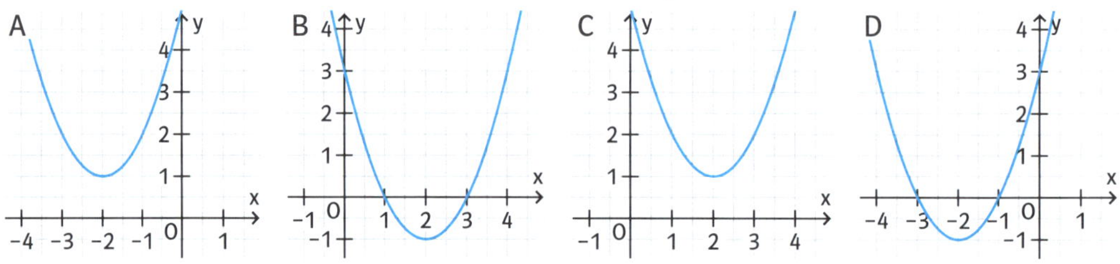

Erklärfilm
Einfluss von Parametern bei quadratischen Funktionen
9un6ux

DARUM GEHT'S

Rechts siehst du den bereits bekannten Graphen der Sinusfunktion.
Du kannst **Verschiebungen** und **Streckungen des Graphen** der Sinus- und Kosinusfunktion sowohl am Graphen als auch am Funktionsterm ablesen.

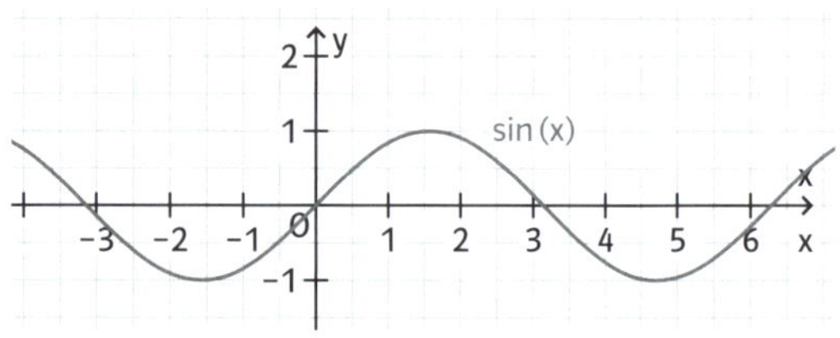

Erklärfilm
Graphen trigonometrischer Funktionen
9un6ux

Der Graph der Funktion f mit
$f(x) = a \cdot \sin(x - c) + d$
entsteht aus dem Graphen der Sinusfunktion durch

- Verschiebung in y-Richtung um d,
- Verschiebung in x-Richtung um c,
- Streckung in y-Richtung mit dem Faktor a,

Die Zahl $A = |a|$ bezeichnet man als **Amplitude A** der Funktion f.

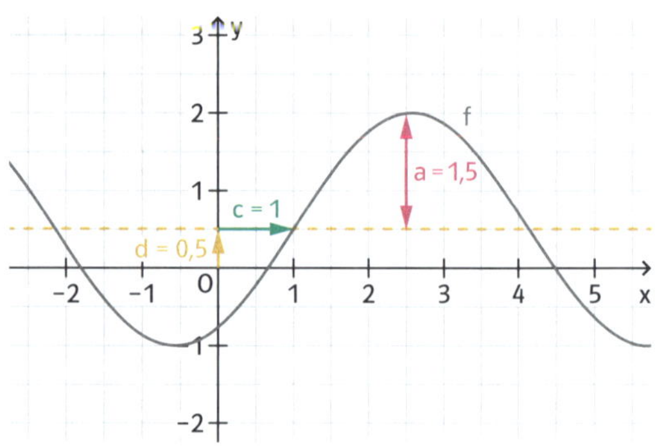

Tipp
Bei Funktionen der Form $f(x) = a \cdot \cos(x - c) + d$ gelten die gleichen Regeln.

Am Graphen einer Funktion den Funktionsterm ablesen

Diese Strategie verwendest du, wenn der Graph einer Funktion f mit $f(x) = a \cdot \cos(x - c) + d$ gegeben ist und du daraus die Parameter a, c und d ablesen möchtest, um den Funktionsterm anzugeben.

Tipp
Diese Strategie funktioniert analog auch für Funktionen mit dem Kosinus.

SO GEHT'S

1 Beispiel

Bestimme die Parameter a, c und d so, dass die Funktion $g(x) = a \cdot \sin(x - c) + d$ den abgebildeten Graphen hat.

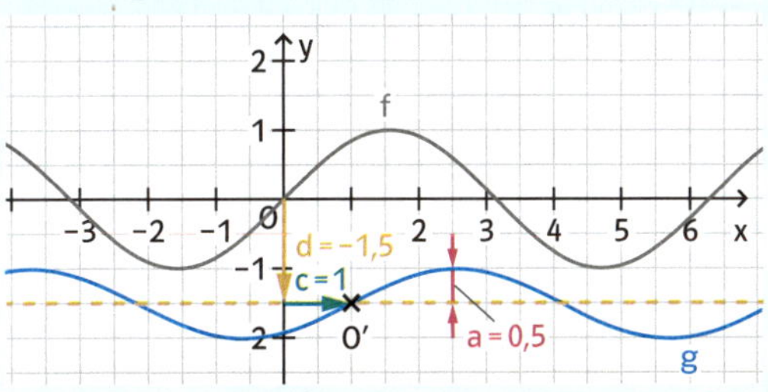

Skizziere den Graphen von $f(x) = \sin(x)$ und markiere die Mittellage von g (mit einer gestrichelten Linie) und den verschobenen Ursprung O':

Der verschobene Ursprung O' hat die Koordinaten $O'(1 \mid -1{,}5)$.

Lies die Werte für a, c und d ab:

$a = 0{,}5$; $c = 1$ und $d = -1{,}5$.

Gib die Funktionsgleichung für g an:

$g(x) = 0{,}5 \cdot \sin(x - 1) - 1{,}5$

Du bist dran

Bestimme die Parameter a, c und d so, dass die Funktion $g(x) = a \cdot \sin(x - c) + d$ den abgebildeten Graphen hat.

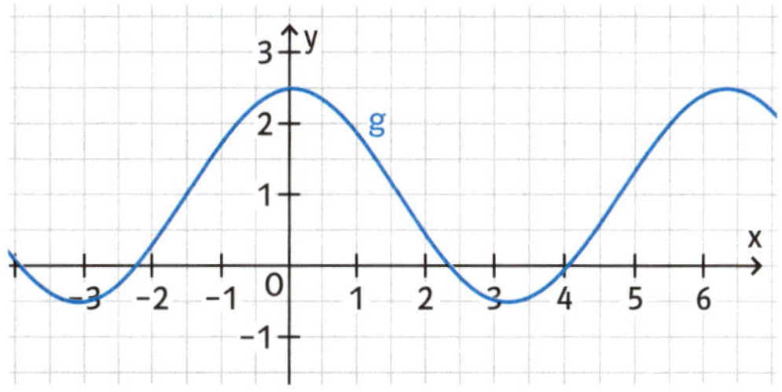

Tipp
Wie in der Grafik gezeigt, kannst du die drei Werte einzeichnen und so leichter ablesen.

○ **2** Bestimme die Parameter a, c und d so, dass die Funktion $g(x) = a \cdot \cos(x - c) + d$ den abgebildeten Graphen hat.

a)

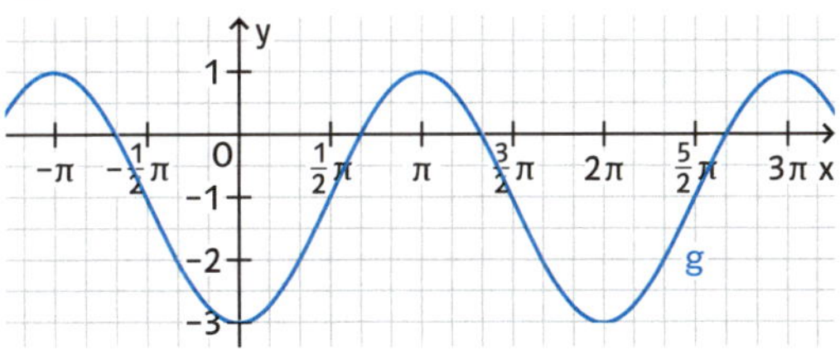

b)

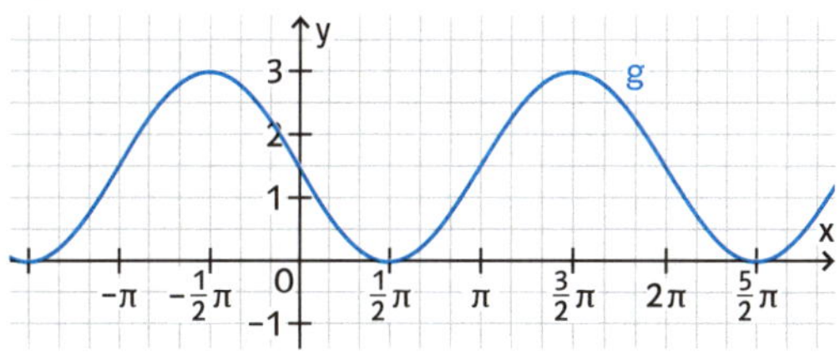

○ **3** Bestimme die Parameter a, c und d so, dass die Funktion $g(x) = a \cdot \sin(x - c) + d$ den abgebildeten Graphen hat.

a)

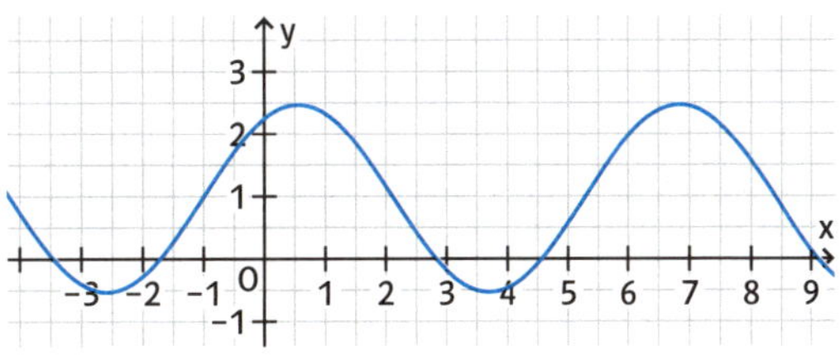

b)

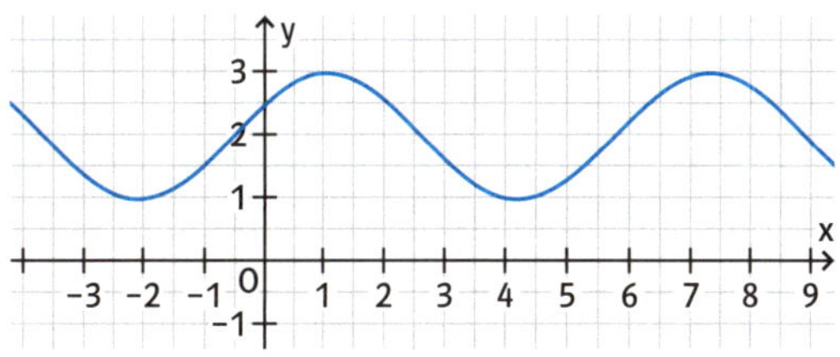

TIPPS ZUM LÖSEN DER AUFGABEN 2 UND 3

2 Skizziere zunächst den Graphen von $f(x) = \cos(x)$ und markiere die Mittellage von g (mit einer gestrichelten Linie) und den verschobenen Ursprung O'. **3** Skizziere zunächst den Graphen von $f(x) = \sin(x)$ und markiere die Mittellage von g (mit einer gestrichelten Linie) und den verschobenen Ursprung O'.

○ **4** Zeichne den Graphen mit den angegebenen Parametern.

a) Sinusfunktion $f(x) = a \cdot \sin(x - c) + d$

i) $a = 3,\ c = -2$ und $d = -1$

ii) $a = -2,\ c = 4$ und $d = +1$

b) Kosinusfunktion $f(x) = a \cdot \cos(x - c) + d$

i) $a = 1{,}5,\ c = 2$ und $d = -2{,}5$

ii) $a = -1,\ c = -0{,}5$ und $d = 1$

Den Graphen einer Funktion strecken und verschieben

Diese Strategie verwendest du, wenn der Funktionsterm einer Funktion g mit $g(x) = a \cdot \cos(x - c) + d$ gegeben ist und du in Worten und zeichnerisch darstellen möchtest, wie sein Graph aus dem Graphen der Funktion $f(x) = \cos(x)$ entsteht.

Tipp
Diese Strategie funktioniert analog auch für Funktionen mit dem Sinus.

SO GEHT'S

5 **Beispiel**
Gegeben sind die Funktionen f mit $f(x) = \cos(x)$ und g mit $g(x) = 2 \cdot \cos(x + \pi) + 1$.

a) Wie erhält man den Graphen von g aus dem Graphen von f?

b) Skizziere beide Graphen und veranschauliche die Amplitude von g im Schaubild.

Du bist dran
Gegeben sind die Funktionen f mit $f(x) = \cos(x)$ und g mit $g(x) = 1{,}5 \cdot \cos(x - \pi) + 0{,}5$.

a) Wie erhält man den Graphen von g aus dem Graphen von f?

b) Skizziere beide Graphen und veranschauliche die Amplitude von g im Schaubild.

Beschreibe in Worten, welche Auswirkungen die Parameter der Funktion g(x) haben:

a) Man erhält den Graphen von g aus dem Graphen von f durch Streckung mit dem Faktor 2 in y-Richtung, Verschiebung in x-Richtung um $-\pi$ (also nach links) und Verschiebung in y-Richtung um 1 (also nach oben).

Tipp
$\cos(x + \pi) = \cos(x - (-\pi))$

Skizziere zunächst den Graphen von $f(x) = \cos(x)$ in ein ausreichend großes Koordinatensystem:

b)

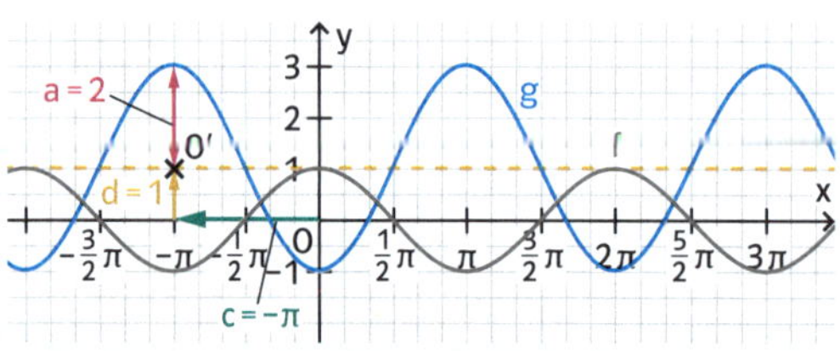

Skizziere die Mittellage und den verschobenen Ursprung O'.
Skizziere dann ausgehend von O' den nach dem oben genannten Faktor gestreckten Graphen der Kosinusfunktion.

Mittellage: $y = 1$
$O'(-\pi \mid 1)$

TIPP ZUM LÖSEN DER AUFGABE 4

4 Skizziere zunächst den Graphen der Funktion und wende dann nach und nach die Parameter an.

○ 6 Gegeben ist die Funktion f mit $f(x) = \sin(x)$.

a) Beschreibe, wie man den Graphen von g aus dem Graphen von f erhält.

b) Skizziere die Graphen und veranschauliche die Amplitude von g im Schaubild.

i) $g(x) = 2 \cdot \sin(x + \pi) + 1$ ii) $g(x) = 2 \cdot \sin\left(x - \frac{\pi}{2}\right) - 1$

◒ 7 Verbinde die Funktionsgleichung mit der passenden Beschreibung.

$h(x) = -3\sin(x - 3)$

$l(x) = -0{,}5\sin(x + 0{,}5) + 0{,}5$

$k(x) = \sin(x) + 5$

$j(x) = -0{,}5\sin(x - 0{,}5) + 0{,}5$

$k(x) = -3\sin(x + 3)$

$i(x) = 5\sin(x + 2) - 4$

A: Die Sinusfunktion ist mit dem Faktor 0,5 in y-Richtung gestreckt, an der x-Achse gespiegelt, um 0,5 LE nach rechts verschoben und um 0,5 LE in y-Richtung verschoben.

B: Die Sinusfunktion ist mit dem Faktor 3 in y-Richtung gestreckt, an der x-Achse gespiegelt und um 3 LE nach rechts verschoben.

C: Die Sinusfunktion ist um 5 LE in x-Richtung verschoben.

D: Die Sinusfunktion ist mit dem Faktor 5 in y-Richtung gestreckt, um 2 LE nach links verschoben und um 4 LE auf der y-Achse nach unten verschoben.

◒ 8 Gib eine Funktionsgleichung an, die aus dem Funktionsterm der Funktion f mit $f(x) = \cos(x)$ entsteht und die angegebenen Eigenschaften besitzt.

a) Der Graph ist mit dem Faktor 2 in y-Richtung gestreckt.

b) Der Graph ist um −5 in y-Richtung verschoben.

c) Der Graph ist um den Faktor 2 in y-Richtung gestreckt, an der x-Achse gespiegelt und um 3 in y-Richtung verschoben.

d) Der Graph ist um 0,2 in y-Richtung gestreckt und um −3 in x-Richtung verschoben.

● 9 In das Koordinatensystem ist die Funktion f mit $f(x) = 2\sin\left(x + \frac{1}{4}\pi\right)$ eingezeichnet. Bestimme die Koordinaten der Punkte A, B, C, D und E.

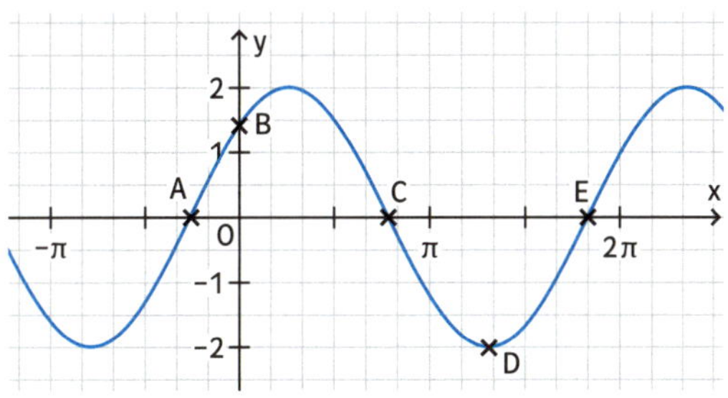

TIPPS ZUM LÖSEN DER AUFGABEN 6, 7, 8 UND 9

6 Achte darauf, dass der Sinus im verschobenen Punkt O' auf der Mittellage beginnt.
7 Beachte, dass das Vorzeichen bei der Verschiebung in x-Richtung vertauscht ist. **8** Überlege, welcher Streckfaktor und welche Verschiebung an welcher Stelle der Gleichung stehen.
9 Fertige eine maßstabsgetreue Skizze an.

SCHRITT 21 Ich kann Graphen von Funktionen f mit $f(x) = a \cdot \sin(b \cdot (x - c)) + d$ zeichnen und untersuchen.

Hier lernst du, wie du den Graphen einer trigonometrischen Funktion der Form $f(x) = -1 \cdot \cos(2(x + \pi)) - 1$ zeichnest und aus einem gegebenen Graphen die passende Funktionsgleichung bestimmst.

→ Den Graphen einer Funktion f mit $f(x) = a \cdot \sin(b \cdot (x - c)) + d$ zeichnen und untersuchen (Schritt 20)

DAS BRAUCHST DU WIEDER

Allgemein: Am Graphen einer Funktion die Parameter der allgemeinen Funktionsgleichung $f(x) = a \cdot \sin(x - c) + d$ ablesen.

Beispiele: Gib die Werte von a, c und d an.

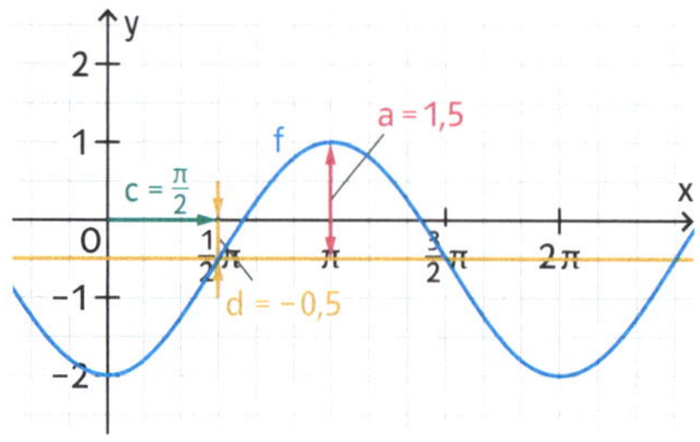

$a = 1{,}5$; $c = \frac{\pi}{2}$; $d = -0{,}5$

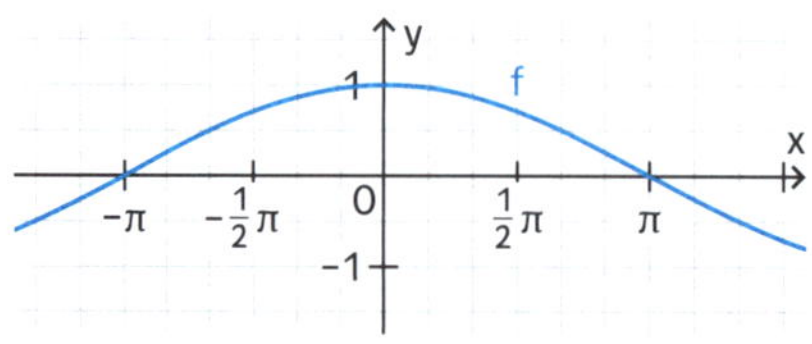

a = ________; c = ________;

d = ________

DARUM GEHT'S

Liegt bei einer Funktion f mit $f(x) = \sin(b \cdot x)$ der Wert von b zwischen 0 und 1, so vergrößert sich die Periode p der Funktion.

Wählst du z. B. $b = \frac{1}{2}$, so verdoppelt sich die Periode p von 2π auf 4π. Der Graph entsteht durch Streckung des Graphen der Sinusfunktion in x-Richtung mit dem Faktor 2.

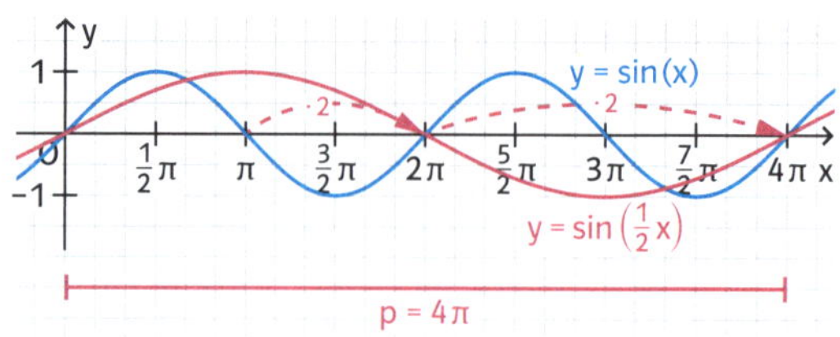

Tipp
Bei Funktionen der Form $f(x) = a \cdot \cos(x - c) + d$ gelten die gleichen Regeln.

Erklärfilm
Graphen trigonometrischer Funktionen
9un6ux

Gilt bei einer Funktion f mit $f(x) = \sin(b \cdot x)$, dass $b > 1$ ist, so verkleinert sich die Periode der Funktion.

Wählst du z. B. $b = 2$, so halbiert sich die Periode p von 2π auf π. Der Graph entsteht durch Streckung des Graphen der Sinusfunktion in x-Richtung mit dem Faktor $\frac{1}{2}$.

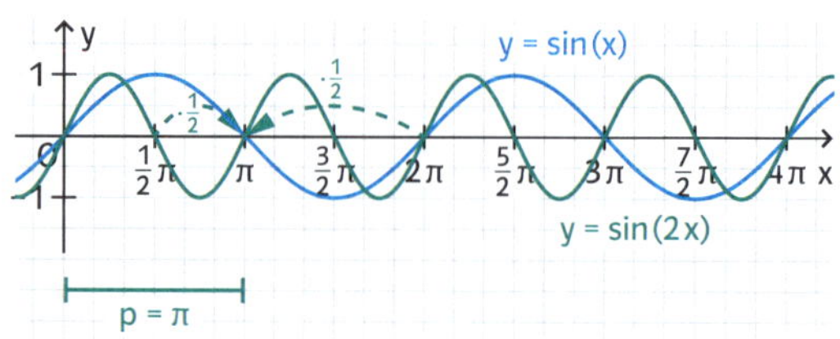

Allgemein gilt für den Graphen einer Funktion $\mathbf{f(x) = \sin(b \cdot x)}$, dass der Graph um den Faktor $\frac{1}{b}$ in x-Richtung gestreckt wird und die Periode $\mathbf{p = \frac{2\pi}{b}}$ hat.

Tipp
Diese Strategie funktioniert auch analog für Funktionen mit dem Kosinus.

Am Graphen einer Funktion den Funktionsterm ablesen

Diese Strategie verwendest du, wenn der Graph einer Funktion f mit $f(x) = a \cdot \cos(b \cdot (x - c)) + d$ gegeben ist und du daraus die Parameter a, c und d ablesen möchtest, um den Funktionsterm anzugeben.

SO GEHT'S

1 Beispiel
Gib zum abgebildeten Graphen einen Funktionsterm in der Form $f(x) = a \cdot \sin(b \cdot (x - c)) + d$ an.

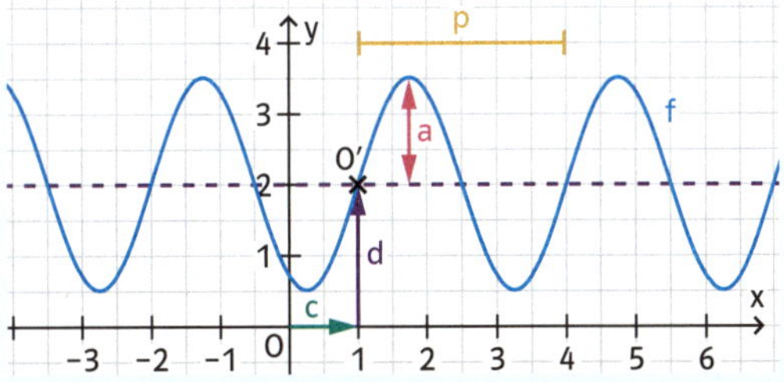

Markiere die Mittellage (mit einer gestrichelten Linie) und den verschobenen Ursprung O':

Der verschobene Ursprung O' hat die Koordinaten O'(1 | 2).

Lies die Werte für a, c und d ab:

a = 1,5; c = 1 und d = 2.

Lies die Länge der Periode p ab und bestimme daraus den Wert für b:

$p = 3$

$p = \frac{2\pi}{b} \quad | \cdot b$

$p \cdot b = 2\pi \quad | : p$

$b = \frac{2\pi}{p} = \frac{2\pi}{3}$

Setze die erhaltenen Parameter in den allgemeinen Funktionsterm ein:

$f(x) = 1{,}5 \cdot \sin\left(\frac{2\pi}{3} \cdot (x - 1)\right) + 2$

Du bist dran
Gib zum abgebildeten Graphen einen Funktionsterm in der Form $f(x) = a \cdot \sin(b \cdot (x - c)) + d$ an.

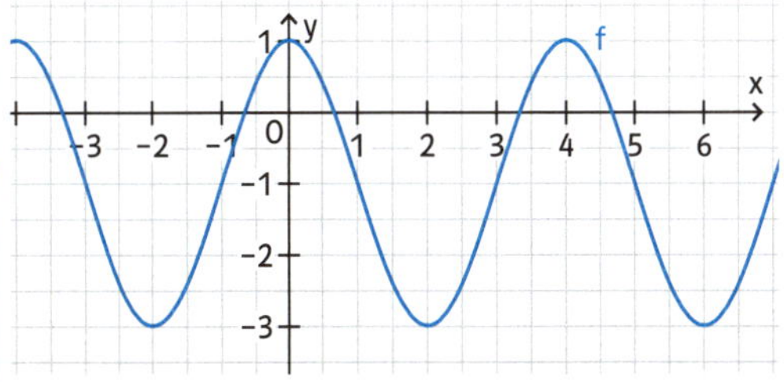

○ **2** Gib zum abgebildeten Graphen einen Funktionsterm in der Form $f(x) = a \cdot \cos(b \cdot (x - c)) + d$ an.

a)

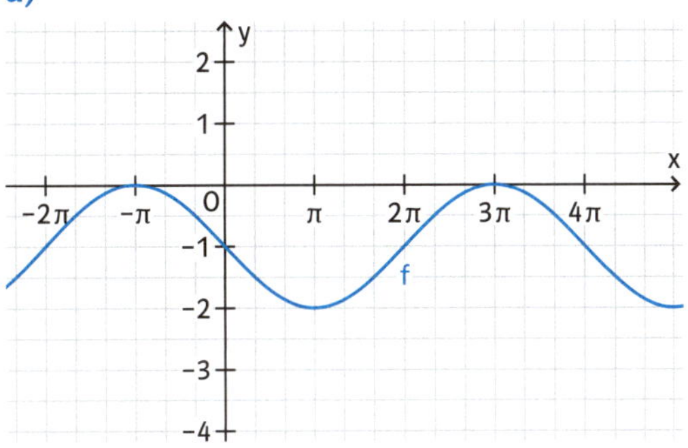

b)

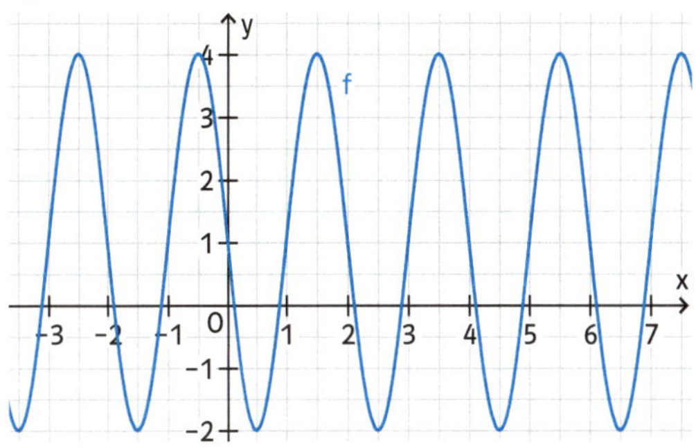

TIPPS ZUM LÖSEN DER AUFGABE 2

2 Achte darauf, dass der Kosinus im verschobenen Ursprung O' von der Mittellage um den Wert der Amplitude nach oben verschoben beginnt. **2b)** Beachte, dass die y- und x-Achse unterschiedlich skaliert sind.

○ **3** Beschreibe, wie der Graph von g aus dem Graphen von f mit $f(x) = \cos(x)$ hervorgeht und gib einen Funktionsterm an.

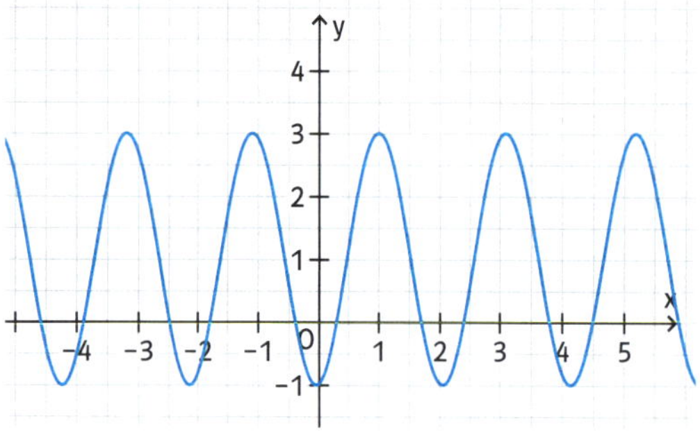

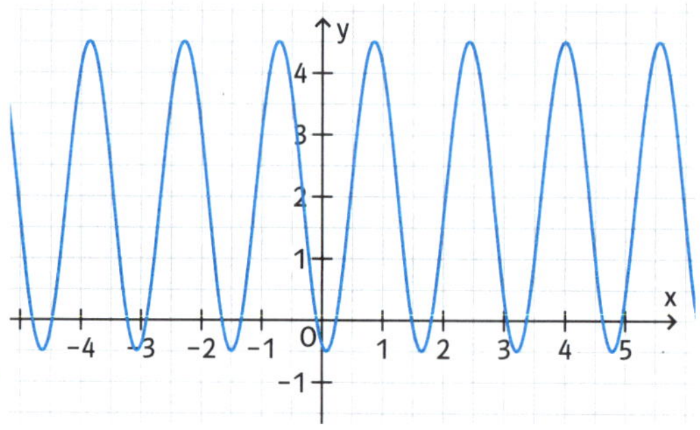

◒ **4** Gib eine Funktionsgleichung an, die aus dem Funktionsterm der Funktion f mit $f(x) = \cos(x)$ entsteht und die angegebenen Eigenschaften besitzt.

a) Der Graph ist mit dem Faktor 2 in x-Richtung gestreckt.

b) Der Graph ist mit dem Faktor 2 in x- und y-Richtung gestreckt, an der x-Achse gespiegelt und um 3 in y-Richtung verschoben.

c) Der Graph ist um 0,2 in y-Richtung gestreckt, um $\frac{2}{3}\pi$ in x-Richtung und um -3 in y-Richtung verschoben.

d) Der Graph ist an der x-Achse gespiegelt, um den Faktor 2,5 in x- und in y-Richtung gestreckt und um den Faktor 5 in x-Richtung verschoben.

Tipp
Diese Strategie funktioniert analog auch für Funktionen mit dem Sinus.

Den Graphen einer Funktion strecken und verschieben

Diese Strategie verwendest du, wenn der Funktionsterm einer Funktion g mit $g(x) = a \cdot \cos(x - c) + d$ gegeben ist und du seinen Graphen zeichnen willst.

SO GEHT'S

5 **Beispiel**
Zeichne den Graphen von f mit $f(x) = -2 \cdot \cos(0{,}5(x - \pi)) + 1$.

Du bist dran
Zeichne den Graphen von f mit $f(x) = -1 \cdot \cos(2(x + \pi)) - 1$.

Skizziere zunächst den Graphen von $g(x) = \cos(x)$ in ein ausreichend großes Koordinatensystem:

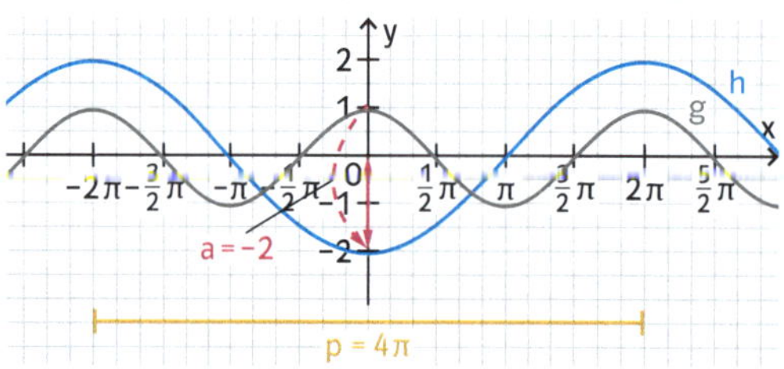

Tipp
Ist $a < 0$, bedeutet dies eine Streckung mit a in y-Richtung und eine zusätzliche Spiegelung an der x-Achse.

Bestimme die Periode p. Skizziere damit den Graphen $h(x) = -2 \cdot \cos\left(\frac{1}{2}x\right)$ (bzw. in der rechten Aufgabe $h(x) = -\cos(2x)$) ergänzend zum Graphen von g:

$$p = \frac{2\pi}{b} = \frac{2\pi}{\frac{1}{2}} = 4\pi$$

TIPPS ZUM LÖSEN DER AUFGABEN 3 UND 4

3 Markiere die Mittellage, dann kannst du leicht die Amplitude ablesen.

4 Beachte, wo du den Streckfaktor und wo du den Verschiebungsfaktor findest.

Skizziere den Graphen von h(x) in ein neues, ausreichend großes Koordinatensystem:

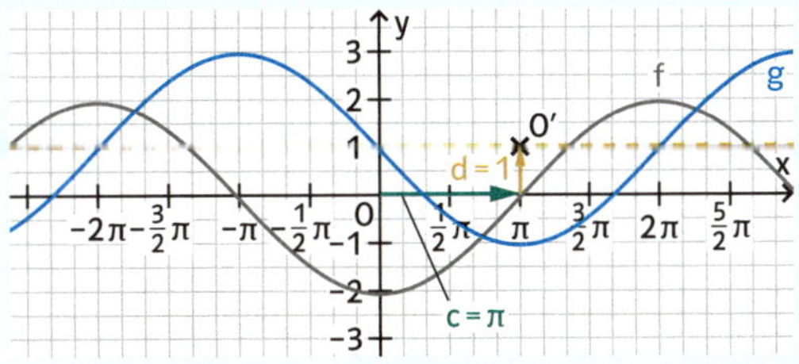

Skizziere die Mittellage und den verschobenen Ursprung O'. Skizziere dann ausgehend von O' den Graphen von f.

Mittellage: $y = 1$

$O'(\pi \mid 1)$

○ **6** Zeichne den Graphen von f.

a) $f(x) = 2\sin(0{,}5\pi(x-1)) + 1$ **b)** $f(x) = -1{,}5\sin(\pi(x+2)) - 1$

○ **7** Zeichne den Graphen der Kosinusfunktion $f(x) = a \cdot \cos\big(b \cdot (x-c)\big) + d$ mit den angegebenen Parametern.

a) $a = -2,\ b = 2,\ c = -1$ und $d = 0{,}5$ **b)** $a = 0{,}5,\ b = 0{,}5,\ c = 1$ und $d = -1$

◒ **8** Bestimme einen Funktionsterm einer allgemeinen Sinusfunktion f, die die angegebenen Funktionswerte annimmt.

x	0π	1π	2π	3π	4π
f(x)	0	1	0	−1	0

x	1π	3π	5π	7π	9π
f(x)	0	1	0	−1	0

x	1π	2π	3π	4π	5π
f(x)	1	3	1	−1	1

● **9** Beschreibe die Gemeinsamkeiten und Unterschiede der Funktionen f und g mit

$f(x) = 2\sin\left(3\left(x - \frac{\pi}{2}\right)\right)$ und $g(x) = 2\sin\left(3x - \frac{\pi}{6}\right)$.

TIPPS ZUM LÖSEN DER AUFGABEN 6, 7, 8 UND 9

6 Achte darauf, dass der Sinus in den verschobenen Ursprüngen O' und O'' auf der Mittellage beginnt. **7** Zeichne zuerst die Kosinusfunktion und wende dann die einzelnen Parameter an.
8 Trage die Werte in ein Koordinatensystem ein und gehe dann wie in Aufgabe 3 vor.
9 Vergleiche die einzelnen Parameter der Funktionen.

SCHRITT 22 Ich kann komplexere trigonometrische Gleichungen lösen und Nullstellen trigonometrischer Funktionen berechnen.

Hier lernst du, wie du trigonometrische Gleichungen der Form $0{,}5\sin(2x+1)-2=-2{,}25$ löst.

→ Einfache trigonometrische Gleichungen lösen (Schritt 19)

DAS BRAUCHST DU WIEDER

Beispiele:

Für welche Werte von $x \in [0; 2\pi]$ gilt $\sin(x) = 0{,}75$?

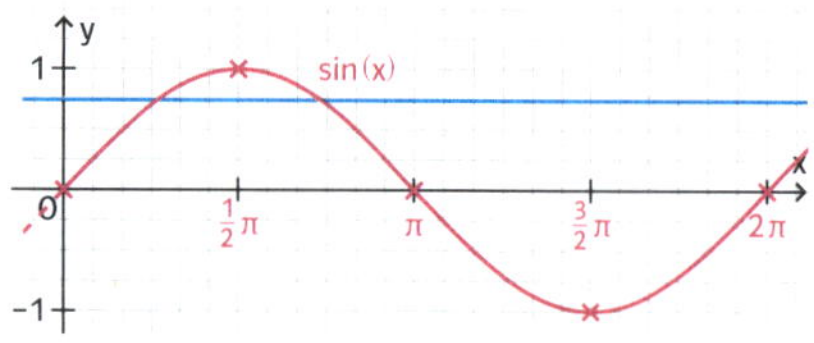

$\sin(x) = 0{,}75 \quad | \sin^{-1}(\ )$

$x_1 = \sin^{-1}(0{,}75) = 0{,}85$

$x_2 = \pi - 0{,}85 = 2{,}29$

Für welche Werte von $x \in [0; 2\pi]$ gilt $\sin(x) = -0{,}75$?

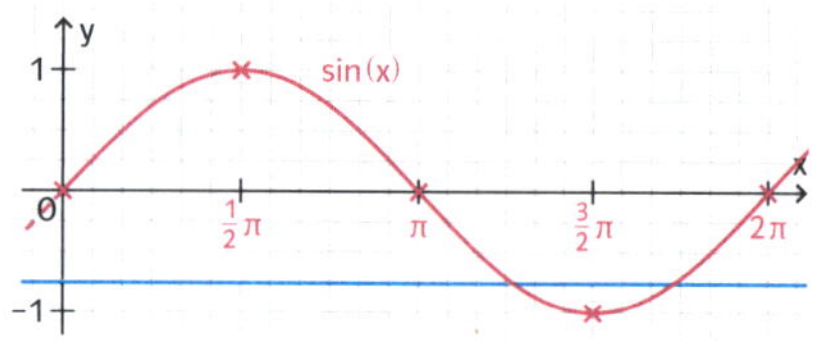

____

____

____

DARUM GEHT'S

Du kannst schon einfache trigonometrische Gleichungen (z. B. der Form $\sin(x) = 0{,}3$) lösen. Jetzt lernst du, **komplexere trigonometrische Gleichungen** zu **lösen**, um zum Beispiel Nullstellen von Sinus- und Kosinusfunktionen zu bestimmen.

Erklärfilm
Trigonometrische Gleichungen lösen
9un6ux

Komplexere trigonometrische Gleichungen lösen

Diese Strategie verwendest du, wenn du komplexere trigonometrische Gleichungen lösen oder Nullstellen von trigonometrischen Funktionen bestimmen willst.

SO GEHT'S

1 **Beispiel**
Löse die trigonometrische Gleichung $0{,}5\sin(2x+1)+2=2{,}25$ für $0 \le x \le 2\pi$.

Du bist dran
Löse die trigonometrische Gleichung $0{,}5\sin(2x+1)-2=-2{,}25$ für $0 \le x \le 2\pi$.

Vereinfache die Gleichung durch Äquivalenzumformungen so weit wie möglich:

$0{,}5\sin(2x+1) + 2 = 2{,}25 \quad | -2$

$0{,}5\sin(2x+1) = 0{,}25 \quad | \cdot 2$

$\sin(2x+1) = 0{,}5$

Zeichne die sin-Funktion sowie die rechte Seite der Gleichung als Parallele zur x-Achse:

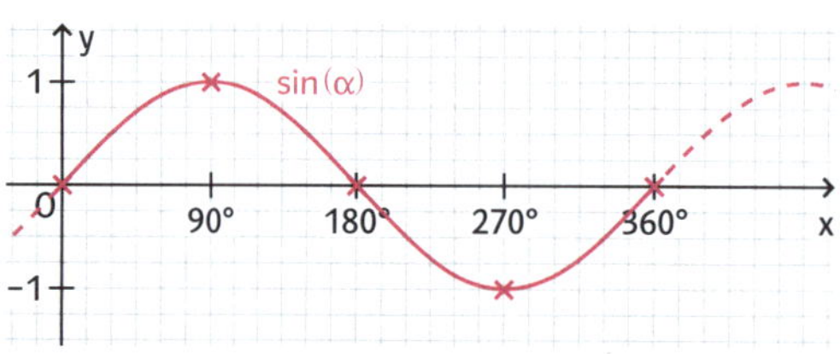

Berechne, wann der sin(x) den Wert der rechten Seite der Gleichung hat:

$\sin(x) = 0{,}5 \quad | \sin^{-1}(\ )$

$x_1 = \sin^{-1}(0{,}5) = 0{,}52$

$x_2 = \pi - 0{,}52 = 2{,}62$

Tipp
Verwende im Taschenrechner den RAD-Modus.

Setze das Argument der trigonometrischen Funktion mit deinen Lösungen gleich:

1. Fall
$2x + 1 = 0{,}52 \quad | -1$
$2x = -0{,}48$
$x_1 = \ \ 0{,}24$
2. Fall
$2x + 1 = 2{,}62 \quad | -1$
$2x = 1{,}62$
$x_2 = 0{,}81$

Berechne die Periode der Funktion:

$b = 2$

$p = \frac{2\pi}{b} = \frac{2\pi}{2} = \pi$

Bestimme alle Lösungen der Gleichungen im angegebenen Intervall, indem du die Periode zu den berechneten Werten addierst bzw. subtrahierst:

$x_3 \approx -0{,}24 + \pi \approx 2{,}90$
$(x_4 \approx 0{,}81 + \pi \approx 3{,}95)$
x_1 und x_4 sind nicht im Intervall.
Die Lösungen sind
$x_2 \approx 0{,}81$ und $x_3 \approx 2{,}90$.

Tipp
Mit „Argument" bezeichnet man den Term in den Klammern der Sinus- oder Kosinusfunktion.

Tipp
Für die Periode p einer Funktion $f(x) = \sin(bx)$ gilt: $p = \frac{2\pi}{b}$

Tipp
Addiere bzw. subtrahiere die Periode so lange zu bzw. von deinen bisherigen Lösungen, bis der größte/kleinste Wert außerhalb des Intervalls liegt.

○ **2** Löse die trigonometrische Gleichung für $0 \leq x \leq 2\pi$.

a) $\sin(x + \pi) = 1$ **b)** $\sin(x + \pi) = -1$
c) $2\sin(2x) = 0$ **d)** $\cos(x + \pi) = 1$
e) $3\cos(0{,}5x) = 0$ **f)** $2\cos(4x + \pi) + 3 = 1$

○ **3** Bestimme, falls möglich, mindestens eine im Intervall $[0; 2\pi]$ liegende Lösung.

a) $3\sin(x - 2) = 0$ **b)** $2\sin(x + 1) - 2 = 0$
c) $3\sin(2x + 1) - 2 = 0$ **d)** $3\sin(4x) - \sin(4x) = 1{,}2$
e) $4\cos(x - 3) = 4$ **f)** $4\cos(2{,}5x) = 1 - 2\cos(2{,}5x)$

◒ **4** Bestimme, falls möglich, die im Intervall $[0; 2\pi]$ liegenden Lösungen.

a) $(\sin(x - 1))^2 = \frac{1}{4}$ **b)** $5(\cos(x - 3))^2 = 20$
c) $4\sin^2(x) = \frac{1}{4}$ **d)** $\cos(x) - \cos(x)\sin(x) = 0$
e) $2\cos(x) - 3\sin(x)\cos(x) = 0$ **f)** $\cos(x) - \cos^2(x) = 0$

Tipp
Kurzschreibweise: $(\sin(x))^2 = \sin^2(x)$

TIPPS ZUM LÖSEN DER AUFGABEN 2, 3 UND 4

2 + 3 Löse wie im oben gerechneten Beispiel. **4 d), e), f)** Kosinus bzw. Sinus ausklammern, dann den Satz vom Nullprodukt anwenden.

5 **a)** Gib den Funktionsterm der dargestellten Sinusfunktion f an.
b) Bestimme zeichnerisch die Lösungen im Intervall $[-2\pi; 2\pi]$ für $f(x) = 3$.

i)

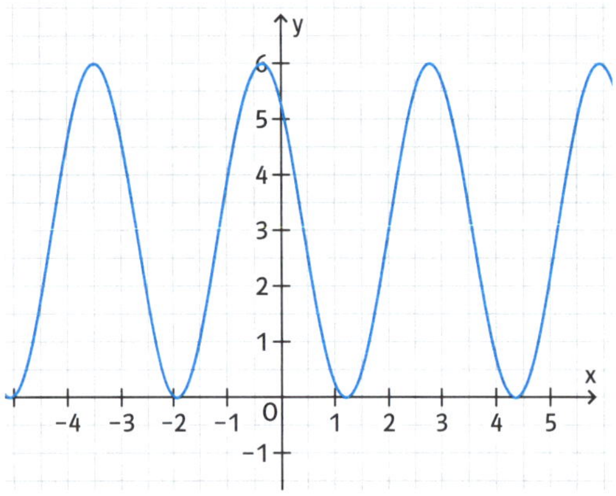

ii)

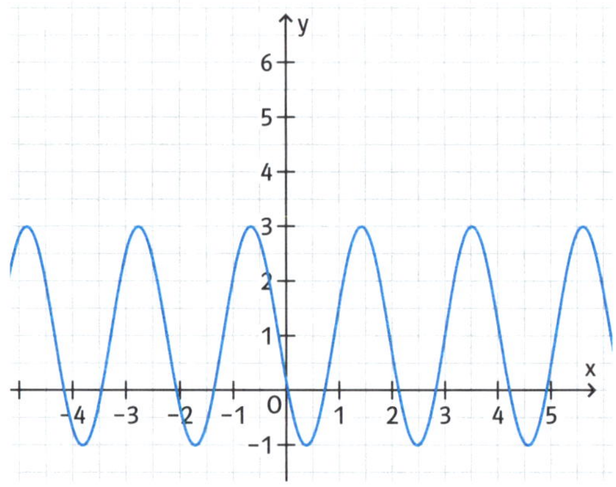

Erklärfilm
Nullstellen ganzrationaler Funktionen
9un6ux

6 Berechne die Lösungen der Gleichung im Intervall $[0; 2\pi]$, falls möglich.

a) $2\sin^2(x) + \sin(x) - 1 = 0$
b) $\sin^2(x) - 3\sin(x) + 2 = 0$
c) $2\cos^2(x) + 3\cos(x) + 1 = 0$
d) $\sin^2(x) + \sin(x) - 2 = 0$

7 In der Nordsee müssen Schiffsbetreiber immer auf Ebbe und Flut achten, damit ihre Schiffe nicht auf Grund laufen. Die Wassertiefe bei der Einfahrt in einen Hafen ändert sich infolge der Gezeiten. Tim beobachtet einen maximalen Wasserstand von 3,9 m um 0 Uhr und um 6 Uhr den tiefstens Wasserstand von 1,50 m.

a) Fertige eine Skizze für den Tagesverlauf der Wasserstände (t in h) von Ebbe und Flut ab 0 Uhr Beobachtungsbeginn an. Zur Vereinfachung dauern Ebbe und Flut genau 6 Stunden.
b) Bestimme anhand deiner Skizze eine Wasserstandsfunktion f der Form $f(t) = a\sin(b(t - c)) + d$.
c) Das Schiff „Phönix" benötigt mindestens 2,5 m Wassertiefe und das Segelboot „Speedy" eine Wassertiefe von 50 cm, um in den Hafen einzufahren. Bestimme in den ersten zwölf Stunden näherungsweise – zeichnerisch wie rechnerisch – zu welchen Zeiten dies möglich ist.

8 Es gilt: $\sin^2(x) + \cos^2(x) = 1$. Berechne, falls möglich, die Lösung der Gleichung im Intervall $[0; 2\pi]$.

a) $\cos^2(x) - 3\sin^2(x) = 1$
b) $3\sin^2(x) + 4\cos^2(x) = 12$

TIPPS ZUM LÖSEN DER AUFGABEN 5, 6, 7 UND 8

5 Zeichne eine Gerade mit $y = 3$ ein und bestimme die Schnittpunkte im angegebenen Intervall. **6** Substituiere sin(x) bzw. cos(x) und wende die abc- oder pq-Formel an. **7c)** Zeichne die Geraden $y = 2,5$ und $y = 0,5$ ein und bestimme die Schnittpunkte. **8** Die Gleichung der Aufgabenstellung nach $\sin^2(x)$ auflösen und in a) und b) einsetzen.

SCHRITT 23

Ich kann die allgemeine Sinus- und Kosinusfunktion ableiten und integrieren.

Hier lernst du, wie du die Ableitungsfunktion und eine Stammfunktion von Funktionen wie $f(x) = -3\cos(-x+2) - 1$ bestimmst.

→ Stammfunktionen mit den Integrationsregeln bestimmen (Schritt 8)

DAS BRAUCHST DU WIEDER

Allgemein:	Potenzregel:	$f(x) = x^r$	$F(x) = \frac{1}{r+1} \cdot x^{r+1}$
	Faktorregel:	$f(x) = c \cdot g(x)$	$F(x) = c \cdot G(x)$
	Summenregel:	$f(x) = g(x) + h(x)$	$F(x) = G(x) + H(x)$
	Lineare Substitution:	$g(a \cdot x + b)$	$F(x) = \frac{1}{a} \cdot G(a \cdot x + b)$

Beispiele: Bestimme eine Stammfunktion der Funktion f.

a) $f(x) = 2x^2 + 2$ $\quad F(x) = 2 \cdot \frac{1}{2+1} x^{2+1} + 2x = \frac{2}{3}x^3 + 2x$

b) $f(x) = -x^3 - 4x$ $\quad F(x) =$ ______________________

c) $f(x) = (2x+2)^3$ $\quad F(x) = \frac{1}{2} \cdot \frac{1}{3+1}(2x+2)^{3+1} = \frac{1}{8}(2x+2)^4$

d) $f(x) = (3x-1)^4$ $\quad F(x) =$ ______________________

Erklärfilm
Bestimmen von Stammfunktionen
9un6ux

DARUM GEHT'S

Man kann für trigonometrische Funktionen folgende Zusammenhänge zwischen Funktionen und ihren Ableitungen nachweisen:

$f(x) = \sin(x)$ hat die Ableitungsfunktion $f'(x) = \cos(x)$.
$f(x) = \cos(x)$ hat die Ableitungsfunktion $f'(x) = -\sin(x)$.

Damit ergibt sich automatisch für die weiteren Ableitungen und das Bilden von Stammfunktionen ein sich immer wieder wiederholender Zusamenhang. Die roten Pfeile stehen dabei dafür, dass man die Ableitung bildet, die grünen dafür, dass man eine Stammfunktion bildet.

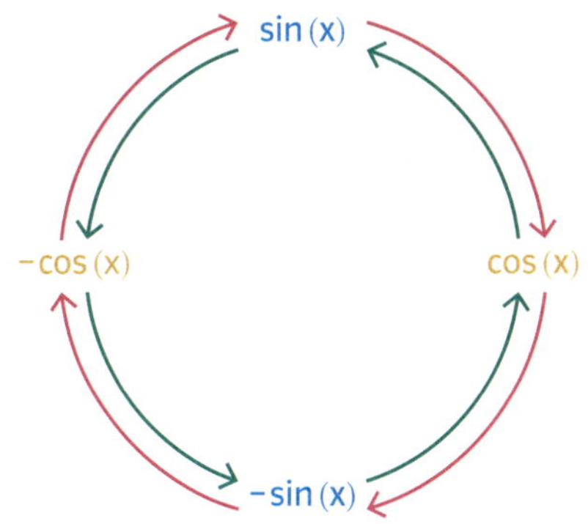

Tipp
Eine Funktion f hat nur eine Ableitung f', aber unendlich viele mögliche Stammfunktionen F.

Ableiten und integrieren

Diese Strategie verwendest du, wenn du allgemeine Sinus- und Kosinusfunktionen ableiten oder eine Stammfunktion für sie bestimmen willst.

SO GEHT'S

1 **Beispiel**
Bilde die Ableitung und eine Stammfunktion der Funktion f.
a) $f(x) = \cos(x) + x$
b) $f(x) = 2\sin(2x+3) - 4$

Du bist dran
Bilde die Ableitung und eine Stammfunktion der Funktion f.
a) $f(x) = \sin(x) + x^2$
b) $f(x) = -3\cos(-x+2) - 1$

> 🌐 **Erklärfilm**
> Potenz-, Faktor- und Summenregel
> 9un6ux

> 🌐 **Erklärfilm**
> Die Kettenregel
> 9un6ux

Leite f(x) nach der Summenregel ab:

a) $f'(x) = -\sin(x) + 1$

Bilde eine Stammfunktion, indem du beide Summanden einzeln integrierst:

$F(x) = \sin(x) + \frac{1}{2}x^2$

Leite f(x) nach der Kettenregel ab:

b) $f'(x) = 2\cos(2x+3) \cdot 2$
$= 4\cos(2x+3)$

Gib eine Stammfunktion mithilfe der Methode der linearen Substitution an:

$F(x) = 2 \cdot (-\cos(2x+3)) \cdot \frac{1}{2} - 4x$
$= -\cos(2x+3) - 4x$

○ **2** Bestimme die Ableitung und eine Stammfunktion der Funktion f.

a) $f(x) = 2\sin(2x+1) + \cos(x)$ **b)** $f(x) = -4 \cdot \sin(x) + 2$

c) $f(x) = -\frac{1}{2}\cos\left(\frac{1}{4}x\right) + \frac{1}{3}x^2 + x + \frac{1}{2}$ **d)** $f(x) = 2 \cdot \cos(x) - \frac{1}{x^2}$

○ **3** Bestimme die Ableitung und eine Stammfunktion der Funktion f.

a) $f(x) = \sin(3x+5)$ **b)** $f(x) = \sin(15)$

c) $f(x) = \frac{1}{3}\sin(3x) + 5$ **d)** $f(x) = \frac{1}{3}\sin(3x+5)$

e) $f(x) = 2\sin(5x) + 3$ **f)** $f(x) = \sin(3) + \sin(3x)$

> 🌐 **Erklärfilm**
> Die Produktregel
> 9un6ux

◒ **4** Bestimme die Ableitung.

a) $f(x) = \sin(x) \cdot \cos(x)$ **b)** $f(x) = 2x^2 \cdot \sin(x)$
c) $f(x) = \sin^2(x)$ **d)** $f(x) = \sin(x^2)$
e) $f(x) = (\sin(4x+3))^3$ **f)** $f(x) = \cos^2(2x-3) + 7x$
g) $f(x) = \sin(2x^2 + 3x)$ **h)** $f(x) = (2x + \cos(x))^2$
i) $f(x) = 3x^2\sin(5x)$ **j)** $f(x) = (3\sin(2x) + 5)\cos(4x)$

◒ **5** Bestimme die Ableitung der Funktion f an der Stelle $x = 2$.

a) $f(x) = \sin(x+2)$ **b)** $f(x) = 0{,}5\sin(15)$

c) $f(x) = \frac{1}{3}\cos(3x) - 2$ **d)** $f(x) = \frac{1}{3}\cos(3x-2)$

◒ **6** Berechne, falls möglich, die Stellen im Intervall $[0; 2\pi)$, an denen die Funktion f die Steigung 3 besitzt.

a) $f(x) = 3\sin(x+2)$ **b)** $f(x) = 0{,}5\sin(15)$

c) $f(x) = \cos(3x) - 2$ **d)** $f(x) = \frac{1}{3}\cos(6x-2)$

TIPPS ZUM LÖSEN DER AUFGABEN 2, 3, 4, 5 UND 6

2 a) Leite auch hier beide Summanden der Funktion einzeln ab. **2 c)** Schreibe den hinteren Summanden der Funktion zunächst so um, dass der Bruch durch einen negativen Exponenten ersetzt wird. **3 b), f)** Beachte, nach welcher Variablen abgeleitet wird. **4** Wende Produkt- und Kettenregel an. **5** Bestimme die Ableitungsfunktion und setze für $x = 2$ ein. **6** Berechne die Ableitung und setze diese mit 3 gleich. Berechne den x-Wert.

7 A, B und C zeigen die Graphen dreier Funktionen, I, II und III die Graphen von zugehörigen Ableitungen. Ordne zu und begründe deine Zuordnung.

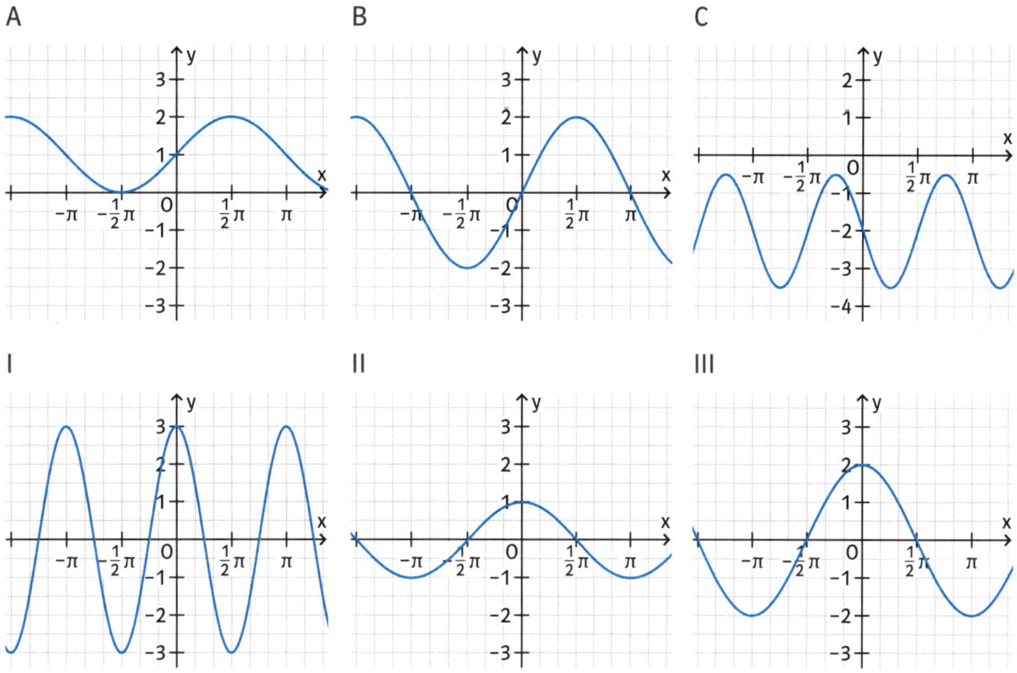

8 Bestimme eine Stelle im Intervall $[0; 2\pi)$, an der der Graph der Funktion f eine Tangente besitzt, die parallel zur Geraden $y = -2x + 2{,}5$ verläuft.

a) $f(x) = -0{,}5\sin(6x)$ **b)** $f(x) = \cos(-2x) + 2$

9 Gegeben ist die Funktion f mit $f(x) = 2\cos(x)$ im Intervall $[0; 2\pi)$.

a) Bestimme die Wendepunkte von f.

b) Berechne die Wendetangente in den Wendepunkten.

c) Bestimme den Schnittpunkt der Wendetangenten.

10 **a)** Gib die 100. Ableitung der Funktion $f(x) = \sin(x)$ an.

b) Gib eine allgemeine Formel zur Bestimmung der geraden Ableitungen der Funktion $f(x) = \sin(x)$ an.

TIPPS ZUM LÖSEN DER AUFGABEN 7, 8 UND 9

7 Denke an charakteristische Punkte wie zum Beispiel Hochpunkte, und welche Eigenschaften diese in der Ableitung besitzen. **8** Überlege, welche Steigung die Gerade hat, und setze diese mit der Ableitung gleich. **9** Wendepunkte bestimmst du mit der zweiten Ableitung.

TRAINING

○ **1** Bestimme, falls möglich, zeichnerisch und rechnerisch alle Winkel α mit $0° \leq \alpha \leq 360°$, für die gilt: → Schritt 18

a) $6\sin(\alpha) - 2 = 1$
b) $0{,}9\cos(\alpha) + 1 = 1{,}9$
c) $0{,}1\cos(\alpha) + 5 = 1$

○ **2** Bestimme den zugehörigen Winkel α zum gegebenen Bogenmaß. → Schritt 19

a) $x = \frac{1}{6}\pi$
b) $x = \frac{5}{2}\pi$
c) $x = 7\pi$
d) $x = \frac{6}{8}\pi$
e) $x = \frac{4}{9}\pi$
d) $x = 3\pi$

◒ **3** Gib eine Funktionsgleichung an, die aus dem Funktionsterm der Funktion f mit $f(x) = \cos(x)$ entsteht und die angegebenen Eigenschaften besitzt. → Schritte 20, 21

a) Der Graph ist mit dem Faktor 3 in y-Richtung und dem Faktor 4 in x-Richtung gestreckt.
b) Der Graph ist um −5 in die y-Richtung und um 3 in x-Richtung verschoben.
c) Der Graph ist
- an der x-Achse gespiegelt,
- um 3 in y-Richtung verschoben,
- um −4 in x-Richtung verschoben,
- um 0,5 in y-Richtung gestreckt,
- und um 5 in x-Richtung gestreckt.

◒ **4** Bestimme, falls möglich, mindestens zwei im Intervall $[0; 2\pi]$ liegende Lösungen. → Schritt 22

a) $(\cos(x+5))^2 = 0{,}36$
b) $\cos^2(x) - \cos(x) = 0$
c) $4\sin^2(x) = \frac{1}{4}$
d) $2\cos(x) - 3\sin(x)\cos(x) = 0$

◒ **5** Berechne Lösungen der Gleichungen im Intervall $[0; 2\pi]$, falls möglich. → Schritt 22

a) $2\cos^2(\pi x) + 3\cos(\pi x) = 2$
b) $\cos^2(x) - \frac{1}{2}\cos(x) = \frac{1}{2}$
c) $6\sin(x) - \sin^2(x) = 5$
d) $\sin^4(x) + \frac{1}{6}\sin^2(x) - \frac{1}{3} = 0$

● **6** Der Graph der Funktion f mit $f(t) = \cos\left(\frac{\pi}{12}t - \pi\right)$ stellt die momentane Änderungsrate der Wasserhöhe dar $\left(t \text{ in Stunden nach 0 Uhr, } f(t) \text{ in } \frac{m}{h}\right)$. → Schritt 23

a) Gib das Zeitintervall an, in dem die Wasserhöhe erstmalig steigt.
b) An welchem Zeitpunkt ändert sich die Wasserhöhe am schnellsten bzw. am langsamsten innerhalb der ersten 23 Stunden?
c) Berechne den Zeitpunkt, zu dem die maximale Wasserhöhe bzw. der niedrigste Wasserstand in den ersten 23 Stunden erwartet wird.

SCHRITT 24 Ich kann mithilfe des Graphen Aussagen über die Funktion f machen.

Hier lernst du, wie du die mittlere und die momentane Änderungsrate grafisch bestimmst.

→ Steigung von Geraden bestimmen (Grundlagen)

DAS BRAUCHST DU WIEDER

Allgemein: Eine Gerade verläuft durch die zwei Punkte A(a | f(a)) und B(b | f(b)).

Die Steigung m berechnet sich mit der Formel: $m = \frac{f(b) - f(a)}{b - a}$

Beispiele: A(2 | 5); B(4 | 9) A(3 | 3); B(6 | 12) A(3 | 8); B(5 | 4)

$m = \frac{9-5}{4-2} = \frac{4}{2} = 2$ m = ―― = ―― = ____ m = ―― = ―― = ____

DARUM GEHT'S

In vielen Sachaufgaben musst du mithilfe des Graphen Aussagen über die Funktion machen. Nach folgenden drei Elementen wird häufig gefragt:

Punkt A(a | f(a)): Jedem x-Wert kann ein y-Wert (auch Funktionswert f(x) genannt) zugeordnet werden. Zum Beispiel kann dem Wert x = a (a ist eine beliebige Zahl), der Wert y = f(a) zugeordnet werden. Das ist dann der Punkt A(a | f(a)).

Mittlere Änderungsrate in einem Intervall I = [a; b]: Sie entspricht der Steigung der Gerade, die durch die zwei Punkte A(a | f(a)) und B(b| f(b)) verläuft (Sekante). Die Steigung bestimmt man mit der Formel $m = \frac{f(b) - f(a)}{b - a}$.

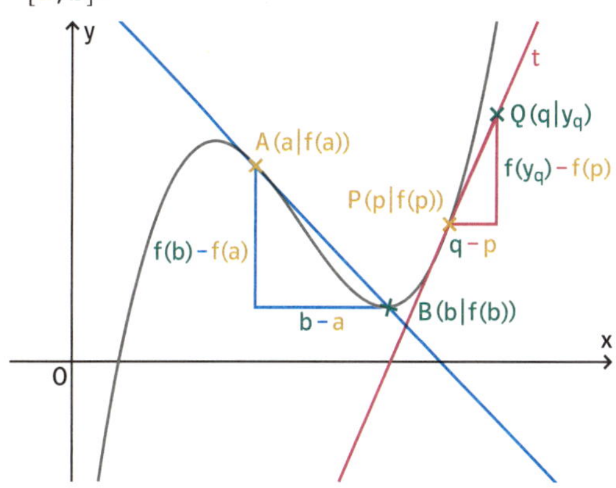

Momentane Änderungsrate an der Stelle x = p: Hier musst du eine Gerade zeichnen, die den Graphen der Funktion f an der Stelle x = p berührt (Tangente) und deren Steigung berechnen. Dazu suchst du dir einen anderen Punkt Q(q | y_q) auf der Tangente, den du gut ablesen kannst. Die Steigung bestimmst du dann mit der Formel

$m = \frac{f(y_q) - f(q)}{q - p}$.

Tipp
Der zweite Punkt Q auf der Tangente hat natürlich nicht die y-Koordinate f(q), da er nicht auf dem Graphen der Funktion liegt.

Grafische Aussagen über den Graphen einer Funktion f machen

Diese Strategie verwendest du, wenn du die momentane oder die mittlere Änderungsrate grafisch bestimmen willst.

SO GEHT'S

1 **Beispiel**
Die Abbildung zeigt den Graphen einer Funktion f.
a) Für welche x-Werte hat die Funktion den Funktionswert 2?
b) Bestimme die mittlere Änderungsrate in dem Intervall I = [1; 3].
c) Bestimme die momentane Änderungsrate für x = 4.

Du bist dran
Die Abbildung zeigt den Graphen einer Funktion f.
a) Für welche x-Werte hat die Funktion den Funktionswert 1?
b) Bestimme die mittlere Änderungsrate in dem Intervall I = [3; 6].
c) Bestimme die momentane Änderungsrate für x = 5.

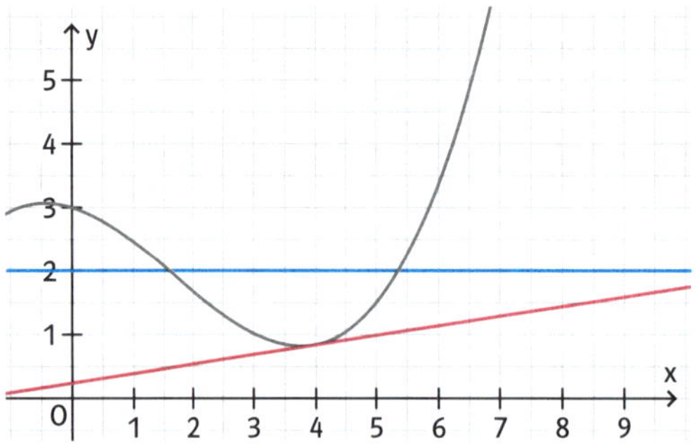

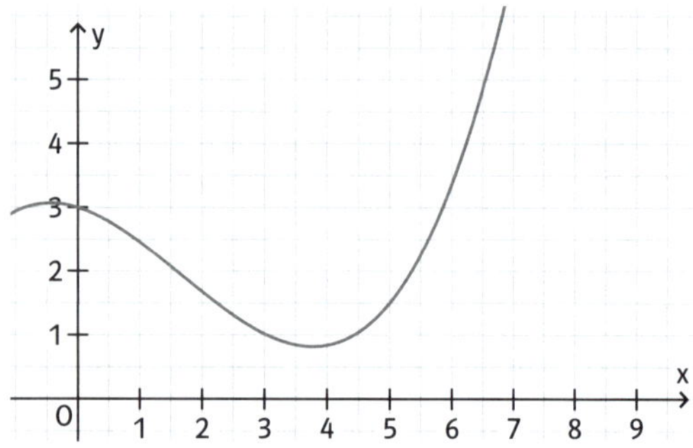

Zeichne eine Gerade mit dem genannten Funktionswert ein und lies die x-Werte der Schnittpunkte ab:

a) $x_1 = 1{,}65$ und $x_2 = 5{,}3$

Lies die zwei Punkte ab:

b) A (1 | 2,35) und B (3 | 1,05)

Berechne die mittlere Änderungsrate:

$$m = \frac{2{,}35 - 1{,}05}{3 - 1} = \frac{1{,}3}{2} = 0{,}65$$

Zeichne die Tangente ein und lies zwei Punkte ab, die auf derTangente liegen:

c) P (4 | 0,9) und Q (6 | 1,2)

Berechne die momentane Änderungsrate:

$$m = \frac{1{,}2 - 0{,}9}{6 - 4} = \frac{0{,}3}{2} = 0{,}15$$

○ **2** Die Abbildung zeigt den Graphen einer Funktion f.

a) Für welche x-Werte hat die Funktion den Funktionswert 4?

b) Bestimme die mittlere Änderungsrate in dem Intervall $I = [1;4]$.

c) Bestimme die momentane Änderungsrate für $x = 5$.

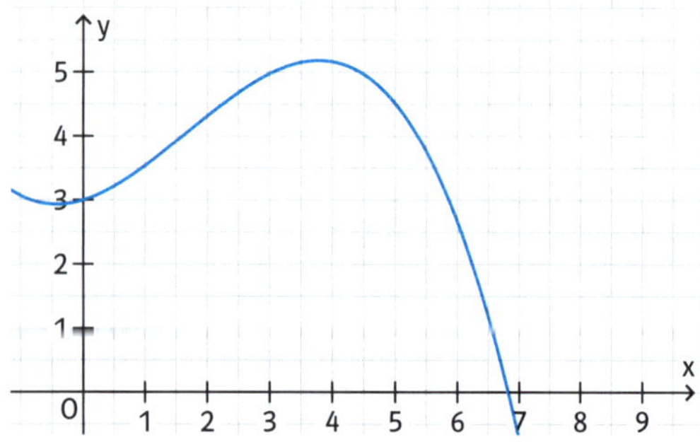

○ **3** Die Abbildung zeigt den Graphen der Funktion f.

a) Gib die Nullstelle und den Extrempunkt an.

b) Gib die Stellen an, an denen gilt: $f(x) = 0{,}5$.

c) Bestimme die mittlere Änderungsrate in dem Intervall $I = [1;3]$.

d) Bestimme die momentane Änderungsrate für $x = 2$.

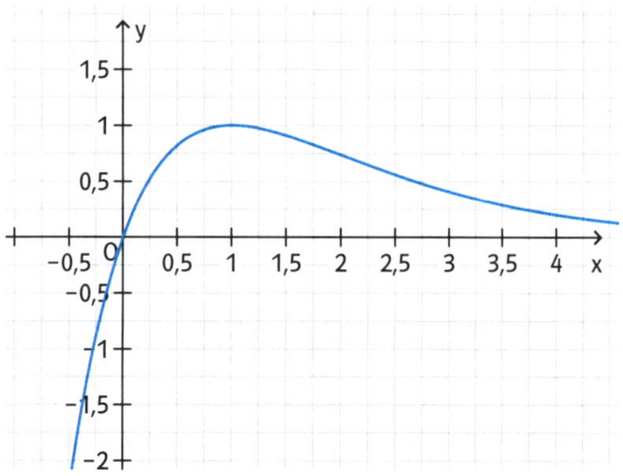

○ **4** Die Abbildung zeigt den Graphen der Funktion f.

a) Gib die Nullstellen, den Schnittpunkt mit der y-Achse und die Extrempunkte an.

b) Gib die Stellen an, an denen gilt: $f(x) = 1{,}5$.

c) Bestimme die mittlere Änderungsrate in dem Intervall $I = [1;3]$.

d) Bestimme die momentane Änderungsrate für $x = 2$.

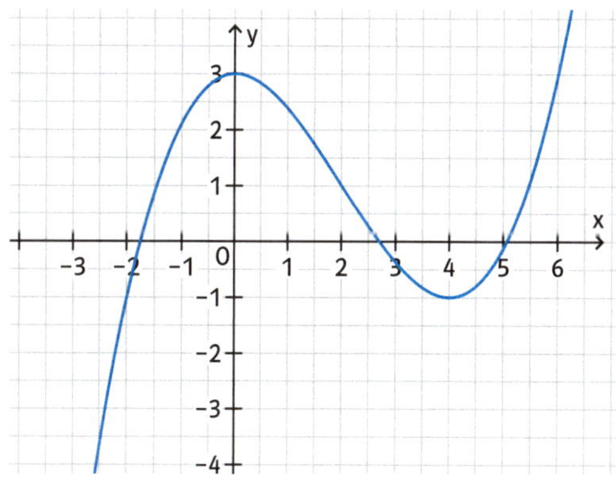

◒ **5** Die Abbildung zeigt den Graphen der Funktion f.

a) Gib die Nullstellen, den Schnittpunkt mit der y-Achse und die Extrempunkte an.

b) Gib die Stellen an, an denen gilt: $f(x) = -1{,}5$.

c) Gib die Stellen an, an denen gilt: $f(x) = 2$.

d) Bestimme die mittlere Änderungsrate in dem Intervall $I = [-2;-1]$.

e) Bestimme die Steigung an der Stelle $x = 1$.

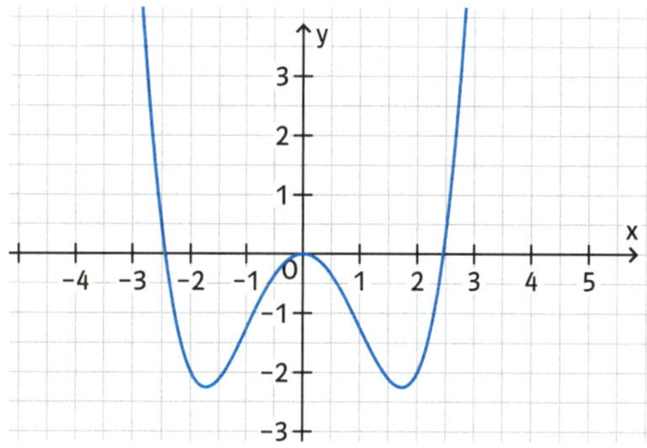

◒ **6** Die Abbildung zeigt den Graphen der Funktion f.

a) Gib die Nullstellen, die Extrempunkte und den Wendepunkt an.

b) Gib die Stellen an, an denen gilt: $f(x) = 2$.

c) Bestimme die mittlere Änderungsrate in dem Intervall $I = [2;4]$.

d) Bestimme die Steigung an der Stelle $x = 4$.

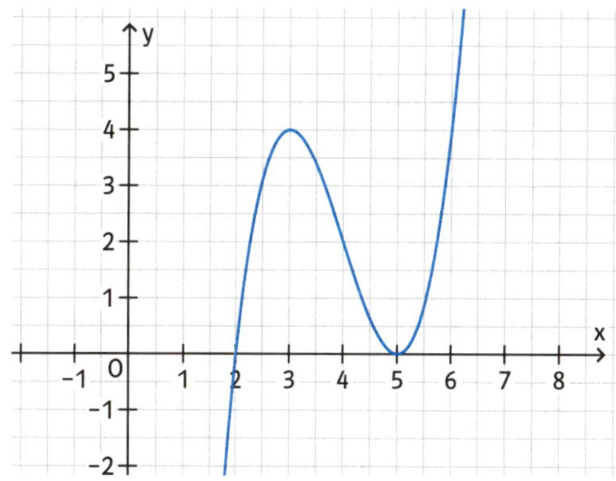

TIPPS ZUM LÖSEN DER AUFGABEN 4, 5 UND 6

4a) Schnittpunkte mit der y-Achse erhält man, wenn man $x = 0$ in die Funktionsgleichung einsetzt. **5a)** Schnittpunkte mit der y-Achse erhält man, wenn man $x = 0$ in die Funktionsgleichung einsetzt. **6** Wendepunkte sind vorhanden, wenn die Funktion von einer Rechts- in eine Linkskurve übergeht.

SCHRITT 25

Ich kann mithilfe der Funktionsgleichung Aussagen über den Graph einer Funktion f machen.

Hier lernst du, wie du die Größe des Winkels, unter dem die Tangente im Wendepunkt die x-Achse schneidet, berechnest.

→ Potenz-, Faktor- und Summenregel (Grundlagen)

DAS BRAUCHST DU WIEDER

Allgemein:	Potenzregel:	$f(x) = x^r$	$f'(x) = r \cdot x^{r-1}$
	Faktorregel:	$f(x) = c \cdot g(x)$	$f'(x) = c \cdot g'(x)$
	Summenregel:	$f(x) = g(x) + h(x)$	$f'(x) = g'(x) + h'(x)$
Beispiele:	$f(x) = 2x^3 + e^{5x}$	$f'(x) = 2 \cdot 3x^{3-1} + 5e^{5x} = 6x^2 + 5e^{5x}$	
	$f(x) = 6 \cdot x^5 + e^{7x}$	$f'(x) =$ ______	
	$f(x) = \frac{1}{2} \cdot x^4 - 2x^{-3}$	$f'(x) =$ ______	

Erklärfilm
Potenz-, Faktor- und Summenregel
9un6ux

DARUM GEHT'S

In vielen Aufgaben musst du mithilfe der Funktionsgleichung Aussagen über den Graph einer Funktion machen. Dabei wird häufig nach den Null-, Extrem- und Wendestellen gefragt. Außerdem kommen häufig noch Fragen zu folgenden Themen:

Steigungswinkel der Tangente am Punkt A $(a \mid f(a))$:
Du brauchst dafür die Steigung m der Tangenten an der Stelle $x = a$. Sie ist rechnerisch einfach die Ableitung an dieser Stelle. Es gilt: $\mathbf{m = f'(a)}$.
Dann berechnet sich der Steigungswinkel mit der Formel: $\tan\alpha = |m|$.
Dies ist umgeformt:

$\alpha = \tan^{-1}(|m|)$ mit $m = f'(a)$

Tipp
Mit $\tan^{-1}$ meinen wir hier die Umkehrfunktion des tan. Eigentlich heißt sie aber arctan.

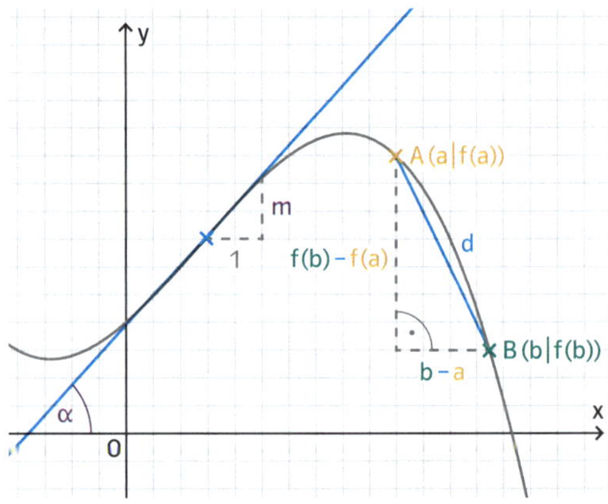

Abstand zweier Punkte:
Den Abstand d (A, B) zweier Punkte A $(a \mid f(a))$ und B $(b \mid f(b))$ erhältst du mithilfe des Satzes von Pythagoras.

Es gilt: $d^2 = (b - a)^2 + (f(b) - f(a))^2$.

Dies ist umgeformt:

$d = \sqrt{(b-a)^2 + (f(b) - f(a))^2}$.

Mithilfe der Funktionsgleichung Aussagen über den Graph einer Funktion f machen

Diese Strategie verwendest du, wenn du mithilfe der Funktionsgleichung Aussagen über den Graph der Funktion f machen willst.

SO GEHT'S

1 Beispiel
Gegeben ist die Funktion f mit $f(x) = 5x^3 + 15x^2$.
a) Bestimme die Nullstellen.
b) Bestimme alle Extremstellen und gib deren Art an.

Du bist dran
Gegeben ist die Funktion f mit $f(x) = \frac{1}{4}x^4 - 2x^2 + 5$.
a) Bestimme die Nullstellen.
b) Bestimme alle Extremstellen und gib deren Art an.

c) Bestimme die Wendestelle.
d) Berechne die Größe des Winkels, unter dem die Tangente im Wendepunkt die x-Achse schneidet.
e) Berechne den Abstand des Punktes $A(-1\,|\,f(-1))$ von $B(2\,|\,f(2))$.

c) Bestimme die Wendestelle.
d) Berechne die Größe des Winkels, unter dem die Tangente im Wendepunkt die x-Achse schneidet.
e) Berechne den Abstand des Punktes $A(-1\,|\,f(-1))$ von $B(2\,|\,f(2))$.

Setze die Funktionsgleichung gleich null und löse die Gleichung nach x auf:

a) $5x^3 + 15x^2 = 0$
$x^2(5x + 15) = 0$
1. Fall: $x^2 = 0$
$x_1 = 0 \Rightarrow N_1(0\,|\,0)$
2. Fall: $5x + 15 = 0 \quad |-15$
$5x = -15 \quad |:5$
$x_2 = -3 \Rightarrow N_2(-3\,|\,0)$

Bestimme die Ableitungen f′ und f″:

b) $f'(x) = 15x^2 + 30x$
$f''(x) = 30x + 30$

Setze die erste Ableitung gleich null und löse die Gleichung nach x auf:

$15x^2 + 30x = 0$
$x(15x + 30) = 0$
1. Fall: $x_1 = 0$
2. Fall: $15x + 30 = 0 \quad |-30$
$15x = -30 \quad |:15$
$x_2 = -2$

Setze die Lösungen in die zweite Ableitung ein:

$f''(0) = 30 > 0 \Rightarrow$ TP
$f''(-2) = -30 < 0 \Rightarrow$ HP

Bestimme die Ableitung f‴:

c) $f'''(x) = 30$

Setze die zweite Ableitung gleich null und löse die Gleichung nach x auf:

$30x + 30 = 0 \quad |-30$
$30x = -30 \quad |:30$
$x = -1$

Setze die Lösung in die dritte Ableitung ein:

$f'''(-1) = 30 \neq 0 \Rightarrow$ WP

Bestimme die Steigung m der Funktion im Wendepunkt:

d) $f'(-1) = 15 \cdot (-1)^2 + 30 \cdot (-1)$
$= 15 - 30 = -15$

Bestimme den Winkel α mit der Formel $\alpha = \tan^{-1}(|m|)$:

$\alpha = \tan -1(|-15|)$
$= \tan -1(15)$
$\approx 86{,}19°$

Tipp
Dein Taschenrechner muss für die Berechnung im Winkelmaß im Modus „DEG“ sein.

Bestimme die Punkte A und B, indem du die x-Werte in f einsetzt:

e) $f(-1) = 5 \cdot (-1)^3 + 7{,}5 \cdot (-1)^2$
$= -5 + 7{,}5 = 2{,}5$
$f(2) = 5 \cdot 2^3 + 7{,}5 \cdot 2^2$
$= 40 + 30 = 70$

Bestimme den Abstand d mit der Formel $d = \sqrt{(b-a)^2 + (f(b)-f(a))^2}$:

$d = \sqrt{(2-(-1))^2 + (70-2{,}5)^2}$
$= \sqrt{3^2 + 67{,}5^2} \approx 67{,}57$

○ **2** Gegeben ist die Funktion f mit $f(x) = \frac{1}{9}x^3 - \frac{1}{3}x^2 - \frac{8}{3}x$.

a) Bestimme die Nullstellen.
b) Bestimme alle Extremstellen und gib deren Art an.
c) Bestimme die Wendestelle.
d) Berechne die Größe des Winkels, unter dem die Tangente im Wendepunkt die x-Achse schneidet.
e) Berechne den Abstand des Punktes $A(-1 \mid f(-1))$ von $B(2 \mid f(2))$.

○ **3** Gegeben ist die Funktion f mit $f(x) = (x-2)\left(-\frac{1}{8}x^2 - \frac{5}{8}x - \frac{5}{4}\right)$.

a) Bestimme die Nullstellen und den Schnittpunkt mit der y-Achse.
b) Bestimme alle Extremstellen und gib deren Art an.
c) Bestimme die Wendestelle.
d) Berechne die Größe des Winkels, unter dem die Tangente im Wendepunkt die x-Achse schneidet.
e) Berechne den Abstand des Punktes $A(1 \mid f(1))$ von dem Wendepunkt.

◒ **4** Gegeben ist die Funktion f mit $f(x) = -3\cos(8-x) + 2$ im Intervall $I = \left[-\frac{\pi}{2}; 2\pi\right]$.
a) Bestimme die Nullstellen und den Schnittpunkt mit der y-Achse.
b) Bestimme alle Extremstellen und gib deren Art an.
c) Bestimme die Wendestelle.
d) Berechne die Größe des Winkels, unter dem die Tangente im Punkt $P(0 \mid f(0))$ die x-Achse schneidet.
e) Berechne den Abstand des Punktes $A(1 \mid f(1))$ von dem Punkt $B(3 \mid f(3))$.

◒ **5** Gegeben ist die Funktion f mit $f(x) = 2 - e^{-x+3}$.
a) Bestimme die Schnittpunkte mit den Achsen.
b) Zeige, dass die Funktion f keine Extremstellen besitzt.
c) Zeige, dass die Funktion f keine Wendestelle besitzt.
d) Berechne die Größe des Winkels, unter dem die Tangente im Punkt $P(1 \mid f(1))$ die x-Achse schneidet.

● **6** Gegeben ist die Funktion f mit $f(x) = e^{\sin(x)} - 1$ im Intervall $I = \left[-\frac{\pi}{2}; 2\pi\right]$.
a) Bestimme die Schnittpunkte mit den Achsen.
b) Bestimme alle Extremstellen und gib deren Art an.
c) Bestimme die Wendestelle.

TIPPS ZUM LÖSEN DER AUFGABEN 5 UND 6

5 Beachte: $e^{ax} > 0$. **6a)** Beachte die Intervallgrenzen. **6c)** Ersetze: $\cos^2(x) = 1 - \sin^2(x)$.
Anschließend kannst du durch Substitution die Lösungen herausfinden.

SCHRITT **26**

Ich kann reale Größen im Querschnitt untersuchen.

Hier lernst du, wie du das Volumen des Aushubs berechnest, der beim Bau eines geradlinig verlaufenden Tunnels anfällt.

DAS BRAUCHST DU WIEDER

Allgemein: **Volumen zylinderförmiger Objekte**
Das Volumen eines zylinderförmigen Objekts oder eines Prismas berechnet sich immer durch die Formel **Grundfläche · Höhe**.
Beachte dabei, dass das Objekt auch liegen kann und daher der Begriff Höhe irreführend sein kann.

Erklärfilm
Quader und Prisma
9un6ux

Erklärfilm
Der Zylinder
9un6ux

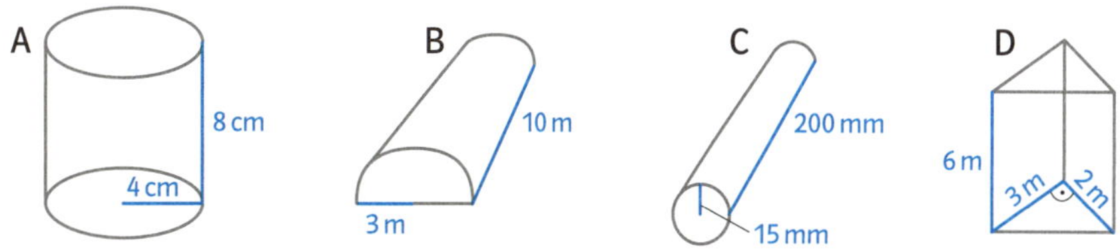

Beispiele: Berechne das Volumen der dargestellten Figuren:

A $G = \pi \cdot r^2 = \pi \cdot (4\,\text{cm})^2 = 16\pi\,\text{cm}^2 \quad h = 8\,\text{cm}$

$V = G \cdot h = 16\pi\,\text{cm}^2 \cdot 8\,\text{cm} = 128\pi\,\text{cm}^3 \approx 402{,}12\,\text{cm}^3$

B $G = \frac{1}{2}\pi \cdot r^2 =$ ______________________ $h = 10\,\text{m}$

$V =$ ______________________

C ______________________

____

D ______________________

____

DARUM GEHT'S

In vielen Sachaufgaben dienen Funktionsterme dazu, geometrische Objekte im Querschnitt darzustellen. Beispiele hierfür sind Dämme, Hügel oder Wasserbecken.

Viele Aufgabentypen stellen dabei Variationen bekannter Techniken wie **Bestimmen von Null-, Extrem- oder Wendestellen**, dem **Untersuchen des Verhaltens für $x \to \pm\infty$** oder von **Symmetriebetrachtungen** dar.

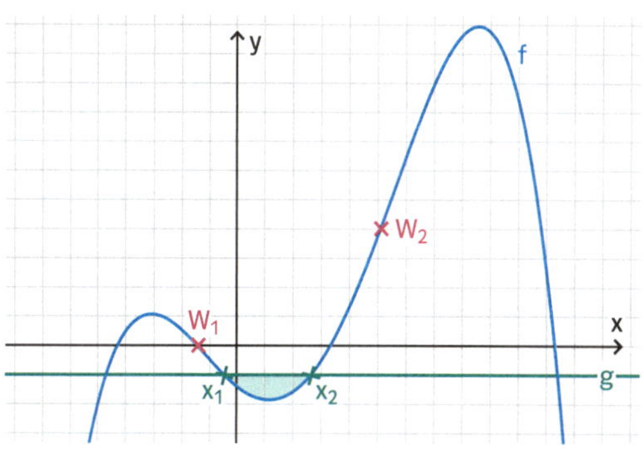

Im Folgenden findest du zwei typische Aufgabenbestandteile sowie deren mathematische Übersetzung:

Formulierung in der Aufgabenstellung	Mathematische Betrachtung
Bestimme die Stellen, an denen die Steigung am größten ist.	Bestimmung der Wendestellen (bzw. Wendepunkte) mit $f''(x) = 0$ und $f'''(x) \neq 0$
Berechne die Querschnittsfläche.	Fläche zwischen zwei Funktionen f und g durch ein Integral: $A = \left\| \int_{x_1}^{x_2} (f(x) - g(x))\,dx \right\|$

Untersuchung realer Größen im Querschnitt

Diese Strategie verwendest du, wenn der Querschnitt einer Figur oder eines Objekts durch eine Funktion gegeben ist und aufgrund dieser verschiedene Aussagen in Bezug auf den Querschnitt getätigt werden sollen.

SO GEHT'S

1 Beispiel

Auf einem Gartenschaugelände soll ein kleiner Wasserlauf von 500 m Länge gebaut werden. Seine Form entspricht im Querschnitt in etwa der Funktion $f(x) = -x^4 + 2x^2$ für $-1 \leq x \leq 1$ und x in Metern.

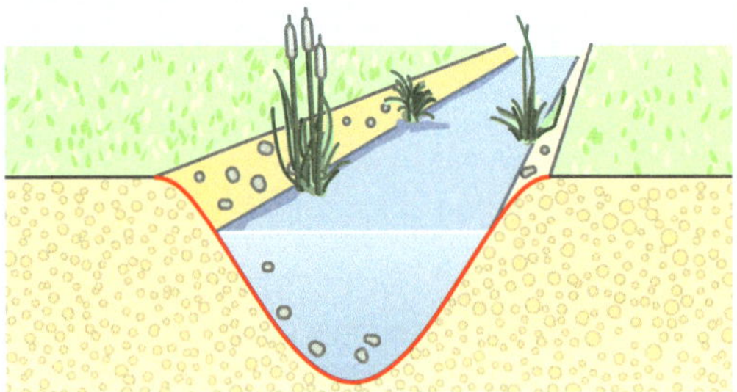

a) Weise nach, dass der Graph der Funktion im Koordinatenursprung einen Tiefpunkt hat.

b) Bestimme die steilsten Stellen der Seitenwände des Wasserlaufs.

c) Berechne die auf 500 Meter vorhandene Wassermenge, wenn der Wasserlauf bis zum Rand gefüllt ist.

Bestimme die erste und zweite Ableitung der Funktion f:

a) $f'(x) = -4x^3 + 4x$

$f''(x) = -12x^2 + 4$

Setze $x = 0$ in die erste und zweite Ableitung ein:

$f'(0) = -4 \cdot 0^3 + 4 \cdot 0 = 0$

$f''(0) = -12 \cdot 0^2 + 4 = 4 > 0$

An der Stelle $x = 0$ befindet sich ein Tiefpunkt.

Bestimme die dritte Ableitung der Funktion f:

b) $f'''(x) = -24x$

Setze die zweite Ableitung gleich null:

$-12x^2 + 4 = 0 \quad | -4$

$-12x^2 = -4 \quad | :(-12)$

$x^2 = \frac{1}{3} \quad | \sqrt{\ }$

$x_1 = -\sqrt{\frac{1}{3}}, \; x_2 = \sqrt{\frac{1}{3}}$

Du bist dran

Ein Autotunnel hat eine Länge von 1,5 km. Seine Form entspricht im Querschnitt in etwa der Funktion $f(x) = -x^4 - 2x^2 + 1$ für $-1 \leq x \leq 1$ und x in 10 Metern.

a) Weise nach, dass der Graph der Funktion im Koordinatenursprung einen Hochpunkt hat.

b) Bestimme die steilsten Stellen der Tunnelwand.

c) Berechne das Volumen des Aushubs, der anfällt, wenn der Tunnel eine Länge von 1,5 km hat.

Tipp

Produktregel

$f'(t) = u'(t) \cdot v(t) + u(t) \cdot v'(t)$

Setze die eben bestimmten Werte in die dritte Ableitung ein:

$f'''\left(\sqrt{\frac{1}{3}}\right) = -24 \cdot \sqrt{\frac{1}{3}} \neq 0$

$f'''\left(-\sqrt{\frac{1}{3}}\right) = -24 \cdot \left(-\sqrt{\frac{1}{3}}\right) \neq 0$

An den Stellen $x_1 = -\sqrt{\frac{1}{3}}$ und $x_2 = \sqrt{\frac{1}{3}}$

hat f Wendestellen, womit hier der Graph jeweils am steilsten verläuft.

Bestimme die Funktionswerte von f an den Rändern des Intervalls:

c) $f(1) = -1 + 2 = 1$
$f(-1) = -1 + 2 = 1$

Berechne die Fläche zwischen der durch die eben bestimmten Funktionswerte gegebenen Geraden und dem Graphen der Funktion im Intervall von −1 bis 1:

Erklärfilm
Fläche zwischen den Graphen zweier Funktionen
9un6ux

$$A = \left|\int_{-1}^{1} 1 - f(x)\,dx\right|$$

$$= \left|\int_{-1}^{1} 1 + x^4 - 2x^2\,dx\right|$$

$$= \left|\left[x + \frac{1}{5}x^5 - \frac{2}{3}x^3\right]_{-1}^{1}\right| = \left|\frac{16}{15}\right| = 1{,}0\overline{6}$$

Berechne das Volumen V mit der Querschnittsfläche A und der Länge l:

$V = G \cdot h = A \cdot l = 1{,}0\overline{6} \cdot 500 = 533{,}\overline{3}$

Die gesuchte Wassermenge beträgt $533{,}\overline{3}\,m^3$.

○ **2** In einer Fabrik befindet sich das Tor für die Warenannahme 1 m über dem Erdboden. Es soll nun eine Laderampe gebaut werden, damit man auch Waren mit dem Gabelstapler in die Halle fahren kann. Dafür wird 6 m von der Hauswand entfernt ein Punkt auf dem Boden markiert, von dem aus die Rampe gebaut werden soll.

a) Bestimme die Länge der Laderampe.

b) Die Laderampe soll komplett aus Beton gegossen werden und 4 m breit sein. Berechne die Menge des benötigten Betons.

◒ **3** Der Querschnitt eines 1000 m langen Kanals kann durch die Funktion $f(x) = -0{,}25x^4 + x^2 - 1$ (die x-Achse beschreibt den Boden (x in m)) beschrieben werden.

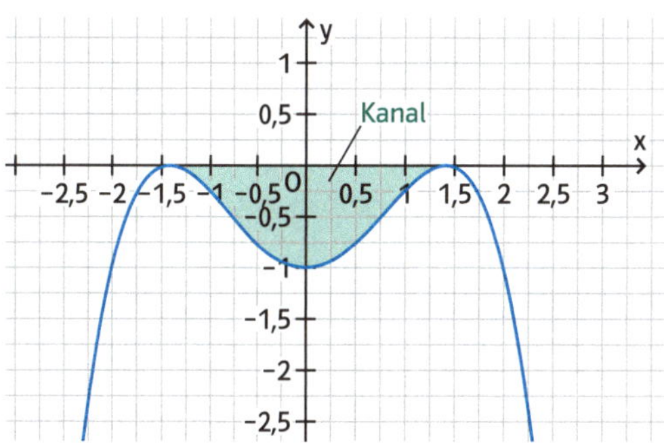

a) Berechne die maximale Breite des Kanals.

b) Bereche die maximale Tiefe des Kanals.

c) Berechne die steilste Stelle der Seitenwände des Kanals.

d) Berechne die Wassermenge, wenn der Kanal vollständig gefüllt ist.

TIPPS ZUM LÖSEN DER AUFGABEN 2 UND 3

2 Fertige eine Skizze an. **3c)** „Steilste Stelle" entspricht dem größten Wert der Ableitung.

4 Gegeben sind die Funktionen f mit $f(x) = -\frac{1}{6}x^3 + \frac{3}{2}x$ und g mit $g(x) = -\frac{1}{2}x^2 + \frac{9}{2}$.

a) Zeige, dass $A(-3\,|\,0)$ und $B(3\,|\,0)$ Punkte beider Graphen sind. Gib an, welcher davon ein Schnittpunkt und welcher davon ein Berührpunkt ist.

b) Bestimme die Fläche, die von beiden Graphen eingeschlossen wird.

c) Peter möchte für seine Gesellenprüfung ein ganz besonderes Prisma der Größe 10 LE herstellen. Die Grundfläche des Prismas soll die in b) beschriebene Fläche sein. Berechne das Volumen des Prismas.

5 Produktdesigner bringen eine neue Parfumflasche auf den Markt. Wie in der Abbildung zu sehen ist, kann der Rand des Flakons im Intervall $[2;8]$ näherungsweise durch die Funktion f

mit $f(x) = -\frac{1}{18}x^2 + \frac{5}{9}x + \frac{1}{9}$, x in cm,

beschrieben werden. (Um den anderen Rand zu erhalten, spiegelt man diese Funktion an der x-Achse.)

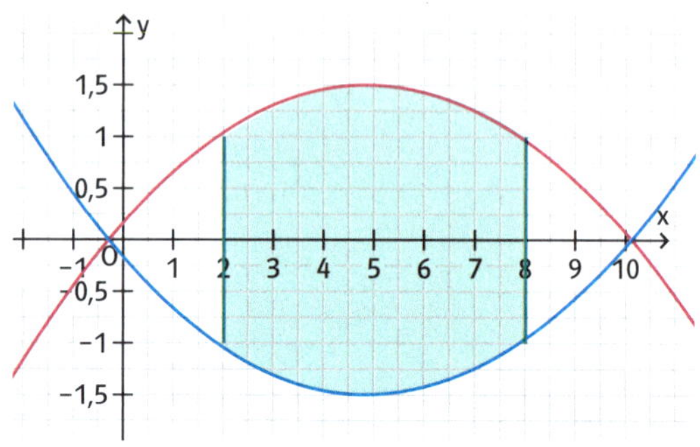

a) Bestimme die maximale Breite der Parfumflasche.

b) Berechne die Grundfläche des Flakons.

c) Das Flakon ist 7 cm hoch mit Parfum gefüllt. Gib die Menge des Parfums an.

d) Das Flakon soll in einem quaderförmigen Karton verpackt werden. Gib Länge, Breite und Höhe an, die der Karton mindestens haben muss (Wandstärken des Flakons und des Kartons sind zu vernachlässigen).

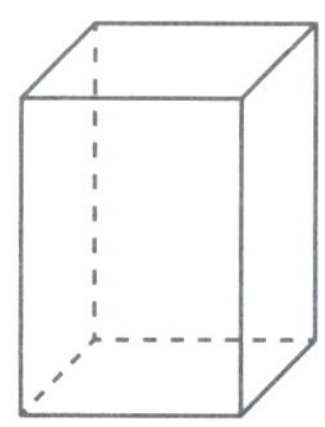

TIPP ZUM LÖSEN DER AUFGABE 4

4 Bei einem Berührpunkt liegen die Werte einer Funktion weiterhin unterhalb der Werte der anderen Funktion.

SCHRITT 27

Ich kann Abhängigkeiten von zwei realen Größen untersuchen.

Hier lernst du, wie du Aussagen zu der Abhängigkeit zweier realen Größen mithilfe von Funktionsgleichungen und Funktionsgraphen treffen kannst.

→ Tangenten (Grundlagen)

DAS BRAUCHST DU WIEDER

Allgemein: **Tangenten**
Eine Gleichung der Form $\mathbf{y = m \cdot x + c}$ mit $m = f'(b)$ durch den Punkt $P(b \mid f(b))$ nennt man Tangente an den Graphen der Funktion f im Punkt P.

Erklärfilm
Bestimmung der Tangentengleichung
9un6ux

Beispiele: Bestimme die Gleichung der Tangenten an den Graphen von f im Punkt $B(b \mid f(b))$.

$f(x) = x^2 + 1,\ b = 2$

$f(2) = 4 + 1 = 5$
$f'(x) = 2x$ $f'(2) = 4$
$5 = 4 \cdot 2 + c$ $c = -3$
$y = 4x - 3$

$f(x) = 2x^2 - 3x,\ b = 1$ ______________________

____

____

____

DARUM GEHT'S

In vielen Anwendungsaufgaben musst du Funktionen untersuchen, die die Abhängigkeit zweier Größen x und f(x) betrachten.

Beispiele: Die Höhe h einer Pflanze in Abhängigkeit der Zeit t.
Die Geschwindigkeit eines Fahrzeugs in Abhängigkeit der Zeit t.
Die Konzentration eines Medikaments in Abhängigkeit der Zeit t.

Häufig ist dabei die Zeit t die Variable der x-Achse, von der der Verlauf einer anderen Variablen abhängt. Es gibt aber auch andere Beispiele:

Luftdruck in Abhängigkeit von der Höhe h.
Produktionskosten in Abhängigkeit von der produzierten Stückzahl.

Im Folgenden findest du einige Beispiele für „Übersetzungshilfen" zwischen dem Text der Aufgabenstellung und der mathematischen Entsprechung. Wir betrachten hier vereinfachend nur Beispiele mit zeitlicher Abhängigkeit.

Formulierung in der Aufgabenstellung	Mathematische Betrachtung
Höhe/Geschwindigkeit/Konzentration nach t Stunden.	$f(t)$
Die Zeit t bestimmen, zu der eine bestimmte Höhe/Geschwindigkeit/Konzentration y erreicht wird.	$y = f(t)$
Zeitraum, in dem Höhe/Geschwindigkeit/Konzentration einen Wert überschreitet.	Für welche t gilt $f(t) > \text{Wert}$?
Momentane Änderungsrate der Höhe/Geschwindigkeit/Konzentration nach t Stunden.	$f'(t)$

Formulierung in der Aufgabenstellung	Mathematische Betrachtung
Zeitraum, in dem Höhe/Geschwindigkeit/Konzentration abnimmt bzw. zunimmt.	Monotonieverhalten von f(t) (Für welche t gilt $f' > 0$ bzw. $f' < 0$?)
Nach wie vielen Stunden t ist die Höhe/Geschwindigkeit/Konzentration maximal bzw. minimal?	Hoch- bzw. Tiefpunkte von f(t)
Nach wie vielen Stunden t ist die momentane Änderungsrate von Höhe/Geschwindigkeit/Konzentration maximal bzw. minimal?	Hoch- bzw. Tiefpunkte von f′(t)
Lineare Fortsetzung ab einem Zeitpunkt t, d.h. konstante Änderungsrate	Bestimmen der Tangente im Punkt $P(t\,|\,f(t))$
Gleichungen im Sachzusammenhang beschreiben, z.B. $f(t+6) = f(t) - 350$	Der Funktionswert nimmt innerhalb von 6 Zeitschritten um 350 ab.

Aussagen zu den Abhängigkeiten zweier Größen machen

Diese Strategie verwendest du, wenn du mithilfe des Graphen oder der Funktionsgleichung Aussagen über die Abhängigkeit zweier Größen treffen möchtest.

SO GEHT'S

1 Beispiel

Die Fieberkurve eines Patienten wird durch eine Funktion f mit $f(t) = 2t \cdot e^{-0{,}5t+1} + 37$ (t in Tagen nach Ausbruch des Fiebers, f(t) in °C) beschrieben.

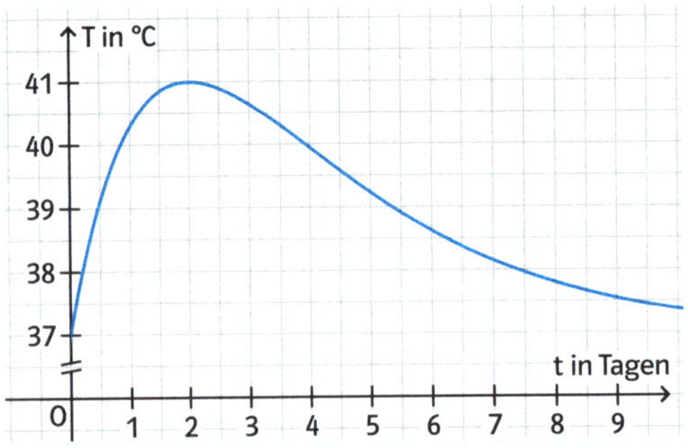

a) Lies an dem Graphen ab, nach wie vielen Tagen die Temperatur maximal ist und weise diesen Wert rechnerisch nach.
b) Bestimme die momentane Änderungsrate am dritten Tag.
c) Was beschreibt der Term $\frac{f(6) - f(2)}{6 - 2}$ in diesem Sachzusammenhang?
d) Berechne den Zeitpunkt, an dem das Fieber am stärksten zurückgeht.
e) Zeige, dass das Fieber nach dem Erreichen des Maximums durchgehend abnimmt.
f) Am dritten Tag erhält der Patient ein fiebersenkendes Medikament. Der Graph läuft ab diesem Zeitpunkt als Gerade weiter. Bestimme, nach wie vielen Tagen wieder die Normaltemperatur T von 37° C erreicht wird und das Medikament damit abgesetzt werden kann.

Du bist dran

Die Fieberkurve eines Patienten wird durch eine Funktion f mit $f(t) = 1{,}5t \cdot e^{-0{,}5t+1} + 37$ (t in Tagen nach Ausbruch des Fiebers, f(t) in °C) beschrieben.

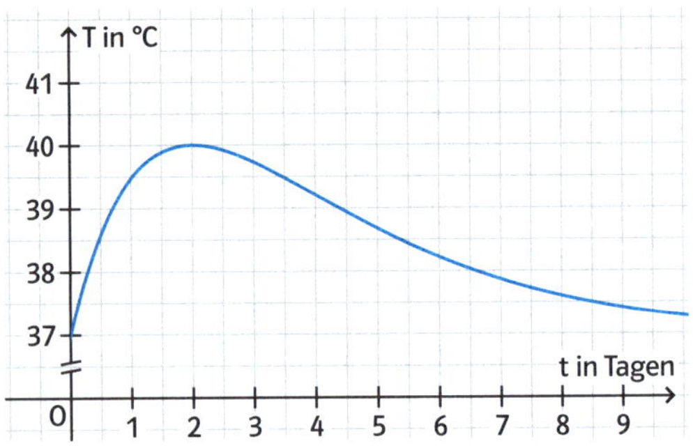

a) Lies an dem Graphen ab, nach wie vielen Tagen die Temperatur maximal ist und weise diesen Wert rechnerisch nach.
b) Bestimme die momentane Änderungsrate am vierten Tag.
c) Was beschreibt der Term $\frac{f(2) - f(0)}{2}$ in diesem Sachzusammenhang?
d) Berechne den Zeitpunkt, an dem das Fieber am stärksten zurückgeht.
e) Zeige, dass das Fieber nach dem Erreichen des Maximums durchgehend abnimmt.
f) Am vierten Tag erhält der Patient ein fiebersenkendes Medikament. Der Graph läuft ab diesem Zeitpunkt als Gerade weiter. Bestimme, nach wie vielen Tagen wieder die Normaltemperatur T von 37° C erreicht wird und das Medikament damit abgesetzt werden kann.

Lies an dem Graphen den Zeitpunkt des Maximums ab:

a) Das Maximum liegt bei $t = 2$.

Tipp
Produktregel
$f = u \cdot v$
$f' = u' \cdot v + u \cdot v'$

Erklärfilm
Produktregel
9un6ux

Erklärfilm
Bestimmung von Extrempunkten
9un6ux

Bestimme mithilfe der Produktregel die erste Ableitung:

$u(t) = 2t \qquad u'(t) = 2$

$v(t) = e^{-0,5t+1} \qquad v'(t) = -0,5e^{-0,5t+1}$

$f'(t) = 2 \cdot e^{-0,5t+1} + 2t \cdot (-0,5e^{-0,5t+1})$

$= 2 \cdot e^{-0,5t+1} - t \cdot e^{-0,5t+1}$

$= e^{-0,5t+1} \cdot (2 - t)$

Setze die erste Ableitung gleich null:

$e^{-0,5t+1}(2 - t) = 0$

$e^{-0,5t+1} \neq 0$

$2 - t = 0 \quad | +t$

$t = 2$

Bestimme mithilfe der Produktregel die zweite Ableitung:

$u(t) = e^{-0,5t+1} \qquad u'(t) = -0,5e^{-0,5t+1}$

$v(t) = 2 - t \qquad v'(t) = -1$

$f''(t) = -0,5e^{-0,5t+1} \cdot (2 - t)$

$+ e^{-0,5t+1} \cdot (-1)$

$= e^{-0,5t+1} \cdot (-1 + 0,5t)$

$+ e^{-0,5t+1} \cdot (-1)$

$= e^{-0,5t+1} \cdot (-1 + 0,5t - 1)$

$= e^{-0,5t+1} \cdot (-2 + 0,5t)$

Um zu überprüfen, ob es sich um eine Extremstelle handelt, musst du das Ergebnis in die zweite Ableitung einsetzen:

Tipp
$e^0 = 1$

$f''(2) = e^{-0,5 \cdot 2+1}(-2 + 0,5 \cdot 2)$

$= e^0(-2 + 1) = -1 < 0$

Die Funktion f hat bei $t = 2$ einen Hochpunkt.

Setze den Wert für t in die erste Ableitung ein:

b) $f'(3) = e^{-0,5 \cdot 3+1}(2 - 3) \approx -0,61$

Beschreibe, welche Informationen du mithilfe der Gleichung berechnen kannst:

c) Die Gleichung bestimmt die mittlere Änderungsrate im Zeitraum von $t = 2$ bis $t = 6$.

Setze die zweite Ableitung gleich null:

Erklärfilm
Bestimmung von Wendepunkten
9un6ux

d) $e^{-0,5t+1}(-2 + 0,5t) = 0$

$e^{-0,5t+1} \neq 0$

$-2 + 0,5t = 0$

$t = 4$

Bestimme mithilfe der Produktregel die dritte Ableitung:

$u(t) = e^{-0,5t+1} \qquad u'(t) = -0,5e^{-0,5t+1}$

$v(t) = -2 + 0,5t \qquad v'(t) = 0,5$

$f'''(t) = -0,5e^{-0,5t+1} \cdot (-2 + 0,5t)$

$+ e^{-0,5t+1} \cdot 0,5$

$= e^{-0,5t+1}(-0,5(-2 + 0,5t) + 0,5)$

$= e^{-0,5t+1}(1,5 - 0,25t)$

Um zu überprüfen, ob es sich um eine Wendestelle handelt, setze dein Ergebnis von oben in die dritte Ableitung ein.

$f'''(4) = e^{-0,5 \cdot 4 + 1}(1,5 - 0,25 \cdot 4)$
$\quad = e^{-1} \cdot 0,5 \neq 0$

Die Funktion hat bei $t = 4$ eine Wendestelle.

Untersuche die erste Ableitung für Werte von t, die rechts vom Maximum liegen:

e) $f'(t) = e^{-0,5t+1}(2 - t)$
Der erste Faktor ist wegen der e-Funktion immer größer als null.
Der zweite Faktor ist für $t > 2$ kleiner als null. Somit ist f' für $t > 2$ immer kleiner als null.

Bestimme die Tangente im Punkt $P(3 \mid f(3))$:

f) $f(3) \approx 40,64$
$m = f'(3) \approx -0,3$
$40,64 = -0,3 \cdot 3 + c \quad | +0,9$
$41,54 = c$
$y = -0,3x + 41,54$

Schneide die Tangentengleichung mit der Geraden $y = 37$:

$37 = -0,3x + 41,54 \quad | -41,54$
$-4,54 = -0,3x \quad | : (-0,3)$
$x \approx 12,46$
Ca. 9 Tage nach Verabreichung des Medikaments (und 12 Tage nach Beginn der Aufzeichnung) wird wieder die Normaltemperatur erreicht.

○ **2** Die Firma „Mathe ist cool" bringt ihre neue App auf den Markt. Dabei beschreibt die Funktion $f(t) = -1,5x^3 + 4,5x^2$ die Anzahl der aktiven Nutzer ($f(t)$ in Millionen, t in Jahren).
a) Bestimme den Zeitraum, in dem die App aktiv genutzt wird.
b) Berechne den Zeitpunkt, an dem die App die meisten aktiven Nutzer hat.
c) Berechne, wann sich das Nutzerverhalten am stärksten ändert.

◐ **3** Ein Wasserbehälter hat ein Fassungsvermögen von $30\,m^3$. Im Laufe von 24 h ändert sich sein Inhalt und dies kann durch die folgende Funktion beschrieben werden:
$V(t) = 0,01(t^3 - 24t^2 + 300)$, $(1 \leq t \leq 24;$ t in Stunden, $V(t)$ in $m^3)$.
a) Bestimme den Zeitpunkt, zu dem der Wasserbehälter am wenigstens gefüllt ist und gib den Inhalt des Wasserbehälters an.
b) Bestimme die momentane Änderungsrate in der 10. Stunde.
c) Beschreibe die Gleichung $\frac{V(20) - V(10)}{20 - 10}$ im Sachzusammenhang.
d) In der 10. Stunde wird ein Ventil geöffnet, sodass das Wasser vollständig aus dem Behälter fließt. Der Graph läuft ab diesem Zeitpunkt als Gerade weiter. Bestimme den Zeitpunkt, zu dem sich kein Wasser mehr im Behälter befindet.

TIPPS ZUM LÖSEN DER AUFGABEN 2 UND 3

2 a) Gesucht sind Werte von t, für die die Funktion $f(t)$ größer als null ist. **2 b)** Gesucht ist das Maximum der Funktion f. **2 c)** Im Zeitpunkt der maximalen Veränderung des Nutzerverhaltens befindet sich ein Wendepunkt. **3 a)** Gesucht ist das Minimum. **3 b)** Achtung, hier beschreibt die Funktion $V(t)$ bereits die momentane Änderungsrate. **3 d)** Bestimme die Tangente im Punkt $P(10 \mid f(10))$ und schneide diese mit der x-Achse.

4 Ein Patient bekommt ein Medikament gespritzt. Die Konzentration des Medikaments kann näherungsweise durch die Funktion f mit $f(t) = 10\,t e^{-0{,}25\,t}$, t in Stunden und

$f(t)$ in $\frac{\text{mg}}{\text{l}}$, beschrieben werden.

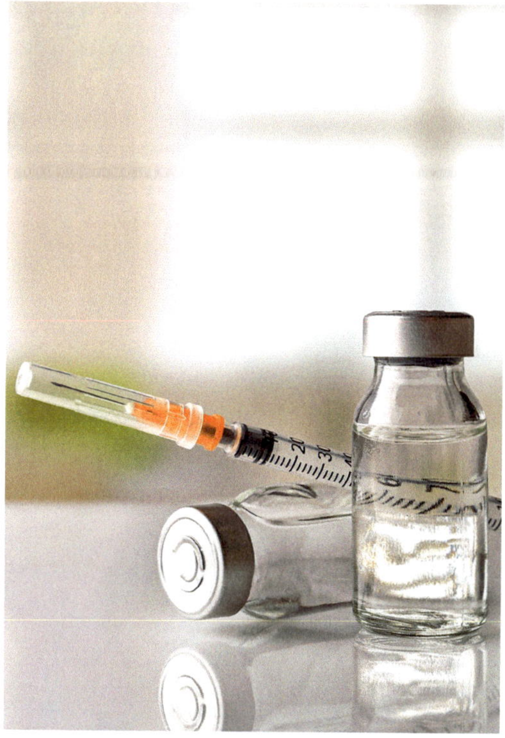

a) Berechne den Zeitpunkt, zu dem die Konzentration des Medikaments im Blut am größten ist und gib diese an.

b) Bestimme die momentande Änderungsrate des Medikaments in der dritten Stunde.

c) Beschreibe die Gleichung $\frac{f(8) - f(4)}{8 - 4}$ im Sachzusammenhang.

d) Bestimme den Zeitpunkt, an dem das Medikament am stärksten abgebaut wird.

e) Ab dem Zeitpunkt $t = 8$ wird die Konzentration näherungsweise durch eine Tangente an den Graphen f beschrieben. Bestimme damit den Zeitpunkt, zu dem das Medikament vollständig abgebaut ist.

TIPPS ZUM LÖSEN DER AUFGABE 4

4a) Gesucht ist das Maximum. **4b)** Achtung, hier beschreibt die Funktion f(t) bereits die momentane Änderungsrate. **4d)** Bestimme das Maximum der Ableitung.

SCHRITT **28**

Ich kann das Maximum oder Minimum von Größen in Sachzusammenhängen bestimmen.

Hier lernst du, wie du die Seiten eines Rechtecks mit vorgegebenem Umfang so bestimmst, dass sein Flächeninhalt maximal wird.

DAS BRAUCHST DU WIEDER

Allgemein: **Flächeninhalt und Umfang**
Im Rechteck gilt:
Flächeninhalt $A = a \cdot b$
Umfang $U = 2a + 2b$

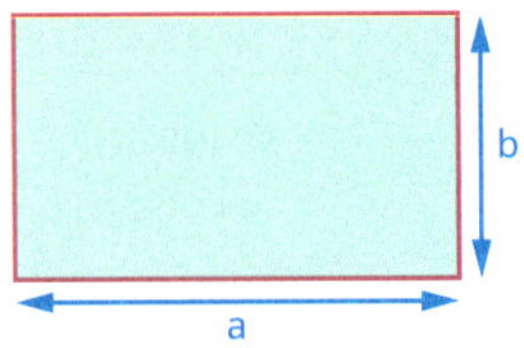

Beispiele: Berechne Flächeninhalt und Umfang des Rechtecks:

$a = 3\,cm,\ b = 8\,cm$ $\quad A = 3\,cm \cdot 8\,cm = 24\,cm^2$

$U = 2 \cdot 3\,cm + 2 \cdot 8\,cm = 22\,cm$

$a = 4\,cm,\ b = 1{,}5\,cm$ ______________________

____

DARUM GEHT'S

Bei **Extremwertproblemen** werden häufig Längen von Seiten einer geometrischen Figur gesucht, für die deren Flächeninhalt, Umfang oder Volumen maximal bzw. minimal wird.

Du stellst dabei eine **Zielfunktion** auf, die die Größe beschreibt, die maximal bzw. minimal werden soll. Aus anderen geometrischen Zusammenhängen, die aus der Aufgabenstellung bekannt sind, werden **Nebenbedingungen** aufgestellt. Mit deren Hilfe kann die Zielfunktion so umgeschrieben werden, dass sie nur noch eine Variable enthält und somit abgeleitet werden kann.

Maximum und Minimum von Größen

Mit diesem Vorgehen berechnest du das Maximum oder Minimum einer Größe unter festgelegten Bedingungen.

SO GEHT'S

Erklärfilm
Extremwertprobleme (geometrischer Zusammenhang)
9un6ux

1 **Beispiel**
Die Grafik zeigt die Aufsicht auf einen geplanten Auslauf für Freilandhennen, der von einer Mauer und von einem 8 m langen Stall begrenzt wird.

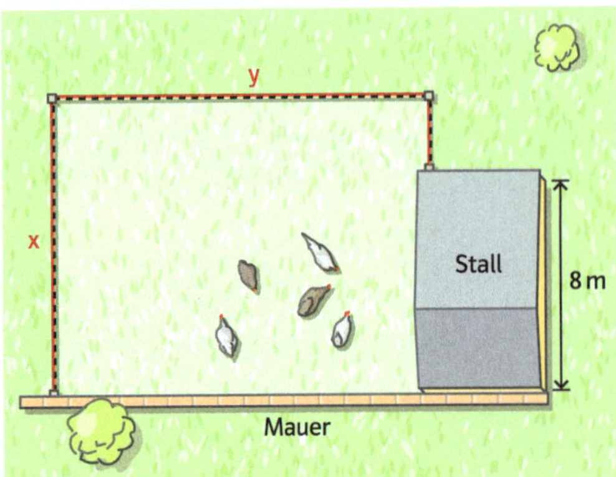

Du bist dran
Die Grafik zeigt die Aufsicht auf eine geplante Koppel für Ponys, die von einer Mauer begrenzt wird.

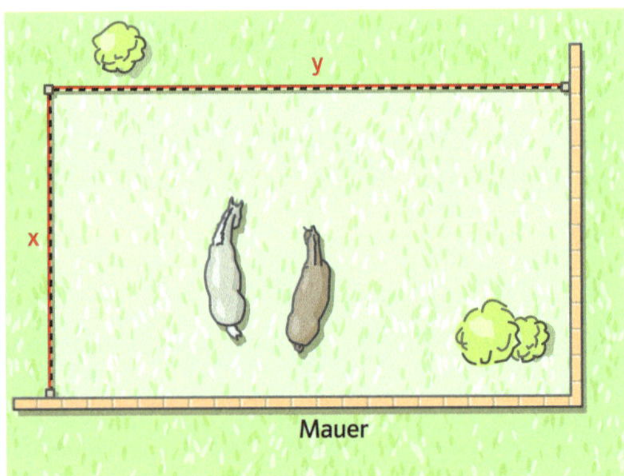

Mit einem 40 m langen Zaun soll der Auslauf so begrenzt werden, dass sein Flächeninhalt maximal wird.

Berechne diesen und gib die zugehörigen Längen x und y an.

Mit einem 60 m langen Zaun soll die Koppel so begrenzt werden, dass ihr Flächeninhalt maximal wird.

Berechne diesen und gib die zugehörigen Längen x und y an.

Stelle die Gleichung für den Flächeninhalt des betrachteten Rechtecks auf:

$A = x \cdot y$

Formuliere mit den Angaben aus der Aufgabenstellung die Nebenbedingung:

$x + y + (x - 8) = 40$

Vereinfache diese Gleichung und forme sie so um, dass eine der Unbekannten durch die andere dargestellt wird:

$2x + y - 8 = 40 \quad | +8$
$2x + y = 48 \quad | -2x$
$y = 48 - 2x$

Setze diese Nebenbedingung in die Formel für den Flächeninhalt ein und bestimme damit die Zielfunktion:

$A(x) = x \cdot (48 - 2x)$

Gib den Definitionsbereich der Zielfunktion an:

Da die Formel nur Sinn ergibt, wenn beide Faktoren größer als null sind, gilt:
$0 < x < 24$

Leite die Zielfunktion zweimal ab, um ihren Extremwert bestimmen zu können:

$A(x) = x \cdot (48 - 2x) = 48x - 2x^2$
$A'(x) = 48 - 4x$
$A''(x) = -4$

Setze die erste Ableitung gleich null, um mögliche Extremstellen zu bestimmen:

$48 - 4x = 0 \quad | -48$
$-4x = -48 \quad | : (-4)$
$x = 12$

Setze diesen Wert in die zweite Ableitung ein, um die Art der Extremstelle zu bestimmen:

$f''(12) = -4 < 0$: Hochpunkt

Bestimme das Maximum und die andere gesuchte Größe:

$A(12) = 48 \cdot 12 - 2 \cdot 12^2 = 288$
$y = 48 - 2 \cdot 12 = 24$

Der größte Auslauf hat die Längen $x = 12\,m$ und $y = 24\,m$ und einen Flächeninhalt von $288\,m^2$.

○ **2** Melanie möchte in einer Ecke ihres Balkons eine kleine Fläche für zwei Häschen einzäunen. Ihr stehen dafür 80 cm Maschendrahtzaun zur Verfügung. Bestimme die größtmögliche Fläche, die sie damit einzäunen kann.

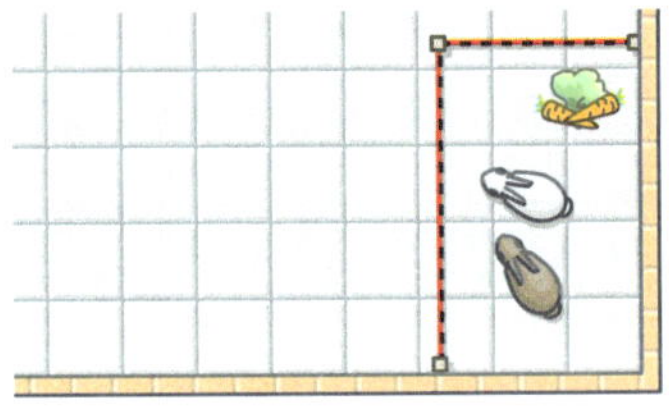

○ **3** Frau Müller möchte zum Begrenzen ihres 2 m × 1 m großen Beetes möglichst wenig Material verbrauchen und legt es deswegen direkt an der Hauswand an. Überprüfe, ob Frau Müller die besten Maße für ihr Beet gewählt hat.

◒ **4** Mike findet einen Igel und möchte für ihn eine Box (ohne Deckel) basteln. Dazu verwendet er einen quadratischen Pappkarton, der eine Seitenlänge von einem Meter hat. Er schneidet die Ecken ein und klappt die Seiten hoch, damit der Igel nicht aus dem Karton klettert. Dabei soll das Volumen des gebastelten Pappkartons möglichst groß sein. Berechne, welche Länge er einschneiden muss.

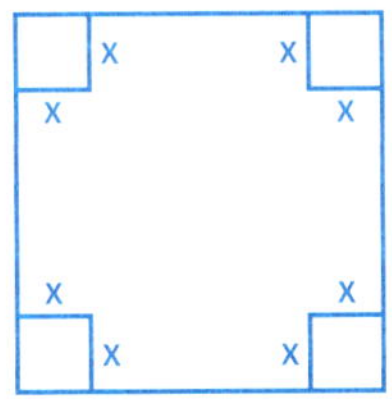

Tipp
1 Liter entspricht 1000 cm^3.

Tipp
$V = x^2 h$

◒ **5** Der Karlsruher Zoo bekommt Babykoalas, für deren Transport eine Box gebaut werden. Diese hat ein Fassungsvermögen von 500 Liter und eine quadratische Grundfläche. Es gibt 3 Boxvarianten. Variante 1 hat eine Bodenseitenlänge von 60 cm, Variante 2 von 80 cm und Variante 3 von 100 cm.

a) Berechne jeweils die verschiedenen Höhen.

b) Berechne, welche der Boxen den geringsten Materialverbauch hat.

c) Berechne, ob es eine „ideale Box" gibt, die den geringsten Materialverbauch hat.

Tipp
$V = \pi r^2 h$
$O = \pi r^2 + 2\pi r h$

● **6** Zur Ankunft der neuen Koalas im Karlsruher Zoo wird eine Willkommensfeier ausgerichtet. Dabei fällt einem Pfleger auf, dass die Sektkühler fehlen. Kurzerhand stellt er selber welche her. Sein erster Versuch hat einen Durchmesser von 8 cm und eine Höhe von 12 cm.

a) Berechne das Volumen des Sektkühlers (Wandstärken sind zu vernachlässigen).

b) Berechne den Materialverbrauch.

c) Berechne, ob der Pfleger bei gleichem Volumen Material einsparen kann.

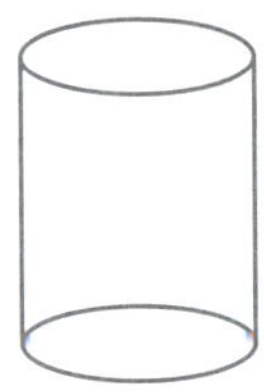

TIPPS ZUM LÖSEN DER AUFGABEN 3, 4, 5 UND 6

3 Der Umfang des Beets ist die Nebenbedingung. Beachte, dass beim Umfang eine Seite von der Hauswand abgedeckt wird. **4** Da es hier nur eine Variable gibt, gibt die Nebenbedingung nur den Bereich an, in dem die Variable liegen muss. **5c)** Zielfunktion ist hier die Oberfläche. Beachte, dass es eine quadratische Grundfläche gibt. Nebenbedingung ist dabei das Volumen. **6c)** Zielfunktion ist die Oberfläche, Nebenbedingung das Volumen. Die Ergebnisse sind teilweise etwas unrealistisch ☺.

LÖSUNGEN

GRUNDLAGEN

POTENZEN MIT NEGATIVEN UND GEBROCHENEN HOCHZAHLEN

1 „Du bist dran" aus dem „So geht's"-Kasten

Schreibe ohne Potenz, indem du die obigen Schreibweisen anwendest:

a) $3^{-4} = \frac{1}{3^4} = \frac{1}{81}$

b) $5^{\frac{1}{2}} = \sqrt{5}$

c) $x^{\frac{1}{3}} = \sqrt[3]{x}$

d) $3^{\frac{4}{5}} = (3^4)^{\frac{1}{5}} = \sqrt[5]{3^4} = \sqrt[5]{81}$

e) $x^{-\frac{1}{5}} = \frac{1}{x^{\frac{1}{5}}} = \frac{1}{\sqrt[5]{x}}$

f) $(5x)^{-\frac{1}{2}} = \frac{1}{(5x)^{\frac{1}{2}}} = \frac{1}{\sqrt{5x}}$

2 Aufgabe

a) $3^{-4} = \frac{1}{3^4} = \frac{1}{81}$

b) $4^{-3} = \frac{1}{4^3} = \frac{1}{64}$

c) $x^{-5} = \frac{1}{x^5}$

d) $(x^2)^{-3} = x^{-6} = \frac{1}{x^6}$

e) $(3x^2)^{-3} = \frac{1}{(3x^2)^3} = \frac{1}{27x^6}$

3 Aufgabe

a) $3^{\frac{1}{5}} = \sqrt[5]{3}$

b) $5^{\frac{1}{8}} = \sqrt[8]{5}$

c) $x^{\frac{1}{9}} = \sqrt[9]{x}$

d) $x^{\frac{3}{5}} = \sqrt[5]{x^3}$

e) $(2x)^{\frac{2}{5}} = \sqrt[5]{(2x)^2} = \sqrt[5]{4x^2}$

4 Aufgabe

a) $4^{-\frac{1}{5}} = \frac{1}{\sqrt[5]{4}}$

b) $3^{-\frac{1}{3}} = \frac{1}{\sqrt[3]{3}}$

c) $x^{-\frac{1}{11}} = \frac{1}{\sqrt[11]{x}}$

d) $x^{-\frac{2}{3}} = \frac{1}{\sqrt[3]{x^2}}$

e) $(x^2)^{-\frac{3}{5}} = x^{-\frac{6}{5}} = \frac{1}{\sqrt[5]{x^6}}$

LÖSEN VON EXPONENTIALGLEICHUNGEN MIT DEM LOGARITHMUS

1 „Du bist dran" aus dem „So geht's"-Kasten

Forme (falls nötig) die Gleichung so um, dass die Potenz alleine auf einer Seite steht, und berechne die Lösung mithilfe des Logarithmus':

a) $5^x = 9 \quad | \log_5(\ )$
$x = \log_5(9) \approx 1{,}37$

b) $3 \cdot 6^x = 15 \quad | :3$
$6^x = 5 \quad | \log_6(\ )$
$x = \log_6(5) \approx 0{,}90$

c) $2 \cdot 3^x + 7 = 17 \quad | -7$
$2 \cdot 3^x = 10 \quad | :2$
$3^x = 5 \quad | \log_3(\ )$
$x = \log_3(5) \approx 1{,}46$

2 Aufgabe

a) $7^x = 12 \quad | \log_7(\ )$
$x = \log_7(12) \approx 1{,}28$

b) $2 \cdot 8^x = 16 \quad | :2$
$8^x = 8 \quad | \log_8(\ )$
$x = \log_8(8) = 1$

c) $\frac{1}{3} \cdot 3^x = 11 \quad | \cdot 3$
$3^x = 33 \quad | \log_3(\ )$
$x = \log_3(33) = 3{,}18$

d) $4 \cdot 3^x - 2 = 8 \quad | +2$
$4 \cdot 3^x = 10 \quad | :4$
$3^x = 2{,}5 \quad | \log_3(\ )$
$x = \log_3(2{,}5) \approx 0{,}83$

e) $3 \cdot 4^x + 2 = 12 \quad | -2$
$3 \cdot 4^x = 10 \quad | :3$
$4^x = \frac{10}{3} \quad | \log_4(\ )$
$x = \log_4\left(\frac{10}{3}\right) \approx 0{,}87$

f) $3^{2x} = 6 \quad | \log_3(\ )$
$2x = \log_3(6) \quad | :2$
$x = \frac{\log_3(6)}{2} \approx 0{,}82$

g) $4^{2x+1} = 5 \quad | \log_4(\ )$
$2x + 1 = \log_4(5) \quad | -1$
$2x = \log_4(5) - 1 \quad | :2$
$x = \frac{\log_4(5) - 1}{2} \approx 0{,}08$

h) $4 \cdot 2^{2x+1} = 12 \quad | :4$
$2^{2x+1} = 3 \quad | \log_2(\ )$
$2x + 1 = \log_2(3) \quad | -1$
$2x = \log_2(3) - 1 \quad | :2$
$x = \frac{\log_2(3) - 1}{2} \approx 0{,}29$

3 Aufgabe

a) $3^x = 27 \quad | \log_3(\ )$
$x = \log_3(27) = 3$

b) $2^{2x} = 8 \quad | \log_2(\ )$
$2x = \log_2(8) \quad | :2$
$x = \frac{3}{2}$

c) $\frac{1}{5} \cdot 5^{4x} = 5 \quad | \cdot 5$
$5^{4x} = 25 \quad | \log_5(\ )$
$4x = \log_5(25) \quad | :4$
$x = \frac{2}{4} = \frac{1}{2}$

d) $2 \cdot 2^{2x} - 2 = 6 \quad | +2$
$2 \cdot 2^{2x} = 8 \quad | :2$
$2^{2x} = 4 \quad | \log_2(\ )$
$2x = \log_2(4) \quad | :2$
$x = \frac{2}{2} = 1$

RECHNEN MIT KLAMMERN – BINOMISCHE FORMELN

1 „Du bist dran" aus dem „So geht's"-Kasten

Überlege dir, welche binomische Formel passt, und wende sie an:

a) Verwende die 1. binomische Formel, da in der Klammer eine Summe steht.

$(x+5)^2 = x^2 + 2 \cdot x \cdot 5 + 5^2$
$= x^2 + 10x + 25$

b) Verwende die 2. binomische Formel, da in der Klammer eine Differenz steht.

$(2x-3y)^2 = (2x)^2 - 2 \cdot 2x \cdot 3y + (3y)^2$
$= 4x^2 - 12xy + 9y^2$

c) Verwende die 3. binomische Formel, da hier zwei Klammern mit gleichen Zahlen multipliziert werden.

$(4x-5y) \cdot (4x+5y) = (4x)^2 - (5y)^2$
$= 16x^2 - 25y^2$

2 Aufgabe

a) $(x+6)^2 = x^2 + 12x + 36$
b) $(2x+5)^2 = 4x^2 + 20x + 25$
c) $(4a+3)^2 = 16a^2 + 24a + 9$
d) $(x+2y)^2 = x^2 + 4xy + 4y^2$
e) $(3m+4e)^2 = 9m^2 + 24em + 16e^2$

3 Aufgabe

a) $(x-3)^2 = x^2 - 6x + 9$
b) $(4f-3)^2 = 16f^2 - 24f + 9$
c) $(5x-2)^2 = 25x^2 - 20x + 4$
d) $(x-5y)^2 = x^2 - 10xy + 25y^2$
e) $(7r-2s)^2 = 49r^2 - 28rs + 4s^2$

4 Aufgabe

a) $(x+3) \cdot (x-3) = x^2 - 9$
b) $(2d+3) \cdot (2d-3) = 4d^2 - 9$
c) $(4x+2y) \cdot (4x-2y) = 16x^2 - 4y^2$
d) $(7g+8h) \cdot (7g-8h) = 49g^2 - 64h^2$

5 Aufgabe

a) $(2x+2)^2 = 4x^2 + 8x + 4$
b) $(6u-2)^2 = 36u^2 - 24u + 4$
c) $(3t-9w) \cdot (3t+9w) = 9t^2 - 81w^2$
d) $(5x+2y) \cdot (5x-3y) = 25x^2 - 15xy + 10xy - 6y^2$
$= 25x^2 - 5xy - 6y^2$

SCHNITTPUNKTE VON FUNKTIONEN

1 „Du bist dran" aus dem „So geht's"-Kasten

Setze die beiden Funktionsterme gleich ($f(x) = g(x)$):

$2x - 5 = x + 3$

Löse die Gleichung nach x auf:

$2x - 5 = x + 3 \quad | -x + 5$
$x = 8$

Setze den x-Wert in eine der beiden Funktionen ein, um den y-Wert des Schnittpunktes zu berechnen:

$f(8) = 2 \cdot 8 - 5 = 16 - 5 = 11$

Gib den Schnittpunkt an:

$P(8 \mid 11)$

2 Aufgabe

a) $3x + 1 = -x + 5 \quad | +x - 1$
$4x = 4 \quad | :4$
$x = 1$
$f(1) = 4;\; P(1 \mid 4)$

b) $-6x + 2 = 6 + 2x \quad | -2x - 2$
$-8x = 4 \quad | :(-8)$
$x = -\frac{1}{2}$
$f\left(-\frac{1}{2}\right) = 5;\; P\left(-\frac{1}{2} \middle| 5\right)$

3 Aufgabe

a) $3x^2 - 2{,}5x - 5 = x^2 + 0{,}5x \quad | -x^2 - 0{,}5x$
$2x^2 - 3x - 5 = 0$
Anwendung der pq- oder abc-Formel
Lösungen: $x_1 = \frac{5}{2};\; x_2 = -1$
$g\left(\frac{5}{2}\right) = \frac{30}{4} = \frac{15}{2};\; P_1\left(\frac{5}{2} \middle| \frac{15}{2}\right)$
$g(-1) = \frac{1}{2};\; P_2\left(-1 \middle| \frac{1}{2}\right)$

b) $-x^2 - 4x + 1 = x^2 - x - 1 \quad | -x^2 + x + 1$
$-2x^2 - 3x + 2 = 0$
Anwendung der pq- oder abc-Formel.
Lösungen: $x_1 = -2;\; x_2 = \frac{1}{2}$
$g(-2) = 5;\; P_1(-2 \mid 5);$
$g\left(\frac{1}{2}\right) = -\frac{5}{4};\; P_2\left(\frac{1}{2} \middle| -\frac{5}{4}\right)$

LÖSEN VON GLEICHUNGEN MIT PARAMETERN

1 „Du bist dran" aus dem „So geht's"-Kasten

Bringe zunächst alle Summanden, die die Variable x enthalten, auf die linke Seite und alle Summanden ohne x auf die rechte Seite der Gleichung:

$4x + 3 = 1 - tx \quad | +tx - 3$
$4x + tx = -2$

Klammere das x auf der linken Seite aus und teile die Gleichung durch den mit x verbundenen Faktor:

$x(4+t) = -2 \quad | :(4+t)$
$x = \frac{-2}{4+t}$

Verschieben und Strecken von Funktionen und deren Graphen

1 „Du bist dran" aus dem „So geht's"-Kasten

a) Lies zunächst die Parameter a, c und d in der Funktionsgleichung von g ab:

$a = 3,\; c = 4,\; d = 1$

Beschreibe in Worten, wie die Funktion g aus der Funktion f entsteht:

Die Funktion f wurde um 4 nach rechts und 1 nach oben verschoben und mit dem Faktor 3 gestreckt.

b) Entnimm dem Text zunächst die drei Parameter a, c und d:

$a = 3,\ c = -3,\ d = -1{,}5$

Gib die Funktionsgleichung von h an:

$h(x) = 3(x+3)^2 - 1{,}5$

2 Aufgabe

a) $a = 1,\ c = 3,\ d = -2$

Die Funktion f wurde um 3 nach rechts und 2 nach unten verschoben und nicht gestreckt.

b) $a = 0{,}2,\ d = 2$

Die Funktion f wurde um 2 nach oben verschoben und mit dem Faktor 0,2 gestreckt.

c) $a = 3,\ c = 2,\ d = 5$

Die Funktion f wurde um 2 nach rechts und 5 nach oben verschoben und mit dem Faktor 3 gestreckt.

d) $a = 2,\ c = 3,\ d = 1$

Die Funktion f wurde um 3 nach rechts und 1 nach oben verschoben und mit dem Faktor 2 gestreckt.

3 Aufgabe

a) $c = -2,\ d = 1$

$g(x) = \frac{1}{x+2} + 1$

b) $a = 2,\ d = -3$

$g(x) = 2x^3 - 3$

c) $a = 0{,}5,\ c = -2,\ d = 1$

$g(x) = \frac{1}{2(x+2)^2} + 1$

d) $d = 2$

$g(x) = 4\sqrt{x-2} + 2$

4 Aufgabe

$A \rightarrow IV;\ B \rightarrow III;\ C \rightarrow I;\ D \rightarrow II$

Die Steigung von Geraden bestimmen

1 „Du bist dran" aus dem „So geht's"-Kasten

a) Setze die Koordinaten der Punkte in die Formel für die Steigung ein und berechne sie:

$m = \frac{3-6}{2-(-1)} = \frac{-3}{3} = -1$

b) Setze die Steigung m und einen der gegebenen Punkte in die allgemeine Geradengleichung ein und löse sie nach c auf:

$3 = -1 \cdot 2 + c$

$3 = -2 + c \quad |+2$

$5 = c$

Gib die Geradengleichung mit den Werten von m und c an:

$y = -x + 5$

2 Aufgabe

a) $m = \frac{-5-(-2)}{3-1} = \frac{-3}{2} = -\frac{3}{2}$

b) $m = \frac{0{,}5-(-0{,}5)}{4-2} = \frac{1}{2}$

c) $m = \frac{1-(-3)}{2-(-2)} = \frac{4}{4} = 1$

d) $m = \frac{6-(-3)}{-4-2} = \frac{9}{-6} = -\frac{3}{2}$

3 Aufgabe

a) $m = \frac{1-0}{6-3} = \frac{1}{3}$

$0 = \frac{1}{3} \cdot 3 + c$

$0 = 1 + c \quad |-1$

$-1 = c$

$y = \frac{1}{3}x - 1$

b) $m = \frac{2-1{,}5}{4-2} = \frac{0{,}5}{2} = \frac{1}{4}$

$2 = \frac{1}{4} \cdot 4 + c$

$2 = 1 + c \quad |-1$

$1 = c$

$y = \frac{1}{4}x + 1$

c) $m = \frac{13-6}{10-5} = \frac{7}{5}$

$6 = \frac{7}{5} \cdot 5 + c$

$6 = 7 + c \quad |-7$

$-1 = c$

$y = \frac{7}{5}x - 1$

d) $m = \frac{1{,}5-(-1)}{3-(-2)} = \frac{2{,}5}{5} = \frac{1}{2}$

$-1 = \frac{1}{2} \cdot (-2) + c$

$-1 = -1 + c \quad |+1$

$0 = c$

$y = \frac{1}{2}x$

LINEARE FUNKTIONEN AUS DEREN GRAPHEN BESTIMMEN

1 „Du bist dran" aus dem „So geht's"-Kasten

Lies aus dem Graphen auf der y-Achse den y-Achsenabschnitt c ab:

$c = 1$

Gehe von diesem Punkt aus eine Längeneinheit nach rechts und dann nach oben bzw. unten, sodass du wieder den Graphen erreichst. Die nach oben oder unten zurückgelegte Länge entspricht der Steigung m:

$m = -0{,}5$

Gib die Funktionsgleichung an:

$y = -0{,}5x + 1$

2 Aufgabe

a) $y = -0{,}5x + 1$

b) $y = 2{,}5x - 2$

c) $y = -\frac{1}{3}x + 1{,}5$

d) $y = \frac{1}{2}x - 0{,}5$

ABLEITUNGSREGELN – POTENZ-, FAKTOR- UND SUMMENREGEL

1 „Du bist dran" aus dem „So geht's"-Kasten

a) Bilde die erste Ableitung nach der Potenz-, Faktor- und Summenregel:

$f(x) = 0{,}5x^3 + 8x - 2$

$f'(x) = 0{,}5 \cdot 3x^{3-1} + 8x^{1-1}$

$= 1{,}5x^2 + 8$

b) Setze den Wert für x in die Funktionsgleichung von f' ein:

$f'(-1) = 1{,}5 \cdot (-1)^2 + 8 = 9{,}5$

Die Funktion hat an der Stelle $x = -1$ die Steigung 9,5.

2 Aufgabe

a) $f'(x) = 4x - 4$

$f'(2) = 4 \cdot 2 - 4 = 4$

b) $f'(x) = 3x^2 + x - \frac{1}{2}$

$f'(3) = 3 \cdot 3^2 + 3 - \frac{1}{2} = 29{,}5$

c) $f'(x) = 2x^3 + 5x$

$f'\left(-\frac{1}{2}\right) = 2\left(-\frac{1}{2}\right)^3 + 5\left(-\frac{1}{2}\right)$

$= 2 \cdot \left(-\frac{1}{8}\right) - \frac{5}{2} = -\frac{1}{4} - \frac{10}{4} = -\frac{11}{4}$

d) $f'(x) = x^3 - 9x^2 - 30$

$f'(1) = 1 - 9 - 30 = -38$

3 **Aufgabe**

a) $f'(x) = -2x + 5$

$-4 = -2x + 5 \quad | -5$

$-9 = -2x \quad | : (-2)$

$x = 4{,}5$

b) $f'(x) = 10x - 8$

$2 = 10x - 8 \quad | +8$

$10 = 10x \quad | : 10$

$x = 1$

c) $f'(x) = 3x^2 - 12$

$9 = 3x^2 - 12 \quad | +12$

$21 = 3x^2 \quad | : 3$

$7 = x^2 \quad | \sqrt{\ }$

$x_1 = -\sqrt{7},\ x_2 = \sqrt{7}$

d) $f'(x) = x^2 + 2x - 15$

$0 = x^2 + 2x - 15$

Lösung mit der pq- oder abc-Formel

$x_1 = -5,\ x_2 = 3$

ABLEITUNGSREGELN – KETTENREGEL

1 **„Du bist dran" aus dem „So geht's"-Kasten**

Bilde zuerst die äußere Ableitung und multipliziere sie mit der inneren Ableitung:

$f(x) = \sqrt{3x^3 + 5} = (3x^3 + 5)^{\frac{1}{2}}$

$f'(x) = \frac{1}{2}(3x^3 + 5)^{-\frac{1}{2}} \cdot 9x^2$

Vereinfache danach den Term, soweit wie möglich:

$f'(x) = 4{,}5x^2 \cdot (3x^3 + 5)^{-\frac{1}{2}}$

2 **Aufgabe**

a) $f(x) = (4x + 1)^2$

$f'(x) = 2(4x + 1)^1 \cdot 4 = 8 \cdot (4x + 1)$

b) $f(x) = (x^2 - 3x)^5$

$f'(x) = 5(x^2 - 3x)^4 \cdot (2x - 3) = 5(2x - 3)(x^2 - 3x)^4$

c) $f(x) = (24 - x)^{\frac{1}{2}}$

$f'(x) = \frac{1}{2}(24 - x)^{-\frac{1}{2}} \cdot (-1) = -\frac{1}{2}(24 - x)^{-\frac{1}{2}}$

d) $f(x) = (x^2 - 3x)^{\frac{1}{2}}$

$f'(x) = \frac{1}{2}(x^2 - 3x)^{-\frac{1}{2}} \cdot (2x - 3) = \frac{1}{2}(2x - 3)(x^2 - 3x)^{-\frac{1}{2}}$

e) $f(x) = (x^4 - 3)^{-1}$

$f'(x) = -(x^4 - 3)^{-2} \cdot 4x^3 = -4x^3(x^4 - 3)^{-2}$

f) $f(x) = 36(3x^2 - 5)^{-1}$

$f'(x) = -36(3x^2 - 5)^{-2} \cdot 6x = -216x(3x^2 - 5)^{-2}$

3 **Aufgabe**

I → C; II → D; III → B; IV → A

ABLEITUNGSREGELN – PRODUKTREGEL

1 **„Du bist dran" aus dem „So geht's"-Kasten**

Bilde die Ableitungen der einzelnen Funktionen u und v:

$v(x) = \sqrt{x - 3} = (x - 3)^{\frac{1}{2}}$

$v'(x) = \frac{1}{2}(x - 3)^{-\frac{1}{2}}$

$u(x) = (x^2 - 2)$

$u'(x) = 2x$

Setze alles in die Produktregel $f' = u' \cdot v + u \cdot v'$ *ein:*

$f'(x) = 2x \cdot (x - 3)^{\frac{1}{2}} + (x^2 - 2) \cdot \frac{1}{2}(x - 3)^{-\frac{1}{2}}$

2 **Aufgabe**

a) $f(x) = x^{\frac{1}{2}} \cdot (2x - 5)$

$f'(x) = \frac{1}{2}x^{-\frac{1}{2}} \cdot (2x - 5) + x^{\frac{1}{2}} \cdot 2$

b) $f(x) = (x - 5{,}2) \cdot (3x)^{\frac{1}{2}}$

$f'(x) = 1 \cdot (3x)^{\frac{1}{2}} + (x - 5{,}2) \cdot \frac{1}{2}(3x)^{-\frac{1}{2}} \cdot 3$

c) $f(x) = (2x - 5)^{\frac{1}{2}} \cdot (2x - 5)$

$f'(x) = \frac{1}{2}(2x - 5)^{-\frac{1}{2}} \cdot 2 \cdot (2x - 5) + (2x - 5)^{\frac{1}{2}} \cdot 2$

d) $f(x) = (3x - 4)^{\frac{1}{2}} \cdot (5x + 3)$

$f'(x) = \frac{1}{2}(3x - 4)^{-\frac{1}{2}} \cdot 3 \cdot (5x + 3) + (3x - 4)^{\frac{1}{2}} \cdot 5$

3 **Aufgabe**

a) $f(x) = x^2 \cdot (5x - 2)^3$

$f'(x) = 2x \cdot (5x - 2)^3 + x^2 \cdot 3 \cdot (5x - 2)^2 \cdot 5$

b) $f(x) = -6x \cdot (3x + 2)^{\frac{1}{2}}$

$f'(x) = -6 \cdot (3x + 2)^{\frac{1}{2}} - 6x \cdot \frac{1}{2}(3x + 2)^{-\frac{1}{2}} \cdot 3$

c) $f(x) = \frac{1}{2} \cdot \frac{3}{4x^2 + 6} = \frac{1}{2} \cdot (4x^2 + 6)^{-1}$

Anmerkung: Da bei $\frac{1}{2}$ kein x steht, braucht man hier keine Produktregel.

$f'(x) = \frac{1}{2} \cdot (-1) \cdot (4x^2 + 6)^{-2} \cdot 8x$

d) $f(x) = (x \cdot (x^2 + 6))^{\frac{1}{2}} = (x^3 + 6x)^{\frac{1}{2}}$

Anmerkung: Man kann das Produkt unter der Wurzel leicht ausrechnen und braucht dann keine Produktregel.

$f'(x) = \frac{1}{2} \cdot (x^3 + 6x)^{-\frac{1}{2}} \cdot (3x^2 + 6)$

AUFSTELLEN EINER TANGENTE IN EINEM PUNKT EINES GRAPHEN

1 **„Du bist dran" aus dem „So geht's"-Kasten**

Bilde die Ableitung:

$f'(x) = 4x$

Setze den x-Wert in f(x) und in f′(x) ein:
$y = f(2) = 2 \cdot 2^2 - 1 = 8 - 1 = 7$
$m = f'(2) = 4 \cdot 2 = 8$
Setze alle Werte in die Geradengleichung $y = m \cdot x + c$ *ein und löse die Gleichung nach c auf:*
$7 = 8 \cdot 2 + c \quad | -16$
$c = -9$
Tangente: $y = 8x - 9$

2 Aufgabe

a) $f(x) = 0{,}5 \cdot x^3 + 1$
$f'(x) = 1{,}5x^2 \quad \Rightarrow \quad m = f'(1) = 1{,}5$
$y = f(1) = 0{,}5 \cdot 1^3 + 1 = 0{,}5 + 1 = 1{,}5$
$1{,}5 = 1{,}5 \cdot 1 + c \quad | -1{,}5$
$c = 0$
Tangente: $y = 1{,}5x$

b) $f(x) = x^2 + 3x - 2$
$f'(x) = 2x + 3 \quad \Rightarrow \quad m = f'(-2) = -4 + 3 = -1$
$y = f(-2) = (-2)^2 + 3 \cdot (-2) - 2 = 4 - 6 - 2 = -4$
$-4 = (-1) \cdot (-2) + c \quad | -2$
$c = -6$
Tangente: $y = -x - 6$

c) $f(x) = 2 \cdot \frac{1}{x^3} = 2 \cdot x^{-3}$
$f'(x) = -6x^{-4} = \frac{-6}{x^4} \quad \Rightarrow \quad m = f'(2) = \frac{-6}{2^4} = \frac{-6}{16} = -\frac{3}{8}$
$y = f(2) = 2 \cdot \frac{1}{2^3} = \frac{2}{8} = \frac{1}{4}$
$\frac{1}{4} = -\frac{3}{8} \cdot 2 + c \quad | +\frac{3}{4}$
$c = 1$
Tangente: $y = -\frac{3}{8}x + 1$

d) $f(x) = \sqrt{x} = x^{\frac{1}{2}}$
$f'(x) = \frac{1}{2}x^{-\frac{1}{2}} = \frac{1}{2\sqrt{x}} \quad \Rightarrow \quad m = f'(1) = \frac{1}{2\sqrt{1}} = \frac{1}{2}$
$y = f(1) = \sqrt{1} = 1$
$1 = \frac{1}{2} \cdot 1 + c \quad | -\frac{1}{2}$
$c = \frac{1}{2}$
Tangente: $y = \frac{1}{2}x + \frac{1}{2}$

3 Aufgabe

a) Die Gerade g hat die Steigung $m = 8$.
Also muss für den Berührpunkt $B\,(u\,|\,f(u))$ Folgendes gelten:
$f'(u) = 8$
$f'(u) = 2u + 2 = 8 \quad | -2$
$2u = 6 \quad | :2$
$u = 3$
$f(3) = 3^2 + 2 \cdot 3 - 4 = 9 + 6 - 4 = 11 \quad \Rightarrow \quad B(3\,|\,11)$

b) $11 = 8 \cdot 3 + c \quad | -24$
$-13 = c$
Tangente: $y = 8x - 13$

4 Aufgabe

$f(x) = 0{,}5x^3 + 1{,}5x^2$
$f'(x) = 1{,}5x^2 + 3x$
$f''(x) = 3x + 3$
$f'''(x) = 3$
$f''(x) = 0$
$3x + 3 = 0 \quad | -3$
$3x = -3 \quad | :3$
$x = -1$
$f'''(-1) = 3 \neq 0$
$f(3) = 0{,}5 \cdot 3^3 + 1{,}5 \cdot 3^2 = 13{,}5 + 13{,}5 = 27$
$\Rightarrow \quad WP(-1\,|\,27)$
$m = f'(-1) = 1{,}5 \cdot (-1)^2 + 3 \cdot (-1) = 1{,}5 - 3 = -1{,}5$
$27 = -1{,}5 \cdot (-1) + c \quad | -1{,}5$
$25{,}5 = c$
Tangente: $y = -1{,}5x + 25{,}5$

VERHALTEN VON FUNKTIONEN FÜR $x \to \pm\infty$

1 „Du bist dran" aus dem „So geht's"-Kasten

Prüfe die höchste Potenz und notiere das Verhalten von f für $x \to +\infty$ *und* $x \to -\infty$*:*
Die höchste Potenz ist 4, also $n = 4$.
Prüfe das Vorzeichen des Koeffizienten:
$\frac{1}{5} > 0$
Fasse zusammen:
Für $x \to \pm\infty$ verläuft die Funktion wie $+x^4$.
Für $x \to +\infty$ gilt $f(x) \to \infty$.
Für $x \to -\infty$ gilt $f(x) \to \infty$.

2 Aufgabe

a) $f(x) = 0{,}5x^3 + 2x^2 + 4$
Für $x \to \pm\infty$ verläuft die Funktion wie $+x^3$.
Für $x \to +\infty$ gilt $f(x) \to \infty$.
Für $x \to -\infty$ gilt $f(x) \to -\infty$.

b) $f(x) = -0{,}5x^3 + 2x^2 + 4$
Für $x \to \pm\infty$ verläuft die Funktion wie $-x^3$.
Für $x \to +\infty$ gilt $f(x) \to -\infty$.
Für $x \to -\infty$ gilt $f(x) \to \infty$.

c) $f(x) = \frac{1}{5}x^4 + 3x^3 + 2x$
Für $x \to \pm\infty$ verläuft die Funktion wie $+x^4$.
Für $x \to +\infty$ gilt $f(x) \to \infty$.
Für $x \to -\infty$ gilt $f(x) \to \infty$.

d) $f(x) = -\frac{1}{5}x^4 + 3x^3 + 2x$
Für $x \to \pm\infty$ verläuft die Funktion wie $-x^4$.
Für $x \to +\infty$ gilt $f(x) \to -\infty$.
Für $x \to -\infty$ gilt $f(x) \to -\infty$.

3 Aufgabe

$I \to A;\ II \to B$

BERECHNUNG DES SINUS UND KOSINUS IM RECHTWINKLIGEN DREIECK

1 „Du bist dran" aus dem „So geht's"-Kasten

Bestimme die fehlende Streckenlänge x mithilfe des Sinus:

$\sin(30°) = \frac{x}{6} \quad | \cdot 6$

$x = \sin(30°) \cdot 6$

$x = 3$

Bestimme die fehlende Streckenlänge y mithilfe des Kosinus:

$\cos(30°) = \frac{y}{6} \quad | \cdot 6$

$y = \cos(30°) \cdot 6$

$y = 5{,}20$

2 Aufgabe

$\sin(20°) = \frac{x}{7} \quad | \cdot 7$

$x = \sin(20°) \cdot 7 \approx 2{,}40$

$\cos(20°) = \frac{y}{7} \quad | \cdot 7$

$x = \cos(20°) \cdot 7 \approx 6{,}58$

3 Aufgabe

a) $\sin(70°) = \frac{y}{8} \quad | \cdot 8$

$y = \sin(70°) \cdot 8 \approx 7{,}52$

$\cos(70°) = \frac{x}{8} \quad | \cdot 7$

$x = \cos(70°) \cdot 8 \approx 2{,}74$

b) $\cos(40°) = \frac{4}{y} \quad | \cdot y$

$\cos(40°) \cdot y = 4 \quad | : \cos(40°)$

$y = \frac{4}{\cos(40°)} \approx 5{,}22$

$\sin(40°) = \frac{x}{5{,}22} \quad | \cdot 5{,}22$

$x = \sin(40°) \cdot 5{,}22 \approx 3{,}36$

c) $\sin(30°) = \frac{5}{y} \quad | \cdot y$

$\sin(30°) \cdot y = 5 \quad | : \sin(30°)$

$y = \frac{5}{\sin(30°)} = 10$

$\cos(30°) = \frac{x}{10} \quad | \cdot 10$

$x = \cos(30°) \cdot 10 = \sqrt{75} = 5\sqrt{3}$

SCHRITT 1

Das brauchst du wieder

$f(x) = 7 \cdot 3 \cdot (5x-3)^2 \cdot 5 = 105(5x-3)^2$

$u(x) = 2x^3 \quad u'(x) = 2 \cdot 3 \cdot x^2 = 6x^2$

$v(x) = (x^3-2)^4 \quad v'(x) = 4 \cdot (x^3-2)^3 \cdot 3x^2 = 12x^2(x^3-2)^3$

$f'(x) = 6x^2 \cdot (x^3-2)^4 + 2x^3 \cdot 12x^2(x^3-2)^3$

$= 6x^2(x^3-2)^4 + 24x^5(x^3-2)^3$

1 „Du bist dran" aus dem „So geht's"-Kasten

a) Berechne die Ableitung mithilfe der Kettenregel:

$f'(x) = e^{5x} \cdot 5 = 5e^{5x}$

b) Berechne die Ableitung mithilfe der Kettenregel:

$f'(x) = 5 \cdot e^{4x+3} \cdot 4 = 20e^{4x+3}$

c) Berechne die Ableitung mit der Produkt- und Kettenregel:

$u(x) = (2x+3)^5$

$u'(x) = 5 \cdot (2x+3)^4 \cdot 2 = 10 \cdot (2x+3)^4$

$v(x) = e^{2x+4}$

$v'(x) = 2e^{2x+4}$

$f'(x) = 10(2x+3)^4 \cdot e^{2x+4} + (2x+3)^5 \cdot 2e^{2x+4}$

$= 10e^{2x+4}(2x+3)^4 + 2e^{2x+4}(2x+3)^5$

2 Ableitung

a) $f'(x) = 8e^{8x}$

b) $f'(x) = 3e^{3x+6}$

c) $f'(x) = 12e^{6x-8}$

d) $f'(x) = 12e^{-2x-9}$

e) $u(x) = x$

$u'(x) = 1$

$v(x) = e^x$

$v'(x) = e^x$

$f'(x) = 1 \cdot e^x + x \cdot e^x = e^x + xe^x$

f) $u(x) = 5x - 6$

$u'(x) = 5$

$v(x) = e^x$

$v'(x) = e^x$

$f'(x) = 5 \cdot e^x + (5x-6) \cdot e^x$

$= 5e^x + 5xe^x - 6e^x = 5xe^x - e^x$

g) $u(x) = 3x^2$

$u'(x) = 6x$

$v(x) = e^x$

$v'(x) = e^x$

$f'(x) = 6x \cdot e^x + 3x^2 \cdot e^x = 6xe^x + 3x^2e^x$

h) $f(x) = \frac{x}{e^x} = x \cdot e^{-x}$

$u(x) = x$

$u'(x) = 1$

$v(x) = e^{-x}$

$v'(x) = -e^{-x}$

$f'(x) = 1 \cdot e^{-x} + x \cdot (-e^{-x}) = e^{-x} - xe^{-x}$

3 Weitere Ableitungen bestimmen

a) $f'(x) = 3 \cdot e^{8x} + 3x \cdot 8 \cdot e^{8x} = 3e^{8x} + 24xe^{8x}$

$= 3(1+8x)e^{8x}$

b) $f'(x) = 1 \cdot e^{3x} + (x-2) \cdot 3 \cdot e^{3x} = e^{3x} + (3x-6)e^{3x}$

$= (1+3x-6)e^{3x} = (3x-5)e^{3x}$

c) $f'(t) = 4 \cdot e^{(6t-8)} + 4t \cdot 6 \cdot e^{6t-8} = 4e^{6t-8} + 24te^{6t-8}$

$= 4(1+6t)e^{6t-8}$

d) $f'(t) = 3 \cdot t^2 \cdot e^{0,3t} + t^3 \cdot 0{,}3 \cdot e^{0,3t}$

$= 3t^2e^{0,3t} + 0{,}3t^3e^{0,3t} = (3t^2 + 0{,}3t^3)e^{0,3t}$

e) $f'(t) = 1 \cdot e^{0,7t} + (t+5) \cdot 0,7 \cdot e^{0,7t}$
$= e^{0,7t} + (0,7t + 3,5)e^{0,7t} = (1 + 0,7t + 3,5)e^{0,7t}$
$= (0,7t + 4,5)e^{0,7t}$

f) $f'(t) = (-2t-2) \cdot e^{-2t} + (-t^2 - 2t) \cdot (-2) \cdot e^{-2t}$
$= (-2t-2)e^{-2t} + (2t^2 + 4t)e^{-2t}$
$= (-2t - 2 + 2t^2 + 4t)e^{-2t}$
$= (2t^2 + 2t - 2)e^{-2t}$

4 Funktion beschreiben

$f(x) = e^{-x}$: Spiegelung der natürlichen Exponentialfunktion an der y-Achse

$g(x) = -e^{x}$: Spiegelung der natürlichen Exponentialfunktion an der x-Achse

$h(x) = -e^{-x}$: Spiegelung der natürlichen Exponentialfunktion an der x- und y-Achse

5 Funktionsterme zuordnen und aufstellen

a) f(x): III, g(x): II, h(x): I

b) IV: $i(x) = e^x - 3$, V: $k(x) = e^{x-3}$

c) II, III und IV haben die gleiche Ableitung, nämlich $f'(x) = g'(x) = i'(x) = e^x$

6 Ableitungen

$f^{(100)}(x) = e^x$, $g^{(100)}(x) = 5^{100}e^{5x}$,
$h^{(100)}(x) = (-4)^{100}e^{-4x}$

SCHRITT 2

Das brauchst du wieder

$\frac{1}{x^2} = x^{-2}$	$\frac{2}{x^3} = 2x^{-3}$	$\frac{-4}{3x} = -4 \cdot (3x)^{-1}$	
$\sqrt{x} = x^{\frac{1}{2}}$	$\sqrt[3]{x} = x^{\frac{1}{3}}$	$\sqrt{x^3} = x^{\frac{3}{2}}$	$\sqrt[3]{x^2} = x^{\frac{2}{3}}$
$5^x = 3$	$4^x = 9$	$3^x = 9$	$2^x = 32$
$x = \log_5 3$	$x = \log_4 9$	$x = \log_3 9 = 2$	$x = \log_2 32 = 5$

1 „Du bist dran" aus dem „So geht's"-Kasten

a) Berechne die Lösung mithilfe des Logarithmus:

$e^{4x} = 5 \quad | \ln(\ )$
$\ln(e^{4x}) = \ln(5)$
$4x = \ln(5) \quad | :4$
$x = \frac{1}{4}\ln(5)$

b) Denke daran, dass die natürliche Exponentialfunktion nur positive Werte hat:
Die Gleichung ist unlösbar, da $e^x > 0$ und damit auch $e^{4x} > 0$ für alle $x \in \mathbb{R}$.

c) Berechne die Lösung, indem du den Bruch in die Potenzschreibweise umschreibst:

$e^{4x} = \frac{1}{e^3}$
$e^{4x} = e^{-3} \quad | \ln(\ )$
$\ln(e^{4x}) = \ln(e^{-3})$
$4x = -3 \quad | :4$
$x = -\frac{3}{4}$

2 Gleichung

a) $e^x = 8 \quad | \ln(\ )$
$x = \ln(8)$

b) $e^{5b} = 7 \quad | \ln(\ )$
$5b = \ln(7) \quad | :5$
$b = \frac{1}{5}\ln(7)$

c) $5e^c = 15 \quad | :5$
$e^c = 3 \quad | \ln(\ )$
$c = \ln(3)$

d) $e^{x+4} = 4 \quad | \ln(\ )$
$x + 4 = \ln(4) \quad | -4$
$x = \ln(4) - 4$

e) $2 \cdot e^{9-3y} = 2 \quad | :2$
$e^{9-3y} = 1 \quad | \ln(\ )$
$9 - 3y = 0 \quad | -9$
$-3y = -9 \quad | :(-3)$
$y = 3$

f) $e^{4x+1} = \frac{1}{e^3}$
$e^{4x+1} = e^{-3} \quad | \ln(\ )$
$4x + 1 = -3 \quad | -1$
$4x = -4 \quad | :4$
$x = -1$

g) $e^{x-0,5} = \sqrt{e}$
$e^{x-0,5} = e^{\frac{1}{2}} \quad | \ln(\ )$
$x - 0,5 = 0,5 \quad | +0,5$
$x = 1$

h) $e^{2x} = \sqrt[3]{e}$
$e^{2x} = e^{\frac{1}{3}} \quad | \ln(\ )$
$2x = \frac{1}{3} \quad | :2$
$x = \frac{1}{6}$

3 Gleichungen zuordnen

I → E, II → D, III → C, IV → A, V → F, VI → B

4 Lösungen angeben

a) $x \approx 0,69$
b) keine Lösung, da $e^x > 0$
c) $e^x = 4 \quad \Rightarrow \quad x \approx 1,39$

5 Lösungen bestimmen

a) $3 = 5^x$
$x = \frac{\ln(3)}{\ln(5)} \approx 0,68$

b) $3 = 1 + 2^x \quad | -1$
$2 = +2^x$
$x = 1$

c) $3 = 0,5 \cdot 4^{-x} \quad | :0,5$
$6 = 4^{-x}$
$-x = \frac{\ln(6)}{\ln(4)} \approx 1,29 \quad \Rightarrow \quad x \approx -1,29$

d) $3 = 2 + 4^{3x} \quad | -2$
$1 = 4^{3x}$
$x = 0$

SCHRITT 3

Das brauchst du wieder

$e^x = 4 \quad | \ln(\ )$
$x = \ln(4)$

$3e^x = 12 \quad | :3$
$e^x = 4 \quad | \ln(\ )$
$x = \ln(4)$

$e^{2x} = \frac{1}{e^3}$
$e^{2x} = e^{-3} \quad | \ln(\ )$
$2x = -3 \quad | :2$
$x = -1,5$

1 „Du bist dran" aus dem „So geht's"-Kasten

a) Berechne die Lösung, indem du e^x ausklammerst und dann den Satz vom Nullprodukt anwendest:

$e^{2x} - 3e^x = 0$

$e^x(e^x - 3) = 0$

1. Fall: $e^x = 0 \Rightarrow$ keine Lösung, da $e^x > 0$ für alle x

2. Fall: $e^x - 3 = 0 \quad | +3$

$e^x = 3 \quad | \ln(\ )$

$x = \ln(3)$

b) $e^{2x} + e^x - 6 = 0$

Substituiere $u = e^x$.

$u = e^x$ und $u^2 = e^{2x}$

$u^2 + u - 6 = 0$

Löse die Gleichung durch Anwendung der pq- oder der abc-Formel:

$u_1 = 2;\ u_2 = -3$

Substitutiere $u = e^x$ zurück:

1) $e^x = 2 \quad | \ln(\ )$

$x = \ln(2)$

2) $e^x = -3$ keine Lösung, da $e^x > 0$ für alle x

2 Ausklammern

a) $e^{2x} + 10e^x = 0$

$e^x(e^x + 10) = 0$

1. Fall: $e^x = 0 \Rightarrow$ keine Lösung, da $e^x > 0$ für alle x

2. Fall: $e^x + 10 = 0 \quad | -10$

$e^x = -10 \Rightarrow$ keine Lösung, da $e^x > 0$ für alle x

b) $5e^{2x} - 30e^x = 0$

$5e^x(e^x - 6) = 0$

1. Fall: $e^x = 0 \Rightarrow$ keine Lösung, da $e^x > 0$ für alle x

2. Fall: $e^x - 6 = 0 \quad | +6$

$e^x = 6 \quad | \ln(\ )$

$x = \ln(6)$

c) $e^{3x} + 3e^{2x} = 0$

$e^{2x}(e^x + 3) = 0$

1. Fall: $e^{2x} = 0 \Rightarrow$ keine Lösung, da $e^x > 0$ für alle x

2. Fall: $e^x + 3 = 0 \quad | -3$

$e^x = -3 \Rightarrow$ keine Lösung, da $e^x > 0$ für alle x

d) $e^{4x} - 5e^{3x} = 0$

$e^{3x}(e^x - 5) = 0$

1. Fall: $e^{3x} = 0 \Rightarrow$ keine Lösung, da $e^x > 0$ für alle x

2. Fall: $e^x - 5 = 0 \quad | +5$

$e^x = 5 \quad | \ln(\ )$

$x = \ln(5)$

3 Substituieren

a) $e^{2x} - 3e^x + 2 = 0$

Substituiere $e^x = a$

$a^2 - 3a + 2 = 0$

pq- oder abc-Formel

$a_1 = 2$

$a_2 = 1$

Resubstituiere $e^x = a$

$e^x = 2 \Rightarrow x = \ln(2)$

$e^x = 1 \Rightarrow x = \ln(1) = 0$

b) $e^{2x} - 6e^x + 8 = 0$

Substituiere $e^x = a$

$a^2 - 6a + 8 = 0$

pq- oder abc-Formel

$a_1 = 4$

$a_2 = 2$

Resubstituiere $e^x = a$

$e^x = 4 \Rightarrow x = \ln(4)$

$e^x = 2 \Rightarrow x = \ln(2)$

c) $e^{2x} - 8e^x + 16 = 0$

Substituiere $e^x = a$

$a^2 - 8a + 16 = 0$

pq- oder abc-Formel

$a = 4$

Resubstituiere $e^x = a$

$e^x = 4 \Rightarrow x = \ln(4)$

4 Ausklammern oder Substituieren

a) $x \cdot e^x - 4e^x = 0$

$e^x(x - 4) = 0,\ e^x > 0$

$x - 4 = 0$

$x = 4$

b) $e^x - 8e^{-x} = 2 \quad | \cdot e^x, -2e^x$

$e^{2x} - 2e^x - 8 = 0$

Substituiere $e^x = a$

$a^2 - 2a - 8 = 0$

pq- oder abc-Formel

$a_1 = 4$

$a_2 = -2$

Resubstituiere $e^x = a$

$e^x = 4 \Rightarrow x = \ln(4)$

$e^x = -2$, keine Lösung

c) $2x^2 \cdot e^x + x \cdot e^x = 0$

$xe^x(2x + 1) = 0,\ x_1 = 0,\ e^x > 0$

$2x + 1 = 0 \quad | -1, :2$

$x = -\frac{1}{2}$

d) $2e^{2x} + 24e^x = 90 \quad | -90$

$2e^{2x} + 24e^x - 90 = 0$

Substituiere $e^x = a$

$2a^2 + 24a - 90 = 0$

pq- oder abc-Formel

$a_1 = -15$

$a_2 = 3$

Resubstituiere $e^x = a$

$e^x = -15$, keine Lösung

$e^x = 3 \quad \Rightarrow \quad x = \ln(3)$

e) $0{,}5e^{2x} + 10 = 4{,}5e^x \quad | -4{,}5e^x$

$0{,}5e^{2x} - 4{,}5e^x + 10 = 0$

Substituiere $e^x = a$

$0{,}5a^2 - 4{,}5a + 10 = 0$

pq- oder abc-Formel

$a_1 = 5$

$a_2 = 4$

Resubstituiere $e^x = a$

$e^x = 5 \quad \Rightarrow \quad x = \ln(5)$

$e^x = 4 \quad \Rightarrow \quad x = \ln(4)$

f) $3x + x \cdot e^x = 0$

$x(3 + e^x) = 0 \quad \Rightarrow \quad x_1 = 0$

$3 + e^x = 0 \quad | -3$

$e^x = -3$, keine Lösung

g) $e^{4x} + 6 = 5e^{2x}$

$e^{4x} - 5e^{2x} + 6 = 0$

Substituiere $e^{2x} = a$

$a^2 - 5a + 6 = 0$

pq- oder abc-Formel

$a_1 = 3$

$a_2 = 2$

Resubstituiere $e^{2x} = a$

$e^{2x} = 3 \quad \Rightarrow \quad 2x = \ln(3)$

$\Rightarrow \quad x = 0{,}5\ln(3)$

$e^{2x} = 2 \quad \Rightarrow \quad 2x = \ln(2)$

$\Rightarrow \quad x = 0{,}5\ln(2)$

h) $3 - e^x = \frac{2}{e^x} \quad | \cdot e^x, -2$

$-e^{2x} + 3e^x - 2 = 0$

Substituiere $e^x = a$

$-a^2 + 3a - 2 = 0$

pq- oder abc-Formel

$a_1 = 1$

$a_2 = 2$

Resubstituiere $e^x = a$

$e^x = 1 \quad \Rightarrow \quad x = \ln(1) = 0$

$e^x = 2 \quad \Rightarrow \quad x = \ln(2)$

i) $2 + \frac{15}{e^x} = -e^x \quad | \cdot e^x, +e^{2x}$

$e^{2x} + 2e^x + 15 = 0$

Substituiere $e^x = a$

$a^2 + 2a + 15 = 0$

pq- oder abc-Formel

keine Lösung

5 Gleichung lösen mit dem Satz vom Nullprodukt

a) $(6 - e^{2x}) \cdot (2x^2 - 8) = 0$

Satz vom Nullprodukt

$6 - e^{2x} = 0 \quad | +e^{2x}$

$e^{2x} = 6$

$2x = \ln(6) \quad | :2$

$x = 0{,}5\ln(6)$

$2x^2 - 8 = 0 \quad | +8, :2$

$x^2 = 4$

$x_1 = 2$

$x_2 = -2$

b) $(x^4 - 27x) \cdot (e^{2x} - 7) = 0$

Satz vom Nullprodukt

$x^4 - 27x = 0$

$x(x^3 - 27) = 0 \quad \Rightarrow \quad x_1 = 0$

$x^3 - 27 = 0 \quad | +27$

$x^3 = 27$

$x_2 = 3$

$e^{2x} - 7 = 0 \quad | +7$

$e^{2x} = 7$

$2x = \ln(7) \quad | :2$

$x = 0{,}5\ln(7)$

6 Substitution

a) $8 + (e^x)^2 = 6e^x \quad | -6e^x$

$e^{2x} - 6e^x + 8 = 0$

Substituiere $e^x = a$

$a^2 - 6a + 8 = 0$

pq- oder abc-Formel

$a_1 = 4$

$a_2 = 2$

Resubstituiere $e^x = a$

$e^x = 4 \quad \Rightarrow \quad x = \ln(4)$

$\Rightarrow \quad x = \ln(4)$

$e^x = 2 \quad \Rightarrow \quad x = \ln(2)$

$\Rightarrow \quad x = \ln(2)$

b) $\frac{45}{e^x} - e^x = 12 \quad | \cdot e^x, -12e^x$

$-e^{2x} - 12e^x + 45 = 0$

Substituiere $e^x = a$
$-a^2 - 12a + 45 = 0$

pq- oder abc-Formel
$a_1 = -15$
$a_2 = 3$

Resubstituiere $e^x = a$
$e^{2x} = -15$, keine Lösung
$e^x = 3 \quad \Rightarrow \quad 2x = \ln(3)$
$\Rightarrow \quad x = \ln(3)$

c) $e^x \cdot e^{2x} - e^{2x} = 6e^x \quad | -6e^x$
$e^x \cdot e^{2x} - e^{2x} - 6e^x = 0$
$e^x(e^{2x} - e^x - 6) = 0, \; e^x > 0$
$e^{2x} - e^x - 6 = 0$

Substituiere $e^x = a$
$a^2 - a - 6 = 0$

pq- oder abc-Formel
$a_1 = 3$
$a_2 = -2$

Resubstituiere $e^x = a$
$e^x = 3 \quad \Rightarrow \quad x = \ln(3)$
$e^x = -2$, keine Lösung

7 Schwierige Gleichungen

a) $e^x - 2e = 4 \quad | +2e$
$e^x = 4 + 2e \quad | \ln(\;)$
$x = \ln(4 + 2e)$

b) $e^x - 2e^{x+1} = 0$
$e^x - 2e^x \cdot e^1 = 0$
$e^x(1 - 2e) = 0$
keine Lösung, da $e^x > 0$

c) $50e^{-0,1x} - 100e^{-0,1x+1} = 1$
$50e^{-0,1x} - 100e^{-0,1x} \cdot e^1 = 1$
$50e^{-0,1x}(1 - 2e) = 1 \quad | : 50$
$e^{-0,1x}(1 - 2e) = \frac{1}{50} \quad | : (1 - 2e)$
$e^{-0,1x} = \frac{1}{50 \cdot (1 - 2e)}$
$-0,1x = \ln\left(\frac{1}{50 \cdot (1 - 2e)}\right)$
da $(1 - 2e) < 0$, ist auch $\frac{1}{50 \cdot (1 - 2e)} < 0$,
$\Rightarrow$ keine Lösung

SCHRITT 4

Das brauchst du wieder

$f(x) = x^3$	Für $x \to +\infty$:	$x^3 \to +\infty$
	Für $x \to -\infty$:	$x^3 \to -\infty$
$f(x) = -x^4$	Für $x \to +\infty$:	$-x^4 \to -\infty$
	Für $x \to -\infty$:	$-x^4 \to -\infty$
$f(x) = -x^5$	Für $x \to +\infty$:	$-x^5 \to -\infty$
	Für $x \to -\infty$:	$-x^5 \to +\infty$

1 „Du bist dran" aus dem „So geht's"-Kasten

a) *Bestimme das Verhalten der einzelnen Bestandteile der Funktion:*
Für $x \to +\infty$: $x^3 \to +\infty$ und $e^x \to +\infty$
Für $x \to -\infty$: $x^3 \to -\infty$ und $e^x \to 0$
Bestimme das Verhalten der zusammengesetzten Funktion:
Für $x \to +\infty$ gilt $e^x \cdot x^3 \to +\infty$, da beide gegen $+\infty$ streben.
Für $x \to -\infty$ gilt $e^x \cdot x^3 \to 0$, da e^x gegenüber x^3 dominiert.
Bestimme das Verhalten der Funktion:
Für $x \to +\infty$ gilt $f(x) \to +\infty$.
Für $x \to -\infty$ gilt $f(x) \to -2$.

b) *Gib die waagerechte Asymptote der Funktion an:*
Die Funktion ist um 2 auf der y-Achse nach unten verschoben.
Für $x \to -\infty$ hat f die waagerechte Asymptote $y = -2$.

2 Untersuchung auf Verhalten und waagerechte Asymptoten

a) Für $x \to +\infty$ gilt $f(x) \to +\infty$.
Für $x \to -\infty$ gilt $f(x) \to 0 \Rightarrow y = 0$.

b) Für $x \to +\infty$ gilt $-e^{-x} \to 0$.
Für $x \to -\infty$ gilt $-e^{-x} \to -\infty$.
Für $x \to +\infty$ gilt $f(x) \to 2 \Rightarrow y = 2$.
Für $x \to -\infty$ gilt $f(x) \to -\infty$.

c) Für $x \to +\infty$ gilt $-e^x \to -\infty$.
Für $x \to -\infty$ gilt $-e^x \to 0$.
Für $x \to +\infty$ gilt $f(x) \to -\infty$.
Für $x \to -\infty$ gilt $f(x) \to 1 \Rightarrow y = 1$.

d) Für $x \to +\infty$ gilt $2x \cdot e^{x^2} \to +\infty$.
Für $x \to -\infty$ gilt $2x \cdot e^{x^2} \to -\infty$.

e) $f(x) = e^x \cdot x^{-3}$
Für $x \to +\infty$ gilt $e^x \cdot x^{-3} \to +\infty$.
Für $x \to -\infty$ gilt $e^x \cdot x^{-3} \to 0 \Rightarrow y = 0$.

f) $f(x) = 2 - x^5 \cdot e^{-x}$
Für $x \to +\infty$ gilt $-x^5 \cdot e^{-x} \to 0$.
Für $x \to -\infty$ gilt $-x^5 \cdot e^{-x} \to -\infty$.
Für $x \to +\infty$ gilt $f(x) \to 2 \Rightarrow y = 2$.
Für $x \to -\infty$ gilt $f(x) \to -\infty$.

g) $f(x) = \frac{3}{2} x e^{-x}$

Für $x \to +\infty$ gilt $\frac{3}{2} x e^{-x} \to 0$.

Für $x \to -\infty$ gilt $\frac{3}{2} x e^{-x} \to +\infty$.

h) $f(x) = 4e^{-x} - 8$

Für $x \to +\infty$ gilt $4e^{-x} \to 0$.
Für $x \to -\infty$ gilt $4e^{-x} \to +\infty$.
Für $x \to +\infty$ gilt $f(x) \to -8 \Rightarrow y = -8$
Für $x \to -\infty$ gilt $f(x) \to +\infty$.

3 Verhalten untersuchen

a) Für $x \to +\infty$ gilt: $f(x) \to 0$.
Für $x \to -\infty$ gilt: $f(x) \to -\infty$.
Waagerechte Asymptote: $y = 0$

b) Für $x \to +\infty$ gilt: $f(x) \to 3$.
Für $x \to -\infty$ gilt: $f(x) \to +\infty$.
Waagerechte Asymptote: $y = 3$

c) Für $x \to +\infty$ gilt: $f(x) \to +\infty$.
Für $x \to -\infty$ gilt: $f(x) \to -1$.
Waagerechte Asymptote: $y = -1$

d) Für $x \to +\infty$ gilt: $f(x) \to +\infty$.
Für $x \to -\infty$ gilt: $f(x) \to 2$.
Waagerechte Asymptote: $y = 2$

e) Für $x \to +\infty$ gilt: $f(x) \to 0$.
Für $x \to -\infty$ gilt: $f(x) \to +\infty$.
Waagerechte Asymptote: $y = 0$

f) Für $x \to +\infty$ gilt: $f(x) \to -2$.
Für $x \to -\infty$ gilt: $f(x) \to +\infty$.
Waagerechte Asymptote: $y = -2$

g) Für $x \to +\infty$ gilt: $f(x) \to +\infty$.
Für $x \to -\infty$ gilt: $f(x) \to +\infty$.
Keine waagerechte Asymptote

h) Für $x \to +\infty$ gilt: $f(x) \to 8$.
Für $x \to -\infty$ gilt: $f(x) \to -\infty$.
Waagerechte Asymptote: $y = 8$

4 Waagerechte Asymptoten

a) Für $x \to +\infty$ gilt: $f(x) \to 0$.
Für $x \to -\infty$ gilt: $f(x) \to +\infty$.
Waagerechte Asymptote: $y = 0$

b) Für $x \to +\infty$ gilt: $f(x) \to -\infty$.
Für $x \to -\infty$ gilt: $f(x) \to 0$.
Waagerechte Asymptote: $y = 0$

c) Für $x \to +\infty$ gilt: $f(x) \to -\infty$.
Für $x \to -\infty$ gilt: $f(x) \to +\infty$.
Keine waagerechte Asymptote

5 Funktionen mit Bedingungen

a) $f(x) = \frac{1}{x} + 3$

b) $f(x) = \frac{1}{x} - 4$

c) $f(x) = x$

6 Zuordnen

$A \to III$; $B \to I$; $C \to IV$; $D \to II$

7 Verhalten untersuchen

$f(x) = \frac{x-1}{x} \cdot e^x = \left(1 - \frac{1}{x}\right) \cdot e^x$

Für $x \to +\infty$ gilt: $f(x) \to +\infty$.
Für $x \to -\infty$ gilt: $f(x) \to 0$.
Waagerechte Asymptote: $y = 0$

8 Funktionsterm angeben

$g(x) = 5$

SCHRITT 5

Das brauchst du wieder

1) $f'(x) = -4x + 1$

$-4x + 1 = 0$

$x = \frac{1}{4}$

2) $f''(x) = -4$

$f''\left(\frac{1}{4}\right) = -4 < 0$

Hochpunkt bei $x = \frac{1}{4}$

1 „Du bist dran" aus dem „So geht's"-Kasten

Bestimme die 1. Ableitung von f mithilfe der Produktregel:

$u(x) = -2x \qquad u'(x) = -2$

$v(x) = e^x \qquad v'(x) = e^x$

$f'(x) = -2 \cdot e^x - 2x \cdot e^x = -2e^x(1 + x)$

Bestimme die 2. Ableitung von f mithilfe der Produktregel:

$u(x) = -2e^x \qquad u'(x) = -2e^x$

$v(x) = 1 + x \qquad v'(x) = 1$

$f''(x) = -2e^x \cdot (1 + x) - 2e^x \quad |\text{ausklammern}$

$= -2e^x \cdot (1 + x + 1)$

$= -2e^x \cdot (2 + x)$

Setze die 1. Ableitung $f'(x) = 0$ und löse die Gleichung:

$-2e^x \cdot (1 + x) = 0$

$1 + x = 0 \quad |-1$

$x = -1$

Setze die Lösung in die 2. Ableitung $f''(x)$ ein:

$f''(-1) = -2e^{-1} \cdot (2 - 1)$

$= -2e^{-1} < 0$

$\Rightarrow$ Hochpunkt bei $x = -1$

Setze die Lösung in die Funktionsgleichung von f zur Bestimmung des y-Werts ein:

$f(x) = -2(-1) \cdot e^{-1} = 2e^{-1}$

Hochpunkt $H(-1 \mid 2e^{-1})$

2 Bestimmung von Extrempunkten

a) $f'(x) = 1 \cdot e^x + x \cdot e^x = e^x \cdot (1 + x)$

$f''(x) = e^x \cdot (1 + x) + e^x \cdot 1 = e^x \cdot (2 + x)$

$e^x \cdot (1 + x) = 0$

$1 + x = 0$

$x = -1$

$f''(-1) = e^{-1} \cdot (2 - 1) = e^{-1} > 0$

$\Rightarrow$ Tiefpunkt bei $x = -1$

$f(-1) = -1e^{-1} = -e^{-1}$

Tiefpunkt $T(-1 \mid -e^{-1})$

b) $f'(x) = e^x \cdot (-1) + e^x \cdot (-x) = e^x \cdot (-1 - x)$

$f''(x) = e^x \cdot (-1 - x) + e^x \cdot (-1) = e^x \cdot (-2 - x)$

$e^x \cdot (-1 - x) = 0$

$-1 - x = 0$

$x = -1$

$f''(-1) = e^{-1} \cdot (-2 + 1) = -e^{-1} < 0$

$\Rightarrow$ Hochpunkt bei $x = -1$

$f(-1) = e^{-1} \cdot (-1) = e^{-1}$

Hochpunkt $H(-1 \mid e^{-1})$

c) $f'(x) = 2x \cdot e^x + x^2 \cdot e^x = e^x \cdot (2x + x^2)$

$f''(x) = e^x \cdot (2x + x^2) + e^x \cdot (2 + 2x)$

$= e^x \cdot (x^2 + 4x + 2)$

$e^x \cdot (2x + x^2) = 0$

$2x + x^2 = 0 \quad |$ ausklammern

$x(2 + x) = 0$

$x_1 = 0$

$2 + x = 0$

$x_2 = -2$

$f''(0) = e^0 \cdot (0^2 + 4 \cdot 0 + 2) = 1 \cdot 2 = 2 > 0$

$\Rightarrow$ Tiefpunkt bei $x = 0$

$f''(-2) = e^{-2} \cdot ((-2)^2 + 4 \cdot (-2) + 2)$

$= e^{-2} \cdot (-2) = -2e^{-2} < 0$

$\Rightarrow$ Hochpunkt bei $x = -2$

$f(0) = 0$

Tiefpunkt $T(0 \mid 0)$

$f(-2) = (-2)^2 \cdot e^{-2} = 4 \cdot e^{-2}$

Hochpunkt $H(-2 \mid 4 \cdot e^{-2})$

d) $f'(x) = e^x \cdot (x + 1) + e^x \cdot 1 = e^x \cdot (x + 2)$

$f''(x) = e^x \cdot (x + 2) + e^x \cdot 1 = e^x \cdot (x + 3)$

$e^x \cdot (x + 2) = 0$

$x + 2 = 0$

$x = -2$

$f''(-2) = e^{-2} \cdot (-2 + 3) = e^{-2} > 0$

$\Rightarrow$ Tiefpunkt bei $x = -2$

$f(-2) = e^{-2} \cdot (-2 + 1) = -e^{-2}$

Tiefpunkt $T(-2 \mid -e^{-2})$

3 Wendestellen

a) $f(x) = -e^{-x} + e^x$

$f'(x) = e^{-x} + e^x$

$f''(x) = -e^{-x} + e^x$

$f'''(x) = e^{-x} + e^x$

$f''(x) = 0$

$0 = -e^{-x} + e^x \quad | \cdot e^x$

$0 = -1 + e^{2x} \quad | +1$

$1 = e^{2x}$

$\ln(1) = 2x \quad | : 2$

$0 = x$

$f'''(x) = e^{-0} + e^0 = 1 + 1 = 2 \neq 0$

Wendestelle bei $x = 0$

b) $f(x) = 2xe^{2x}$

$f'(x) = 2e^{2x} + 2x \cdot 2 \cdot e^{2x} = 2e^{2x} + 4xe^{2x}$

$= 2e^{2x}(1 + 2x)$

$f''(x) = 2 \cdot 2e^{2x} + 4e^{2x} + 4x \cdot 2 \cdot e^{2x} = 8e^{2x} + 8xe^{2x}$

$= 8e^{2x}(1 + x)$

$f'''(x) = 2 \cdot 8e^{2x} + 8e^{2x} + 8x \cdot 2 \cdot e^{2x}$

$= 24e^{2x} + 16xe^{2x} = 8e^{2x}(3 + 2x)$

$f''(x) = 0$

$0 = 8e^{2x}(1 + x),\ 8e^{2x} > 0$

$0 = 1 + x \quad | -1$

$-1 = x$

$f'''(-1) = 8e^{-2}(3 - 2) = 8e^{-2} \neq 0$

Wendestelle bei $x = -1$

c) $f(x) = -6xe^{-1,5x}$

$f'(x) = -6e^{-1,5x} - 6x \cdot (-1,5) \cdot e^{-1,5x}$

$= -6e^{-1,5x} + 9xe^{-1,5x} = -6e^{-1,5x}(1 - 1,5x)$

$f''(x) = -6 \cdot (-1,5) \cdot e^{-1,5x} + 9e^{-1,5x}$

$+ 9x \cdot (-1,5) \cdot e^{-1,5x}$

$= 18e^{-1,5x} - 13,5xe^{-1,5x}$

$= 9e^{-1,5x}(2 - 1,5x)$

$f'''(x) = 18 \cdot (-1,5) \cdot e^{-1,5x} - 13,5e^{-1,5x}$

$- 13,5x \cdot (-1,5) \cdot e^{-1,5x}$

$= -27e^{-1,5x} - 13,5e^{-1,5x} + 20,25xe^{-1,5x}$

$= e^{-1,5x}(-40,5 + 20,25x)$

$f''(x) = 0$

$0 = 9e^{-1,5x}(2 - 1,5x),\ 9e^{-1,5x} > 0$

$0 = 2 - 1,5x$

$1,5x = 2$

$x = \frac{4}{3}$

$f'''\left(\frac{4}{3}\right) = e^{-1,5 \cdot \frac{4}{3}}\left(-40,5 + 20,25 \cdot \frac{4}{3}\right) \neq 0$

Wendestelle bei $x = \frac{4}{3}$

4 Extremstellen

a) $f(x) = (e^x - 1)^2$

$f'(x) = 2 \cdot (e^x - 1) \cdot e^x = 2e^x(e^x - 1) = 2e^{2x} - 2e^x$

$f''(x) = 2 \cdot 2e^{2x} - 2e^x = 4e^{2x} - 2e^x$

$f'(x) = 0$

$2e^{2x} - 2e^x = 0 \quad | + 2e^x$

$2e^{2x} = 2e^x \quad | : 2$

$e^{2x} = e^x \quad |$ ln anwenden

$2x = x \quad | - x$

$x = 0$

$f''(0) = 4e^{2 \cdot 0} - 2e^0$

$= 4 - 2 = 2 \neq 0 \quad \Rightarrow$ Extremstelle bei $x = 0$

b) $f(x) = (2 - x) \cdot e^x$

$f'(x) = 1 \cdot e^x + (2 - x)e^x = (-1 + 2 - x)e^x = (1 - x)e^x$

$f''(x) = -1e^x + (1 - x)e^x = (-1 + 1 - x)e^x = -xe^x$

$f'(x) = 0$

$(1 - x)e^x = 0 \quad |$ Satz vom Nullprodukt

$e^x \neq 0$

$1 - x = 0 \quad | + x$

$1 = x$

$f''(1) = -1e^1 \neq 0 \quad \Rightarrow$ Extremstelle bei $x = 1$

c) $f(x) = 2xe^{-0,5x}$

$f'(x) = 2e^{-0,5x} + 2x \cdot (-0,5)e^{-0,5x}$

$= 2e^{-0,5x} - xe^{-0,5x} = (2 - x)e^{-0,5x}$

$f''(x) = -1e^{-0,5x} + (2 - x) \cdot (-0,5)e^{-0,5x}$

$= -e^{-0,5x} + (-1 + 0,5x)e^{-0,5x}$

$= (-1 - 1 + 0,5x)e^{-0,5x}$

$= (-2 + 0,5x)e^{-0,5x}$

$f'(x) = 0$

$(2 - x)e^{-0,5x} = 0 \quad |$ Satz vom Nullprodukt

$e^{-0,5x} \neq 0$

$2 - x = 0 \quad | + x$

$2 = x$

$f''(2) = (-2 + 0,5 \cdot 2)e^{-0,5x}$

$= -1e^{-0,5x} \neq 0$

$\Rightarrow$ Extremstelle bei $x = 2$

5 Wendestellen

a) $f(x) = -2e^{-x} + 2e^x$

$f'(x) = -2 \cdot (-1)e^{-x} + 2e^x = 2e^{-x} + 2e^x$

$f''(x) = 2 \cdot (-1)e^{-x} + 2e^x = -2e^{-x} + 2e^x$

$f'''(x) = -2 \cdot (-1)e^{-x} + 2e^x = 2e^{-x} + 2e^x$

$f''(x) = 0$

$-2e^{-x} + 2e^x = 0 \quad | + 2e^{-x}$

$2e^x = 2e^{-x} \quad | : 2$

$e^{-x} = e^x \quad | \cdot e^x$

$1 = e^{2x} \quad |$ ln anwenden

$\ln(1) = 2x$

$0 = 2x \quad | : 2$

$0 = x$

$f'''(0) = 2e^{-0} + 2e^0 = 2 + 2 = 4 \neq 0$

$\Rightarrow$ Wendestelle bei $x = 0$

b) $f(x) = 5xe^{5x}$

$f'(x) = 5e^{5x} + 5x \cdot 5e^{5x} = (5 + 25x)e^{5x}$

$f''(x) = 25e^{5x} + (5 + 25x) \cdot 5e^{5x}$

$= 25e^{5x} + (25 + 125x)e^{5x}$

$= (25 + 25 + 125x)e^{5x}$

$= (50 + 125x)e^{5x}$

$f'''(x) = 125e^{5x} + (50 + 125x) \cdot 5e^{5x}$

$= 125e^{5x} + (250 + 625x)e^{5x}$

$= (125 + 250 + 625x)e^{5x}$

$= (375 + 625x)e^{5x}$

$f''(x) = 0$

$(50 + 125x)e^{5x} = 0 \quad |$ Satz vom Nullprodukt

$e^{5x} \neq 0$

$50 + 125x = 0 \quad | - 50$

$125x = -50 \quad | : 125$

$x = -0,4$

$f'''(-0,4) = (375 + 625 \cdot (-0,4))e^{5 \cdot (-0,4)}$

$= -125e^{-2} \neq 0$

$\Rightarrow$ Wendestelle bei $x = -0,4$

c) $f(x) = -12xe^{-1,5x}$

$f'(x) = -12e^{-1,5x} - 12x \cdot (-1,5)e^{-1,5x}$

$= -12e^{-1,5x} + 18xe^{-1,5x} = (-12 + 18x)e^{-1,5x}$

$f''(x) = 18e^{-1,5x} + (-12 + 18x) \cdot (-1,5)e^{-1,5x}$

$= 18e^{-1,5x} + (18 - 27x)e^{-1,5x}$

$= (18 + 18 - 27x)e^{-1,5x}$

$= (36 - 27x)e^{-1,5x}$

$f'''(x) = -27e^{-1,5x} + (36 - 27x) \cdot (-1,5)e^{-1,5x}$

$= -27e^{-1,5x} + (-54 + 40,5x)e^{-1,5x}$

$= (-27 - 54 + 40,5x)e^{-1,5x}$

$= (-81 + 40,5x)e^{-1,5x}$

$f''(x) = 0$

$(36 - 27x)e^{-1,5x} = 0$

$e^{-1,5x} \neq 0$

$36 - 27x = 0 \quad | + 27x$

$36 = 27x \quad | : 27$

$\frac{4}{3} = x$

$f'''\left(\frac{4}{3}\right) = \left(-81 + 40,5 \cdot \frac{4}{3}\right)e^{-1,5 \cdot \frac{4}{3}}$

$= -27e^{-2} \neq 0$

$\Rightarrow$ Wendestelle bei $x = \frac{4}{3}$

6 Funktionsuntersuchung

$f(x) = (e^{-x} - 1)^2$

a) Schnittpunkte mit der x-Achse:

$f(0) = (e^{-0} - 1)^2 = (1 - 1)^2 = 0 \quad \Rightarrow \quad N(0|0)$

Schnittpunkt mit der y-Achse: $f(x) = 0$

$(e^{-x} - 1)^2 = 0 \quad |$ 2. binomische Formel

$e^{-2x} - 2e^{-x} + 1 = 0 \quad | \cdot e^{2x}$

$1 - 2e^x + e^{2x} = 0 \quad |$ Substitution $e^x = a$

$a^2 - 2a + 1 = 0$

pq- oder abc-Formel

$x_{1/2} = 1$

Rücksubstitution $a = e^x$

$1 = e^x$ | ln anwenden

$x = 0 \quad \Rightarrow \quad S(0\,|\,0)$

b) Extremstellen

$f'(x) = 2(e^{-x} - 1) \cdot (-e^{-x}) = -(2e^{-x} - 2)e^{-x}$

$\quad = (-2e^{-x} + 2)e^{-x}$

$f''(x) = -2 \cdot (-1)e^{-x} \cdot e^{-x} + (-2e^{-x} + 2) \cdot (-e^{-x})$

$\quad = 2e^{-x}e^{-x} + (2e^{-x} - 2)e^{-x}$

$\quad = (2e^{-x} + 2e^{-x} - 2)e^{-x}$

$\quad = (4e^{-x} - 2)e^{-x}$

$f'(x) = 0$

$(-2e^{-x} + 2)e^{-x} = 0$ | Satz vom Nullprodukt

$e^{-x} \neq 0$

$-2e^{-x} + 2 = 0$ | -2

$-2e^{-x} = -2$ | $:(-2)$

$e^{-x} = 1$ | ln anwenden

$-x = \ln(1) = 0$ | $:(-1)$

$x = 0$

$f''(0) = (4e^{-0} - 2)e^{-0}$

$\quad = (4 - 2) = 2 > 0 \quad \Rightarrow \quad$ TP

$f(0) = (e^{-0} - 1)^2 = (1 - 1)^2 = 0 \quad \Rightarrow \quad T(0\,|\,0)$

c) Wendestellen

$f''(x) = (4e^{-x} - 2)e^{-x}$

$f'''(x) = 4 \cdot (-1)e^{-x} \cdot e^{-x} + (4e^{-x} - 2) \cdot (-1)e^{-x}$

$\quad = -4e^{-x} \cdot e^{-x} + (-4e^{-x} + 2)e^{-x}$

$\quad = (-4e^{-x} - 4e^{-x} + 2)e^{-x}$

$\quad = (-8e^{-x} + 2)e^{-x}$

$f''(x) = 0$

$(4e^{-x} - 2)e^{-x} = 0$ | Satz vom Nullprodukt

$e^{-x} \neq 0$

$4e^{-x} - 2 = 0$ | $+2$

$4e^{-x} = 2$ | $:4$

$e^{-x} = \frac{1}{2}$

$-x = \ln\left(\frac{1}{2}\right)$ | $:(-1)$

$x = -\ln\left(\frac{1}{2}\right)$

$f'''\left(-\ln\left(\frac{1}{2}\right)\right) = \left(-8e^{-\left(-\ln\left(\frac{1}{2}\right)\right)} + 2\right)e^{-\left(-\ln\left(\frac{1}{2}\right)\right)}$

$\quad = \left(-8e^{\ln\left(\frac{1}{2}\right)} + 2\right)e^{\ln\left(\frac{1}{2}\right)}$

$\quad = \left(-8 \cdot \frac{1}{2} + 2\right) \cdot \frac{1}{2}$

$\quad = -1 \neq 0 \quad \Rightarrow \quad$ WP

$f\left(-\ln\left(\frac{1}{2}\right)\right) = \left(e^{-\left(-\ln\left(\frac{1}{2}\right)\right)} + 1\right)^2 = \left(e^{\ln\left(\frac{1}{2}\right)} + 1\right)^2$

$\quad = \left(\frac{1}{2} + 1\right)^2 = \left(\frac{3}{2}\right)^2$

$\quad = \frac{9}{4} = 2{,}25 \quad \Rightarrow \quad W\left(-\ln\left(\frac{1}{2}\right)\middle|\,\frac{9}{4}\right)$

d) Für $x \to +\infty$ gilt: $f(x) \to 1$, da $e^{-x} \to 0$.

Für $x \to -\infty$ gilt: $f(x) \to +\infty$, da $e^{-x} \to +\infty$.

Waagerechte Asymptote: $y = 1$

7 Extrem- und Wendepunkte

a) $f(x) = (e^x - e)^2$

$f'(x) = 2(e^x - e) \cdot e^x = (2e^x - 2e)e^x$

$f''(x) = 2e^x \cdot e^x + (2e^x - 2e) \cdot e^x$

$\quad = (2e^x + 2e^x - 2e)e^x = (4e^x - 2e)e^x$

$f'''(x) = 4e^x \cdot e^x + (4e^x - 2e)e^x$

$\quad = (4e^x + 4e^x - 2e)e^x = (8e^x - 2e)e^x$

$f'(x) = 0$

$(2e^x - 2e)e^x = 0$

$e^x \neq 0$

$2e^x - 2e = 0$ | $+2e$

$2e^x = 2e$ | $:2$

$e^x = e$

$x = \ln(e)$

$f''(1) = (4e^1 - e)e^1$

$\quad = (4 \cdot e - 2e) \cdot e = 2e^2 > 0 \quad \Rightarrow \quad$ TP

$f(1) = (e^1 - 2e)^2 = (e - 2e)^2$

$\quad = (-e)^2 = e^2 \quad \Rightarrow \quad T(1\,|\,e^2)$

$f''(x) = 0$

$(4e^x - 2e)e^x = 0$

$e^x \neq 0$

$4e^x - 2e = 0$ | $+2e$

$4e^x = 2e$ | $:4$

$e^x = \frac{2}{4}e = \frac{1}{2}e$

$x = \ln\left(\frac{1}{2}e\right)$

$f'''\left(\ln\left(\frac{1}{2}e\right)\right) = \left(8e^{\ln\left(\frac{1}{2}e\right)} - 2e\right)e^{\ln\left(\frac{1}{2}e\right)}$

$\quad = \left(8 \cdot \frac{1}{2}e - 2e\right) \cdot \frac{1}{2}e = 2e \cdot \frac{1}{2}e$

$\quad = e^2 \neq 0 \quad \Rightarrow \quad$ WP

$f\left(\ln\left(\frac{1}{2}e\right)\right) = \left(e^{\ln\left(\frac{1}{2}e\right)} - e\right)^2 = \left(\frac{1}{2}e - e\right)^2$

$\quad = \left(-\frac{1}{2}e\right)^2 = \frac{1}{4}e^2$

$\Rightarrow \quad WP\left(\ln\left(\frac{1}{2}e\right)\middle|\,\frac{1}{4}e^2\right)$

b) $f(x) = (e^x - 2e)^2$

$f'(x) = 2(e^x - 4e) \cdot e^x = (2e^x - 4e)e^x$

$f''(x) = 2e^x \cdot e^x + (2e^x - 2e) \cdot e^x$

$\quad = (2e^x + 2e^x - 2e)e^x = (4e^x - 2e)e^x$

$f'''(x) = 4e^x \cdot e^x + (4e^x - 2e)e^x$

$\quad = (4e^x + 4e^x - 2e)e^x$

$\quad = (8e^x - 2e)e^x$

$f'(x) = 0$

$(2e^x - 2e)e^x = 0$

$e^x \neq 0$

$2e^x - 2e = 0$ | $+2e$

$2e^x = 2e$ | $:2$

$e^x = e$

$x = \ln(e) = 1$

$f''(1) = (4e^1 - 2e)e^1 = (4 \cdot e - 2e) \cdot e$

$\quad = 2e \cdot e = 2e^2 > 0 \quad \Rightarrow \quad$ TP

$f(1) = (e^1 - e)^2 = (e - e)^2 = 0 \quad \Rightarrow \quad T(1\,|\,0)$

$f''(x) = 0$
$(4e^x - 2e)e^x = 0$
$e^x \neq 0$
$4e^x - 2e = 0 \quad | +2e$
$4e^x = 2e \quad | :4$
$e^x = \frac{1}{2}e$
$x = \ln\left(\frac{1}{2}e\right)$
$f'''\left(\ln\left(\frac{1}{2}e\right)\right) = \left(8e^{\ln\left(\frac{1}{2}e\right)} - 2e\right)e^{\ln\left(\frac{1}{2}e\right)}$
$= \left(8 \cdot \frac{1}{2}e - 2e\right) \cdot \frac{1}{2}e$
$= 2e \cdot \frac{1}{2}e = e^2 \neq 0 \quad \Rightarrow \quad \text{WP}$
$f\left(\ln\left(\frac{1}{2}e\right)\right) = \left(e^{\ln\left(\frac{1}{2}e\right)} - 2e\right)^2$
$= \left(\frac{1}{2}e - 2e\right)^2 = \left(-\frac{3}{2}e\right)^2$
$= \frac{9}{4}e^2 \quad \Rightarrow \quad \text{WP}\left(\ln\left(\frac{1}{2}e\right) \middle| \frac{9}{4}e^2\right)$

8 Medikament

a) $f(t) = te^{-t+1}$
$f'(t) = e^{-t+1} + t \cdot (-1)e^{-t+1} = (1-t)e^{-t+1}$
$f''(x) = -e^{-t+1} + (1-t) \cdot (-1)e^{-t+1}$
$= -1e^{-t+1} + (-1+t)e^{-t+1}$
$= (-1-1+t)e^{-t+1} = (-2+t)e^{-t+1}$
$f'(x) = 0$
$(1-t)e^{-t+1} = 0$
$e^{-t+1} \neq 0$
$1 - t = 0 \quad | +t$
$1 = t$
$f''(1) = (-2+1)e^{-1+1} = -1e^0 = -1 < 0 \quad \Rightarrow \quad \text{HP}$
$f(1) = 1 \cdot e^{-1+1} = 1e^0 = 1 \quad \Rightarrow \quad H(1|1)$
Die Wirkstoffmenge ist nach einer Stunde mit 1 mg am größten.

b) Für $t \to \infty$ gilt: $f(x) \to 0$, da $e^{-t+1} \to 0$
Langfristig befindet sich kein Wirkstoff mehr im Blut.

c) Größte Änderungsrate entspricht dem Wendepunkt der ersten Ableitung.
$f''(x) = (-2+t)e^{-t+1}$
$f'''(x) = e^{-t+1} + (-2+t) \cdot (-1)e^{-t+1}$
$= e^{-t+1} + (2-t)e^{-t+1} = (1+2-t)e^{-t+1}$
$= (3-t)e^{-t+1}$
$f''(t) = 0$
$(-2+t)e^{-t+1} = 0 \quad$ | Satz vom Nullprodukt
$e^{-t+1} \neq 0$
$-2 + t = 0 \quad | +2$
$t = 2$
$f'''(2) = (3-2)e^{-2+1} = e^{-1} > 0 \quad \Rightarrow \quad$ TP von f'
Zum Zeitpunkt $t = 2$ ist die Änderungsrate der Wirkstoffmenge am größten.

d) $f'(2) = (1-2)e^{-2+1} = -e^{-1} = m$
$f(2) = 2e^{-2+1} = 2e^{-1}$
$y = mx + c$
$2e^{-1} = -e^{-1} \cdot 2 + c \quad | +2e^{-1}$
$4e^{-1} = c$
$y = -e^{-1} \cdot x + 4e^{-1}$
Schnittpunkt mit der x-Achse suchen, da hier kein Wirkstoff mehr im Blut ist:
$0 = -e^{-1} \cdot x + 4e^{-1} \quad | +e^{-1} \cdot x$
$e^{-1} \cdot x = 4e^{-1} \quad | :e^{-1}$
$x = 4$
Nach 4 Stunden ist das Medikament im Blut abgebaut.

9 Maissorte

a) Zu Beginn 30 cm groß:
$f(0) = \frac{a}{e^{c \cdot 0} + b} = \frac{a}{e^0 + b} = \frac{a}{1+b} = 30 \quad \text{(I)}$
Nach einer Woche 60 cm:
$f(1) = \frac{a}{e^{c \cdot 1} + b} = \frac{a}{e^c + b} = 60 \quad \text{(II)}$
Maximale Höhe von 180 cm:
für $t \to \infty$ gilt: $f(t) \to 180$, also $\frac{a}{b} = 180$, da $c < 0$ und somit $e^{ct} \to 0$
$\frac{a}{b} = 180 \quad | \cdot b$
$a = 180b \quad \text{(III)}$
a in (I) einsetzen: $\frac{180b}{1+b} = 30 \quad | \cdot (1+b)$
$180b = 30(1+b)$
$180b = 30 + 30b \quad | -30b$
$150b = 30 \quad | :150$
$b = \frac{30}{150} = \frac{1}{5} = 0{,}2$
b in (III)
$a = 180 \cdot \frac{1}{5} = 36$
a und b in (II)
$\frac{36}{e^c + 0{,}2} = 60 \quad | \cdot (e^c + 0{,}2)$
$36 = 60(e^c + 0{,}2) \quad | :60$
$0{,}6 = e^c + 0{,}2 \quad | -0{,}2$
$0{,}4 = e^c \quad$ | ln anwenden
$c = \ln(0{,}4) \approx -0{,}9163$
$f(t) = \frac{36}{e^{\ln(0{,}4)t} + 0{,}2}$

b) $f(t) = 90$
$\frac{36}{e^{\ln(0{,}4)t} + 0{,}2} = 90 \quad | \cdot (e^{\ln(0{,}4)t} + 0{,}2)$
$36 = 90(e^{\ln(0{,}4)t} + 0{,}2) \quad | :90$
$0{,}4 = e^{\ln(0{,}4)t} + 0{,}2 \quad | -0{,}2$
$0{,}2 = e^{\ln(0{,}4)t}$
$\ln(0{,}2) = \ln(0{,}4)t \quad | :\ln(0{,}4)$
$\frac{\ln(0{,}2)}{\ln(0{,}4)} = t$
$1{,}76 \approx t$
Nach ca. 1,76 Wochen hat die Pflanze eine Höhe von 90 cm erreicht.

SCHRITT 6

Das brauchst du wieder

$9a - 3x = 0 \quad |-9a$

$-3x = -9a \quad |:(-3)$

$x = 3a$

$4 + 2x - 2a = 0 \quad |+2a$

$4 + 2x = 2a \quad |-4$

$2x = 2a - 4 \quad |:2$

$x = a - 2$

$(x + a) \cdot 4 + 2 = 0 \quad |-2$

$(x + a) \cdot 4 = -2 \quad |:4$

$x + a = -\frac{1}{2} \quad |-a$

$x = -\frac{1}{2} - a$

1 „Du bist dran" aus dem „So geht's"-Kasten

Bestimme die erste Ableitung von f mithilfe der Produktregel:

$f_t'(x) = 2 \cdot e^x + (2x - 4t) \cdot e^x$

$= e^x(2 + 2x - 4t)$

Setze die erste Ableitung gleich null und löse die Gleichung:

$e^x(2 + 2x - 4t) = 0$

$2 + 2x - 4t = 0 \quad |-2 + 4t$

$2x = -2 + 4t \quad |:2$

$x = -1 + 2t$

Überprüfe, ob an der eben bestimmten Stelle ein Vorzeichenwechsel der ersten Ableitung vorliegt:

$f_t'(-2 + 2t) = e^{-2+2t}(2 + 2(-2 + 2t) - 4t)$

$= e^{-2+2t}(2 - 4 + 4t - 4t)$

$= -2e^{-2+2t} < 0$

$f_t'(2t) = e^{2t}(2 + 2(2t) - 4t)$

$= 2e^{2t} > 0$

$f_t'(x)$ wechselt bei $x = -1 + 2t$ das Vorzeichen von − nach +.

Gib die Art der Extremstelle an:

$f_t(x)$ hat an der Stelle $x = -1 + 2t$ einen Tiefpunkt.

Setze die Lösung in die Funktionsgleichung von f_t zur Bestimmung des y-Werts ein:

$f_t(-1 + 2t) = (2(-1 + 2t) - 4t) \cdot e^{-1+2t} - 2$

$= (-2 + 4t - 4t) \cdot e^{-1+2t} - 2$

$= -2 \cdot e^{-1+2t} - 2$

Gib die Koordinaten des Extrempunktes an:

$T(-1 + 2t \mid -2 \cdot e^{-1+2t} - 2)$

Setze die x-Koordinate des Extrempunktes gleich null:

$-1 + 2t = 0 \quad |+1$

$2t = 1 \quad |:2$

$t = 0{,}5$

Für den Wert $t = 0{,}5$ liegt der Extrempunkt auf der y-Achse.

2 Bestimmung von Extremstellen

a) $f_a'(x) = e^{x-a} \cdot (x - a) + e^{x-a} \cdot 1$

$= e^{x-a}(x - a + 1)$

$e^{x-a}(x - a + 1) = 0$

$x - a + 1 = 0 \quad |+a - 1$

$x = a - 1$

$f_a'(a - 2) = e^{a-2-a}(a - 2 - a + 1)$

$e^{-2}(-1) = -e^{-2} < 0$

$f_a'(a) = e^{a-a}(a - a + 1)$

$e^0 \cdot 1 = 1 > 0$

$f_a'(x)$ wechselt bei $x = a - 1$ das Vorzeichen von − nach +.

$f_a(x)$ hat an der Stelle $x = a - 1$ einen Tiefpunkt.

$f_a(a - 1) = e^{a-1-a} \cdot (a - 1 - a)$

$= e^{-1} \cdot (-1) = -e^{-1}$

$T(a - 1 \mid -e^{-1})$

$a - 1 = 0 \quad |+1$

$a = 1$

Für den Wert $a = 1$ liegt der Extrempunkt auf der y-Achse.

b) $f_a'(x) = 4 \cdot e^x + (4x - a) \cdot e^x$

$= e^x(4 + 4x - a)$

$e^x(4 + 4x - a) = 0$

$4 + 4x - a = 0 \quad |+a - 4$

$4x = a - 4 \quad |:4$

$x = \frac{1}{4}a - 1$

$f_a'\left(\frac{1}{4}a - 2\right) = e^{\frac{1}{4}a-2}\left(4 + 4\left(\frac{1}{4}a - 2\right) - a\right)$

$= e^{\frac{1}{4}a-2}(4 + a - 8 - a) = -4e^{\frac{1}{4}a-2} < 0$

$f_a'\left(\frac{1}{4}a\right) = e^{\frac{1}{4}a}\left(4 + 4\left(\frac{1}{4}a\right) - a\right)$

$e^{\frac{1}{4}a}(4 + a - a) = 4e^{\frac{1}{4}a} > 0$

$f_a'(x)$ wechselt bei $x = \frac{1}{4}a - 1$ das Vorzeichen von − nach +.

$f_a(x)$ hat an der Stelle $x = \frac{1}{4}a - 1$ einen Tiefpunkt.

$f_a\left(\frac{1}{4}a - 1\right) = \left(4\left(\frac{1}{4}a - 1\right) - a\right) \cdot e^{\frac{1}{4}a-1} + 1$

$= (a - 4 - a) \cdot e^{\frac{1}{4}a-1} + 1 = 4e^{\frac{1}{4}a-1} + 1$

$T\left(\frac{1}{4}a - 1 \middle| 4e^{\frac{1}{4}a-1} + 1\right)$

$\frac{1}{4}a - 1 = 0 \quad |+1$

$\frac{1}{4}a = 1 \quad |\cdot 4$

$a = 4$

Für den Wert $a = 4$ liegt der Extrempunkt auf der y-Achse.

c) $f_a'(x) = 1 \cdot e^{x-a} + (x - 1) \cdot e^{x-a}$

$= e^{x-a}(1 - x - 1) = e^{x-a}(-x)$

$e^{x-a}(-x) = 0$

$x = 0$

$f_a'(-1) = e^{-1-a}(-(-1))$

$= e^{-1-a} > 0$

$f'_a(1) = e^{1-a}(-1)$
$= -e^{1-a} < 0$
$f'_a(x)$ wechselt bei $x = 0$ das Vorzeichen von + nach −.
$f_a(x)$ hat an der Stelle $x = 0$ einen Hochpunkt.
$f_a(0) = (0-1)e^{0-a} = -e^{-a}$
$T(0|-e^{-a})$
Der Extrempunkt hat immer die x-Koordinate 0 und liegt somit auch immer auf der y-Achse.

3 Wendestellen

a) $f_a(x) = (x+a)e^x$
$f'_a(x) = e^x + (x+a)e^x = (1+x+a)e^x$
$f''_a(x) = e^x + (1+x+a)e^x = (1+1+x+a)e^x$
$= (2+x+a)e^x$
$f'''_a(x) = e^x + (2+x+a)e^x = (1+2+x+a)e^x$
$= (3+x+a)e^x$
$f''_a(x) = 0$
$(2+x+a)e^x = 0$
$e^x \neq 0$
$2+x+a = 0 \quad |-2$
$x+a = -2 \quad |-a$
$x = -2-a$
$f'''_a(-2-a)$ muss nicht überprüft werden, da die Existenz vorausgesetzt wird (Aufgabenstellung).
$f_a(-2-a) = (-2-a+a)e^{-2-a} = -2e^{-2-a}$
$\Rightarrow \quad W(-2-a|-2e^{-2-a})$

Da der Wendepunkt auf der y-Achse liegen soll, gilt: $x = 0$
$-2-a = 0 \quad |+2$
$-a = 2 \quad |:(-1)$
$a = -2$
Für $a = -2$ liegt der Wendepunkt auf der y-Achse.

b) $f_a(x) = e^x - e^{a-x}$

$f'_a(x) = e^x - (-1)e^{a-x} = e^x + e^{a-x}$

$f''_a(x) = e^x + (-1)e^{a-x} = e^x - e^{a-x}$

$f'''_a(x) = e^x - (-1)e^{a-x} = e^x + e^{a-x}$

$f''_a(x) = 0$
$e^x - e^{a-x} = 0 \quad |\cdot e^x$
$e^{2x} - e^a = 0 \quad |+e^a$
$e^{2x} = e^a \quad |$ ln anwenden
$2x = a \quad |:2$

$x = \frac{1}{2}a$

$f'''_a\left(\frac{1}{2}a\right)$ muss nicht überprüft werden, da die Existenz vorausgesetzt wird (Aufgabenstellung).

$f_a\left(\frac{1}{2}a\right) = e^{\frac{1}{2}a} - e^{a-\frac{1}{2}a}$
$= e^{\frac{1}{2}a} - e^{\frac{1}{2}a} = 0 \quad \Rightarrow \quad W\left(\frac{1}{2}a\middle|0\right)$

Da der Wendepunkt auf der y-Achse liegen soll, gilt: $x = 0$

$\frac{1}{2}a = 0 \quad |:\frac{1}{2}$

$a = 0$
Für $a = 0$ liegt der Wendepunkt auf der y-Achse.

c) $f_a(x) = e^x(e^x - a)$
$f'_a(x) = e^x(e^x - a) + e^x \cdot e^x = e^x(e^x - a + e^x)$
$= e^x(2e^x - a)$
$f''_a(x) = e^x(2e^x - a) + e^x \cdot 2e^x$
$= e^x(2e^x - a + 2e^x) = e^x(4e^x - a)$
$f'''_a(x) = e^x(4e^x - a) + e^x \cdot 4e^x$
$= e^x(4e^x - a + 4e^x) = e^x(8e^x - a)$
$f''_a(x) = 0$
$e^x(4e^x - a) = 0 \quad |$ Satz vom Nullprodukt
$e^x \neq 0$
$4e^x - a = 0 \quad |+a$
$4e^x = a \quad |:4$

$e^x = \frac{1}{4}a$

$x = \ln\left(\frac{1}{4}a\right)$

$f_a'''\left(\ln\left(\frac{1}{4}a\right)\right)$ muss nicht überprüft werden,

da die Existenz vorausgesetzt wird (Aufgabenstellung).

$f_a\left(\ln\left(\frac{1}{4}a\right)\right) = e^{\ln\left(\frac{1}{4}a\right)}\left(e^{\ln\left(\frac{1}{4}a\right)} - a\right)$
$= \frac{1}{4}a\left(\frac{1}{4}a - a\right) = \frac{1}{4}a \cdot \left(-\frac{3}{4}a\right)$
$= \frac{3}{16}a^2 \quad \Rightarrow \quad W\left(\ln\left(\frac{1}{4}a\right)\middle|\frac{3}{16}a^2\right)$

Da der Wendepunkt auf der y-Achse liegen soll, gilt: $x = 0$

$\ln\left(\frac{1}{4}a\right) = 0 \quad |$ e anwenden

$e^{\ln\left(\frac{1}{4}a\right)} = e^0$

$\frac{1}{4}a = 1 \quad |:\left(\frac{1}{4}\right)$

$a = 4$
Für $a = 4$ liegt der Wendepunkt auf der y-Achse.

4 Extremstellen

a) $f_t(x) = xe^{tx} + 5$
$f'_t(x) = e^{tx} + x \cdot te^{tx} = e^{tx}(1+xt)$
$f''_t(x) = t \cdot e^{tx}(1+xt) + e^{tx} \cdot t$
$= e^{tx}(t + xt^2) + e^{tx} \cdot t$
$= e^{tx}(t + xt^2 + t)$
$= e^{tx}(2t + xt^2)$
$f'_t(x) = 0$
$e^{tx}(1+xt) = 0 \quad |$ Satz vom Nullprodukt
$e^{tx} \neq 0$
$1 + xt = 0 \quad |-1$
$xt = -1 \quad |:t,\ t \neq 0$

$x = -\frac{1}{t}$

$f''_t\left(-\frac{1}{t}\right) = e^{t\cdot\left(-\frac{1}{t}\right)}\left(2t + \left(-\frac{1}{t}\right) \cdot t^2\right)$

$= e^{-1}(2t - t) = e^{-1} \cdot t \neq 0,$

da $t \neq 0 \quad \Rightarrow \quad$ Extremstelle bei $x = -\frac{1}{t}$

b) $f_t(x) = (x - t)e^{x-t}$

$f_t'(x) = e^{x-t} + (x - t)e^{x-t} = e^{x-t}(1 + x - t)$

$f_t''(x) = e^{x-t}(1 + x - t) + e^{x-t} = e^{x-t}(1 + x - t + 1)$

$= e^{x-t}(2 + x - t)$

$f_t'(x) = 0$

$e^{x-t}(1 + x - t) = 0 \quad |$ Satz vom Nullprodukt

$e^{x-t} \neq 0$

$1 + x - t = 0 \quad | -1$

$x - t = -1 \quad | +t$

$x = -1 + t$

$f_t''(-1 + t) = e^{-1+t-t}(2 + (-1 + t) - t)$

$= e^{-1}(2 - 1 + t - t)$

$= e^{-1} \cdot 1 \neq 0 \quad \Rightarrow \quad$ ES

Extremstelle bei $x = -1 + t$

c) $f_t(x) = 5e^{x+2t} - 10$

$f_t'(x) = 5 \cdot 1 \cdot e^{x+2t} = 5e^{x+2t}$

$f_t''(x) = 5 \cdot 1 \cdot e^{x+2t} = 5e^{x+2t}$

$f_t'(x) = 0$

$5e^{x+2t} = 0$

keine Lösung, da $5e^{x+2t} \neq 0 \quad \Rightarrow \quad$ keine Extremstelle

5 Weitere Wendestellen

a) $f_t(x) = -\frac{2x}{t}e^{tx}$

$f_t'(x) = -\frac{2}{t}e^{tx} - \frac{2x}{t} \cdot t \cdot e^{tx} = e^{tx}\left(-\frac{2}{t} - 2x\right)$

$f_t''(x) = t \cdot e^{tx}\left(-\frac{2}{t} - 2x\right) + e^{tx} \cdot (-2)$

$= e^{tx}(-2 - 2tx) - 2e^{tx}$

$= e^{tx}(-2 - 2xt - 2) = (-4 - 2xt)e^{xt}$

$f_t'''(x) = -2te^{tx} + (-4 - 2xt)te^{tx}$

$= -2te^{tx} + (-4t - 2xt^2)e^{tx}$

$= (-6t - 2xt^2)e^{tx}$

$f_t''(x) = 0$

$(-4 - 2xt)e^{tx} = 0$

$e^{tx} \neq 0$

$-4 - 2xt = 0 \quad | +4$

$-2xt = 4 \quad | : (-2)$

$xt = -2 \quad | : t$

$x = -\frac{2}{t}$

$f_t'''\left(-\frac{2}{t}\right) = \left(-6t - 2 \cdot \left(-\frac{2}{t}\right) \cdot t^2\right)e^{t \cdot \left(-\frac{2}{t}\right)}$

$= (-6t + 4t)e^{-2} = 2te^{-2} \neq 0 \quad \Rightarrow \quad$ WS

Wendestelle bei $x = -\frac{2}{t}$

b) $f_t(x) = e^{tx} - x$

$f_t'(x) = t \cdot e^{tx} - 1 = te^{tx} - 1$

$f_t''(x) = t \cdot t \cdot et^{tx} = t^2e^{tx}$

$f_t'''(x) = t^2 \cdot t \cdot e^{tx} = t^3e^{tx}$

$f_t''(x) = 0$

$t^2e^{tx} = 0$

nach Voraussetzung ist $t > 0$, also $t^2 \neq 0$.

$e^{tx} \neq 0$

$\Rightarrow \quad t^2 \cdot e^{tx} \neq 0$

$\Rightarrow \quad$ keine Wendestelle

c) $f_t(x) = 5x^3e^{-tx}$

$f_t'(x) = 5 \cdot 3x^2e^{-tx} + 5x^3 \cdot (-t)e^{-tx}$

$= 15x^2e^{-tx} - 5x^3te^{-tx}$

$= e^{-tx}(15x^2 - 5x^3t)$

$f_t''(x) = (-t) \cdot e^{-tx}(15x^2 - 5x^3t)$

$+ e^{-tx}(15 \cdot 2 \cdot x - 5 \cdot 3 \cdot x^2t)$

$= e^{-tx}(-15x^2t + 5x^3t^2) + e^{-tx}(30x - 15x^2t)$

$= e^{-tx}(-15x^2t + 5x^3t^2 + 30x - 15x^2t)$

$= e^{-tx}(-30x^2t + 5x^3t^2 + 30x)$

$f_t'''(x) = (-t) \cdot e^{-tx}(-30x^2t + 5x^3t^2 + 30x)$

$+ e^{-tx}(-30 \cdot 2 \cdot xt + 5 \cdot 3 \cdot x^2t^2 + 30)$

$= e^{-tx}(30x^2t^2 - 5x^3t^3 - 30xt)$

$+ e^{-tx}(-60xt + 15x^2t^2 + 30)$

$= e^{-tx}(30x^2t^2 - 5x^3t^3 - 30xt - 60xt$

$+ 15x^2t^2 + 30)$

$= e^{-tx}(45x^2t^2 - 5x^3t^3 - 90tx + 30)$

$f_t''(x) = 0$

$e^{-tx}(-30x^2t + 5x^3t^2 + 30x) = 0 \quad |$ Satz vom Nullprodukt

$e^{-tx} \neq 0$

$-30x^2t + 5x^3t^2 + 30x = 0 \quad |$ x ausklammern

$x(-30xt + 5x^2t^2 + 30) = 0 \quad |$ Satz vom Nullprodukt

$x_1 = 0$

$5x^2t^2 - 30xt + 30 = 0$

pq- oder abc-Formel

$x_2 = \frac{3}{t} + \frac{\sqrt{3}}{t}$

$x_3 = \frac{3}{t} - \frac{\sqrt{3}}{t}$

Nach Aufgabenstellung genügt der Nachweis einer Wendestelle: $x_1 = 0$

$f_t'''(0) = e^{-t \cdot 0}(45 \cdot 0^2t^2 - 5 \cdot 0^3t^2 - 90t \cdot 0 + 30)$

$= e^0 \cdot 30 = 30 \neq 0 \quad \Rightarrow \quad$ WS

Wendestelle bei $x_1 = 0$.

6 Hochpunkte

$f_k(x) = x - ke^x$

$f_k'(x) = 1 - ke^x$

$f_k''(x) = -ke^x$

$f_k'(x) = 0$

$1 - ke^x = 0 \quad | +ke^x$

$1 = ke^x \quad | : k$

$\frac{1}{k} = e^x$

$\ln\left(\frac{1}{k}\right) = x \qquad (\mathrm{I})$

$f_k''\left(\ln\left(\frac{1}{k}\right)\right) = -ke^{\ln\left(\frac{1}{k}\right)} = -k \cdot \frac{1}{k} = -1 < 0 \quad \Rightarrow \quad$ HP

$f_k\left(\ln\left(\frac{1}{k}\right)\right) = \ln\left(\frac{1}{k}\right) - ke^{\ln\left(\frac{1}{k}\right)} = \ln\left(\frac{1}{k}\right) - k \cdot \frac{1}{k}$

$= \ln\left(\frac{1}{k}\right) - 1 \quad \Rightarrow \quad H\left(\ln\left(\frac{1}{k}\right) \middle| \ln\left(\frac{1}{k}\right) - 1\right)$

$y = \ln\left(\frac{1}{k}\right) - 1$

Aus (I)

$\ln\left(\frac{1}{k}\right) = x$

$\frac{1}{k} = e^x \quad | \cdot k$

$1 = e^x \cdot k \quad | : e^x$

$\frac{1}{e^x} = k$

k in (II)

$y = \ln\left(\frac{1}{\left(\frac{1}{e^x}\right)}\right) - 1$

$= \ln(e^x) - 1 = x - 1 \quad \Rightarrow \quad y = x - 1$

7 Wachstumsrate

a) Bis zur zweiten Woche steigt das Wachstum an, ab der zweiten Woche bis zur siebten Woche verlangsamt sich das Wachstum, aber es wächst weiter.

b) Das größte Wachstum befindet sich bei der zweiten Woche und beträgt ca. $5{,}5\,\frac{\text{cm}}{\text{Woche}}$.

8 Halfpipes

a) $f_a(x) = -10a^2x^2e^{-ax}$

$f_a'(x) = -10a^2 \cdot 2xe^{-ax} - 10a^2x^2 \cdot (-a)e^{-ax}$

$= -20a^2xe^{-ax} + 10a^3x^2e^{-ax}$

$f_a''(x) = -20a^2e^{-ax} - 20a^2x \cdot (-a)e^{-ax}$

$+ 10a^3 \cdot 2xe^{-ax} + 10a^3x^2 \cdot (-a)e^{-ax}$

$= e^{-ax}(-20a^2 + 20a^3x + 20a^3x - 10a^4x^2)$

$= e^{-ax}(-20a^2 + 40a^3x - 10a^4x^2)$

$f_a' = 0$

$-20a^2xe^{-ax} + 10a^3x^2e^{-ax} = 0$

$e^{-ax}(-20a^2x + 10a^3x^2) = 0$

$e^{-ax} \neq 0$

$-20a^2x + 10a^3x^2 = 0$

$x(-20a^2 + 10a^3x) = 0$

$x_1 = 0$ (entfällt, da $x > 0$)

$-20a^2 + 10a^3x = 0 \quad | +20a^2$

$10a^3x = 20a^2 \quad | : 10a^3$

$x_2 = \frac{2}{a}$

$f_a''\left(\frac{2}{a}\right)$ muss nicht überprüft werden, da die Existenz vorausgesetzt wird (Aufgabenstellung).

$f_a\left(\frac{2}{a}\right) = -10a^2 \cdot \left(\frac{2}{a}\right)^2 e^{-a \cdot \frac{2}{a}} = -10a^2 \cdot \frac{4}{a^2}e^{-2}$

$= -40e^{-2} \quad \Rightarrow \quad T\left(\frac{2}{a} \middle| -40e^{-2}\right)$

Da der y-Wert aller Tiefpunkte nicht von a abhängt, liegen alle Tiefpunkte auf der gleichen Höhe.

b) streng monoton fallend: $f'(x) < 0$

$f_a'(x) = e^{-ax}(-20a^2x + 10a^3x^2)$ für $x < \frac{2}{a}$,

zum Beispiel für $x = \frac{3}{2a}$ gilt:

$f_a'(0) = e^{-a \cdot \frac{3}{2a}}\left(-20a^2 \cdot \frac{3}{2a} + 10a^3 \cdot \left(\frac{3}{2a}\right)^2\right)$

$= e^{-\frac{3}{2}}\left(-30a + 10a^3 \cdot \frac{9}{4a^2}\right)$

$= e^{-\frac{3}{2}}(-30a + 22{,}5a)$

$= e^{-\frac{3}{2}} \cdot (-7{,}5a) < 0$, wenn $a > 0$

SCHRITT 7

Das brauchst du wieder

$f(x) = \frac{1}{(3-4x)} = (3-4x)^{-1}$

$f'(x) = (-1) \cdot (3-4x)^{-2} \cdot (-4)$

$4(3-4x)^{-2} = \frac{4}{(3-4x)^2}$

1 „Du bist dran" aus dem „So geht's"-Kasten

a) Setze f(x) mit dem Funktionswert gleich und bestimme x:

$-\ln(3x+2) = 6 \quad | \cdot (-1)$

$\ln(3x+2) = -6 \quad | e^{(\,)}$

$3x + 2 = e^{-6} \quad | -2$

$3x = e^{-6} - 2 \quad | : 3$

$x = \frac{e^{-6}}{3} - \frac{2}{3}$

b) Setze f(x) gleich 0 und bestimme x:

$-\ln(3x+2) = 0$

$\ln(3x+2) = 0 \quad | e^{(\,)}$

$3x + 2 = 1 \quad | -2$

$3x = -1 \quad | : 3$

$x = -\frac{1}{3}$

c) Berechne die Ableitung mit der Kettenregel und untersuche sie:

$f'(x) = -\frac{1}{3x+2} \cdot 3 = -\frac{3}{3x+2} < 0$ für alle $x > 0$

Die Funktion ist streng monoton fallend.

d) Untersuche die zweite Ableitung von f(x):

$f'(x) = -\frac{3}{3x+2} = -3 \cdot (3x+2)^{-1}$

$f''(x) = 3 \cdot (3x+2)^{-2} \cdot 3$

$= \frac{9}{(3x+2)^2} > 0$ für alle $x > 0$

Der Graph von f ist eine Linkskurve.

2 Untersuchung der Logarithmusfunktion

a) $2 - \ln(4x - 1) = 4 \quad | -2$

$-\ln(4x - 1) = 2 \quad | \cdot (-1)$

$\ln(4x - 1) = -2 \quad | e^{(\,)}$

$4x - 1 = e^{-2} \quad | +1$

$4x = e^{-2} + 1 \quad | :4$

$x = \frac{e^{-2}}{4} + \frac{1}{4}$

b) $2 - \ln(4x - 1) = 0 \quad | -2$

$-\ln(4x - 1) = -2 \quad | \cdot (-1)$

$\ln(4x - 1) = 2 \quad | e^{(\,)}$

$4x - 1 = e^2 \quad | +1$

$4x = e^2 + 1 \quad | :4$

$x = \frac{e^2}{4} + \frac{1}{4}$

c) $f'(x) = -\frac{1}{4x - 1} \cdot 4$

$= -\frac{4}{4x - 1} < 0$ für alle $x > 0$

Die Funktion ist streng monoton fallend.

d) $f'(x) = -\frac{4}{4x - 1} = -4 \cdot (4x - 1)^{-1}$

$f''(x) = 4 \cdot (4x - 1)^{-2} \cdot 4$

$= \frac{16}{(4x - 1)^2} > 0$ für alle $x > 0$

Der Graph von f ist eine Linkskurve.

3 Gleichung lösen

a) $\ln(x) = 0 \quad |$ e anwenden

$e^{\ln(x)} = e^0$

$x = 1$

b) $\ln(x) = 1 \quad |$ e anwenden

$e^{\ln(x)} = e^1$

$x = e$

c) $\ln(x) = -3 \quad |$ e anwenden

$e^{\ln(x)} = e^{-3}$

$x = e^{-3}$

d) $2\ln(x) = 4 \quad | :2$

$\ln(x) = 2 \quad |$ e anwenden

$e^{\ln(x)} = e^2$

$x = e^2$

e) $\ln(x) = \frac{1}{2} \quad |$ e anwenden

$e^{\ln(x)} = e^{\frac{1}{2}}$

$x = \sqrt{e}$

f) $\ln(x - 3) = 5 \quad |$ e anwenden

$e^{\ln(x-3)} = e^5$

$x - 3 = e^5 \quad | +3$

$x = e^5 + 3$

4 Ableitungen

a) $f'(x) = \frac{1}{x}$

b) $f'(x) = 3 \cdot \frac{1}{x} = \frac{3}{x}$

c) $f'(x) = -\frac{1}{x}$

d) $f'(x) = 4 \cdot \frac{1}{x} + 3 = \frac{4}{x} + 3$

e) $f'(x) = 3 \cdot 2 \cdot x - \frac{1}{x + 2} = 6x - \frac{1}{x + 2}$

f) $f'(x) = \frac{1}{x^2} - \frac{1}{x}$

5 Grafisches lösen

a) $H(6 \mid 3)$, $T(2{,}3 \mid 1{,}6)$

b) $W(3{,}8 \mid 2{,}2)$

c) Ungefähr bei $x = 10$

6 Logarithmusfunktion verändern

a) Die natürliche Logarithmusfunktion mit dem Faktor 5 in y-Richtung gestreckt.

b) Die natürliche Logarithmusfunktion um 3 in die y-Richtung nach oben verschoben.

c) Die natürliche Logarithmusfunktion an der x-Achse gespiegelt.

d) Die natürliche Logarithmusfunktion an der y-Achse gespiegelt.

e) Die natürliche Logarithmusfunktion um 2 nach rechts auf der x-Achse verschoben.

f) Die natürliche Logarithmusfunktion an der x-Achse gespiegelt

(da $\ln\left(\frac{1}{x}\right) = \ln(1) - \ln(x) = 0 - \ln(x) = -\ln(x)$).

7 Funktionenschar

$f(x) = 1 - (\ln(1 - x))^2$

a) Schnittpunkt mit der y-Achse:

$f(0) = 1 - (\ln(1 - 0))^2 = 1 - (\ln(1))^2$

$= 1 - 0^2 = 1 \quad \Rightarrow \quad S(0 \mid 1)$

Schnittpunkt mit der x-Achse: $f(x) = 0$

$1 - (\ln(1 - x))^2 = 0 \quad | +(\ln(1 - x))^2$

$1 = (\ln(1 - x))^2 \quad |$ Wurzel ziehen

$1 = \ln(1 - x)$ und $-1 = \ln(1 - x)$

1. Fall:

$1 = \ln(1 - x) \quad |$ e anwenden

$e^1 = e^{\ln(1-x)}$

$e = 1 - x \quad | +x$

$e + x = 1 \quad | -e$

$x = 1 - e \quad \Rightarrow \quad N_1(1 - e \mid 0)$

2. Fall:

$-1 = \ln(1 - x) \quad |$ e anwenden

$e^{-1} = e^{\ln(1-x)}$

$e^{-1} = 1 - x \quad | +x$

$e^{-1} + x = 1 \quad | -e^{-1}$

$x = 1 - e^{-1} \quad \Rightarrow \quad N_2(1 - e^{-1} \mid 0)$

b) $f(x) = 1 - (\ln(1-x))^2$

$f'(x) = -2(\ln(1-x))^1 \cdot \frac{1}{1-x} \cdot (-1) = \frac{2}{1-x}\ln(1-x)$

$= 2(1-x)^{-1}\ln(1-x)$

$f''(x) = -2 \cdot (-1)(1-x)^{-2} \cdot (-1)\ln(1-x)$

$2(1-x)^{-1} \cdot \frac{1}{1-x} \cdot (-1)$

$= -2(1-x)^{-2}\ln(1-x) - \frac{2}{(1-x)}(1-x)^{-1}$

$= -2(1-x)^{-2}\ln(1-x) - 2(1-x)^{-2}$

$f'(x) = 0$

$\frac{2}{1-x}\ln(1-x) = 0$ | Satz vom Nullprodukt

$\frac{2}{1-x} = 0$ keine Lösung

$\ln(1-x) = 0$

$1 - x = e^0$

$x = 1 - 1 = 0$

nach Aufgabenstellung $x < 0$

$\Rightarrow$ $x = 0$ keine Extremstelle

c) $f''(x) = -2(1-x)^{-2}\ln(1-x) - 2(1-x)^{-2}$

$= 2(1-x)^{-2}(-\ln(1-x) - 1)$

$f'''(x) = 2 \cdot (-2)(1-x)^{-3} \cdot (-1)(-\ln(1-x) - 1)$

$+ 2(1-x)^{-2}\left(-\frac{1}{1-x} \cdot (-1)\right)$

$= 4(1-x)^{-3}(-\ln(1-x) + 1) + \frac{2}{1-x}(1-x)^{-2}$

$f''(x) = 0$

$2(1-x)^{-2}(-\ln(1-x) - 1) = 0$ | Satz vom Nullprodukt

$2(1-x)^{-2} = 0$ keine Lösung

$-\ln(1-x) - 1 = 0$ | $+\ln(1-x)$

$-1 = \ln(1-x)$

$e^{-1} = e^{\ln(1-x)}$

$e^{-1} = 1 - x$ | $+x$

$e^{-1} + x = 1$ | $-e^{-1}$

$x = 1 - e^{-1}$

$f'''(x) = \frac{2}{(1-x)^3}(-2\ln(1-x) - 1)$

$f'''(1-e^{-1}) = \frac{2}{(1-(1-e^{-1}))^3}(-2\ln(1-(1-e^{-1})) - 1)$

$= \frac{2}{e^{-3}}(-2\ln(e^{-1}) - 1)$

$= \frac{2}{e^{-3}}(-2 \cdot (-1) - 1)$

$= \frac{2}{e^{-3}} \cdot 1 = \frac{2}{e^{-3}} \neq 0$ $\Rightarrow$ WP

$f(1-e^{-1}) = 1 - \ln(1-(1-e^{-1}))^2$

$= 1 - \ln(e^{-1})^2$

$= 1 - (-1)^2$

$= 1 - 1 = 0$ $\Rightarrow$ $W(1-e^{-1} | 0)$

8 Funktionenschar etwas komplexer

$f_t(x) = \frac{x + 2 + \ln(x+t)}{x+t}$

$f_2(x) = \frac{x + 2 + \ln(x+2)}{x+2} = \frac{x+2}{x+2} + \frac{\ln(x+2)}{x+2}$

$= 1 + \frac{\ln(x+2)}{x+2} = 1 + \ln(x+2)(x+2)^{-1}$

a) $f_2'(x) = \frac{1}{x+2}(x+2)^{-1} + \ln(2+x) \cdot (-1)(x+2)^{-2}$

$= (x+2)^{-2}(1 - \ln(2+x))$

$f_2''(x) = (-2)(x+2)^{-3}(1 - \ln(x+2))$

$+ (x+2)^{-2}\left(-\frac{1}{x+2}\right)$

$= (x+2)^{-3}(-2 + 2\ln(x+2)) - (x+2)^{-3}$

$= (x+2)^{-3}(-2 + 2\ln(x+2) - 1)$

$= (x+2)^{-3}(-3 + 2\ln(x+2))$

$f_2'(x) = 0$

$(x+2)^{-2}(1 - \ln(2+x)) = 0$ | Satz vom Nullprodukt

$(x+2)^{-2} \neq 0$

$1 - \ln(2+x) = 0$ | $+\ln(2+x)$

$1 = \ln(2+x)$ | e anwenden

$e^1 = e^{\ln(x+2)}$

$e^1 = x + 2$ | -2

$e - 2 = x$

$f_2''(e-2) = (e-2+2)^{-3}(-3 + 2\ln(e-2+2))$

$= e^{-3}(-3 + 2\ln(e)) = e^{-3}(-3+2)$

$= -e^{-3} < 0$ $\Rightarrow$ HP

$f_2(e-2) = 1 + \ln(e-2+2)(e-2+2)^{-1}$

$= 1 + \ln(e)e^{-1}$

$= 1 + e^{-1}$ $\Rightarrow$ $T(e-2 | 1+e^{-1})$

b) $f_2''(x) = (x+2)^{-3}(-3 + 2\ln(x+2))$

$f_2'''(x) = -3(x+2)^{-4}(-3 + 2\ln(x+2))$

$+ (x+2)^{-3}\left(\frac{2}{x+2}\right)$

$= (x+2)^{-4}(9 - 6\ln(x+2)) + 2(x+2)^{-4}$

$= (x+2)^{-4}(9 - 6\ln(x+2) + 2)$

$= (x+2)^{-4}(11 - 6\ln(x+2))$

$f_2''(x) = 0$

$(x+2)^{-3}(-3 + 2\ln(x+2)) = 0$

$(x+2)^{-3} \neq 0$

$-3 + 2\ln(x+2) = 0$ | $+3$

$2\ln(x+2) = 3$ | $:2$

$\ln(x+2) = \frac{3}{2}$

$e^{\ln(x+2)} = e^{\frac{3}{2}}$

$x + 2 = e^{\frac{3}{2}}$ | -2

$x = e^{\frac{3}{2}} - 2$

$f_2'''\left(e^{\frac{3}{2}} - 2\right) = \left(e^{\frac{3}{2}} - 2 + 2\right)^{-4}\left(11 - 6\ln\left(e^{\frac{3}{2}} - 2 + 2\right)\right)$

$= \left(e^{\frac{3}{2}}\right)^{-4}\left(11 - 6\ln e^{\frac{3}{2}}\right)$

$= \left(e^{\frac{3}{2}}\right)^{-4}\left(11 - 6 \cdot \frac{3}{2}\right)$

$= 2\left(e^{\frac{3}{2}}\right)^{-4} \neq 0$ $\Rightarrow$ WP

$f_2\left(e^{\frac{3}{2}}-2\right)=1+\ln\left(e^{\frac{3}{2}}-2+2\right)\left(e^{\frac{3}{2}}-2+2\right)^{-1}$

$=1+\ln\left(e^{\frac{3}{2}}\right)\left(e^{\frac{3}{2}}\right)^{-1}$

$=1+\frac{3}{2}\cdot e^{-\frac{3}{2}} \quad\Rightarrow\quad W\left(e^{\frac{3}{2}}-2 \,\middle|\, 1+\frac{3}{2}e^{-\frac{3}{2}}\right)$

9 Funktionenschar mit $x > -t$

$f_t(x)=\frac{8}{x+t}\ln(x+t)=8(x+t)^{-1}\ln(x+t)$

a) Schnittpunkte mit der x-Achse: $f_t(x)=0$

$\frac{8}{x+t}\ln(x+t)=0$ | Satz vom Nullprodukt

$\frac{8}{x+t}>0$ da $x>-t$

$\ln(x+t)=0$ | e anwenden

$e^{\ln(x+t)}=e^0$

$x+t=1$ | $-t$

$x=1-t \quad\Rightarrow\quad N(1-t\,|\,0)$

b) $f_t'(x)=-8(x+t)^{-2}\ln(x+t)+8(x+t)^{-1}\cdot\frac{1}{x+t}$

$=-8(x+t)^{-2}\ln(x+t)+8(x+t)^{-2}$

$=8(x+t)^{-2}(-\ln(x+t)+1)$

$f_t''(x)=8\cdot(-2)(x+t)^{-3}(-\ln(x+t)+1)$

$+8(x+t)^{-2}\cdot\left(-\frac{1}{x+t}\right)$

$=-16(x+t)^{-3}(-\ln(x+t)+1)-8(x+t)^{-3}$

$=(x+t)^{-3}(16\ln(x+t)-16-8)$

$=(x+t)^{-3}(16\ln(x+t)-24)$

$f_t'(x)=0$

$8(x+t)^{-2}(-\ln(x+t)+1)=0$ | Satz vom Nullprodukt

$8(x+t)^{-2}\neq 0$

$-\ln(x+t)+1=0$ | $+\ln(x+t)$

$1=\ln(x+t)$ | e anwenden

$e^1=e^{\ln(x+t)}$

$e^1=x+t$ | $-t$

$e-t=x$

$f_t''(e-t)=(e-t+t)^{-3}(16\ln(e-t+t)-24)$

$=e^{-3}(16\ln(e)-24)$

$=e^{-3}(16-24)=-8e^{-3}<0 \quad\Rightarrow\quad$ HP

$f_t(e-t)=8(e-t+t)^{-1}\ln(e-t+t)$

$=8e^{-1}\ln(e)=8e^{-1} \quad\Rightarrow\quad H(e-t\,|\,8e^{-1})$

10 Funktionenschar, falls möglich

$f_t(x)=2x^3\ln(tx)$

a) Schnittpunkte mit der x-Achse: $f_t(x)=0$

$2x^3\ln(tx)=0$ | Satz vom Nullprodukt

$2x^3=0$

$x_1=0$ (keine Nullstelle, da $x>0$)

$\ln(tx)=0$

$e^{\ln(tx)}=e^0$

$tx=1$ | $:t$

$x=\frac{1}{t} \quad\Rightarrow\quad N\left(\frac{1}{t}\,\middle|\,0\right)$

b) $f_t(x)=2x^3\ln(tx)$

$f_t'(x)=2\cdot3x^2\ln(tx)+2x^3\cdot\frac{1}{tx}\cdot t$

$=6x^2\ln(tx)+2x^2=x^2(6\ln(tx)+2)$

$f_t''(x)=2x(6\ln(tx)+2)+x^2\left(\frac{6}{tx}\right)\cdot t$

$=2x(6\ln(tx)+2)+6x$

$f_t'(x)=0$

$x^2(6\ln(tx)+2)=0$ | Satz vom Nullprodukt

$x_{1/2}=0$

$6\ln(tx)+2=0$ | -2

$6\ln(tx)=-2$ | $:6$

$\ln(tx)=-\frac{1}{3}$ | e anwenden

$e^{\ln(tx)}=e^{-\frac{1}{3}}$

$tx=e^{-\frac{1}{3}}$ | $:t$

$x=\frac{e^{-\frac{1}{3}}}{t}$

$f_t''\left(\frac{e^{-\frac{1}{3}}}{t}\right)=2\cdot\left(\frac{e^{-\frac{1}{3}}}{t}\right)\cdot\left(6\ln\left(t\cdot\frac{e^{-\frac{1}{3}}}{t}\right)+2\right)+6\cdot\frac{e^{-\frac{1}{3}}}{t}$

$=2\cdot\frac{e^{-\frac{1}{3}}}{t}\cdot\left(6\ln\left(e^{-\frac{1}{3}}\right)+2\right)+6\cdot\frac{e^{-\frac{1}{3}}}{t^2}$

$=-\frac{4}{t}e^{-\frac{1}{3}}+\frac{6}{t}e^{-\frac{1}{3}}=\frac{2}{t}e^{-\frac{1}{3}}>0$

$\Rightarrow$ HP (besteht nur aus positiven Produkten)

$f_t\left(\frac{e^{-\frac{1}{3}}}{t}\right)=2\left(\frac{e^{-\frac{1}{3}}}{t}\right)^3\ln\left(t\cdot\frac{e^{-\frac{1}{3}}}{t}\right)$

$=2\left(\frac{e^{-\frac{1}{3}}}{t}\right)^3\ln\left(e^{-\frac{1}{3}}\right)=2\left(\frac{e^{-\frac{1}{3}}}{t}\right)^3\cdot\left(-\frac{1}{3}\right)$

$=\frac{-2\left(e^{-\frac{1}{3}}\right)^3}{3t^3}$

$\Rightarrow\quad H\left(\frac{e^{-\frac{1}{3}}}{t}\,\middle|\,\frac{-2\left(e^{-\frac{1}{3}}\right)^3}{3t^3}\right)$

c) $f_t''(x)=2x(6\ln(tx)+2)+6x$

$f_t'''(x)=2(6\ln(tx)+2)+2x\cdot\frac{6}{tx}\cdot t+6$

$=12\ln(tx)+4+12+6$

$=12\ln(tx)+22$

$f_t''(x)=0$

$2x(6\ln(tx)+2)+6x=0$

$x(12\ln(tx)+4+6)=0$

$x(12\ln(tx)+10)=0$ | Satz vom Nullprodukt

$x_1=0 \quad\Rightarrow$ kein Wendepunkt, da x nach Voraussetzung > 0

$12\ln(tx)+10=0$ | -10

$12\ln(tx)=-10$ | $:12$

$\ln(tx)=-\frac{5}{6}$ | $e^{(\,)}$

$tx=e^{-\frac{5}{6}}$ | $:t$

$x=\frac{e^{-\frac{5}{6}}}{t}$

$f_t'''\left(\frac{e^{-\frac{5}{6}}}{t}\right)=12\ln\left(t\cdot\frac{e^{-\frac{5}{6}}}{t}\right)+22$

$=12\cdot\left(-\frac{5}{6}\right)+22$

$=-10+22=12\neq 0 \quad\Rightarrow\quad$ WS

$$f_t\left(\frac{e^{-\frac{5}{6}}}{t}\right) = 2 \cdot \left(\frac{e^{-\frac{5}{6}}}{t}\right)^3 \cdot \ln\left(t \cdot \frac{e^{-\frac{5}{6}}}{t}\right)$$
$$= 2 \cdot \left(\frac{e^{-\frac{5}{6}}}{t}\right)^3 \cdot \left(-\frac{5}{6}\right)$$
$$= -\frac{5}{3} \cdot \left(\frac{e^{-\frac{5}{6}}}{t}\right)^3$$
$$\Rightarrow \quad W\left(\frac{e^{-\frac{5}{6}}}{t} \,\middle|\, -\frac{5}{3}\left(\frac{e^{-\frac{5}{6}}}{t}\right)^3\right)$$

TRAINING 1

1 Ableiten

a) $f'(x) = e^x$

b) $f'(x) = 2e^x + 2$

c) $f'(x) = 2 \cdot 3e^{3x} + 3 = 6e^{3x} + 3$

d) $f'(x) = 4 \cdot e^{2x} + 4x \cdot 2 \cdot e^{2x} = 4e^{2x} + 8xe^{2x}$
$= e^{2x}(4 + 8x)$

e) $f'(x) = e^{3x} + (x - 4) \cdot 3e^{3x} = e^{3x} + (3x - 12)e^{3x}$
$= e^{3x}(1 + 3x - 12) = e^{3x}(-11 + 3x)$

f) $f'(x) = 2e^x + 2xe^x - 2e^x = 2e^x(1 + x - 1) = 2xe^x$

2 Gleichung lösen durch Umformen

a) $e^x - 15 = 0$ | $+15$
$e^x = 15$ | ln anwenden
$x = \ln(15)$

b) $e^z = -19$
keine Lösung, da $e^z > 0$

c) $e^{-x} = 100$ | ln anwenden
$-x = \ln(100)$ | $:(-1)$
$x = -\ln(100)$

d) $2e^{2x} = 32$ | $:2$
$e^{2x} = 16$ | ln anwenden
$2x = \ln(16)$ | $:2$
$x = \frac{1}{2}\ln(16)$

e) $3 + e^{2x} = 28$ | -3
$e^{2x} = 25$ | ln anwenden
$2x = \ln(25)$ | $:2$
$x = \frac{1}{2}\ln(25)$

f) $e^{2x+3} = 27$ | ln anwenden
$2x + 3 = \ln(27)$ | -3
$2x = \ln(27) - 3$ | $:2$
$x = \frac{1}{2}(\ln(27) - 3)$

3 Gleichung lösen

a) $e^{2x} + e^x + 10 = 40$ | -40
$e^{2x} + e^x - 30 = 0$ | Substitution $e^x = a$
$a^2 + a - 30 = 0$

pq- oder abc-Formel
$a_1 = 5$
$a_2 = -6$

Rücksubstitution $a = e^x$
$5 = e^x$ | ln anwenden
$\ln(5) = x$
$-6 = e^x$ keine Lösung

b) $e^{2x} + 3e^x + 24 = 42$ | -42
$e^{2x} + 3e^x - 18 = 0$ | Substitution $e^x = a$
$a^2 + 3a - 18 = 0$

pq- oder abc-Formel
$a_1 = 3$
$a_2 = -6$

Rücksubstitution $a = e^x$
$3 = e^x$ | ln anwenden
$\ln(3) = x$
$-6 = e^x$ keine Lösung

c) $2e^{2x} + 20 = -3e^x$ | $+3e^x$
$2e^{2x} + 3e^x + 20 = 0$ | Substitution $e^x = a$
$2a^2 + 3a - 20 = 0$

pq- oder abc-Formel
$a_1 = 2{,}5$
$a_2 = -4$

Rücksubstitution $a = e^x$
$2{,}5 = e^x$ | ln anwenden
$\ln(2{,}5) = x$
$-4 = e^x$ keine Lösung

d) $4e^{2x} + 20 = 80 - 8e^x$ | -80
$4e^{2x} - 60 = -8e^x$ | $+8e^x$
$4e^{2x} + 8e^x - 60 = 0$ | Substitution $e^x = a$
$4a^2 + 8a - 60 = 0$

pq- oder abc-Formel
$a_1 = 3$
$a_2 = -5$

Rücksubstitution $a = e^x$
$3 = e^x$ | ln anwenden
$\ln(3) = x$
$-5 = e^x$ keine Lösung

e) $5e^x + 4 = \frac{12}{e^x}$ | $-\frac{12}{e^x}$
$5e^x + 4 - \frac{12}{e^x} = 0$ | $\cdot e^x$
$5e^{2x} + 4e^x - 12 = 0$ | Substitution $e^x = a$
$5a^2 + 4a - 12 = 0$

pq- oder abc-Formel
$a_1 = 1{,}2$
$a_2 = -2$

Rücksubstitution $a = e^x$
$1{,}2 = e^x$ | ln anwenden
$\ln(1{,}2) = x$
$-2 = e^x$ keine Lösung

f) $e^{x} + 25e^{-x} = 4 \quad | -4$

$e^{x} + 25e^{-x} - 4 = 0 \quad | \cdot e^{x}$

$e^{2x} - 4e^{x} + 25 = 0 \quad | \text{ Substitution } e^{x} = a$

$a^2 - 4a + 25 = 0$

pq- oder abc-Formel
keine Lösung

4 Funktionsuntersuchung

$f(x) = x^2 \cdot e^{-0,5x^2+2}$

a) Verhalten:

für $x \to +\infty$ gilt: $f(x) \to 0$, da $e^{-0,5x^2+2} \to 0$
für $x \to -\infty$ gilt: $f(x) \to 0$, da $e^{-0,5x^2+2} \to 0$
Waagerechte Asymptote $y = 0$

b) $f'(x) = 2x \cdot e^{-0,5x^2+2} + x^2 \cdot (-x) \cdot e^{-0,5x^2+2}$

$= 2xe^{-0,5x^2+2} - x^3e^{-0,5x^2+2}$

$= e^{-0,5x^2+2}(2x - x^3)$

$f''(x) = -x \cdot e^{-0,5x^2+2}(2x - x^3) + e^{-0,5x^2+2} \cdot (2 - 3x^2)$

$= e^{-0,5x^2+2}(-2x^2 + x^4) + e^{-0,5x^2+2}(2 - 3x^2)$

$= e^{-0,5x^2+2}(-2x^2 + x^4 + 2 - 3x^2)$

$= e^{-0,5x^2+2}(x^4 - 5x^2 + 2)$

$f'(x) = 0$

$e^{-0,5x^2+2}(2x - x^3) = 0 \quad | \text{ Satz vom Nullprodukt}$

$e^{-0,5x^2+2} \neq 0$

$2x - x^3 = 0$

$x(2 - x^2) = 0$

$x_1 = 0$

$2 - x^2 = 0 \quad | +x^2$

$2 = x^2$

$\sqrt{2} = x_2$

$-\sqrt{2} = x_3$

$f''(0) = e^{-0,5\cdot 0^2+2}(0^4 - 5\cdot 0^2 + 2)$

$= e^2 \cdot 2 = 2e^2 \neq 0 \quad \Rightarrow \quad \text{ES}$

$f''(\sqrt{2}) = e^{-0,5\cdot(\sqrt{2})^2+2}(\sqrt{2}^4 - 5\cdot\sqrt{2}^2 + 2)$

$= e^1(4 - 5\cdot 2 + 2) = -4e^1 \neq 0 \quad \Rightarrow \quad \text{ES}$

$f''(-\sqrt{2}) = e^{-0,5\cdot(-\sqrt{2})^2+2}((-\sqrt{2})^4 - 5\cdot(-\sqrt{2})^2 + 2)$

$= e^1(4 - 5\cdot 2 + 2) = -4e^1 \neq 0 \quad \Rightarrow \quad \text{ES}$

Die Extremstellen sind bei $x_1 = 0$, $x_2 = \sqrt{2}$ und $x_3 = -\sqrt{2}$.

5 Funktionsuntersuchung mit t

$f_t(x) = \frac{x}{t} \cdot e^{-tx}$

a) $f_{0,5}(x) = \frac{x}{0,5}e^{-0,5x} = 2xe^{-0,5x}$

Schnittpunkt mit der y-Achse:
$f_{0,5}(0) = 2 \cdot 0 \cdot e^{-0,5\cdot 0} = 0 \quad \Rightarrow \quad S(0|0)$

Schnittpunkte mit der x-Achse: $f_{0,5}(x) = 0$

$2xe^{-0,5x} = 0 \quad | \text{ Satz vom Nullprodukt}$

$2x = 0 \quad | :2$

$x = 0 \quad \Rightarrow \quad N(0|0)$

$e^{-0,5x} \neq 0$

Verhalten:
für $x \to +\infty$ gilt: $f_{0,5}(x) \to 0$, da $e^{-0,5x} \to 0$
für $x \to -\infty$ gilt: $f_{0,5}(x) \to -\infty$,
da $e^{-0,5x} \to \infty$
Waagerechte Asymptote $y = 0$

b) $f_t'(x) = \frac{1}{t} \cdot e^{-tx} + \frac{x}{t} \cdot (-t)e^{-tx} = \frac{1}{t}e^{-tx} - xe^{-tx}$

$= e^{-tx}\left(\frac{1}{t} - x\right)$

$f_t''(x) = -te^{tx}\left(\frac{1}{t} - x\right) + e^{-tx} \cdot (-1)$

$= e^{-tx}(-1 + xt) - e^{-tx} = e^{-tx}(-1 + xt - 1)$

$= e^{-tx}(-2 + xt)$

$f_t'(x) = 0$

$e^{-tx}\left(\frac{1}{t} - x\right) = 0 \quad | \text{ Satz vom Nullprodukt}$

$e^{-tx} \neq 0$

$\frac{1}{t} - x = 0 \quad | +x$

$\frac{1}{t} = x$

$f_t''\left(\frac{1}{t}\right) = e^{-t\cdot\frac{1}{t}}\left(-2 + \frac{1}{t} \cdot t\right) = e^{-1}(-2 + 1)$

$= -1e^{-1} < 0 \quad \Rightarrow \quad \text{HP}$

Die Extremstellen sind bei $x = \frac{1}{t}$.

6 ln-Funktion

$f_t(x) = ax - \ln(x)$

a) $f_t'(x) = a - \frac{1}{x} = a - x^{-1}$

$f_t''(x) = -(-1)x^{-2} = x^{-2}$

$f_t'(x) = 0$

$a - x^{-1} = 0 \quad | +x^{-1}$

$a = x^{-1} \quad | \cdot x$

$ax = 1 \quad | :a$

$x = \frac{1}{a}$

$f_t''\left(\frac{1}{a}\right) = \left(\frac{1}{a}\right)^{-2} = a^2 > 0 \quad \Rightarrow \quad \text{TP}$

nach Aufgabenstellung $a > 0$

$f_t\left(\frac{1}{a}\right) = a \cdot \frac{1}{a} - \ln\left(\frac{1}{a}\right)$

$= 1 - \ln\left(\frac{1}{a}\right) \quad \Rightarrow \quad T\left(\frac{1}{a} \middle| 1 - \ln\left(\frac{1}{a}\right)\right)$

b) $f_t''(x) = -(-1)x^{-2} = x^{-2}$

$f_t'''(x) = -2x^{-3}$

$f_t''(x) = 0$

$x^{-2} = 0$

$\frac{1}{x^2} \neq 0$

$\Rightarrow$ keine Wendestellen

7 Funktionenschar

$f_t(x) = (2-x)\cdot e^{tx}$

$f_1(x) = (2-x)e^{1x} = (2-x)e^x$

a) Schnittpunkte mit der y-Achse:

$f_1(0) = (2-0)e^0 = 2\cdot 1 = 2 \quad \Rightarrow \quad S(0\,|\,2)$

Schnittpunkte mit der x-Achse: $f_1(x) = 0$

$(2-x)e^x = 0$ | Satz vom Nullprodukt

$2-x = 0$ | $+x$

$2 = x \quad \Rightarrow \quad N(2\,|\,0)$

$e^x \neq 0$

$f_1'(x) = (-1)e^x + (2-x)e^x = (-1+2-x)e^x$

$= (1-x)e^x$

$f_1''(x) = (-1)e^x + (1-x)e^x$

$= (-1+1-x)e^x = -xe^x$

$f_1'''(x) = -1e^x - xe^x = (-1-x)e^x$

$f_1'(x) = 0$

$(1-x)e^x = 0$ | Satz vom Nullprodukt

$e^x \neq 0$

$1-x = 0$ | $+x$

$1 = x$

$f_1''(1) = -1e^1 = -e < 0 \quad \Rightarrow \quad$ HP

$f_1(1) = (2-1)e^1 = e \quad \Rightarrow \quad H(1\,|\,e)$

$f_1''(x) = 0$

$-xe^x = 0$ | Satz vom Nullprodukt

$-x = 0$ | $:(-1)$

$x_1 = 0$

$e^x \neq 0$

$f_1'''(0) = (-1-0)e^0 = -1\cdot 1 = -1 \neq 0 \quad \Rightarrow \quad$ WP

$f_1(0) = (2-0)e^0 = 2\cdot 1 = 2 \quad \Rightarrow \quad W(0\,|\,2)$

b) $f_t'(x) = -e^{tx} + (2-x)\cdot t\cdot e^{tx} = -e^{tx} + (2t-xt)e^{tx}$

$= e^{tx}(-1+2t-xt)$

$f_t''(x) = t\cdot e^{tx}(-1+2t-xt) + e^{tx}\cdot(-t)$

$= e^{tx}(-1t+2t^2-xt^2-t)$

$= e^{tx}(-2t+2t^2-xt^2)$

$f_t'(x) = 0$

$e^{tx}(-1+2t-xt) = 0$ | Satz vom Nullprodukt

$e^{tx} \neq 0$

$-1+2t-xt = 0$ | $+1$

$2t-xt = 1$ | $-2t$

$-xt = 1-2t$ | $:(-t)$

$x = -\frac{1-2t}{t}$

$f_t''\left(-\frac{1-2t}{t}\right)$ muss man nicht überprüfen, da die Hochpunkte laut Aufgabenstellung existieren.

$f_t\left(-\frac{1-2t}{t}\right) = \left(2-\left(-\frac{1-2t}{t}\right)\right)\cdot e^{t\cdot\left(-\frac{1-2t}{t}\right)}$

$= \frac{2t+1-2t}{t}\cdot e^{-1+2t} = \frac{1}{t}e^{-1+2t}$

$\Rightarrow \quad H\left(-\frac{1-2t}{t}\,\middle|\,\frac{1}{t}e^{-1+2t}\right)$

$y = \frac{1}{t}e^{-1+2t}$ (I)

$x = -\frac{1-2t}{t}$ | $\cdot(-t)$

$-xt = 1-2t$ | $+2t$

$2t-xt = 1$

$t(2-x) = 1$ | $:(2-x),\ x \neq 2$

$t = \frac{1}{2-x}$ in (I) einsetzen

$y = \frac{1}{\frac{1}{2-x}}e^{-1+2\cdot\frac{1}{2-x}} = (2-x)e^{-1+\frac{2}{2-x}}$

$= (2-x)e^{-\frac{2-x}{2-x}+\frac{2}{x-2}} = (2-x)e^{\frac{-2+x+2}{2-x}} = (2-x)e^{\frac{x}{2-x}}$

SCHRITT 8

Das brauchst du wieder

$f(x) = 5\cdot x^4 + e^{6x} \qquad f'(x) = 20x^3 + 6e^{6x}$

$f(x) = \frac{1}{2}\cdot x^2 - x^{-2} \qquad f'(x) = x + 2x^{-3}$

1 „Du bist dran" aus dem „So geht's"-Kasten

a) Gib eine Stammfunktion mit der Potenz-, Faktor- und Summenregel an:

$F(x) = 4\cdot\frac{1}{6}x^6 + 6x$

Vereinfache die Stammfunktion:

$F(x) = \frac{2}{3}x^6 + 6x$

b) Gib eine Stammfunktion an:

$F(x) = \frac{1}{5}\cdot\frac{1}{4}\cdot(5x+2)^4$

Vereinfache die Stammfunktion:

$F(x) = \frac{1}{20}(5x+2)^4$

c) Gib eine Stammfunktion mithilfe der Regel zur linearen Substitution an:

$F(x) = \left(-\frac{1}{4}\right)\cdot\cos(4x-6)$

2 Stammfunktion

a) $f(x) = 5x^7 + 3x^2$

$F(x) = 5\cdot\frac{1}{8}x^8 + 3\cdot\frac{1}{3}x^3 = \frac{5}{8}x^8 + x^3$

b) $f(x) = 3x$

$F(x) = 3\cdot\frac{1}{2}x^2 = \frac{3}{2}x^2$

c) $f(x) = e^{5x}$

$F(x) = \frac{1}{5}e^{5x}$

d) $f(x) = x^{-2}$

$F(x) = -x^{-1}$

e) $f(x) = (8x+6)^2$

$F(x) = \frac{1}{8}\cdot\frac{1}{3}(8x+6)^3 = \frac{1}{24}(8x+6)^3$

f) $f(x) = \left(\frac{1}{3}x+4\right)^3$

$F(x) = 3\cdot\frac{1}{4}\left(\frac{1}{3}x+4\right)^4 = \frac{3}{4}\left(\frac{1}{3}x+4\right)^4$

g) $f(x) = -2\cos(x)$

$F(x) = -2\sin(x)$

h) $f(x) = \frac{3}{x} = 3x^{-1}$

$F(x) = 3 \cdot \ln(|x|)$

i) $f(x) = \sin(5x+2)$

$F(x) = -\frac{1}{5}\cos(5x+2)$

3 Stammfunktion

a) $F(x) = 3 \cdot \frac{1}{3}x^3 - 2 \cdot \frac{1}{2}x^2 + \frac{3}{4}x = x^3 - x^2 + \frac{3}{4}x$

b) $F(x) = 4 \cdot \frac{1}{8}x^8 - 2 \cdot \frac{1}{2}x^2 + 5x = \frac{1}{2}x^8 - x^2 + 5x$

c) $F(x) = \frac{1}{7}(5x+3)^7 \cdot \frac{1}{5} = \frac{1}{35}(5x+3)^7$

d) $F(x) = 3 \cdot \frac{1}{-3}x^{-3} + 2 \cdot \frac{1}{6}x^6 = -x^{-3} + \frac{1}{3}x^6$

e) $f(x) = -\frac{4}{x^{-3}} - 7x^3 = -4x^3 - 7x^3 = -11x^3$

$F(x) = -11 \cdot \frac{1}{4}x^4 = -\frac{11}{4}x^4$

f) $f(x) = \frac{3}{2x^3} + 5 = \frac{2}{3}x^{-3} + 5$

$F(x) = \frac{2}{3} \cdot \frac{1}{-2}x^{-2} + 5x = -\frac{1}{3}x^{-2} + 5x$

4 Schwierigere Stammfunktion

a) $f(x) = 3\sqrt{x} = 3x^{\frac{1}{2}}$

$F(x) = 3 \cdot \left(\frac{2}{3}\right)x^{\frac{3}{2}} = 2x^{\frac{3}{2}}$

b) $f(x) = 2\sqrt{x} + 2 = 2x^{\frac{1}{2}} + 2$

$F(x) = 2 \cdot \left(\frac{2}{3}\right)x^{\frac{3}{2}} + 2x = \frac{4}{3}x^{\frac{3}{2}} + 2x$

c) $f(x) = \frac{2}{3\sqrt{x}} = \frac{2}{3}x^{-\frac{1}{2}}$

$F(x) = \frac{2}{3} \cdot \left(\frac{2}{1}\right)x^{\frac{1}{2}} = \frac{4}{3}x^{\frac{1}{2}}$

d) $f(x) = \sqrt{x} + \frac{2}{\sqrt{x}} = x^{\frac{1}{2}} + 2x^{-\frac{1}{2}}$

$F(x) = \frac{2}{3}x^{\frac{3}{2}} + 2 \cdot \left(\frac{2}{1}\right)x^{\frac{1}{2}} = \frac{2}{3}x^{\frac{3}{2}} + 4x^{\frac{1}{2}}$

e) $F(x) = 3 \cdot \frac{1}{3}e^{3x} = e^{3x}$

f) $F(x) = 2 \cdot \frac{1}{4}e^{4x} + 5x = \frac{1}{2}e^{4x} + 5x$

5 Stammfunktion zeigen

a) $F(x) = (x+2) \cdot e^x$

$F'(x) = 1 \cdot e^x + (x+2)e^x = (1+x+2)e^x$

$= (3+x)e^x = f(x)$

b) $F(x) = -3x^3 \cdot e^x$

$F'(x) = -3 \cdot 3x^2 \cdot e^x - 3x^3 e^x$

$= e^x(-9x^2 - 3x^3) = f(x)$

6 Trigonometrische Stammfunktionen

a) $f(x) = 3e^x + \cos(x) + 2\sqrt{x} = 3e^x + \cos(x) + 2x^{\frac{1}{2}}$

$F(x) = 3e^x + \sin(x) + 2 \cdot \frac{2}{3}x^{\frac{3}{2}} = 3e^x + \sin(x) + \frac{4}{3}x^{\frac{3}{2}}$

b) $f(x) = 3 \cdot (2\cos(x) + 2e^{3x}) = 6\cos(x) + 6e^{3x}$

$F(x) = 6\sin(x) + 6 \cdot \frac{1}{3}e^{3x} = 6\sin(x) + 2e^{3x}$

c) $f(x) = -\sin(x) + \frac{4}{3\sqrt{x}} - 5e^{-5x} = -\sin(x) + \frac{4}{3}x^{-\frac{1}{2}} - 5e^{-5x}$

$F(x) = \cos(x) + \frac{4}{3} \cdot \left(\frac{2}{1}\right)x^{\frac{1}{2}} - 5 \cdot \left(\frac{1}{-5}\right)e^{-5x}$

$= \cos(x) + \frac{8}{3}x^{\frac{1}{2}} + e^{-5x}$

d) $f(x) = 3 \cdot (2e^{-3x} + 5) - \cos(x) + 7$

$= 6e^{-3x} + 15 - \cos(x) + 7 = 6e^{-3x} - \cos(x) + 22$

$F(x) = 6 \cdot \left(\frac{1}{-3}\right)e^{-3x} - \sin(x) + 22x$

$= -2e^{-3x} - \sin(x) + 22x$

7 Stammfunktion angeben

a) $f(x) = \frac{x^3+3}{x^3} = \frac{x^3}{x^3} + \frac{3}{x^3} = 1 + 3x^{-3}$

$F(x) = x + \frac{3}{-2}x^{-2} = x - \frac{3}{2}x^{-2}$

b) $f(x) = \frac{x^4 - 2x}{2x^3} = \frac{x^4}{2x^3} - \frac{2x}{2x^3} = \frac{x}{2} - \frac{1}{x^2} = \frac{1}{2}x - x^{-2}$

$F(x) = \frac{1}{2} \cdot \frac{1}{2}x^2 - \left(\frac{1}{-1}\right)x^{-1} = \frac{1}{4}x^2 + x^{-1}$

SCHRITT 9

Das brauchst du wieder

$f(x) = 5 \cdot x^3$	$F(x) = 5 \cdot \frac{1}{4}x^4 = \frac{5}{4}x^4$
$f(x) = 2 \cdot x^7 + x^{-3}$	$F(x) = 2 \cdot \frac{1}{8}x^8 - \frac{1}{2}x^{-2}$
	$= \frac{1}{4}x^8 - \frac{1}{2}x^{-2}$
$f(x) = (5x+3)^4$	$F(x) = \frac{1}{5} \cdot \frac{1}{5}(5x+3)^5$
	$= \frac{1}{25}(5x+3)^5$

1 „Du bist dran" aus dem „So geht's"-Kasten

Gib eine allgemeine Stammfunktion an:

$F(x) = 6 \cdot \frac{1}{3}x^3 + 4x + c$

Vereinfache die Stammfunktion:

$F(x) = 2x^3 + 4x + c$

Setze den Punkt P in die Stammfunktion ein und löse nach c auf:

$8 = 2 \cdot 2^3 + 4 \cdot 2 + c$

$8 = 16 + 8 + c \qquad | -24$

$c = -16$

Schreibe die Stammfunktion auf:

$F(x) = 2x^3 + 4x - 16$

2 Stammfunktion

a) $f(x) = 4x^3 + 4$

$F(x) = x^4 + 4x + c$

$3 = 1 + 4 + c \qquad | -5$

$c = -2$

$F(x) = x^4 + 4x - 2$

b) $f(x) = 2x^5 - 3x$

$F(x) = \frac{1}{3}x^6 - \frac{3}{2}x^2 + c$

$4 = c$

$F(x) = \frac{1}{3}x^6 - \frac{3}{2}x^2 + 4$

c) $f(x) = x^{-2}$

$F(x) = -x^{-1} + c$

$\frac{1}{2} = -2^{-1} + c$

$\frac{1}{2} = -\frac{1}{2} + c \qquad \mid +\frac{1}{2}$

$c = 1$

$F(x) = -x + 1$

d) $f(x) = e^{4x}$

$F(x) = \frac{1}{4}e^{4x} + c$

$5 = \frac{1}{4}e^{4} + c \qquad \mid -\frac{1}{4}e^{4}$

$c = 5 - \frac{1}{4}e^{4}$

$F(x) = \frac{1}{4}e^{4x} + 5 - \frac{1}{4}e^{4}$

e) $f(x) = (5x + 5)^3$

$F(x) = \frac{1}{20}(5x + 5)^4 + c$

$300 = \frac{1}{20} \cdot 10^4 + c$

$300 = \frac{1}{20} \cdot 10^4 + c \qquad \mid -500$

$c = -200$

$F(x) = \frac{1}{20}(5x + 5)^4 - 200$

f) $f(x) = \left(\frac{1}{3}x + 4\right)^2$

$F(x) = \left(\frac{1}{3}x + 4\right)^3 + c$

$30 = (-1 + 4)^3 + c$

$30 = 27 + c \qquad \mid -27$

$c = 3$

$F(x) = \left(\frac{1}{3}x + 4\right)^3 + 3$

3 F(1) = 50 bestimmen

a) $F(x) = 4 \cdot \frac{1}{4}x^4 + c = x^4 + c$

$F(1) = 1^4 + c = 1 + c$

$1 + c = 50 \qquad \mid -1$

$c = 49$

$F(x) = x^4 + 49$

b) $F(x) = 3 \cdot \frac{1}{5}x^5 + 6x + c = \frac{3}{5}x^5 + 6x + c$

$F(1) = \frac{3}{5} \cdot 1^5 + 6 \cdot 1 + c = \frac{3}{5} + 6 + c = \frac{33}{5} + c$

$\frac{33}{5} + c = 50 \qquad \mid -\frac{33}{5}$

$c = \frac{217}{5}$

$F(x) = \frac{3}{5}x^5 + 6x + \frac{217}{5}$

c) $F(x) = -\frac{1}{3}x^{-3} + c$

$F(1) = -\frac{1}{3} \cdot 1^{-3} + c = -\frac{1}{3} + c$

$\frac{1}{3} + c = 50 \qquad \mid -\frac{1}{3}$

$c = \frac{149}{3}$

$F(x) = -\frac{1}{3}x^{-3} + \frac{149}{3}$

d) $F(x) = 5x + c$

$F(1) = 5 \cdot 1 + c = 5 + c$

$5 + c = 50 \qquad \mid -5$

$c = 45$

$F(x) = 5x + 45$

e) $F(x) = 0{,}5 \cdot \frac{1}{2}x^2 + 3x + c = \frac{1}{4}x^2 + 3x + c$

$F(1) = \frac{1}{4} \cdot 1^2 + 3 \cdot 1 + c = \frac{1}{4} + 3 + c = \frac{13}{4} + c$

$\frac{13}{4} + c = 50 \qquad \mid -\frac{13}{4}$

$c = \frac{187}{4}$

$F(x) = \frac{1}{4}x^2 + 3x + \frac{187}{4}$

f) $f(x) = 9x^2 + 24x + 16$

$F(x) = 9 \cdot \frac{1}{3}x^3 + 24 \cdot \frac{1}{2}x^2 + 16x + c$

$= 3x^3 + 12x^2 + 16x + c$

$F(1) = 3 \cdot 1^3 + 12 \cdot 1^2 + 16 \cdot 1 + c = 31 + c$

$31 + c = 50 \qquad \mid -31$

$c = 19$

$F(x) = 3x^3 + 12x^2 + 16x + 19$

4 Stammfunktion angeben

a) $f(x) = 4x^3 \qquad F(x) = 4 \cdot \frac{1}{4}x^4 = x^4 \qquad \Rightarrow \quad a = 4$

b) $f(x) = 5x^6 \qquad F(x) = 5 \cdot \frac{1}{7}x^7 = \frac{5}{7}x^7 \qquad \Rightarrow \quad a = \frac{5}{7}$

c) $f(x) = 6x^3 + 4$

$F(x) = 6 \cdot \frac{1}{4}x^4 + 4x = \frac{6}{4}x^4 + 4x$

$= \frac{3}{2}x^4 + 4x \quad \Rightarrow \quad a = 4$ und $b = 1$

d) $f(x) = 2x^4 - \frac{2}{x^2}$

$F(x) = 2 \cdot \frac{1}{5}x^5 - 2 \cdot (-1)x^{-1} = \frac{2}{5}x^5 + x^{-1}$

$\Rightarrow \quad a = \frac{2}{5}$ und $b = -1$

5 y-Wert bestimmen

a) $f(x) = 2x^2$

$F(x) = 2 \cdot \frac{1}{3}x^3 = \frac{2}{3}x^3$

$F(3) = \frac{2}{3} \cdot 3^3 = 18 \quad \Rightarrow \quad P(3 \mid 18)$

b) $f(x) = 3x^4 + 4$

$F(x) = 3 \cdot \frac{1}{5}x^5 + 4x = \frac{3}{5}x^5 + 4x$

$F(3) = \frac{3}{5} \cdot 3^5 + 4 \cdot 3 = 157{,}8 \quad \Rightarrow \quad P(3 \mid 157{,}8)$

c) $f(x) = \frac{1}{3}x^3 + 5x^2 - 2$

$F(x) = \frac{1}{3} \cdot \frac{1}{4}x^4 + 5 \cdot \frac{1}{3}x^3 - 2x = \frac{1}{12}x^4 + \frac{5}{3}x^3 - 2x$

$F(3) = \frac{1}{12} \cdot 3^4 + \frac{5}{3} \cdot 3^3 - 2 \cdot 3 = 45{,}75$

$\Rightarrow \quad P(3 \mid 45{,}75)$

d) $f(x) = (x+1)^2 = x^2 + 2x + 1$

$F(x) = \frac{1}{3}x^3 + 2 \cdot \frac{1}{2}x^2 + x = \frac{1}{3}x^3 + x^2 + x$

$F(3) = \frac{1}{3} \cdot 3^3 + 3^2 + 3 = 21 \quad \Rightarrow \quad P(3\,|\,21)$

e) $f(x) = (3x+4)^2 = 9x^2 + 24x + 16$

$F(x) = 9 \cdot \frac{1}{3}x^3 + 24 \cdot \frac{1}{2}x^2 + 16x$

$= 3x^3 + 12x^2 + 16x$

$F(3) = 3 \cdot 3^3 + 12 \cdot 3^2 + 16 \cdot 3 = 237$

$\Rightarrow \quad P(3\,|\,237)$

f) $f(x) = (2x+3)^2 + 3x^2 = 4x^2 + 12x + 9 + 3x^2$

$= 7x^2 + 12x + 9$

$F(x) = 7 \cdot \frac{1}{3}x^3 + 12 \cdot \frac{1}{2}x^2 + 9x = \frac{7}{3}x^3 + 6x^2 + 9x$

$F(3) = \frac{7}{3} \cdot 3^3 + 6 \cdot 3^2 + 9 \cdot 3 = 144$

$\Rightarrow \quad P(3\,|\,144)$

6 Bambusbaum

$w(x) = e^{0,1151x}$

$W(x) = \frac{1}{0,1151} e^{0,1151x} + c$

$W(0) = 40$

$W(0) = \frac{1}{0,1151} e^{0,1151 \cdot 0} + c = \frac{1}{0,1151} + c$

$\frac{1}{0,1151} + c = 40 \qquad \Big| - \frac{1}{0,1151}$

$c \approx 31,31$

$W(x) = \frac{1}{0,1151} e^{0,01151x} + 31,31$

Da man das Wachstum erst nach 14 Tagen angeben kann, muss man $42 - 14 = 28$ Tage verwenden:

$W(28) = \frac{1}{0,1151} e^{0,1151 \cdot 28} + 31,31 \approx 249,37$

Der Bambus hat nach 42 Tagen eine Höhe von 249,37 cm.

SCHRITT 10

Das brauchst du wieder

$f'(b) = 0 \qquad f'(c) = \frac{-3}{-1} = 3$

1 „Du bist dran" aus dem „So geht's"-Kasten

a) Untersuche, ob die 1. Aussage wahr ist und begründe deine Entscheidung:

Die Aussage ist falsch. Der Graph von f hat zwei Nullstellen mit Vorzeichenwechsel. Also hat der Graph von F zwei Extremstellen.

b) Untersuche, ob die 2. Aussage wahr ist und begründe deine Entscheidung:

Die Aussage ist wahr. Der Graph von f hat an der Stelle $x = -2$ eine Nullstelle und ist erst im positiven und nachher im negativen Bereich. Also steigt der Graph von F zuerst und fällt danach. Daher hat der Graph der Funktion F hier einen Hochpunkt.

c) Untersuche, ob die 3. Aussage wahr ist und begründe deine Entscheidung:

Die Aussage ist falsch. Der Graph von f hat genau eine Extremstelle. Also hat der Graph von F genau eine Wendestelle.

2 Aussagen untersuchen

a) Die Aussage ist wahr. Der Graph von f hat an der Stelle $x = 4$ eine Nullstelle und ist erst im positiven und nachher im negativen Bereich. Also steigt der Graph von F zuerst und fällt danach. Daher hat der Graph der Funktion F hier einen Hochpunkt.

b) Die Aussage ist falsch. Zwar hat der Graph von f an der Stelle $x = 1$ eine Nullstelle, da der Graph von f aber vorher und nachher im positiven Bereich ist, steigt der Graph von F vorher und nachher. Daher hat der Graph von F hier einen Sattelpunkt.

c) Die Aussage ist wahr. Der Graph von f hat genau zwei Extremstellen. Also hat der Graph von F genau zwei Wendestellen.

3 Graphen zuordnen

Der Graph B ist eine Stammfunktion von f, da der Graph von f die x-Achse nur einmal schneidet an der Stelle $x \approx 1,7$ und der Graph der Funktion B hat an dieser Stelle einen Extremwert.

4 Aussagen prüfen

a) Wahr. Der Graph von f schneidet an der Stelle $x \approx 0,4$ die x-Achse mit VZW.

b) Falsch. Der Graph schneidet die x-Achse an dieser Stelle nicht. Dies ist aber die notwendige Bedingung für eine Extremstelle.

c) Falsch. F ist in $]-0,5\,;\,0]$ streng monoton fallend, da $f < 0$.

d) Wahr. Extremstellen der Ableitung (hier f) sind Wendestellen der ursprünglichen Funktion (hier F).

e) Unentscheidbar, da man von der Ableitung (hier f) nicht auf einzelne Funktionswerte der ursprünglichen Funktion (hier F) schließen kann.

5 Markierte Stellen betrachten

a) F(x) hat einen Hochpunkt bei C.

b) F(x) hat einen Tiefpunkt bei A und E.

c) F′(x) besitzt bei D ein lokales Minimum.

6 Wahr oder falsch?

I) Falsch. $f(x)$ schneidet an der Stelle $x = 0$ nicht die x-Achse; damit ist die notwendige Bedingung für eine Extremstelle nicht erfüllt.

II) Wahr. $f(x)$ beschreibt die Steigung von $F(x)$. $f(-1) = 0$, damit hat der Graph von F an Stelle $x = -1$ die Steigung 0.

III) Wahr. Wendepunkte haben die betragsmäßig größte Steigung und sind somit Extremstellen der ersten Ableitung. Da $f(x) = F'(x)$ ist und $f(x)$ einen Tiefpunkt besitzt, ist die Aussage wahr.

IV) Falsch. Zwischen $x = 0$ und $x = 1$ ist f negativ. Damit ist F monoton fallend zwischen $x = 0$ und $x = 1$, somit $F(1) < F(0)$.

7 Entscheidung begründen

a) Wahr. Der Graph von F hat drei Extremstellen. Notwendige Bedingung für Extremstelle ist, dass die Ableitung (hier f) drei Nullstellen besitzt.

b) Falsch. Es gilt: $F(-2) \approx 3{,}5$. Die Steigung an der Stelle $x = 3$ ist negativ. Daraus folgt $-f(3) > 0$ und somit $F(-2) - f(3) > 3{,}5$

c) Falsch. Im Intervall $[-3; -2]$ besitzt der Graph der Funktion einen Hochpunkt, somit muss der Graph der Funktion f an dieser Stelle eine Nullstelle besitzen. Damit ist die Aussage $f(x) > 0$ falsch.

8 Graphen zuordnen

IV ist $F(x)$, III ist $f(x)$ und II ist $f'(x)$

SCHRITT 11

Das brauchst du wieder

$f(x) = 5 \cdot x^2 \qquad F(x) = 5 \cdot \frac{1}{3}x^3 = \frac{5}{3}x^3$

$f(x) = 4 \cdot x^{-2} + x^3 \qquad F(x) = 4 \cdot (-x^{-1}) + \frac{1}{4}x^4 = -4x^{-1} + \frac{1}{4}x^4$

$f(x) = (2x-5)^3 \qquad F(x) = \frac{1}{2} \cdot \frac{1}{4}(2x-5)^4 = \frac{1}{8}(2x-5)^4$

1 „Du bist dran" aus dem „So geht's"-Kasten

Bilde eine allgemeine Stammfunktion mit der Potenz-, Faktor- und Summenregel:

$F(x) = 3 \cdot \frac{1}{3}x^3 + 4x + c$

Vereinfache die Stammfunktion:

$F(x) = x^3 + 4x + c$

Berechne das Integral mit dem Hauptsatz der Differential- und Integralrechnung:

$$\int_2^3 3x^2 + 4\,dx = [x^3 + 4x]_2^3 = 3^3 + 4 \cdot 3 - (2^3 + 4 \cdot 2) = 39 - 16 = 23$$

2 Integral berechnen

a) $$\int_1^2 4x\,dx = [2x^2]_1^2 = 2 \cdot 2^2 - 2 \cdot 1^2 = 8 - 2 = 6$$

b) $$\int_0^2 3x^2\,dx = [x^3]_0^2 = 2^3 - 2^0 = 8 - 0 = 8$$

c) $$\int_0^1 3e^{0,5x}\,dx = [6e^{0,5x}]_0^1 = 6 \cdot e^{0,5} - 6 \cdot e^0 = 6e^{0,5} - 6$$

d) $$\int_1^2 x^{-1}\,dx = [\ln(x)]_1^2 = \ln(2) - \ln(1) = \ln(2)$$

e) $$\int_{-1}^2 x^{-2} + 1\,dx = [-x^{-1} + x]_{-1}^2 = -2^{-1} + 2 - (-(-1)^{-1} + (-1)) = -\frac{1}{2} + 2 - \left(-\frac{1}{-1} - 1\right) = 1{,}5 - (1 - 1) = 1{,}5$$

f) $$\int_{-1}^0 (3x-5)^2\,dx = \left[\frac{1}{9}(3x-5)^3\right]_{-1}^0 = \frac{1}{9}(3 \cdot 0 - 5)^3 - \frac{1}{9}(3 \cdot (-1) - 5)^3 = \frac{1}{9}(-5)^3 - \frac{1}{9}(-8)^3 = -\frac{1}{9} \cdot 125 + \frac{1}{9} \cdot 512 = \frac{1}{9} \cdot 387 = 43$$

3 Integrale berechnen

a) $$\int_2^5 4x^2 + 2x\,dx = \left[4 \cdot \frac{1}{3}x^3 + 2 \cdot \frac{1}{2}x^2\right]_2^5 = \left[\frac{4}{3}x^3 + x^2\right]_2^5 = \left(\frac{4}{3} \cdot 5^3 + 5^2\right) - \left(\frac{4}{3} \cdot 2^3 + 2^2\right) = \frac{500}{3} + 25 - \left(\frac{32}{3} + 4\right) = 177$$

b) $$\int_2^4 4e^{2x}\,dx = \left[4 \cdot \frac{1}{2}e^{2x}\right]_2^4 = [2e^{2x}]_2^4 = (2e^{2 \cdot 4}) - (2e^{2 \cdot 2}) = 2e^8 - 2e^4$$

c) $$\int_5^{99} 1\,dx = [x]_5^{99} = 99 - 5 = 94$$

d) $$\int_1^3 \frac{5}{x}\,dx = \int_1^3 5x^{-1}\,dx = [5\ln(|x|)]_1^3 = 5\ln(3) - 5\ln(1) = 5\ln(3) - 5 \cdot 0 = 5\ln(3)$$

e) $$\int_1^2 \frac{1}{3x^2}\,dx = \int_1^2 \frac{1}{3}x^{-2}\,dx = \left[\frac{1}{3} \cdot (-1)x^{-1}\right]_1^2 = \left[-\frac{1}{3}x^{-1}\right]_1^2 = \left(-\frac{1}{3} \cdot 2^{-1}\right) - \left(-\frac{1}{3} \cdot 1^{-1}\right) = -\frac{1}{6} + \frac{1}{3} = \frac{1}{6}$$

f) $$\int_{-5}^5 (2x-4)^3\,dx = \left[\frac{1}{4}(2x-4)^4 \cdot \frac{1}{2}\right]_{-5}^5 = \left[\frac{1}{8}(2x-4)^4\right]_{-5}^5 = \left(\frac{1}{8}(2 \cdot 5 - 4)^4\right) - \left(\frac{1}{8}(2 \cdot (-5) - 4)^4\right) = 162 - 4802 = -4640$$

4 Zuordnen

C $\int_1^2 -0{,}3\,x + 0{,}9\,x\,dx = \left[-0{,}3 \cdot \frac{1}{2}x^2 + 0{,}9 \cdot \frac{1}{2}x^2\right]_1^2$
$= \left[-\frac{3}{20}x^2 + \frac{9}{20}x^2\right]_1^2 = \left[\frac{6}{20}x^2\right]_1^2$
$= \left[0{,}3\,x^2\right]_1^2$

A $\int_1^2 \frac{12}{20}x\,dx = \left[\frac{12}{20} \cdot \frac{1}{2}x^2\right]_1^2 = \left[\frac{6}{20}x^2\right]_1^2$
$= \left[0{,}3\,x^2\right]_1^2$

B $\int_1^2 0{,}6\,x + 3\,dx = \left[0{,}6 \cdot \frac{1}{2}x^2 + 3\,x\right]_1^2$
$= \left[0{,}3\,x^2 + 3\,x\right]_1^2$

Nur A und B erfüllen die Rechenvorschrift.

5 Stammfunktion angeben

$F(x) = 0{,}1\,x^6 - 5$

$F'(x) = 0{,}1 \cdot 6\,x^5 = 0{,}6\,x^5 = \frac{3}{5}x^5$

$G(x) = \frac{3}{30}x^6$

$G'(x) = \frac{3}{30} \cdot 6\,x^5 = \frac{3}{5}x^5$

Beide Stammfunktionen sind mögliche Stammfunktion von $h(x)$.

6 Gleichung lösen

a) $\int_0^a x\,dx = 8$

$\int_0^a x\,dx = \left[\frac{1}{2}x^2\right]_0^a = \frac{1}{2} \cdot a^2 - \frac{1}{2} \cdot 0^2 = \frac{1}{2}a^2$

$\frac{1}{2}a^2 = 8 \quad |:\frac{1}{2}$
$a^2 = 16 \quad |$ Wurzel ziehen
$a_1 = 4$
$a_2 = -4$

b) $\int_0^a 3\,x\,dx = 6$

$\int_0^a 3\,x\,dx = \left[3 \cdot \frac{1}{2}x^2\right]_0^a = \left[\frac{3}{2}x^2\right]_0^a$
$= \frac{3}{2} \cdot a^2 - \frac{3}{2} \cdot 0^2 = \frac{3}{2}a^2$

$\frac{3}{2}x^2 = 6 \quad |:\frac{3}{2}$
$x^2 = 4 \quad |$ Wurzel ziehen
$x_1 = 2$
$x_2 = -2$

c) $\int_a^5 3\,x^2\,dx = 98$

$\int_a^5 3\,x^2\,dx = \left[3 \cdot \frac{1}{3}x^3\right]_a^5 = \left[x^3\right]_a^5$
$= 5^3 - a^3 = 125 - a^3$

$125 - a^3 = 98 \quad | + a^3$
$125 = 98 + a^3 \quad | - 98$
$27 = a^3 \quad |$ dritte Wurzel ziehen
$3 = a$

SCHRITT 12

Das brauchst du wieder

$\int_0^1 e^x\,dx = \left[e^x\right]_0^1 = e^1 - e^0 = e - 1$

1 „Du bist dran" aus dem „So geht's"-Kasten

Bestimme eine Stammfunktion und vereinfache sie gegebenenfalls:

$F(x) = \frac{1}{3}e^{3x}$

Ersetze die Variable x durch die Variable t:

$F(t) = \frac{1}{3}e^{3t}$

Bestimme die Integralfunktion mit dem Hauptsatz der Differential- und Integralrechnung:

$I_1(x) = \int_1^x e^{3t}\,dt = \left[\frac{1}{3}e^{3t}\right]_1^x$
$= \frac{1}{3}e^{3x} - \frac{1}{3}e^{3 \cdot 1} = \frac{1}{3}e^{3x} - \frac{1}{3}e^3$

2 Integralfunktion berechnen

a) $F(t) = \frac{1}{3}t^3$

$I_0(x) = \int_0^x t^2\,dt = \left[\frac{1}{3}t^3\right]_0^x = \frac{1}{3}x^3 - \frac{1}{3} \cdot 0^3 = \frac{1}{3}x^3$

b) $F(t) = \frac{1}{4}t^4$

$I_0(x) = \int_0^x t^3\,dt = \left[\frac{1}{4}t^4\right]_0^x = \frac{1}{4}x^4 - \frac{1}{4} \cdot 0^4 = \frac{1}{4}x^4$

c) $F(t) = 2\,e^{\frac{1}{2}t}$

$I_0(x) = \int_0^x e^{\frac{1}{2}t}\,dt = \left[2\,e^{\frac{1}{2}t}\right]_0^x$
$= 2\,e^{\frac{1}{2}x} - 2\,e^0 = 2\,e^{\frac{1}{2}x} - 2$

d) $F(t) = \frac{1}{2}t^2 + 5\,t$

$I_2(x) = \int_0^x t + 5\,dt = \left[\frac{1}{2}t^2 + 5\,t\right]_2^x$
$= \frac{1}{2}x^2 + 5\,x - \left(\frac{1}{2} \cdot 2^2 + 5 \cdot 2\right)$
$= \frac{1}{2}x^2 + 5\,x - 12$

e) $F(t) = -\frac{1}{2}\cos(2\,t)$

$I_0(x) = \int_0^x \sin(2\,t)\,dt = \left[-\frac{1}{2}\cos(2\,t)\right]_0^x$
$= -\frac{1}{2}\cos(2\,x) - \left(-\frac{1}{2}\cos(0)\right)$
$= -\frac{1}{2}\cos(2\,x) + \frac{1}{2}$

f) $F(t) = -t^{-1}$

$$I_1(x) = \int_1^x t^{-2}\,dt = [-t^{-1}]_1^x$$
$$= -x^{-1} - (-1^{-1}) = -\frac{1}{x} + 1$$

3 Integralfunktion bestimmen

a) $F(t) = \frac{1}{3}t^3$

$$I_2(x) = \int_2^x t^2\,dt = \left[\frac{1}{3}t^3\right]_2^x = \frac{1}{3}x^3 - \left(\frac{1}{3}\cdot 2^3\right)$$
$$= \frac{1}{3}x^3 - \frac{8}{3}$$
$$I_2'(x) = \frac{1}{3}\cdot 3x^2 = x^2$$

b) $F(t) = 5\cdot\frac{1}{5}t^5 = t^5$

$$I_2(x) = \int_2^x 5t^4\,dt = [t^5]_2^x = x^5 - 2^5$$
$$= x^5 - 32$$
$$I_2'(x) = 5\cdot x^4$$

c) $F(t) = 4\cdot\frac{1}{4}t^4 - 2\cdot\frac{1}{3}t^3 = t^4 - \frac{2}{3}t^3$

$$I_3(x) = \int_3^x 4t^3 - 2t^2\,dt = \left[t^4 - \frac{2}{3}t^3\right]_3^x$$
$$= \left(x^4 - \frac{2}{3}x^3\right) - \left(3^4 - \frac{2}{3}\cdot 3^3\right)$$
$$= x^4 - \frac{2}{3}x^3 - 63$$
$$I_3'(x) = 4x^3 - \frac{2}{3}\cdot 3x^2 = 4x^3 - 2x^3$$

d) $F(t) = e^t + t$

$$I_1(x) = \int_1^x e^t + 1\,dt = [e^t + t]_1^x = (e^x + x) - (e^1 + 1)$$
$$= e^x + x - e - 1$$
$$I_1'(x) = e^x + 1$$

e) $F(t) = 2\cdot\frac{1}{2}e^{2t} = e^{2t}$

$$I_0(x) = \int_0^x 2e^{2t}\,dt = [e^{2t}]_0^x = e^{2x} - e^{2\cdot 0} = e^{2x} - e^0$$
$$= e^{2x} - 1$$
$$I_0'(x) = 2e^{2x}$$

f) $F(t) = 2\cdot\frac{1}{0{,}5}e^{0{,}5t} + 3\cdot\frac{1}{3}t^3 = 4e^{0{,}5t} + t^3$

$$I_0(x) = \int_0^x 2e^{0{,}5t} + 3t^2dt = [4e^{0{,}5t} + t^3]_0^x$$
$$= (4e^{0{,}5x} + x^3) - (4e^{0{,}5\cdot 0} + 0^3)$$
$$= 4e^{0{,}5x} + x^3 - 4e^0 = 4e^{0{,}5x} + x^3 - 4$$
$$I_0'(x) = 4\cdot 0{,}5\,e^{0{,}5x} + 3x^2 = 2e^{0{,}5t} + 3x^2$$

4 Gleichung lösen

a) $\int_1^x 2t^2 - 3\,dt = \frac{7}{3}$

$$\int_1^x 2t^2 - 3\,dt = \left[2\cdot\frac{1}{3}t^3 - 3t\right]_1^x = \left[\frac{2}{3}t^3 - 3t\right]_1^x$$
$$= \left(\frac{2}{3}x^3 - 3x\right) - \left(\frac{2}{3}\cdot 1^3 - 3\cdot 1\right)$$
$$= \frac{2}{3}x^3 - 3x - \left(-\frac{7}{3}\right) = \frac{2}{3}x^3 - 3x + \frac{7}{3}$$

$\frac{2}{3}x^3 - 3x + \frac{7}{3} = \frac{7}{3} \quad \left| -\frac{7}{3}\right.$

$\frac{2}{3}x^3 - 3x = 0$

$x\left(\frac{2}{3}x^2 - 3\right) = 0$

$x_1 = 0$

$\frac{2}{3}x^2 - 3 = 0 \quad \left| +3\frac{2}{3}, :\frac{2}{3}\right.$

$x^2 = 3 : \frac{2}{3}$

$x^2 = 4{,}5$

$x_2 = \sqrt{4{,}5}$

$x_3 = -\sqrt{4{,}5}$ (keine Lösung, da $x > 0$)

b) $\int_0^x 4e^t\,dt = 16$

$$\int_0^x 4e^t\,dt = [4e^t]_0^x = 4e^x - 4e^0 = 4e^x - 4$$

$4e^x - 4 = 16 \quad | +4$

$4e^x = 20 \quad | :4$

$e^x = 5 \quad |$ ln anwenden

$x = \ln(5)$

c) $\int_2^x \frac{1}{t^2} + 2t\,dt = -3{,}5$

$$\int_2^x \frac{1}{t^2} + 2t\,dt = \int_2^x t^{-2} + 2t\,dt = \left[-1t^{-1} + 2\cdot\frac{1}{2}t^2\right]_2^x$$
$$= [-1t^{-1} + t^2]_2^x$$
$$= (-x^{-1} + x^2) - (-2^{-1} + 2^2)$$
$$= -\frac{1}{x} + x^2 - 3{,}5$$

$-\frac{1}{x} + x^2 - 3{,}5 = -3{,}5 \quad | +3{,}5$

$-\frac{1}{x} + x^2 = 0 \quad \left| +\frac{1}{x}\right.$

$x^2 = \frac{1}{x} \quad \left| : \left(\frac{1}{x}\right)\right.$

$x^3 = 1$

$x = 1$

d) $\int_0^x 2e^{0,5t}\,dt = 28$

$\int_0^x 2e^{0,5t}\,dt = \left[2\cdot\frac{1}{0,5}e^{0,5t}\right]_0^x = [4e^{0,5t}]_0^x$

$= (4e^{0,5x}) - (4e^{0,5\cdot 0}) = 4e^{0,5x} - 4e^0$

$= 4e^{0,5x} - 4$

$4e^{0,5x} - 4 = 28 \quad | +4$

$4e^{0,5x} = 32 \quad | :4$

$e^{0,5x} = 8 \quad |$ ln anwenden

$0,5x = \ln(8) \quad | :0,5$

$x = 2\ln(8)$

5 Aussagen überprüfen

A ist wahr, da $F(0) = 3$ erfüllt ist.

B ist wahr, da $H'(x) = F'(x)$ gilt.

C ist falsch. Da die Stammfunktion abgebildet ist, kann man ablesen:

$$\int_{-3}^{3} f(x)\,dx = F(3) - F(-3) = 4 - 4 = 0$$

D ist falsch, da f die Steigung von F angibt. Aus dem Schaubild kann man ablesen, dass $f(3) = 0$ sein muss, daher folgt: $F(3) + f(3) = 4 + 0 = 4$.

6 Baumwachstum

a) Bestimme die Höhe des Baumes seit Beobachtungsbeginn zu einem bestimmten Zeitpunkt x.

b) Die Fläche unter dem Graphen kann man durch ein Dreieck annähern.

Es gilt: $A = \frac{1}{2}G\cdot h \approx \frac{1}{2}\cdot 3\cdot 16 = 24.$

Der Flächeninhalt beträgt ca. 24 FE.

c) Im Schaubild liest man $f(3) \approx 16$ und $f(4) \approx 22$ ab. Das heißt, dass der Baum zwischen Woche 3 und 4 22 cm gewachsen ist.

SCHRITT 13

Das brauchst du wieder

$f(x) = 3\cdot x^6;$

$F(x) = 3\cdot\frac{1}{6+1}x^{6+1} = 3\cdot\frac{1}{7}x^7 = \frac{3}{7}x^7$

$f(x) = 2x^{-3} + 4x^2$

$F(x) = 2\cdot\frac{1}{-3+1}x^{-3+1} + 4\cdot\frac{1}{2+1}x^{2+1}$

$= 2\cdot\frac{1}{-2}x^{-2} + 4\cdot\frac{1}{3}x^3 = -x^{-2} + \frac{4}{3}x^3$

$f(x) = (3x-6)^4$

$F(x) = \frac{1}{4+1}(3x-6)^{4+1}\cdot\frac{1}{3}$

$= \frac{1}{5}(3x-6)^5\cdot\frac{1}{3} = \frac{1}{15}(3x-6)^5$

1 „Du bist dran“ aus dem „So geht's“-Kasten

Vereinfache zunächst die Funktionsgleichung durch Ausmultiplizieren:

$f(x) = x^2 + 4x + 4 - 4$

$= x^2 + 4x$

Bestimme die Schnittpunkte mit der x-Achse:

$x^2 + 4x = 0$

$x\cdot(x+4) = 0$

$x_1 = 0$ und $x_2 = -4$

Bestimme die Teilintegrale mit den gegebenen Geraden bzw. den zuvor bestimmten Schnittpunkten als Grenzen. Beachte dabei nur Schnittpunkte, die im Bereich zwischen den gegebenen Geraden liegen.

$x_2 = -4$ liegt nicht im Bereich zwischen den gegebenen Geraden und entfällt damit.

$\int_{-2}^{0}(x^2+4x)\,dx = \left[\frac{1}{3}x^3 + 2x^2\right]_{-2}^{0}$

$= 0 - \left(\frac{1}{3}(-2)^3 + 2(-2)^2\right) = -\left(-\frac{8}{3} + 8\right)$

$= \frac{8}{3} - 8 = \frac{8}{3} - \frac{24}{3} = -\frac{16}{3}$

$\int_{0}^{1}(x^2+4x)\,dx = \left[\frac{1}{3}x^3 + 2x^2\right]_{0}^{1}$

$= \frac{1}{3}1^3 + 2\cdot 1^2 - 0 = \frac{1}{3} + 2$

$= \frac{1}{3} + \frac{6}{3} = \frac{7}{3}$

Bestimme die Gesamtfläche, indem du die Beträge der Teilintegrale addierst:

$$A = \left|\int_{-2}^{0}(x^2+4x)\,dx\right| + \left|\int_{0}^{1}(x^2+4x)\,dx\right|$$

$$= \left|-\frac{16}{3}\right| + \left|\frac{7}{3}\right| = \frac{16}{3} + \frac{7}{3} = \frac{23}{3}$$

2 Berechnung von Flächeninhalten

a) $2x = 0$

$x = 0$

$\int_{-1}^{0}(2x)\,dx = [x^2]_{-1}^{0} = 0 - (-1)^2 = -1$

$\int_{0}^{2}(2x)\,dx = [x^2]_{0}^{2} = 2^2 - 0 = 4$

$$A = \left|\int_{-1}^{0}(2x)\,dx\right| + \left|\int_{0}^{2}(2x)\,dx\right| = |-1| + |4| = 1 + 4 = 5$$

b) $x^2 - x - 6 = 0$

Mit der pq- oder abc-Formel erhältst du die Nullstellen: $x_1 = -2$ und $x_2 = 3$.

Beide Nullstellen liegen nicht im Bereich der Geraden und entfallen damit.

$\int_{-1}^{2}(x^2 - x - 6)\,dx = \left[\frac{1}{3}x^3 - \frac{1}{2}x^2 - 6x\right]_{-1}^{2}$

$= \frac{1}{3}2^3 - \frac{1}{2}2^2 - 6\cdot 2 - \left(\frac{1}{3}(-1)^3 - \frac{1}{2}(-1)^2 - 6\cdot(-1)\right)$

$= \frac{8}{3} - \frac{4}{2} - 12 - \left(-\frac{1}{3} - \frac{1}{2} + 6\right)$

$= \frac{8}{3} - \frac{4}{2} - 12 + \frac{1}{3} + \frac{1}{2} - 6$

$= \frac{9}{3} - \frac{3}{2} - 6$

$= 3 - 1,5 - 6$

$= -4,5$

$A = \left| \int_{-1}^{2} (x^2 - x - 6)\,dx \right| = |-4{,}5| = 4{,}5$

c) $3x(x-2) = 0$

$x_1 = 0$ und $x_2 = 2$

$\int_{-1}^{0} (3x(x-2))\,dx = \int_{-1}^{0} (3x^2 - 6x)\,dx$

$= [x^3 - 3x^2]_{-1}^{0} = 0 - ((-1)^3 - 3(-1)^2)$

$= -(-1-3) = -(-4) = 4$

$\int_{0}^{2} (3x^2 - 6x)\,dx = [x^3 - 3x^2]_0^2$

$= 2^3 - 3 \cdot 2^2 - 0 = 8 - 12 = -4$

$\int_{2}^{3} (3x^2 - 6x)\,dx = [x^3 - 3x^2]_2^3$

$= (3^3 - 3 \cdot 3^2) - (2^3 - 3 \cdot 2^2)$

$= 27 - 27 - (8 - 12) = -8 + 12 = 4$

$A = \left| \int_{-1}^{0} (3x^2 - 6x)\,dx \right| + \left| \int_{0}^{2} (3x^2 - 6x)\,dx \right|$

$+ \left| \int_{2}^{3} (3x^2 - 6x)\,dx \right|$

$= |4| + |-4| + |4| = 4 + 4 + 4 = 12$

d) $x^4 + x^2 - 2 = 0$

Substitution: $x^2 = u$

$u^2 + u - 2 = 0$

Mit der pq- oder abc-Formel erhältst du die Nullstellen: $u_1 = -2$ und $u_2 = 1$.

Rücksubstitution: $x^2 = -2 \Rightarrow$ keine Lösung;

$x^2 = 1 \Rightarrow x_1 = -1$ und $x_2 = 1$

$x_1 = -1$ liegt nicht im Bereich zwischen den gegebenen Geraden und entfällt damit.

$\int_{0}^{1} (x^4 + x^2 - 2 = 0)\,dx = \left[\frac{1}{5}x^5 + \frac{1}{3}x^3 - 2x\right]_0^1$

$= \frac{1}{5} + \frac{1}{3} - 2 - 0 = \frac{3}{15} + \frac{5}{15} - \frac{30}{15} = -\frac{22}{15}$

$\int_{1}^{2} (x^4 + x^2 - 2 = 0)\,dx = \left[\frac{1}{5}x^5 + \frac{1}{3}x^3 - 2x\right]_1^2$

$= \frac{32}{5} + \frac{8}{3} - 4 - \left(\frac{1}{5} + \frac{1}{3} - 2\right) = \frac{31}{5} + \frac{7}{3} - 2$

$= \frac{93}{15} + \frac{35}{15} - \frac{30}{15} = \frac{98}{15}$

$A = \left| \int_{0}^{1} (x^4 + x^2 - 2)\,dx \right| + \left| \int_{1}^{2} (x^4 + x^2 - 2)\,dx \right|$

$= \left|-\frac{22}{15}\right| + \left|\frac{98}{15}\right| = \frac{120}{15} = 8$

3 Einfache Flächen

a) $f(x) = 4x^2 - 4$

$f(x) = 0$

$4x^2 - 4 = 0 \quad | +4$

$4x^2 = 4 \quad | :4$

$x^2 = 1 \quad |$ Wurzel ziehen

$x_1 = 1$

$x_2 = -1$

$\int_{-1}^{1} 4x^2 - 4\,dx = \left[4 \cdot \frac{1}{3}x^3 - 4x\right]_{-1}^{1} = \left[\frac{4}{3}x^3 - 4x\right]_{-1}^{1}$

$= \left(\frac{4}{3} \cdot 1^3 - 4 \cdot 1\right) - \left(\frac{4}{3} \cdot (-1)^3 - 4 \cdot (-1)\right)$

$= -\frac{8}{3} - \left(\frac{8}{3}\right) = -\frac{16}{3}$

$A = \left|-\frac{16}{3}\right| = \frac{16}{3}$

b) $f(x) = 4 - x^2$

$f(x) = 0$

$4 - x^2 = 0 \quad | +x^2$

$4 = x^2 \quad |$ Wurzel ziehen

$2 = x_1$

$-2 = x_2$

$\int_{-2}^{2} 4 - x^2\,dx = \left[4x - \frac{1}{3}x^3\right]_{-2}^{2}$

$= \left(4 \cdot 2 - \frac{1}{3} \cdot 2^3\right) - \left(4 \cdot (-2) - \frac{1}{3} \cdot (-2)^3\right)$

$= \frac{16}{3} - \left(-\frac{16}{3}\right) = \frac{32}{3}$

c) $f(x) = 5 - 5x^2$

$f(x) = 0$

$5 - 5x^2 = 0 \quad | +5x^2$

$5 = 5x^2 \quad | :5$

$1 = x^2 \quad |$ Wurzel ziehen

$1 = x_1$

$-1 = x_2$

$\int_{-1}^{1} 5 - 5x^2\,dx = \left[5x - 5 \cdot \frac{1}{3}x^3\right]_{-1}^{1}$

$= \left[5x - \frac{5}{3}x^3\right]_{-1}^{1}$

$= \left(5 \cdot 1 - \frac{5}{3} \cdot 1^3\right) - \left(5 \cdot (-1) - \frac{5}{3} \cdot (-1)^3\right)$

$= \frac{10}{3} - \left(-\frac{10}{3}\right) = \frac{20}{3}$

d) $f(x) = (2-x)(x+2)$

$f(x) = 0$

$(2-x)(x+2) = 0 \quad |$ Satz vom Nullprodukt

$2 - x = 0 \quad | +x$

$2 = x_1$

$x + 2 = 0 \quad | -2$

$x_2 = -2$

$$\int_{-2}^{2}(2-x)(2+x)\,dx = \int_{-2}^{2}4-x^2\,dx$$
$$= \left[4x-\frac{1}{3}x^3\right]_{-2}^{2}$$
$$= \left(4\cdot 2-\frac{1}{3}\cdot 2^3\right)-\left(4\cdot(-2)-\frac{1}{3}\cdot(-2)^3\right)$$
$$= \frac{16}{3}-\left(-\frac{16}{3}\right)=\frac{32}{3}$$

e) $f(x) = 3(x+1)(x-3)$

$f(x) = 0$

$3(x+1)(x-3)=0$	| Satz vom Nullprodukt
$3(x+1)=0$	| : 3
$x+1=0$	| − 1
$x_1=-1$	
$x-3=0$	| + 3
$x_2=3$	

$$\int_{-1}^{3}3(x+1)(x-3)\,dx = \int_{-1}^{3}3(x^2-2x-3)\,dx$$
$$= \int_{-1}^{3}3x^2-6x-9\,dx = \left[3\cdot\frac{1}{3}x^3-6\cdot\frac{1}{2}x^2-9x\right]_{-1}^{3}$$
$$= [x^3-3x^2-9x]_{-1}^{3}$$
$$= (3^3-3\cdot 3^2-9\cdot 3)-((-1)^3-3\cdot(-1)^2-9\cdot(-1))$$
$$= -27-5=-32$$
$$A = |-32| = 32$$

f) $f(x) = x^2-16$

$f(x) = 0$

$x^2-16=0$	| + 16
$x^2=16$	| Wurzel ziehen
$x_1=4$	
$x_2=-4$	

$$\int_{-4}^{4}x^2-16\,dx = \left[\frac{1}{3}x^3-16x\right]_{-4}^{4}$$
$$= \left(\frac{1}{3}\cdot 4^3-16\cdot 4\right)-\left(\frac{1}{3}\cdot(-4)^3-16\cdot(-4)\right)$$
$$= -\frac{128}{3}-\left(\frac{128}{3}\right)=\frac{256}{3}$$

g) $f(x) = 0{,}5x^2+0{,}5x-1$

$f(x) = 0$

$0{,}5x^2+0{,}5x-1=0$

(pq- oder abc-Formel)

$x_1 = 1$

$x_2 = -2$

$$\int_{-2}^{1}0{,}5x^2+0{,}5x-1\,dx = \left[0{,}5\cdot\frac{1}{3}x^3+0{,}5\cdot\frac{1}{2}x^2-1x\right]_{-2}^{1}$$
$$= \left[\frac{1}{6}x^3+\frac{1}{4}x^2-1x\right]_{-2}^{1}$$
$$= \left(\frac{1}{6}\cdot 1^3+\frac{1}{4}\cdot 1^2-1\cdot 1\right)$$
$$-\left(\frac{1}{6}\cdot(-2)^3+\frac{1}{4}\cdot(-2)^2-1\cdot(-2)\right)$$
$$= -\frac{7}{12}-\frac{5}{3}=-\frac{7}{12}-\frac{20}{12}$$
$$= -\frac{27}{12}=-\frac{9}{4}$$
$$A = \left|-\frac{9}{4}\right| = \frac{9}{4}$$

h) $f(x) = 3x^2-12$

$f(x) = 0$

$3x^2-12=0$	| + 12
$3x^2=12$	| : 3
$x^2=4$	| Wurzel ziehen
$x_1=2$	
$x_2=-2$	

$$\int_{-2}^{2}3x^2-12\,dx = \left[3\cdot\frac{1}{3}x^3-12x\right]_{-2}^{2} = [x^3-12x]_{-2}^{2}$$
$$= (2^3-12\cdot 2)-((-2)^3-12\cdot(-2))$$
$$= -16-16=-32$$
$$A = |-32| = 32$$

i) $f(x) = 4x^2+4x-8$

$f(x) = 0$

$4x^2+4x-8=0$

(pq- oder abc-Formel)

$x_1 = 1$

$x_2 = -2$

$$\int_{-2}^{1}4x^2+4x-8\,dx = \left[4\cdot\frac{1}{3}x^3+4\cdot\frac{1}{2}x^2-8x\right]_{-2}^{1}$$
$$= \left[\frac{4}{3}x^3+2x^2-8x\right]_{-2}^{1}$$
$$= \left(\frac{4}{3}\cdot 1^3+2\cdot 1^2-8\cdot 1\right)$$
$$-\left(\frac{4}{3}\cdot(-2)^3+2\cdot(-2)^2-8\cdot(-2)\right)$$
$$= -\frac{14}{3}-\frac{40}{3}=-\frac{54}{3}=-18$$
$$A = |-18| = 18$$

4 Mittelschwere Flächen

a) $f(x) = 2{,}5(x-1{,}5)(x+3)$

$f(x) = 0$

$2{,}5(x-1{,}5)(x+3)=0$	| Satz vom Nullprodukt
$2{,}5(x-1{,}5)=0$	| : 2,5
$x-1{,}5=0$	| + 1,5
$x=1{,}5$	
$x+3=0$	| − 3
$x=-3$	

$$\int_{-3}^{1{,}5}2{,}5(x-1{,}5)(x+3)\,dx = \int_{-3}^{1{,}5}2{,}5(x^2+1{,}5x-4{,}5)\,dx$$
$$= \int_{-3}^{1{,}5}2{,}5x^2+3{,}75x-11{,}25\,dx$$
$$= \left[2{,}5\cdot\frac{1}{3}x^3+3{,}75\cdot\frac{1}{2}x^2-11{,}25x\right]_{-3}^{1{,}5}$$
$$= \left[\frac{5}{6}x^3+\frac{15}{8}x^2-11{,}25x\right]_{-3}^{1{,}5}$$
$$= \left(\frac{5}{6}\cdot 1{,}5^3+\frac{15}{8}\cdot 1{,}5^2-11{,}25\cdot 1{,}5\right)$$
$$-\left(\frac{5}{6}\cdot(-3)^3+\frac{15}{8}\cdot(-3)^2-11{,}25\cdot(-3)\right)$$
$$= -\frac{315}{32}-\frac{225}{8}=-\frac{1215}{32}$$
$$A = \left|-\frac{1215}{32}\right| = \frac{1215}{32}$$

b) $f(x) = \sqrt{x}\,(x-3)$

$f(x) = 0$

$\sqrt{x}\,(x-3) = 0$ | Satz vom Nullprodukt

$\sqrt{x} = 0$

$x_1 = 0$

$x - 3 = 0$ | +3

$x_2 = 3$

$$\int_0^3 \sqrt{x}\,(x-3)\,dx = \int_0^3 x^{\frac{1}{2}}(x-3)\,dx = \int_0^3 x^{\frac{3}{2}} - 3x^{\frac{1}{2}}\,dx$$

$$= \left[\tfrac{2}{5}x^{\frac{5}{2}} - 3\cdot\tfrac{2}{3}x^{\frac{3}{2}}\right]_0^3 = \left[\tfrac{2}{5}x^{\frac{5}{2}} - 2x^{\frac{3}{2}}\right]_0^3$$

$$= \left(\tfrac{2}{5}\cdot 3^{\frac{5}{2}} - 2\cdot 3^{\frac{3}{2}}\right) - \left(\tfrac{2}{5}\cdot 0^{\frac{5}{2}} - 2\cdot 0^{\frac{3}{2}}\right)$$

$$\approx -4{,}16 - 0 = -4{,}16$$

$A = |-4{,}16| = 4{,}16$

c) $f(x) = 2e^{2x} - 6e^{x} + 4$

$f(x) = 0$

$2e^{2x} - 6e^{x} + 4 = 0$ | Substitution von $e^{x} = a$

$2a^2 - 6a + 4 = 0$

(pq- oder abc-Formel)

$a_1 = 1$

$a_2 = 2$

Rücksubstitution: $a = e^{x}$

$1 = e^{x}$

$x = 0$

$2 = e^{x}$

$\ln(2) = x$

$$\int_0^{\ln(2)} 2e^{2x} - 6e^{x} + 4\,dx = \left[2\cdot\tfrac{1}{2}e^{2x} - 6e^{x} + 4x\right]_0^{\ln(2)}$$

$$= \left[e^{2x} - 6e^{x} + 4x\right]_0^{\ln(2)}$$

$$= \left(e^{2\cdot\ln(2)} - 6e^{\ln(2)} + 4\cdot\ln(2)\right) - \left(e^{2\cdot 0} - 6e^{0} + 4\cdot 0\right)$$

$$= (-8 + 4\ln(2)) - (-5)$$

$$= -3 + 4\ln(2)$$

$A = |-3 + 4\ln(2)| = 3 + 4\ln(2)$

d) $f(x) = -2x^2 + 8x$

$f(x) = 0$

$-2x^2 + 8x = 0$ | x ausklammern

$x(-2x + 8) = 0$ | Satz vom Nullprodukt

$x_1 = 0$

$-2x + 8 = 0$ | +2x

$8 = 2x$ | : 2

$4 = x_2$

$$\int_0^4 -2x^2 + 8x\,dx = \left[-2\cdot\tfrac{1}{3}x^3 + 8\cdot\tfrac{1}{2}x^2\right]_0^4$$

$$= \left[-\tfrac{2}{3}x^3 + 4x^2\right]_0^4$$

$$= \left(-\tfrac{2}{3}\cdot 4^3 + 4\cdot 4^2\right) - \left(-\tfrac{2}{3}\cdot 0^3 + 4\cdot 0^2\right)$$

$$= \tfrac{64}{3} - 0 = \tfrac{64}{3}$$

e) $f(x) = \frac{1}{48}x^3 - \frac{1}{4}x^2 + \frac{3}{4}x$

$f(x) = 0$

$\frac{1}{48}x^3 - \frac{1}{4}x^2 + \frac{3}{4}x = 0$ | x ausklammern

$x\left(\frac{1}{48}x^2 - \frac{1}{4}x + \frac{3}{4}\right) = 0$ | Satz vom Nullprodukt

$x_1 = 0$

$\left(\frac{1}{48}x^2 - \frac{1}{4}x + \frac{3}{4}\right) = 0$

(pq- oder abc-Formel)

$x_{\frac{2}{3}} = 6$

$$\int_0^6 \tfrac{1}{48}x^3 - \tfrac{1}{4}x^2 + \tfrac{3}{4}x\,dx = \left[\tfrac{1}{48}\cdot\tfrac{1}{4}x^4 - \tfrac{1}{4}\cdot\tfrac{1}{3}x^3 + \tfrac{3}{4}\cdot\tfrac{1}{2}x^2\right]_0^6$$

$$= \left[\tfrac{1}{192}x^4 - \tfrac{1}{12}x^3 + \tfrac{3}{8}x^2\right]_0^6$$

$$= \left(\tfrac{1}{192}\cdot 6^4 - \tfrac{1}{12}\cdot 6^3 + \tfrac{3}{8}\cdot 6^2\right) - \left(\tfrac{1}{192}\cdot 0^4 - \tfrac{1}{12}\cdot 0^3 + \tfrac{3}{8}\cdot 0^2\right)$$

$$= 2{,}25 - 0 = 2{,}25$$

f) $f(x) = \frac{1}{48}x^4 - x^2 + 9$

$f(x) = 0$

$\frac{1}{48}x^4 - x^2 + 9 = 0$ | Substitution von $x^2 = a$

$\frac{1}{48}a^2 - a + 9 = 0$

$a_1 = 12$

$a_2 = 36$

Rücksubstitution $a = x^2$

$12 = x^2$ | Wurzel ziehen

$x_1 = -\sqrt{12}$

$x_2 = \sqrt{12}$

$36 = x^2$ | Wurzel ziehen

$x_3 = 6$

$x_4 = -6$

$$A = \left|\int_{-6}^{-\sqrt{12}} f(x)\,dx\right| + \left|\int_{-\sqrt{12}}^{\sqrt{12}} f(x)\,dx\right| + \left|\int_{\sqrt{12}}^{6} f(x)\,dx\right|$$

$$\int_{-6}^{-\sqrt{12}} \tfrac{1}{48}x^4 - x^2 + 9\,dx = \left[\tfrac{1}{48}\cdot\tfrac{1}{5}x^5 - \tfrac{1}{3}x^3 + 9x\right]_{-6}^{-\sqrt{12}}$$

$$= \left[\tfrac{1}{240}x^5 - \tfrac{1}{3}x^3 + 9x\right]_{-6}^{-\sqrt{12}}$$

$$= \left(\tfrac{1}{240}\cdot(-\sqrt{12})^5 - \tfrac{1}{3}\cdot(-\sqrt{12})^3 + 9\cdot(-\sqrt{12})\right)$$

$$\left(-\tfrac{1}{240}\cdot(-6)^5 - \tfrac{1}{3}\cdot(-6)^3 + 9\cdot(-6)\right)$$

$$\approx (-19{,}40) - \left(-\tfrac{72}{5}\right) = -5$$

$$\int_{-\sqrt{12}}^{\sqrt{12}} \frac{1}{48}x^4 - x^2 + 9\,dx = \left[\frac{1}{48}\cdot\frac{1}{5}x^5 - \frac{1}{3}x^3 + 9x\right]_{-\sqrt{12}}^{\sqrt{12}}$$
$$= \left[\frac{1}{240}x^5 - \frac{1}{3}x^3 + 9x\right]_{-\sqrt{12}}^{\sqrt{12}}$$
$$= \left(\frac{1}{240}\cdot(\sqrt{12})^5 - \frac{1}{3}\cdot(\sqrt{12})^3 + 9\cdot\sqrt{12}\right)$$
$$- \left(\frac{1}{240}\cdot(-\sqrt{12})^5 - \frac{1}{3}\cdot(-\sqrt{12})^3 + 9\cdot(-\sqrt{12})\right)$$
$$\approx 19{,}40 - (-19{,}40) = 38{,}8$$
$$\int_{\sqrt{12}}^{6} \frac{1}{48}x^4 - x^2 + 9\,dx = \left[\frac{1}{48}\cdot\frac{1}{5}x^5 - \frac{1}{3}x^3 + 9x\right]_{\sqrt{12}}^{6}$$
$$= \left[\frac{1}{240}x^5 - \frac{1}{3}x^3 + 9x\right]_{\sqrt{12}}^{6}$$
$$= \left(\frac{1}{240}\cdot 6^5 - \frac{1}{3}\cdot 6^3 + 9\cdot 6\right)$$
$$- \left(\frac{1}{240}\cdot(\sqrt{12})^5 - \frac{1}{3}\cdot(\sqrt{12})^3 + 9\cdot(\sqrt{12})\right)$$
$$\approx \frac{72}{5} - 19{,}40 = -5$$
$$A = 5 + 38{,}8 + 5 = 48{,}8$$

5 Gefärbte Flächen

a) $\int_{-1,5}^{0} -(x+0{,}5)^2 + 3\,dx = \int_{-1,5}^{0} -(x^2 + x + 0{,}25) + 3\,dx$
$$= \int_{-1,5}^{0} -x^2 - x - 0{,}25 + 3\,dx$$
$$= \int_{-1,5}^{0} -x^2 - x + 2{,}75\,dx = \left[-\frac{1}{3}x^3 - \frac{1}{2}x^2 + 2{,}75x\right]_{-1,5}^{0}$$
$$= \left(-\frac{1}{3}\cdot 0^3 - \frac{1}{2}\cdot 0^2 + 2{,}75\cdot 0\right)$$
$$- \left(-\frac{1}{3}\cdot(-1{,}5)^3 - \frac{1}{2}\cdot(-1{,}5)^2 + 2{,}75\cdot(-1{,}5)\right)$$
$$= 0 - (-4{,}125) = 4{,}125$$

b) $\int_{1}^{7,5} \frac{1}{x-0{,}5} + 1\,dx = \int_{1}^{7,5} (x-0{,}5)^{-1} + 1\,dx$
$$= \left[\ln(|x-0{,}5|) + x\right]_{1}^{7,5}$$
$$= (\ln(|7{,}5-0{,}5|) + 7{,}5) - (\ln(|1-0{,}5|) + 1)$$
$$= \ln(7) + 7{,}5 - \ln(0{,}5) - 1$$
$$= \ln(7) - \ln(0{,}5) + 6{,}5 \approx 9{,}14$$

6 Hase in der Mulde

a) $f(x) = 0{,}5(x-3)^2 - 3$

$f(x) = 0$
$$0{,}5(x-3)^2 - 3 = 0$$
$$0{,}5(x^2 - 6x + 9) - 3 = 0$$
$$0{,}5x^2 - 3x + 4{,}5 - 3 = 0$$
$$0{,}5x^2 - 3x + 1{,}5 = 0$$
$$x_1 = \sqrt{6} + 3 \approx 5{,}45$$
$$x_2 = -\sqrt{6} + 3 \approx 0{,}55$$

$5{,}45 - 0{,}55 = 4{,}90$

Die Mulde ist 4,90 LE breit.

b) $\int_{-\sqrt{6}+3}^{\sqrt{6}+3} 0{,}5(x-3)^2 - 3\,dx = \int_{-\sqrt{6}+3}^{\sqrt{6}+3} 0{,}5x^2 - 3x + 1{,}5\,dx$
$$= \left[0{,}5\cdot\frac{1}{3}x^3 - 3\cdot\frac{1}{2}x^2 + 1{,}5x\right]_{-\sqrt{6}+3}^{\sqrt{6}+3}$$
$$= \left[\frac{1}{6}x^3 - \frac{3}{2}x^2 + 1{,}5x\right]_{-\sqrt{6}+3}^{\sqrt{6}+3}$$
$$= \left(\frac{1}{6}\cdot(\sqrt{6}+3)^3 - \frac{3}{2}\cdot(\sqrt{6}+3)^2 + 1{,}5\cdot(\sqrt{6}+3)\right)$$
$$- \left(\frac{1}{6}\cdot(-\sqrt{6}+3)^3 - \frac{3}{2}\cdot(-\sqrt{6}+3)^2 + 1{,}5\cdot(-\sqrt{6}+3)\right)$$
$$\approx -9{,}40 - 0{,}40 = -9{,}80$$

Die Querschnittsfläche beträgt ca. 9,80 FE.

7 Erdhügel

a) $f(x) = -\frac{1}{4}x^3 + \frac{3}{2}x^2$

$f(x) = 0$

$-\frac{1}{4}x^3 + \frac{3}{2}x^2 = 0 \quad |\ x^2$ ausklammern

$x^2\left(-\frac{1}{4}x + \frac{3}{2}\right) = 0 \quad |$ Satz vom Nullprodukt

$x_{1/2} = 0$

$-\frac{1}{4}x + \frac{3}{2} = 0 \quad |\ +\frac{1}{4}x$

$\frac{3}{2} = \frac{1}{4}x \quad |\ :\frac{1}{4}$

$6 = x_3$

$$\int_{0}^{6} -\frac{1}{4}x^3 + \frac{3}{2}x^2\,dx = \left[-\frac{1}{4}\cdot\frac{1}{4}x^4 + \frac{3}{2}\cdot\frac{1}{3}x^3\right]_{0}^{6}$$
$$= \left[-\frac{1}{16}x^4 + \frac{1}{2}x^3\right]_{0}^{6}$$
$$= \left(-\frac{1}{16}\cdot 6^4 + \frac{1}{2}\cdot 6^3\right) - \left(-\frac{1}{16}\cdot 0^4 + \frac{1}{2}\cdot 0^3\right)$$
$$= 27 - 0 = 27$$

Die Querschnittsfläche beträgt 27 FE.

b) V = Querschnittsfläche · Länge = 27 · 10 = 270

Das Volumen beträgt 270 VE.

8 Einfluss Parameter

$f(x) = -\frac{1}{3}t\,x^3 + 4tx$

a) für $t = 1$:

$f(x) = -\frac{1}{3}x^3 + 4x$

$f(x) = 0$
$$-\frac{1}{3}x^3 + 4x = 0$$
$$x\left(-\frac{1}{3}x^2 + 4\right) = 0$$
$$x_1 = 0$$

$-\frac{1}{3}x^2 + 4 = 0 \quad |\ +\frac{1}{3}x^2$

$4 = \frac{1}{3}x^2 \quad |\ :\frac{1}{3}$

$12 = x^2$

$\sqrt{12} = x_1$

$-\sqrt{12} = x_2$

$$\int_{-\sqrt{12}}^{0} -\tfrac{1}{3}x^3 + 4x\,dx$$

$$= \left[-\tfrac{1}{12}x^4 + 2x^3\right]_{-\sqrt{12}}^{0}$$

$$= 0 - \left(-\tfrac{1}{12}\cdot(-\sqrt{12})^4 + 2\cdot(-\sqrt{12})^3\right)$$

$$\approx -(-95{,}14) = 95{,}14$$

$$\int_{0}^{\sqrt{12}} -\tfrac{1}{3}x^3 + 4x\,dx$$

$$= \left[-\tfrac{1}{12}x^4 + 2x^3\right]_{0}^{\sqrt{12}} = -\tfrac{1}{12}\cdot\sqrt{12}^4 + 2\sqrt{12^3} - 0$$

$$\approx 71{,}14$$

$$\Rightarrow \quad A = 71{,}14 + 95{,}14 = 166{,}28$$

b) für $t = 2$: Der Flächeninhalt verdoppelt sich.
für $t = 3$: Der Flächeninhalt verdreifacht sich.
t gibt an, um welchen Faktor der Flächeninhalt größer ist im Vergleich zu $t = 1$.

SCHRITT 14

Das brauchst du wieder

$2x^2 + 4x = 3x + x^2 \quad | -3x - x^2$

$x^2 + x = 0$

$x(x + 1) = 0$

$x_1 = 0$ und $x_2 = -1$

1 „Du bist dran" aus dem „So geht's"-Kasten

Setze die beiden Funktionen gleich und schreibe die Gleichung zu einer Nullgleichung um:

$f(x) = g(x)$

$x^2 - 1 = 3x - 3 \quad | -3x + 3$

$x^2 - 3x + 2 = 0$

Löse die Gleichung durch Verwendung der pq- oder abc-Formel.

$x_1 = 1$ und $x_2 = 2$

Berechne den Flächeninhalt als Integral des Betrags der Differenz beider Funktionen:

$$A = \left|\int_{1}^{2}(x^2 - 3x + 2)\,dx\right|$$

$$= \left|\left[\tfrac{1}{3}x^3 - \tfrac{3}{2}x^2 + 2x\right]_1^2\right|$$

$$= \left|\tfrac{8}{3} - \tfrac{12}{2} + 4 - \left(\tfrac{1}{3} - \tfrac{3}{2} + 2\right)\right|$$

$$= \left|\tfrac{8}{3} - 6 + 4 - \tfrac{1}{3} + \tfrac{3}{2} - 2\right|$$

$$= \left|\tfrac{7}{3} - 4 + \tfrac{3}{2}\right|$$

$$= \left|\tfrac{14}{6} - \tfrac{24}{6} + \tfrac{9}{6}\right|$$

$$= \left|-\tfrac{1}{6}\right|$$

$$= \tfrac{1}{6}$$

2 Berechnung von Flächeninhalten zwischen zwei Funktionen

a) $f(x) = g(x)$

$x^2 - 3 = 2x \quad | -2x$

$x^2 - 2x - 3 = 0$

Bestimmung der Nullstellen mit der pq- oder abc-Formel:

$x_1 = -1$ und $x_2 = 3$

$$A = \left|\int_{-1}^{3}(x^2 - 2x - 3)\,dx\right|$$

$$= \left|\left[\tfrac{1}{3}x^3 - x^2 - 3x\right]_{-1}^3\right|$$

$$= \left|\tfrac{27}{3} - 9 - 9 - \left(-\tfrac{1}{3} - 1 + 3\right)\right|$$

$$= \left|9 - 9 - 9 + \tfrac{1}{3} + 1 - 3\right|$$

$$= \left|-11 + \tfrac{1}{3}\right|$$

$$= \left|\tfrac{-33}{3} + \tfrac{1}{3}\right|$$

$$= \left|-\tfrac{32}{3}\right|$$

$$= \tfrac{32}{3}$$

b) $f(x) = g(x)$

$x^2 + 4 = -x^2 + 6 \quad | +x^2 - 6$

$2x^2 - 2 = 0 \quad | +2$

$2x^2 = 2 \quad | :2$

$x^2 = 1$

$x_1 = -1$ und $x_2 = 1$

$$A = \left|\int_{-1}^{1}(2x^2 - 2)\,dx\right|$$

$$= \left|\left[\tfrac{2}{3}x^3 - 2x\right]_{-1}^1\right|$$

$$= \left|\tfrac{2}{3} - 2 - \left(-\tfrac{2}{3} + 2\right)\right|$$

$$= \left|\tfrac{2}{3} - 2 + \tfrac{2}{3} - 2\right|$$

$$= \left|\tfrac{4}{3} - 4\right|$$

$$= \left|\tfrac{4}{3} - \tfrac{12}{3}\right|$$

$$= \left|-\tfrac{8}{3}\right|$$

$$= \tfrac{8}{3}$$

c) $f(x) = g(x)$

$$x^2 = x^3 \qquad | -x^3$$
$$x^2 - x^3 = 0$$
$$x^2(1 - x) = 0$$
$$x_1 = 0 \text{ und } x_2 = 1$$

$$A = \left| \int_0^1 (x^2 - x^3)\,dx \right|$$
$$= \left| \left[\tfrac{1}{3}x^3 - \tfrac{1}{4}x^4\right]_0^1 \right|$$
$$= \left| \tfrac{1}{3} - \tfrac{1}{4} - 0 \right|$$
$$= \left| \tfrac{4}{12} - \tfrac{3}{12} \right|$$
$$= \left| \tfrac{1}{12} \right|$$
$$= \tfrac{1}{12}$$

d) $f(x) = g(x)$

$$x^4 - x^2 = x^2 - 1 \qquad | -x^2 + 1$$
$$x^4 - 2x^2 + 1 = 0$$

Substitution: $x^2 = u$

$u^2 - 2u + 1 = 0$

Mit der pq- oder abc-Formel erhältst du die Nullstelle $u = 1$.

Rücksubstitution: $x^2 = 1 \Rightarrow x_1 = -1$ und $x_2 = 1$

$$A = \left| \int_{-1}^1 (x^4 - 2x^2 + 1)\,dx \right|$$
$$= \left| \left[\tfrac{1}{5}x^5 - \tfrac{2}{3}x^3 + x\right]_{-1}^1 \right|$$
$$= \left| \tfrac{1}{5} - \tfrac{2}{3} + 1 - \left(-\tfrac{1}{5} + \tfrac{2}{3} - 1\right) \right|$$
$$= \left| \tfrac{1}{5} - \tfrac{2}{3} + 1 + \tfrac{1}{5} - \tfrac{2}{3} + 1 \right|$$
$$= \left| \tfrac{2}{5} - \tfrac{4}{3} + 2 \right|$$
$$= \left| \tfrac{6}{15} - \tfrac{20}{15} + \tfrac{30}{15} \right|$$
$$= \left| \tfrac{16}{15} \right|$$
$$= \tfrac{16}{15}$$

3 Fläche mit $f(x) = x + 1$ berechnen

a) $f(x) = x + 1$

$g(x) = x^2 - 1$

$f(x) = g(x)$

$$x + 1 = x^2 - 1 \qquad | -x$$
$$1 = x^2 - x - 1 \qquad | -1$$
$$0 = x^2 - x - 2$$

(pq- oder abc-Formel)

$x_1 = -1$

$x_2 = 2$

$$A = \left| \int_{-1}^2 f(x) - g(x)\,dx \right| = \left| \int_{-1}^2 x + 1 - (x^2 - 1)\,dx \right|$$
$$= \left| \int_{-1}^2 -x^2 + x + 2\,dx \right| = \left| \left[-\tfrac{1}{3}x^3 + \tfrac{1}{2}x^2 + 2x\right]_{-1}^2 \right|$$
$$= \left| \left(-\tfrac{1}{3} \cdot 2^3 + \tfrac{1}{2} \cdot 2^2 + 2 \cdot 2\right) - \left(-\tfrac{1}{3} \cdot (-1)^3 + \tfrac{1}{2} \cdot (-1)^2 + 2 \cdot (-1)\right) \right|$$
$$\approx \left| \left(\tfrac{10}{3}\right) - \left(\tfrac{-7}{6}\right) \right| = \tfrac{27}{6}$$

b) $f(x) = x + 1$

$g(x) = x^2 - 2x - 3$

$f(x) = g(x)$

$$x + 1 = x^2 - 2x - 3 \qquad | -x$$
$$1 = x^2 - 3x - 3 \qquad | -1$$
$$0 = x^2 - 3x - 4$$

(pq- oder abc-Formel)

$x_1 = 4$

$x_2 = -1$

$$A = \left| \int_{-1}^4 f(x) - g(x)\,dx \right| = \left| \int_{-1}^4 x + 1 - (x^2 - 2x - 3)\,dx \right|$$
$$= \left| \int_{-1}^4 -x^2 + 3x + 4\,dx \right| = \left| \left[-\tfrac{1}{3}x^3 + 3 \cdot \tfrac{1}{2}x^2 + 4x\right]_{-1}^4 \right|$$
$$= \left| \left[-\tfrac{1}{3}x^3 + \tfrac{3}{2}x^2 + 4x\right]_{-1}^4 \right|$$
$$= \left| \left(-\tfrac{1}{3} \cdot 4^3 + \tfrac{3}{2} \cdot 4^2 + 4 \cdot 4\right) - \left(-\tfrac{1}{3} \cdot (-1)^3 + \tfrac{3}{2} \cdot (-1)^2 + 4 \cdot (-1)\right) \right|$$
$$= \left| \left(\tfrac{56}{3}\right) - \left(-\tfrac{13}{6}\right) \right| = \tfrac{125}{6}$$

c) $f(x) = x + 1$

$g(x) = x^2 - 2x + 1$

$f(x) = g(x)$

$$x + 1 = x^2 - 2x + 1 \qquad | -x$$
$$1 = x^2 - 3x + 1 \qquad | -1$$
$$0 = x^2 - 3x$$
$$0 = x(x - 3)$$
$$x_1 = 0$$
$$x - 3 = 0 \qquad | +3$$
$$x_2 = 3$$

$$A = \left| \int_0^3 f(x) - g(x)\,dx \right| = \left| \int_0^3 x + 1 - (x^2 - 2x + 1)\,dx \right|$$
$$= \left| \int_0^3 -x^2 + 3x\,dx \right| = \left[-\tfrac{1}{3}x^3 + 3 \cdot \tfrac{1}{2}x^2\right]_0^3$$
$$= \left| \left[-\tfrac{1}{3}x^3 + \tfrac{3}{2}x^2\right]_0^3 \right|$$
$$= \left| \left(-\tfrac{1}{3} \cdot 3^3 + \tfrac{3}{2} \cdot 3^2\right) - \left(-\tfrac{1}{3} \cdot 0^3 + \tfrac{3}{2} \cdot 0^2\right) \right|$$
$$\approx \left| \tfrac{9}{2} - 0 \right| = \tfrac{9}{2}$$

d) $f(x) = x + 1$

$g(x) = x^2 - x - 2$

$f(x) = g(x)$

$x + 1 = x^2 - x - 2 \quad | -x$

$1 = x^2 - 2x - 2 \quad | -1$

$0 = x^2 - 2x - 3$

(pq- oder abc-Formel)

$x_1 = 3$

$x_2 = -1$

$$A = \left|\int_{-1}^{3} f(x) - g(x)\,dx\right| = \left|\int_{-1}^{3} x + 1 - (x^2 - x - 2)\,dx\right|$$

$$= \left|\int_{-1}^{3} -x^2 + 2x + 3\,dx\right|$$

$$= \left|\left[-\tfrac{1}{3}x^3 + 2\cdot\tfrac{1}{2}x^2 + 3x\right]_{-1}^{3}\right|$$

$$= \left|\left[-\tfrac{1}{3}x^3 + x^2 + 3x\right]_{-1}^{3}\right|$$

$$= \left|\left(-\tfrac{1}{3}\cdot 3^3 + 3^2 + 3\cdot 3\right) - \left(-\tfrac{1}{3}\cdot(-1)^3 + (-1)^2 + 3\cdot(-1)\right)\right|$$

$$\approx \left|9 - \left(-\tfrac{5}{3}\right)\right| = \tfrac{32}{3}$$

e) $f(x) = x + 1$

$g(x) = x^2 - 4x - 5$

$f(x) = g(x)$

$x + 1 = x^2 - 4x - 5 \quad | -x$

$1 = x^2 - 5x - 5 \quad | -1$

$0 = x^2 - 5x - 6$

(pq- oder abc-Formel)

$x_1 = 6$

$x_2 = -1$

$$A = \left|\int_{-1}^{6} f(x) - g(x)\,dx\right| = \left|\int_{-1}^{6} x + 1 - (x^2 - 4x - 5)\,dx\right|$$

$$= \left|\int_{-1}^{6} -x^2 + 5x + 6\,dx\right| = \left|\left[-\tfrac{1}{3}x^3 + 5\cdot\tfrac{1}{2}x^2 + 6x\right]_{-1}^{6}\right|$$

$$= \left|\left[-\tfrac{1}{3}x^3 + \tfrac{5}{2}x^2 + 6x\right]_{-1}^{6}\right|$$

$$= \left|\left(-\tfrac{1}{3}\cdot 6^3 + \tfrac{5}{2}\cdot 6^2 + 6\cdot 6\right) - \left(-\tfrac{1}{3}\cdot(-1)^3 + \tfrac{5}{2}\cdot(-1)^2 + 6\cdot(-1)\right)\right|$$

$$\approx \left|54 - \left(-\tfrac{19}{6}\right)\right| = \tfrac{343}{6}$$

4 Fläche zwischen g(x) und f(x)

a) $f(x) = x - 1, \; g(x) = 1 - x^2$

$f(x) = g(x)$

$x - 1 = 1 - x^2 \quad | +x^2$

$x^2 + x - 1 = 1 \quad | -1$

$x^2 + x - 2 = 0$

(pq- oder abc-Formel)

$x_1 = 1$

$x_2 = -2$

$$A = \left|\int_{-2}^{1} f(x) - g(x)\,dx\right| = \left|\int_{-2}^{1} x - 1 - (1 - x^2)\,dx\right|$$

$$= \left|\int_{-2}^{1} x^2 + x - 2\,dx\right| = \left|\left[\tfrac{1}{3}x^3 + \tfrac{1}{2}x^2 - 2x\right]_{-2}^{1}\right|$$

$$= \left|\left(\tfrac{1}{3}\cdot 1^3 + \tfrac{1}{2}\cdot 1^2 - 2\cdot 1\right) - \left(\tfrac{1}{3}\cdot(-2)^3 + \tfrac{1}{2}\cdot(-2)^2 - 2\cdot(-2)\right)\right|$$

$$= \left|\left(-\tfrac{7}{6}\right) - \left(-\tfrac{2}{3}\right)\right| = \left|-\tfrac{3}{6}\right| = \tfrac{1}{2}$$

b) $f(x) = x^2 + 4x, \; g(x) = 2x$

$f(x) = g(x)$

$x^2 + 4x = 2x \quad | -2x$

$x^2 + 2x = 0 \quad$ | x ausklammern

$x(x + 2) = 0 \quad$ | Satz vom Nullprodukt

$x_1 = 0$

$x + 2 = 0 \quad | -2$

$x_2 = -2$

$$A = \left|\int_{-2}^{0} f(x) - g(x)\,dx\right| = \left|\int_{-2}^{0} x^2 + 4x - 2x\,dx\right|$$

$$= \left|\int_{-2}^{0} x^2 + 2x\,dx\right| = \left|\left[\tfrac{1}{3}x^3 + 2\cdot\tfrac{1}{2}x^2\right]_{-2}^{0}\right|$$

$$= \left|\left[\tfrac{1}{3}x^3 + x^2\right]_{-2}^{0}\right|$$

$$= \left|\left(\tfrac{1}{3}\cdot 0^3 + 0^2\right) - \left(\tfrac{1}{3}\cdot(-2)^3 + (-2)^2\right)\right|$$

$$= \left|0 - \tfrac{4}{3}\right| = \tfrac{4}{3}$$

c) $f(x) = 2x^2 + 2x + 4, \; g(x) = -4x$

$f(x) = g(x)$

$2x^2 + 2x + 4 = -4x \quad | +4x$

$2x^2 + 6x + 4 = 0$

(pq- oder abc-Formel)

$x_1 = -1$

$x_2 = -2$

$$A = \left|\int_{-2}^{-1} f(x) - g(x)\,dx\right| = \left|\int_{-2}^{-1} 2x^2 + 2x + 4 - (-4x)\,dx\right|$$

$$= \left|\int_{-2}^{-1} 2x^2 + 6x + 4\,dx\right|$$

$$= \left|\left[2\cdot\tfrac{1}{3}x^3 + 6\cdot\tfrac{1}{2}x^2 + 4x\right]_{-2}^{-1}\right|$$

$$= \left|\left[\tfrac{2}{3}x^3 + 3x^2 + 4x\right]_{-2}^{-1}\right|$$

$$= \left|\left(\tfrac{2}{3}\cdot(-1)^3 + 3\cdot(-1)^2 + 4\cdot(-1)\right) - \left(\tfrac{2}{3}\cdot(-2)^3 + 3\cdot(-2)^2 + 4\cdot(-2)\right)\right|$$

$$= \left|\left(-\tfrac{5}{3}\right) - \left(-\tfrac{4}{3}\right)\right| = \tfrac{1}{3}$$

d) $f(x) = 5x^2 + 3x + 2,\;\; g(x) = 4x^2$

$f(x) = g(x)$

$5x^2 + 3x + 2 = 4x^2 \quad | -4x^2$

$x^2 + 3x + 2 = 0$

(pq- oder abc-Formel)

$x_1 = -1$

$x_2 = -2$

$$A = \left|\int_{-2}^{-1} f(x) - g(x)\,dx\right| = \left|\int_{-2}^{-1} 5x^2 + 3x + 2 - 4x^2\,dx\right|$$

$$= \left|\int_{-2}^{-1} x^2 + 3x + 2\,dx\right| = \left|\left[\tfrac{1}{3}x^3 + 3\cdot\tfrac{1}{2}x^2 + 2x\right]_{-2}^{-1}\right|$$

$$= \left|\left[\tfrac{1}{3}x^3 + \tfrac{3}{2}x^2 + 2x\right]_{-2}^{-1}\right|$$

$$= \left|\left(\tfrac{1}{3}\cdot(-1)^3 + \tfrac{3}{2}\cdot(-1)^2 + 2\cdot(-1)\right) - \left(\tfrac{1}{3}\cdot(-2)^3 + \tfrac{3}{2}\cdot(-2)^2 + 2\cdot(-2)\right)\right|$$

$$= \left|\left(-\tfrac{5}{6}\right) - \left(-\tfrac{2}{3}\right)\right| = \tfrac{1}{6}$$

e) $f(x) = -9x,\;\; g(x) = -3x^2 - 2$

$f(x) = g(x)$

$-9x = -3x^2 - 2 \quad | +9x$

$0 = -3x^2 + 9x - 2$

(pq- oder abc-Formel)

$x_1 = \frac{-9 + \sqrt{57}}{-6} \approx 0{,}24$

$x_2 = \frac{-9 - \sqrt{57}}{-6} \approx 2{,}76$

$$A = \left|\int_{0,24}^{2,76} f(x) - g(x)\,dx\right| = \left|\int_{0,24}^{2,76} -9x - (-3x^2 - 2)\,dx\right|$$

$$= \left|\int_{0,24}^{2,76} 3x^2 - 9x + 2\,dx\right|$$

$$= \left|\left[\tfrac{1}{3}\cdot 3x^3 - 9\cdot\tfrac{1}{2}x^2 + 2x\right]_{0,24}^{2,76}\right|$$

$$= \left|\left[x^3 - \tfrac{9}{2}x^2 + 2x\right]_{0,24}^{2,76}\right|$$

$$= \left|\left(2{,}76^3 - \tfrac{9}{2}\cdot 2{,}76^2 + 2\cdot 2{,}76\right) - \left(0{,}24^3 - \tfrac{9}{2}\cdot 0{,}24^2 + 2\cdot 0{,}24\right)\right|$$

$$\approx |-7{,}93| = 7{,}93$$

f) $f(x) = 6x,\;\; g(x) = 2x^2 + 4$

$6x = 2x^2 + 4 \quad | -6x$

$0 = 2x^2 - 6x + 4$

(pq- oder abc-Formel)

$x_1 = 2$

$x_2 = 1$

$$A = \left|\int_{1}^{2} f(x) - g(x)\,dx\right| = \left|\int_{1}^{2} 6x - (2x^2 + 4)\,dx\right|$$

$$= \left|\int_{1}^{2} -2x^2 + 6x - 4\,dx\right|$$

$$= \left|\left[-2\cdot\tfrac{1}{3}x^3 + 6\cdot\tfrac{1}{2}x^2 - 4x\right]_{1}^{2}\right|$$

$$= \left|\left[-\tfrac{2}{3}x^3 + 3x^2 - 4x\right]_{1}^{2}\right|$$

$$= \left|\left(-\tfrac{2}{3}\cdot 2^3 + 3\cdot 2^2 - 4\cdot 2\right) - \left(-\tfrac{2}{3}\cdot 1^3 + 3\cdot 1^2 - 4\cdot 1\right)\right|$$

$$= \left|\left(-\tfrac{4}{3}\right) - \left(-\tfrac{5}{3}\right)\right| = \tfrac{1}{3}$$

5 Fläche zwischen g(x) und f(x)

a) $f(x) = \sqrt{x^3},\;\; g(x) = 3\sqrt{x}$

$f(x) = g(x)$

$\sqrt{x^3} = 3\sqrt{x} \quad | -3\sqrt{x}$

$\sqrt{x^3} - 3\sqrt{x} = 0 \quad$ | $\sqrt{x}$ ausklammern

$\sqrt{x}\,(x - 3) = 0 \quad$ | Satz vom Nullprodukt

$\sqrt{x} = 0$

$x_1 = 0$

$x - 3 = 0 \quad | +3$

$x_2 = 3$

$$\left|\int_{0}^{3} f(x) - g(x)\,dx\right| = \left|\int_{0}^{3} \sqrt{x^3} - 3\sqrt{x}\,dx\right| = \left|\int_{0}^{3} x^{\frac{3}{2}} - 3x^{\frac{1}{2}}\,dx\right|$$

$$= \left|\left[\tfrac{2}{5}x^{\frac{5}{2}} - 3\cdot\tfrac{2}{3}x^{\frac{3}{2}}\right]_{0}^{3}\right|$$

$$= \left|\left[\tfrac{2}{5}x^{\frac{5}{2}} - 2x^{\frac{3}{2}}\right]_{0}^{3}\right|$$

$$= \left|\left(\tfrac{2}{5}\cdot 3^{\frac{5}{2}} - 2\cdot 3^{\frac{3}{2}}\right) - \left(\tfrac{2}{5}\cdot 0^{\frac{5}{2}} - 2\cdot 0^{\frac{3}{2}}\right)\right|$$

$$\approx |(\;4{,}16)\quad 0| = 4{,}16$$

b) $f(x) = -x - 2,\;\; g(x) = -x^2 - 4$

$f(x) = g(x)$

$-x - 2 = -x^2 - 4 \quad | +x^2$

$x^2 - x - 2 = -4 \quad | +4$

$x^2 - x + 2 = 0$

(pq- oder abc-Formel)

Keine Lösung, also keine Schnittpunkte und somit keine eingeschlossene Fläche.

c) $f(x) = e^{2x} + 6,\;\; g(x) = 5e^x$

$f(x) = g(x)$

$e^{2x} + 6 = 5e^x \quad | -5e^x$

$e^{2x} - 5e^x + 6 = 0 \quad$ | Substitution: $a = e^x$

$a^2 - 5a + 6 = 0$

(pq- oder abc-Formel)

$a_1 = 2$

$a_2 = 3$

Rücksubstitution $e^x = a$

$e^x = 2$

$x_1 = \ln(2)$

$e^x = 3$

$x_2 = \ln(3)$

$$\left|\int_{\ln(2)}^{\ln(3)} f(x) - g(x)\,dx\right| = \left|\int_{\ln(2)}^{\ln(3)} e^{2x} + 6 - 5e^x\,dx\right|$$

$$= \left|\int_{\ln(2)}^{\ln(3)} e^{2x} - 5e^x + 6\,dx\right| = \left|\left[\tfrac{1}{2}e^{2x} - 5e^x + 6x\right]_{\ln(2)}^{\ln(3)}\right|$$

$$= \left|\left(\tfrac{1}{2}e^{2\cdot\ln(3)} - 5e^{\ln(3)} + 6\cdot\ln(3)\right) - \left(\tfrac{1}{2}e^{2\cdot\ln(2)} - 5e^{\ln(2)} + 6\cdot\ln(2)\right)\right|$$

$$= \left|(-10{,}5 + 6\ln(3)) - (-8 + 6\ln(2))\right| \approx 0{,}07$$

d) $f(x) = -2e^{2x},\ g(x) = -6e^x + 4$

$f(x) = g(x)$

$-2e^{2x} = -6e^x + 4 \quad | +2e^{2x}$

$0 = 2e^{2x} - 6e^x + 4 \quad |$ Substitution: $a = e^x$

$2a^2 - 6a + 4 = 0$

(pq- oder abc-Formel)

$a_1 = 1$

$a_2 = 2$

Rücksubstitution $e^x = a$

$e^x = 1$

$x_1 = \ln(1) = 0$

$e^x = 2$

$x = \ln(2)$

$$\left|\int_{0}^{\ln(2)} f(x) - g(x)\,dx\right| = \left|\int_{0}^{\ln(2)} -2e^{2x} - (-6e^x + 4)\,dx\right|$$

$$= \left|\int_{0}^{\ln(2)} -2e^{2x} + 6e^x - 4\,dx\right| = \left|\left[-e^{2x} + 6e^x - 4x\right]_0^{\ln 2}\right|$$

$$= \left|(e^{2\cdot\ln(2)} + 6e^{\ln(2)} - 4\cdot\ln(2)) - (e^{2\cdot 0} + 6e^0 - 4\cdot 0)\right|$$

$$= \left|(16 - 4\ln(2)) - 5\right| \approx 8{,}22$$

e) $f(x) = 4x^2 - 4x - 8,\ g(x) = -x^2 + x + 2$

$f(x) = g(x)$

$4x^2 - 4x - 8 = -x^2 + x + 2 \quad | +x^2$

$5x^2 - 4x - 8 = x + 2 \quad | -x$

$5x^2 - 5x - 8 = 2 \quad | -2$

$5x^2 - 5x - 10 = 0$

(pq- oder abc-Formel)

$x_1 = 2$

$x_2 = -1$

$$\left|\int_{-1}^{2} f(x) - g(x)\,dx\right| = \left|\int_{-1}^{2} 4x^2 - 4x - 8 - (-x^2 + x + 2)\,dx\right|$$

$$= \left|\int_{-1}^{2} 5x^2 - 5x - 10\,dx\right|$$

$$= \left|\left[5\cdot\tfrac{1}{3}x^3 - 5\cdot\tfrac{1}{2}x^2 - 10x\right]_{-1}^{2}\right|$$

$$= \left|\left[\tfrac{5}{3}x^3 - \tfrac{5}{2}x^2 - 10x\right]_{-1}^{2}\right|$$

$$= \left|\left(\tfrac{5}{3}\cdot 2^3 - \tfrac{5}{2}\cdot 2^2 - 10\cdot 2\right) - \left(\tfrac{5}{3}\cdot(-1)^3 - \tfrac{5}{2}\cdot(-1)^2 - 10\cdot(-1)\right)\right|$$

$$= \left|\left(-\tfrac{50}{3}\right) - \left(\tfrac{35}{6}\right)\right| = \tfrac{45}{2}$$

f) $f(x) = x^2 - x - 2,\ g(x) = 4x^2 - 4x - 8$

$f(x) = g(x)$

$x^2 - x - 2 = 4x^2 - 4x - 8 \quad | -4x^2$

$-3x^2 - x - 2 = -4x - 8 \quad | +4x$

$-3x^2 + 3x - 2 = -8 \quad | +8$

$-3x^2 + 3x + 6 = 0$

(pq- oder abc-Formel)

$x_1 = 2$

$x_2 = -1$

$$\left|\int_{-1}^{2} f(x) - g(x)\,dx\right| = \left|\int_{-1}^{2} x^2 - x - 2 - (4x^2 - 4x - 8)\,dx\right|$$

$$= \left|\int_{-1}^{2} -3x^2 + 3x + 6\,dx\right|$$

$$= \left|\left[-3\cdot\tfrac{1}{3}x^3 + 3\cdot\tfrac{1}{2}x^2 + 6x\right]_{-1}^{2}\right|$$

$$= \left|\left[-x^3 + \tfrac{3}{2}x^2 + 6x\right]_{-1}^{2}\right|$$

$$= \left|\left(-2^3 + \tfrac{3}{2}\cdot 2^2 + 6\cdot 2\right) - \left(-(-1)^3 + \tfrac{3}{2}\cdot(-1)^2 + 6\cdot(-1)\right)\right|$$

$$= \left|10 - \left(-\tfrac{7}{2}\right)\right| = \tfrac{27}{2}$$

g) $f(x) = \tfrac{1}{2}e^{2x} + \tfrac{7}{2}e^x - 3,\ g(x) = e^{2x}$

$f(x) = g(x)$

$\tfrac{1}{2}e^{2x} + \tfrac{7}{2}e^x - 3 = e^{2x} \quad | -e^{2x}$

$-\tfrac{1}{2}e^{2x} + \tfrac{7}{2}e^x - 3 = 0 \quad |$ Substitution: $a = e^x$

$-\tfrac{1}{2}a^2 + \tfrac{7}{2}a - 3 = 0$

(pq- oder abc-Formel)

$a_1 = 1$

$a_2 = 6$

Rücksubstitution $e^x = a$

$e^x = 1$

$x_1 = \ln(1) = 0$

$e^x = 6$

$x_2 = \ln(6)$

$$\left|\int_0^{\ln(6)} f(x)-g(x)\,dx\right| = \left|\int_0^{\ln(6)} \tfrac{1}{2}e^{2x}+\tfrac{7}{2}e^{x}-3-e^{2x}\,dx\right|$$

$$= \left|\int_0^{\ln(6)} -\tfrac{1}{2}e^{2x}+\tfrac{7}{2}e^{x}-3\,dx\right|$$

$$= \left|\left[-\tfrac{1}{2}\cdot\tfrac{1}{2}e^{2x}+\tfrac{7}{2}e^{x}-3x\right]_0^{\ln(6)}\right|$$

$$= \left[-\tfrac{1}{4}e^{2x}+\tfrac{7}{2}e^{x}-3x\right]_0^{\ln(6)}$$

$$= \left|\left(-\tfrac{1}{4}e^{2\cdot\ln(6)}+\tfrac{7}{2}e^{\ln(6)}-3\cdot\ln(6)\right)\right.$$
$$\left.-\left(-\tfrac{1}{4}e^{2\cdot 0}-\tfrac{7}{2}e^{0}+3\cdot 0\right)\right|$$

$$\approx 21{,}13$$

6 Fläche im Intervall

a) $f(x)=(x+1)^2(x-2)$,

$g(x)=-\frac{1}{2}x^2+2x-2,\ I=[-1;2]$

$f(x)=g(x)$

$(x+1)^2(x-2)=-\frac{1}{2}x^2+2x-2$ | 1. Binomische Formel

$(x^2+2x+1)(x-2)=-\frac{1}{2}x^2+2x-2$ | ausmultiplizieren

$x^3-3x-2=-\frac{1}{2}x^2+2x-2$ | $+2$

$x^3-3x=-\frac{1}{2}x^2+2x$ | $+\frac{1}{2}x^2$

$x^3+\frac{1}{2}x^2-3x=2x$ | $-2x$

$x^3+\frac{1}{2}x^2-5x=0$ | x ausklammern

$x\left(x^2-\frac{1}{2}x-5\right)=0$

$x_1=0$

$x^2-\frac{1}{2}x-5=0$

(pq- oder abc-Formel)
$x_2=2{,}5$ liegt nicht im Intervall
$x_3=-2$ liegt nicht im Intervall

$$A=\left|\int_{-1}^{0} f(x)-g(x)\,dx\right|+\left|\int_0^2 f(x)-g(x)\,dx\right|$$

$$A_1=\left|\int_{-1}^{0} f(x)-g(x)\,dx\right|$$
$$=\left|\int_{-1}^{0} x^3-3x-2-\left(-\tfrac{1}{2}x^2+2x-2\right)dx\right|$$
$$=\left|\int_{-1}^{0} x^3+\tfrac{1}{2}x^2-5x\,dx\right|=\left|\left[\tfrac{1}{4}x^4+\tfrac{1}{2}\cdot\tfrac{1}{3}x^3-\tfrac{5}{2}x^2\right]_{-1}^{0}\right|$$
$$=\left|\left[\tfrac{1}{4}x^4+\tfrac{1}{6}x^3-\tfrac{5}{2}x^2\right]_{-1}^{0}\right|$$
$$=\left|\left(\tfrac{1}{4}\cdot 0^4+\tfrac{1}{6}\cdot 0^3-\tfrac{5}{2}\cdot 0^2\right)\right.$$
$$\left.-\left(\tfrac{1}{4}\cdot(-1)^4+\tfrac{1}{6}\cdot(-1)^3-\tfrac{5}{2}\cdot(-1)^2\right)\right|$$
$$=\left|0-\left(-\tfrac{29}{12}\right)\right|=\tfrac{29}{12}$$

$$A_2=\left|\int_0^2 f(x)-g(x)\,dx\right|$$
$$=\left|\int_0^2 x^3-3x-2-\left(-\tfrac{1}{2}x^2+2x-2\right)dx\right|$$
$$=\left|\int_0^2 x^3+\tfrac{1}{2}x^2-5x\,dx\right|$$
$$=\left|\left[\tfrac{1}{4}x^4+\tfrac{1}{2}\cdot\tfrac{1}{3}x^3-\tfrac{5}{2}x^2\right]_0^2\right|=\left|\left[\tfrac{1}{4}x^4+\tfrac{1}{6}x^3-\tfrac{5}{2}x^2\right]_0^2\right|$$
$$=\left|\left(\tfrac{1}{4}\cdot 2^4+\tfrac{1}{6}\cdot 2^3-\tfrac{5}{2}\cdot 2^2\right)\right.$$
$$\left.-\left(\tfrac{1}{4}\cdot 0^4+\tfrac{1}{6}\cdot 0^3-\tfrac{5}{2}\cdot 0^2\right)\right|=\left|\tfrac{17}{16}-0\right|=\tfrac{17}{16}$$

$$A=\tfrac{29}{12}+\tfrac{17}{16}=\tfrac{63}{12}$$

b) $f(x)=\frac{1}{8}x^3-\frac{1}{2}x,\ g(x)=-\frac{1}{2}x^2+x,\ I=[-2;2]$

$f(x)=g(x)$

$\frac{1}{8}x^3-\frac{1}{2}x=-\frac{1}{2}x^2+x$ | $+\frac{1}{2}x^2$

$\frac{1}{8}x^3+\frac{1}{2}x^2-\frac{1}{2}x=x$ | $-x$

$\frac{1}{8}x^3+\frac{1}{2}x^2-\frac{3}{2}x=0$ | x ausklammern

$x\left(\frac{1}{8}x^2+\frac{1}{2}x-\frac{3}{2}\right)=0$

$x_1=0$

$\frac{1}{8}x^2+\frac{1}{2}x-\frac{3}{2}=0$

(pq- oder abc-Formel)
$x_1=2$ Intervallgrenze
$x_2=-6$ liegt nicht im Intervall

$$A=\left|\int_{-2}^{0} f(x)-g(x)\,dx\right|+\left|\int_0^2 f(x)-g(x)\,dx\right|$$

$$A_1=\left|\int_{-2}^{0} f(x)-g(x)\,dx\right|$$
$$=\left|\int_{-2}^{0} \tfrac{1}{8}x^3-\tfrac{1}{2}x-\left(-\tfrac{1}{2}x^2+x\right)dx\right|$$
$$=\left|\int_{-2}^{0} \tfrac{1}{8}x^3+\tfrac{1}{2}x^2-\tfrac{3}{2}x\,dx\right|$$
$$=\left|\left[\tfrac{1}{8}\cdot\tfrac{1}{4}x^4+\tfrac{1}{2}\cdot\tfrac{1}{3}x^3-\tfrac{3}{4}x^2\right]_{-2}^{0}\right|$$
$$=\left|\left[\tfrac{1}{32}x^4+\tfrac{1}{6}x^3-\tfrac{3}{4}x^2\right]_{-2}^{0}\right|$$
$$=\left|\left(\tfrac{1}{32}\cdot 0^4+\tfrac{1}{6}\cdot 0^3-\tfrac{3}{4}\cdot 0^2\right)\right.$$
$$\left.-\left(\tfrac{1}{32}\cdot(-2)^4+\tfrac{1}{6}\cdot(-2)^3-\tfrac{3}{4}\cdot(-2)^2\right)\right|$$
$$=\left|0-\left(-\tfrac{19}{2}\right)\right|=\tfrac{19}{2}$$

$A_2 = \left|\int_0^2 f(x) - g(x)\,dx\right|$

$= \left|\int_0^2 \frac{1}{8}x^3 - \frac{1}{2}x - \left(-\frac{1}{2}x^2 + x\right) dx\right|$

$= \int_0^2 \frac{1}{8}x^3 + \frac{1}{2}x^2 - \frac{3}{2}x\,dx\Big|$

$= \left|\left[\frac{1}{8}\cdot\frac{1}{4}x^4 + \frac{1}{2}\cdot\frac{1}{3}x^3 - \frac{3}{4}x^2\right]_0^2\right|$

$= \left|\left[\frac{1}{32}x^4 + \frac{1}{6}x^3 - \frac{3}{4}x^2\right]_0^2\right|$

$= \left|\left(\frac{1}{32}\cdot 2^4 + \frac{1}{6}\cdot 2^3 - \frac{3}{4}\cdot 2^2\right) - \left(\frac{1}{32}\cdot 0^4 + \frac{1}{6}\cdot 0^3 - \frac{3}{4}\cdot 0^2\right)\right|$

$= \left|\frac{13}{12} - 0\right| = \frac{13}{12}$

$A = \frac{19}{12} + \frac{13}{12} = \frac{32}{12} = \frac{8}{3}$

c) $f(x) = \frac{1}{48}x^3 - \frac{1}{4}x^2 + \frac{3}{4}x,\ \ g(x) = \frac{1}{2}x^2 - 3x,\ \ I = [-1;3]$

$f(x) = g(x)$

$\frac{1}{48}x^3 - \frac{1}{4}x^2 + \frac{3}{4}x = \frac{1}{2}x^2 - 3x \qquad | +3x$

$\frac{1}{48}x^3 - \frac{1}{4}x^2 + \frac{15}{4}x = \frac{1}{2}x^2 \qquad | -\frac{1}{2}x^2$

$\frac{1}{48}x^3 - \frac{3}{4}x^2 + \frac{15}{4}x = 0 \qquad$ | x ausklammern

$x\left(\frac{1}{48}x^2 - \frac{3}{4}x + \frac{15}{4}\right) = 0$

$x_1 = 0$

(pq- oder abc-Formel)

$\frac{1}{48}x^2 - \frac{3}{4}x + \frac{15}{4} = 0$

$x_2 = 30$ liegt nicht im Intervall
$x_3 = 6$ liegt nicht im Intervall

$A = \left|\int_{-1}^0 f(x) - g(x)\,dx\right| + \left|\int_0^3 f(x) - g(x)\,dx\right|$

$A_1 = \left|\int_{-1}^0 f(x) - g(x)\,dx\right|$

$= \left|\int_{-1}^0 \frac{1}{48}x^3 - \frac{1}{4}x^2 + \frac{3}{4}x - \left(\frac{1}{2}x^2 - 3x\right) dx\right|$

$= \left|\int_{-1}^0 \frac{1}{48}x^3 - \frac{1}{4}x^2 + \frac{3}{4}x - \frac{1}{2}x^2 + 3x\,dx\right|$

$= \left|\int_{-1}^0 \frac{1}{48}x^3 - \frac{3}{4}x^2 + \frac{15}{4}x\,dx\right|$

$= \left|\left[\frac{1}{48}\cdot\frac{1}{4}x^4 - \frac{3}{4}\cdot\frac{1}{3}x^3 + \frac{15}{8}x^2\right]_{-1}^0\right|$

$= \left|\left[\frac{1}{192}x^4 - \frac{1}{4}x^3 + \frac{15}{8}x^2\right]_{-1}^0\right|$

$= \left|\left(\frac{1}{192}\cdot 0^4 - \frac{1}{4}\cdot 0^3 + \frac{15}{8}\cdot 0^2\right) - \left(\frac{1}{192}\cdot(-1)^4 - \frac{1}{4}\cdot(-1)^3 + \frac{15}{8}\cdot(-1)^2\right)\right|$

$= \left|0 - \frac{379}{192}\right| = \frac{379}{192}$

$A_2 = \left|\int_0^3 f(x) - g(x)\,dx\right|$

$= \left|\int_0^3 \frac{1}{48}x^3 - \frac{1}{4}x^2 + \frac{3}{4}x - \left(\frac{1}{2}x^2 - 3x\right) dx\right|$

$= \left|\int_0^3 \frac{1}{48}x^3 - \frac{1}{4}x^2 + \frac{3}{4}x - \frac{1}{2}x^2 + 3x\,dx\right|$

$= \left|\int_0^3 \frac{1}{48}x^3 - \frac{3}{4}x^2 + \frac{15}{4}x\,dx\right|$

$= \left|\left[\frac{1}{48}\cdot\frac{1}{4}x^4 - \frac{3}{4}\cdot\frac{1}{3}x^3 + \frac{15}{2}x^2\right]_0^3\right|$

$= \left|\left[\frac{1}{192}x^4 - \frac{1}{4}x^3 + \frac{15}{2}x^2\right]_0^3\right|$

$= \left|\left(\frac{1}{192}\cdot 3^4 - \frac{1}{4}\cdot 3^3 + \frac{15}{8}\cdot 3^2\right) - \left(\frac{1}{192}\cdot 0^4 - \frac{1}{4}\cdot 0^3 + \frac{15}{8}\cdot 0^2\right)\right|$

$= \left|\frac{1755}{192}\right| = \frac{1755}{192}$

$A = \frac{379}{192} + \frac{1755}{192} = \frac{1956}{192} = \frac{163}{12}$

d) $f(x) = \frac{1}{3}x^3 - 3x^2 + 8x,\ \ g(x) = \frac{5}{4}x,\ \ I = [0;3]$

$f(x) = g(x)$

$\frac{1}{3}x^3 - 3x^2 + 8x = \frac{5}{4}x \qquad | -\frac{5}{4}x$

$\frac{1}{3}x^3 - 3x^2 + \frac{27}{4}x = 0 \qquad$ | x ausklammern

$x\left(\frac{1}{3}x^2 - 3x + \frac{27}{4}\right) = 0 \qquad$ | Satz vom Nullprodukt

$x_1 = 0$

$\frac{1}{3}x^2 - 3x + \frac{27}{4} = 0$

(pq- oder abc-Formel)

$x_{2/3} = \frac{9}{2}$ (nicht im Intervall)

$A = \left|\int_0^3 f(x) - g(x)\,dx\right|$

$= \left|\int_0^3 \frac{1}{3}x^3 - 3x^2 + \frac{27}{4}x\,dx\right|$

$= \left|\left[\frac{1}{12}x^4 - x^3 + \frac{27}{8}x^2\right]_0^3\right|$

$= \frac{1}{12}3^4 - 3^3 + \frac{27}{8}3^2 - \left(\frac{1}{12}\cdot 0^4 - 0^3 + \frac{27}{8}\cdot 0^2\right)$

$= \frac{81}{12} - 9 + \frac{243}{8} = \frac{225}{8}$

7 Baustelle

a) $f(x) = 0$

$-\frac{1}{4}x^4 + x^2 - 1 = 0 \quad |$ Substitution $x^2 = a$

$-\frac{1}{4}a^2 + a - 1 = 0$

(pq- oder abc-Formel)

$a_1 = 2$

$a_2 = -2$

Rücksubstitution $a = x^2$

$2 = x^2 \quad |$ Wurzel ziehen

$\sqrt{2} = x_1$

$-\sqrt{2} = x_2$

$-2 = x^2$ keine Lösung

$\int_{-\sqrt{2}}^{\sqrt{2}} f(x)\,dx = \int_{-\sqrt{2}}^{\sqrt{2}} -\frac{1}{4}x^4 + x^2 - 1\,dx$

$= \left[-\frac{1}{4} \cdot \frac{1}{5}x^5 + \frac{1}{3}x^3 - x\right]_{-\sqrt{2}}^{\sqrt{2}} = \left[-\frac{1}{20}x^5 + \frac{1}{3}x^3 - x\right]_{-\sqrt{2}}^{\sqrt{2}}$

$= \left(-\frac{1}{20} \cdot (\sqrt{2})^5 + \frac{1}{3} \cdot (\sqrt{2})^3 - (\sqrt{2})\right)$

$- \left(-\frac{1}{20} \cdot (-\sqrt{2})^5 + \frac{1}{3} \cdot (-\sqrt{2})^3 - (-\sqrt{2})\right)$

$\approx (-0{,}75) - (0{,}75) = -1{,}5$

Die Querschnittsfläche beträgt 1,5 FE.

b) $f(x) = -\frac{1}{4}$

$-\frac{1}{4}x^4 + x^2 - 1 = -\frac{1}{4} \quad | +\frac{1}{4}$

$-\frac{1}{4}x^4 + x^2 - \frac{3}{4} = 0 \quad |$ Substitution $a = x^2$

$-\frac{1}{4}a^2 + a - \frac{3}{4} = 0$

(pq- oder abc-Fomel)

$a_1 = 3$

$a_2 = 1$

Rücksubstitution $x^2 = a$

$x^2 = 3 \quad |$ Wurzel ziehen

$x_1 = \sqrt{3}$ liegt nicht mehr in der Senke

$x_2 = -\sqrt{3}$ liegt nicht mehr in der Senke

$x^2 = 1 \quad |$ Wurzel ziehen

$x_3 = 1$

$x_4 = -1$

$\int_{-1}^{1} f(x) - y\,dx = \int_{-1}^{1} -\frac{1}{4}x^4 + x^2 - 1 + \frac{1}{4}dx$

$= \int_{-1}^{1} -\frac{1}{4}x^4 + x^2 - \frac{3}{4}\,dx = \left[-\frac{1}{4} \cdot \frac{1}{5}x^5 + \frac{1}{3}x^3 - \frac{3}{4}x\right]_{-1}^{1}$

$= \left[-\frac{1}{20}x^5 + \frac{1}{3}x^3 - \frac{3}{4}x\right]_{-1}^{1}$

$= \left(-\frac{1}{20} \cdot 1^5 + \frac{1}{3} \cdot 1^3 - \frac{3}{4} \cdot 1\right)$

$- \left(-\frac{1}{20} \cdot (-1)^5 + \frac{1}{3} \cdot (-1)^3 - \frac{3}{4} \cdot (-1)\right)$

$= -\frac{7}{15} - \frac{7}{15} = -\frac{14}{15} \approx -0{,}93$

Die Querschnittsfläche beträgt 0,93 FE.

c) $g(x) = -x^2 + 4$

$g(x) = 0$

$-x^2 + 4 = 0 \quad | +x^2$

$4 = x^2$

$2 = x_1$

$-2 = x_2$

$\int_{-2}^{2} g(x)\,dx = \int_{-2}^{2} -x^2 + 4\,dx = \left[-\frac{1}{3}x^3 + 4x\right]_{-2}^{2}$

$= \left(-\frac{1}{3} \cdot 2^3 + 4 \cdot 2\right) - \left(-\frac{1}{3} \cdot (-2)^3 + 4 \cdot (-2)\right)$

$= \frac{16}{3} - \left(-\frac{16}{3}\right) = \frac{32}{3} \approx 10{,}67$

Da die Senke zugeschüttet wird und zum Sandhügel dazu gezählt wird, gilt:

$A = 1{,}5 + 10{,}67 = 12{,}17$

Der Sandhügel hat die Querschnittsfläche 12,17 FE.

8 Verkehrsfluss

$-\frac{3}{4}x^2 - 0{,}5 = -2{,}5 \quad | +0{,}5$

$-\frac{3}{4}x^2 = -2 \quad | : \left(-\frac{3}{4}\right)$

$x^2 = \frac{8}{3}$

$x_1 = \sqrt{\frac{8}{3}}$

$x_2 = -\sqrt{\frac{8}{3}}$

$\int_{-\sqrt{\frac{8}{3}}}^{\sqrt{\frac{8}{3}}} f(x)\,dx = \int_{-\sqrt{\frac{8}{3}}}^{\sqrt{\frac{8}{3}}} -\frac{3}{4}x^2 - 0{,}5\,dx = \left[-\frac{3}{4} \cdot \frac{1}{3}x^3 - 0{,}5x\right]_{-\sqrt{\frac{8}{3}}}^{\sqrt{\frac{8}{3}}}$

$= \left[-\frac{1}{4}x^3 - 0{,}5x\right]_{-\sqrt{\frac{8}{3}}}^{\sqrt{\frac{8}{3}}}$

$= \left(-\frac{1}{4} \cdot \left(\sqrt{\frac{8}{3}}\right)^3 - 0{,}5 \cdot \sqrt{\frac{8}{3}}\right) - \left(-\frac{1}{4} \cdot \left(-\sqrt{\frac{8}{3}}\right)^3 - 0{,}5 \cdot \left(-\sqrt{\frac{8}{3}}\right)\right)$

$\approx -1{,}91 - 1{,}91 = -3{,}82$

Die Querschnittsfläche beträgt 3,82 FE.

SCHRITT 15

Das brauchst du wieder

$10 + 11 + 13 + 5 + 2 + 3 + 19 = 63$

$63 : 7 = 9$

$1 + 3 + 5 + 7 + 9 + 11 + 13 + 15 = 64$

$64 : 8 = 8$

1 „Du bist dran" aus dem „So geht's"-Kasten

Stelle das Integral von f(x) mit dem Vorfaktor für den Mittelwert auf:

$\overline{m} = \frac{1}{2-(-1)} \int_{-1}^{2} \left(\frac{1}{4}x^2\right) dx = \frac{1}{3} \int_{-1}^{2} \left(\frac{1}{4}x^2\right) dx$

Berechne den Vorfaktor und das Integral:

$= \frac{1}{3}\left[\frac{1}{12}x^3\right]_{-1}^{2}$

$= \frac{1}{3}\left(\frac{1}{12}2^3 - \frac{1}{12}(-1)^3\right)$

$= \frac{1}{3}\left(\frac{8}{12} + \frac{1}{12}\right)$

$= \frac{1}{3} \cdot \frac{9}{12}$

$= \frac{3}{12}$

$= \frac{1}{4}$

2 Berechnung des Mittelwerts

a) $\overline{m} = \frac{1}{2-(-1)} \int_{-1}^{2} \left(\frac{1}{2}x^2\right) dx = \frac{1}{3} \int_{-1}^{2} \frac{1}{2}x^2 dx$

$= \frac{1}{3}\left[\frac{1}{6}x^3\right]_{-1}^{2}$

$= \frac{1}{3}\left(\frac{1}{6}2^3 - \frac{1}{6}(-1)^3\right)$

$= \frac{1}{3}\left(\frac{8}{6} + \frac{1}{6}\right)$

$= \frac{1}{3} \cdot \frac{9}{6}$

$= \frac{9}{18}$

$= \frac{1}{2}$

b) $\overline{m} = \frac{1}{4-1} \int_{1}^{4} (-x + 0{,}5)\, dx = \frac{1}{3} \int_{1}^{4} (-x + 0{,}5)\, dx$

$= \frac{1}{3}\left[-\frac{1}{2}x^2 + 0{,}5x\right]_{1}^{4}$

$= \frac{1}{3}\left(-\frac{1}{2}4^2 + 0{,}5 \cdot 4 - \left(-\frac{1}{2} + 0{,}5\right)\right)$

$= \frac{1}{3}\left(-\frac{16}{2} + 2 + 0\right)$

$= \frac{1}{3}(-8 + 2)$

$= -\frac{6}{3}$

$= -2$

c) $\overline{m} = \frac{1}{1-(-1)} \int_{-1}^{1} (2x^3 - 1)\, dx = \frac{1}{2} \int_{-1}^{1} (2x^3 - 1)\, dx$

$= \frac{1}{2}\left[\frac{1}{2}x^4 - x\right]_{-1}^{1}$

$= \frac{1}{2}\left(\frac{1}{2} - 1 - \left(\frac{1}{2} + 1\right)\right)$

$= \frac{1}{2}\left(\frac{1}{2} - 1 - \frac{1}{2} - 1\right)$

$= \frac{1}{2}(-2)$

$= -1$

d) $\overline{m} = \frac{1}{3-(-3)} \int_{-3}^{3} (4 - x^2)\, dx = \frac{1}{6} \int_{-3}^{3} (4 - x^2)\, dx$

$= \frac{1}{6}\left[4x - \frac{1}{3}x^3\right]_{-3}^{3}$

$= \frac{1}{6}\left(12 - \frac{1}{3} \cdot 27 - \left(-12 - \frac{1}{3} \cdot (-27)\right)\right)$

$= \frac{1}{6}(12 - 9 - (-12 + 9))$

$= \frac{1}{6}(12 - 9 + 12 - 9)$

$= \frac{1}{6}(24 - 18)$

$= \frac{6}{6}$

$= 1$

3 Mittelwert grafisch

a)

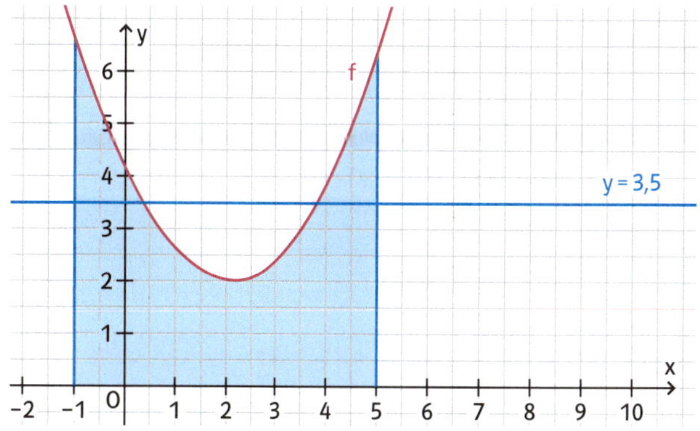

b) $\overline{m} = \frac{1}{5-(-1)} \int_{-1}^{5} 0{,}5(x-2)^2 + 2\, dx$

$= \frac{1}{5+1} \int_{-1}^{5} 0{,}5(x^2 - 4x + 4) + 2\, dx$

$= \frac{1}{6} \int_{-1}^{5} 0{,}5x^2 - 2x + 2 + 2\, dx$

$= \frac{1}{6} \int_{-1}^{5} 0{,}5x^2 - 2x + 4\, dx$

$= \frac{1}{6}\left[0{,}5 \cdot \frac{1}{3}x^3 - 2 \cdot \frac{1}{2}x^2 + 4x\right]_{-1}^{5} = \frac{1}{6}\left[\frac{1}{6}x^3 - x^2 + 4x\right]_{-1}^{5}$

$= \frac{1}{6}\left(\frac{1}{6} \cdot 5^3 - 5^2 + 4 \cdot 5\right)$

$- \left(\frac{1}{6} \cdot (-1)^3 - (-1)^2 + 4 \cdot (-1)\right)$

$= \frac{1}{6}\left(\left(\frac{95}{6}\right) - \left(-\frac{31}{6}\right)\right) = \frac{1}{6}(21) = \frac{21}{6} = 3{,}5$

4 Mittelwert berechnen

a) $\overline{m} = \frac{1}{3-0} \int_{0}^{3} x^2 dx = \frac{1}{3}\left[\frac{1}{3}x^3\right]_{0}^{3} = \frac{1}{3}\left(\left(\frac{1}{3} \cdot 3^3\right) - \left(\frac{1}{3} \cdot 0^3\right)\right)$

$= \frac{1}{3}(9 - 0) = 3$

b) $\overline{m} = \frac{1}{5-1} \int_{1}^{5} \frac{2}{x^2} dx = \frac{1}{4} \int_{1}^{5} 2x^{-2} dx = \frac{1}{4}[2 \cdot (-1)x^{-1}]_{1}^{5}$

$= \frac{1}{4}[-2x^{-1}]_{1}^{5} = \frac{1}{4}((-2 \cdot 5^{-1}) - (2 \cdot 1^{-1}))$

$= \frac{1}{4}\left(-\frac{2}{5} - 2\right) = \frac{1}{4}\left(-\frac{12}{5}\right) = -\frac{3}{5}$

c) $\overline{m} = \frac{1}{1-(-1)} \int_{-1}^{1} e^{-x} dx = \frac{1}{2} \int_{-1}^{1} e^{-x} dx = \frac{1}{2}[-e^{-x}]_{-1}^{1}$

$= \frac{1}{2}((-e^{-1}) - (-e^{-(-1)})) = \frac{1}{2}(-e^{-1} + e^{1}) \approx 1{,}18$

d) $\overline{m} = \frac{1}{27-3} \int_{3}^{27} 4\sqrt{3x}\, dx = \frac{1}{24} \int_{3}^{27} 4(3x)^{\frac{1}{2}} dx$

$= \frac{1}{24}\left[4 \cdot \frac{2}{3}(3x)^{\frac{3}{2}} \cdot \frac{1}{3}\right]_{3}^{27} = \frac{1}{24}\frac{8}{9}\left[(3x)^{\frac{3}{2}}\right]_{3}^{27}$

$= \frac{1}{24}\left(\left(\frac{8}{9}(3 \cdot 27)^{\frac{3}{2}}\right) - \left(\frac{8}{9}(3 \cdot 3)^{\frac{3}{2}}\right)\right)$

$= \frac{1}{24}(648 - 24) = \frac{1}{24} \cdot 624 = 26$

5 Beispiele

1. $\overline{m} = \frac{1}{1-(-1)} \int_{-1}^{1} x + 1\,dx = 1$

2. $\overline{m} = \frac{1}{1-(-1)} \int_{-1}^{1} x^3 + 1\,dx = 1$

6 Mittelwert begründen

Die Funktion sieht nach einer trigonometrischen Funktion aus und „schwingt“ zwischen den y-Werten 1 und 3,5. Daher kann man vermuten, dass der Mittelwert der Funktion $\frac{1+3{,}5}{2} = 2{,}25$ beträgt.

Die mittlere Gerade ist diesem Wert am nächsten.

7 Vorgegebener Mittelwert

a) $\overline{m} = \frac{1}{b-0} \int_{0}^{b} 0{,}5x + 2\,dx = 6$

$\frac{1}{b} \int_{0}^{b} 0{,}5x + 2\,dx = \frac{1}{b}\left[0{,}5 \cdot \frac{1}{2}x^2 + 2x\right]_0^b$

$= \frac{1}{b}\left[\frac{1}{4}x^2 + 2x\right]_0^b$

$= \frac{1}{b}\left(\frac{1}{4} \cdot b^2 + 2 \cdot b\right) - \left(\frac{1}{4}0^2 + 2 \cdot 0\right)$

$= \frac{1}{b}\left(\frac{1}{4}b^2 + 2b\right) = \frac{1}{4}b + 2$

$\frac{1}{4}b + 2 = 6 \quad | -2$

$\frac{1}{4}b = 4 \quad | : \frac{1}{4}$

$b = 16$

b) $\overline{m} = \frac{1}{b-0} \int_{0}^{b} 2x^2 - 2\,dx = 3$

$\frac{1}{b} \int_{0}^{b} 2x^2 - 2\,dx = \frac{1}{b}\left[2 \cdot \frac{1}{3}x^3 - 2x\right]_0^b = \frac{1}{b}\left[\frac{2}{3}x^3 - 2x\right]_0^b$

$= \frac{1}{b}\left(\left(\frac{2}{3} \cdot b^3 - 2 \cdot b\right) - \left(\frac{2}{3} \cdot 0 - 2 \cdot 0\right)\right)$

$= \frac{1}{b}\left(\frac{2}{3}b^3 - 2b\right) = \frac{2}{3}b^2 - 2$

$\frac{2}{3}b^2 - 2 = 3 \quad | +2$

$\frac{2}{3}b^2 = 5 \quad | : \frac{2}{3}$

$b^2 = \frac{15}{2}$

$b_1 = \sqrt{\frac{15}{2}}$

$b_2 = -\sqrt{\frac{15}{2}}$ keine Lösung, da $a < b$

c) $\overline{m} = \frac{1}{b-(-2)} \int_{-2}^{b} -2x + 2\,dx = 2$

$\frac{1}{b+2} \int_{-2}^{b} -2x + 2\,dx = \frac{1}{b+2}\left[-2 \cdot \frac{1}{2}x^2 + 2x\right]_{-2}^{b}$

$= \frac{1}{b+2}\left[-x^2 + 2x\right]_{-2}^{b}$

$= \frac{1}{b+2}\left((-b^2 + 2b) - (-(-2)^2 + 2 \cdot (-2))\right)$

$= \frac{1}{b+2}(-b^2 + 2b + 8)$

$\frac{1}{b+2}(-b^2 + 2b + 8) = 2 \quad | : \frac{1}{b+2}$

$-b^2 + 2b + 8 = 2b + 4 \quad | -4$

$-b^2 + 2b + 4 = 2b \quad | -2b$

$-b^2 + 4 = 0 \quad | +b^2$

$4 = b^2$

$b_1 = 2$

$b_2 = -2 \quad \Rightarrow$ Intervallgrenzen, keine Lösung

d) $\overline{m} = \frac{1}{b-(2)} \int_{2}^{b} x + 1\,dx = 4$

$\frac{1}{b-2} \int_{2}^{b} x + 1\,dx = \frac{1}{b-2}\left[\frac{1}{2}x^2 + x\right]_2^b$

$= \frac{1}{b-2}\left(\left(\frac{1}{2} \cdot b^2 + b\right) - \left(\frac{1}{2} \cdot 2^2 + 2\right)\right)$

$= \frac{1}{b-2}\left(\frac{1}{2}b^2 + b - \frac{20}{3}\right)$

$\frac{1}{b-2}\left(\frac{1}{2}b^2 + b - \frac{20}{3}\right) = 4 \quad | : \frac{1}{b-2}$

$\frac{1}{2}b^2 + b - \frac{20}{3} = 4b - 8 \quad | -4b$

$\frac{1}{2}b^2 - 3b - \frac{20}{3} = -8 \quad | +8$

$\frac{1}{2}b^2 - 3b - \frac{4}{3} = 0$

(pq- oder abc-Formel)

$a_1 = \frac{18 + \sqrt{420}}{6} \approx 6{,}42$

$a_2 = \frac{18 - \sqrt{420}}{6} \approx -0{,}42$ keine Lösung

SCHRITT 16

Das brauchst du wieder

$f(x) = -\frac{2}{x}$ Für $x \to \infty$ gilt $f(x) \to 0$

$f(x) = -\frac{4}{x}$ Für $x \to 0$ gilt $f(x) \to -\infty$

$f(x) = e^{3x}$ Für $x \to +\infty$ gilt $f(x) \to +\infty$

1 „Du bist dran“ aus dem „So geht's“-Kasten

Schreibe A(z) als Integral mit fester und variabler Grenze auf:

$A(z) = \int_{2}^{z} 2e^{-\frac{1}{2}x}\,dx$

Bestimme die Stammfunktion und notiere sie in der Schreibweise mit eckigen Klammern und den Grenzen des Integrals:

$= \left[-4e^{-\frac{1}{2}x}\right]_2^z$

Setze die obere und die untere Grenze in die Stammfunktion ein und bilde die Differenz:

$= -4e^{-\frac{1}{2}z} - (-4e^{-1})$

$= -4e^{-\frac{1}{2}z} + 4e^{-1}$

Untersuche das Verhalten für A(z) für $z \to \infty$:

Für $z \to \infty$ gilt $e^{-\frac{1}{2}z} \to 0$ und deshalb

$-4e^{-\frac{1}{2}z} \to 0$.

Somit gilt $A(z) \to 4e^{-1} \approx 1{,}47$.

Die Fläche hat einen endlichen Inhalt von ca. 1,47 FE.

2 Untersuchung unbegrenzter Flächen

a) $A(z) = \int_1^z \frac{2}{x+1}\,dx = \int_1^z 2 \cdot \frac{1}{x+1}\,dx$

$= [2 \cdot \ln|z+1|]_1^z$

$= 2 \cdot \ln|z+1| - 2 \cdot \ln|1|$

$= 2 \cdot \ln|z+1|$

Für $z \to \infty$ gilt $z+1 \to \infty$ und deshalb $\ln|z+1| \to \infty$. Somit gilt $A(z) \to \infty$.

Die Fläche hat keinen endlichen Flächeninhalt.

b) $A(z) = \int_z^2 \frac{2}{x^2}\,dx = \int_z^2 2x^{-2}\,dx$

$= [-2x^{-1}]_z^2$

$= \left[\frac{-2}{x}\right]_z^2$

$= \frac{-2}{2} - \frac{-2}{z}$

$= -1 + \frac{2}{z}$

Für $z \to 0$ gilt $\frac{2}{z} \to \infty$.

Somit gilt $A(z) \to \infty$.

Die Fläche hat keinen endlichen Flächeninhalt.

c) $A(z) = \int_2^z \frac{4}{x}\,dx = \int_2^z 4 \cdot \frac{1}{x}\,dx$

$= [4 \cdot \ln|x|]_2^z$

$= 4 \cdot \ln(z) - 4\ln(2)$

Für $z \to \infty$ gilt $\ln(z) \to \infty$.

Somit gilt $A(z) \to \infty$.

Die Fläche hat keinen endlichen Flächeninhalt.

d) $A(z) = \int_z^3 \frac{2}{\sqrt{x}}\,dx = \int_z^3 2 \cdot x^{-\frac{1}{2}}\,dx$

$= \left[4 \cdot x^{\frac{1}{2}}\right]_z^3$

$= \left[4 \cdot \sqrt{x}\right]_z^3$

$= 4 \cdot \sqrt{3} - 4\sqrt{z}$

Für $z \to 0$ gilt $\sqrt{z} \to 0$.

Somit gilt $A(z) \to 4 \cdot \sqrt{3} \approx 6{,}93$.

Die Fläche hat einen endlichen Inhalt von ca. 6,93 FE.

3 Rechenausdruck zuordnen

A: III; B: I

4 Existenz

$f(x) = \frac{1}{x^4}$: $A(z) = \int_1^z \frac{1}{x^4}\,dx = \int_1^z x^{-4}\,dx = \left[-\frac{1}{3}x^{-3}\right]_{-1}^z$

$= -\frac{1}{3}z^{-3} - \left(-\frac{1}{3} \cdot (-1)^{-3}\right) = -\frac{1}{3z^3} - \frac{1}{3}$

Für $z \to \infty$ gilt: $A(z) \to -\frac{1}{3}$, da $-\frac{1}{3z^3} \to 0$

$g(x) = \frac{1}{\sqrt{x}}$: $A(z) = \int_1^z \frac{1}{\sqrt{x}}\,dx = \int_1^z x^{-\frac{1}{2}}\,dx = \left[2x^{\frac{1}{2}}\right]_1^z$

$= 2z^{\frac{1}{2}} - 2 = 2\sqrt{z} - 2$

Für $z \to \infty$ gilt: $A(z) \to \infty$

$h(x) = \frac{1}{x^5}$: $A(z) = \int_1^z \frac{1}{x^5}\,dx = \int_1^z x^{-5}\,dx = \left[-\frac{1}{4}x^{-4}\right]_{-1}^z$

$= -\frac{1}{4}z^{-4} - \left(-\frac{1}{4} \cdot (-1)^{-4}\right) = \frac{1}{4z^4} + \frac{1}{4}$

Für $z \to \infty$ gilt: $A(z) \to \frac{1}{4}$, da $\frac{1}{4z^4} \to 0$

5 Werte berechnen

a) $A(u) = \int_2^u \frac{4}{\sqrt{3x+5}}\,dx = \int_2^u 4(3x+5)^{-\frac{1}{2}}\,dx$

$= \left[4 \cdot 2 \cdot (3x+5)^{\frac{1}{2}} \cdot \frac{1}{3}\right]_2^u = \left[\frac{8}{3} \cdot (3x+5)^{\frac{1}{2}}\right]_2^u$

$= \frac{8}{3}(3u+5)^{\frac{1}{2}} - \left(\frac{8}{3}(3 \cdot 2+5)^{\frac{1}{2}}\right) = \frac{8}{3}\sqrt{3u+5} - \frac{8}{3}\sqrt{11}$

Für $u \to \infty$ gilt: $A(u) \to \infty$, da $\frac{8}{3}\sqrt{3u+5} \to \infty$

b) $A(u) = \int_2^u 4(2x+5)^{-\frac{3}{2}}\,dx$

$= \left[4 \cdot (-2) \cdot (2x+5)^{-\frac{1}{2}} \cdot \frac{1}{2}\right]_2^u$

$= \left[-4 \cdot (2x+5)^{-\frac{1}{2}}\right]_2^u$

$= -4(2u+5)^{-\frac{1}{2}} - (-4(2 \cdot 2+5))^{-\frac{1}{2}}$

$= -4(2u+5)^{-\frac{1}{2}} + (4 \cdot 9)^{-\frac{1}{2}} = -\frac{4}{\sqrt{2u+5}} + \frac{4}{\sqrt{9}}$

$= -\frac{2}{\sqrt{2u+5}} + \frac{4}{3}$

Für $u \to \infty$ gilt: $A(u) \to \frac{-4}{3}$, da $-\frac{1}{\sqrt{2u+5}} \to 0$

c) $A(u) = \int_2^u \frac{2}{e^{x+5}}\,dx = \int_2^u 2e^{-x-5}\,dx = [2 \cdot (-1)e^{-x-5}]_2^u$

$= [-2e^{-x-5}]_2^u = -2e^{-u-5} - (-2e^{-2-5})$

$= -2e^{-u-5} + 2e^{-7}$

Für $u \to \infty$ gilt: $A(u) \to 2e^{-7}$, da $-2e^{-u-5} \to 0$

d) $A(u) = \int_2^u 4\sqrt{2x+5}\,dx = \int_2^u 4(2x+5)^{\frac{1}{2}}\,dx$

$= \left[4 \cdot \frac{2}{3}(2x+5)^{\frac{3}{2}} \cdot \frac{1}{2}\right]_2^u$

$= \left[\frac{4}{3}\sqrt{2x+5}^3\right]_2^u$

$= \frac{4}{3}\sqrt{2u+5}^3 - \frac{4}{3} \cdot \sqrt{9}^3$

$= \frac{4}{3}\sqrt{2u+5}^3 - 4 \cdot 27$

Für $u \to \infty$ gilt:

$A(u) \to \infty$, da $\frac{4}{3}\sqrt{2u+5} \to \infty$

e) $A(u) = \int\limits_2^u \frac{7}{e^{3x}}\,dx = \int\limits_2^u 7e^{-3x}\,dx = \left[7 \cdot \left(-\frac{1}{3}\right) e^{-3x}\right]_2^u$

$= \left[-\frac{7}{3}e^{-3x}\right]_2^u = -\frac{7}{3}e^{-3u} - \left(-\frac{7}{3}e^{-3\cdot 2}\right)$

$= -\frac{7}{3}e^{-3u} + \frac{7}{3}e^{-6}$

Für $u \to \infty$ gilt: $A(u) \to \frac{7}{3}e^{-6}$, da $-\frac{7}{3}e^{-3u} \to 0$

f) $A(u) = \int\limits_2^u \frac{8}{(4x+5)^{\frac{5}{2}}}\,dx = \int\limits_2^u 8\left((4x+5)^{-\frac{5}{2}}\right)dx$

$= \left[-8 \cdot \frac{2}{3}(4x+5)^{-\frac{3}{2}} \cdot \frac{1}{4}\right]_2^u = \left[-\frac{4}{3}(4x+5)^{-\frac{3}{2}}\right]_2^u$

$= -\frac{4}{3}(4u+5)^{-\frac{3}{2}} - \left(-\frac{4}{3}(4 \cdot 2+5)^{-\frac{3}{2}}\right)$

$= -\frac{4}{3}(4x+5)^{-\frac{3}{2}} + \frac{4}{3} \cdot 12^{-\frac{3}{2}} = \frac{-4}{3(4u+5)^{\frac{3}{2}}} + \frac{4}{3 \cdot 12^{\frac{3}{2}}}$

Für $u \to \infty$ gilt: $A(u) \to \frac{4}{3 \cdot 12^{\frac{3}{2}}}$, da $\frac{-4}{3(4u+5)^{\frac{3}{2}}} \to 0$

6 Begrenzte Flächen

a) $F(x) = (x-2)e^x$

$F'(x) = 1 \cdot e^x + (x-2)e^x = (1+x-2)e^x$

$= (x-1)e^x = f(x)$

b) $f(x) = 0$

$(x-1)e^x = 0$ | Satz vom Nullprodukt

$e^x \neq 0$

$x - 1 = 0$ | +1

$x = 1 \Rightarrow N(1|0)$, Schnittpunkt mit der x-Achse

Da $u < 0$ gilt:

$A(u) = \int\limits_u^1 (x-1)e^x\,dx = [(x-2)e^x]_u^1$

$= (1-2)e^1 - (u-2)e^u = -e - (u-2)e^u$.

(Stammfunktion aus der Aufgabenstellung)

c) $A(u) = \int\limits_u^1 (x-1)e^x\,dx = [(x-2)e^x]_u^1$

$= (1-2)e^1 - (u-2)e^u = -e - (u-2)e^u$

Für $u \to -\infty$ gilt: $A(u) \to -e$, da $e^u \to 0$ und somit $(u-2)e^u \to 0$.

7 Fläche

$f(0) = \frac{1}{0+2} = \frac{1}{2} \Rightarrow S\left(0\middle|\frac{1}{2}\right)$

$A(u) = \int\limits_0^u \frac{1}{x+2}\,dx = [\ln|x+2|]_0^u = \ln(|u+2|) - \ln(|0+2|)$

$= \ln(|u+2|) - \ln(2)$

Für $u \to \infty$ gilt: $A(u) \to \infty$, da $\ln(|u+2|) \to \infty$.

SCHRITT 17

Das brauchst du wieder

$(-y^2+1)^2 = (-y^2)^2 - 2 \cdot y^2 \cdot 1 + 1^2$

$= y^4 - 2y^2 + 1$

$(a^3+4)(a^3-4) = (a^3)^2 - 4^2 = a^6 - 16$

1 „Du bist dran" aus dem „So geht's"-Kasten

Berechne die Schnittstellen des Graphen mit der x-Achse:

$x^2 - 4 = 0$ | +4

$x^2 = 4$ | $\sqrt{\ }$

$x_1 = -2$; $x_2 = 2$

Setze die Werte in die Formel für das Volumen eines Rotationskörpers ein:

$V = \pi \int\limits_{-2}^{2} (x^2-4)^2\,dx$

$= \pi \int\limits_{-2}^{2} x^4 - 8x^2 + 16\,dx$

Bestimme eine Stammfunktion, setze die obere und die untere Grenze in die Stammfunktion ein und bilde die Differenz:

$= \pi\left[\frac{1}{5}x^5 - \frac{8}{3}x^3 + 16x\right]_{-2}^{2}$

$= \pi\left(\left(\frac{1}{5} \cdot 32 - \frac{8}{3} \cdot 8 + 16 \cdot 2\right)\right.$

$\left.- \left(\frac{1}{5} \cdot (-32) - \frac{8}{3} \cdot (-8) + 16 \cdot (-2)\right)\right)$

$= \pi\left(\frac{32}{5} - \frac{64}{3} + 32 + \frac{32}{5} - \frac{64}{3} + 32\right)$

$= \pi\left(\frac{64}{5} - \frac{128}{3} + 64\right)$

$= \pi\left(\frac{64}{5} - \frac{128}{3} + 64\right)$

$= \frac{512}{15}\pi \approx 107{,}23$

Der Drehkörper hat ein ungefähres Volumen von 107,23 VE.

2 Volumen von Drehkörpern bestimmen

a) $V = \pi \int\limits_1^4 \left(\frac{2}{x}\right)^2 dx$

$= \pi \int\limits_1^4 \frac{4}{x^2}\,dx = \pi \int\limits_1^4 4x^{-2}\,dx$

$= \pi\left[-4x^{-1}\right]_1^4$

$= \pi\left[-\frac{4}{x}\right]_1^4$

$= \pi\left(-\frac{4}{4} - \left(-\frac{4}{1}\right)\right)$

$= \pi(-1+4)$

$= 3\pi \approx 9{,}42$

Der Drehkörper hat ein ungefähres Volumen von 9,42 VE.

b) $V = \pi \int_{-2}^{1} \sqrt{x+2}^2 \, dx$

$= \pi \int_{-2}^{1} x + 2 \, dx$

$= \pi \left[\frac{1}{2}x^2 + 2x\right]_{-2}^{1}$

$= \pi \left(\frac{1}{2} + 2 - \left(\frac{1}{2} \cdot 4 - 4\right)\right)$

$= \pi \left(\frac{1}{2} + 2 - 2 + 4\right)$

$= 4{,}5\pi \approx 14{,}14$

Der Drehkörper hat ein ungefähres Volumen von 14,14 VE.

3 Volumen berechnen

a) Schnittpunkte mit der x-Achse berechnen

$f(x) = 0$

$x^2 - 4 = 0 \quad | +4$

$x^2 = 4 \quad |$ Wurzel ziehen

$x_1 = -2$

$x_2 = 2$

Rotationsvolumen berechnen

$V = \pi \int_{-2}^{2} (f(x))^2 \, dx = \pi \int_{-2}^{2} (x^2 - 4)^2 \, dx$

$= \pi \int_{-2}^{2} x^4 - 8x^2 + 16 \, dx = \pi \left[\frac{1}{5}x^5 - 8 \cdot \frac{1}{3}x^3 + 16x\right]_{-2}^{2}$

$= \pi \left(\left(\frac{1}{5} \cdot 2^5 - \frac{8}{3} \cdot 2^3 + 16 \cdot 2\right) - \left(\frac{1}{5} \cdot (-2)^5 - \frac{8}{3} \cdot (-2)^3 + 16 \cdot (-2)\right)\right)$

$= \pi \left(\frac{256}{15} - \left(-\frac{256}{15}\right)\right) = \pi \cdot \frac{512}{15} \approx 107{,}23$

Das Volumen beträgt ca. 107,23 VE.

b) Schnittpunkte mit der x-Achse berechnen

$f(x) = 0$

$3x^2 - 12 = 0 \quad | +12$

$3x^2 = 12 \quad | :3$

$x^2 = 4 \quad |$ Wurzel ziehen

$x_1 = -2$

$x_2 = 2$

Rotationsvolumen berechnen

$V = \pi \int_{-2}^{2} (f(x))^2 \, dx = \pi \int_{-2}^{2} (3x^2 - 12)^2 \, dx$

$= \pi \int_{-2}^{2} 9x^4 - 72x^2 + 144 \, dx$

$= \pi \left[9 \cdot \frac{1}{5}x^5 - 72 \cdot \frac{1}{3}x^3 + 144x\right]_{-2}^{2}$

$= \pi \left(\left(\frac{9}{5} \cdot 2^5 - 24 \cdot 2^3 + 144 \cdot 2\right) - \left(\frac{9}{5} \cdot (-2)^5 - 24 \cdot (-2)^3 + 144 \cdot (-2)\right)\right)$

$= \pi(153{,}6 - (-153{,}6)) = 307{,}2\pi \approx 965{,}10$

Das Volumen beträgt ca. 965,10 VE.

c) Schnittpunkte mit der x-Achse berechnen

$f(x) = 0$

$4 - x^2 = 0 \quad | +x^2$

$4 = x^2 \quad |$ Wurzel ziehen

$x_1 = -2$

$x_2 = 2$

Rotationsvolumen berechnen

$V = \pi \int_{-2}^{2} (f(x))^2 \, dx = \pi \int_{-2}^{2} (4 - x^2)^2 \, dx$

$= \pi \int_{-2}^{2} 16 - 8x^2 + x^4 \, dx = \pi \left[16x - 8 \cdot \frac{1}{3}x^3 + \frac{1}{5}x^5\right]_{-2}^{2}$

$= \pi \left(\left(16 \cdot 2 - \frac{8}{3} \cdot 2^3 + \frac{1}{5} \cdot 2^5\right) - \left(16 \cdot (-2) - \frac{8}{3} \cdot (-2)^3 + \frac{1}{5}(-2)^5\right)\right)$

$= \pi \left(\frac{256}{6} - \left(-\frac{256}{6}\right)\right) = \pi \cdot \frac{512}{15} \approx 107{,}23$

Das Volumen beträgt ca. 107,23 VE.

d) Schnittpunkte mit der x-Achse berechnen

$f(x) = 0$

$0{,}5x^2 + 0{,}5x - 1 = 0$

(pq- oder abc-Formel)

$x_1 = -2$

$x_2 = 1$

Rotationsvolumen berechnen

$V = \pi \int_{-2}^{1} (f(x))^2 \, dx = \pi \int_{-2}^{1} (0{,}5x^2 + 0{,}5x - 1)^2 \, dx$

$= \pi \int_{-2}^{1} (0{,}5x^2 + 0{,}5x - 1) \cdot (0{,}5x^2 + 0{,}5x - 1) \, dx$

$= \pi \int_{-2}^{1} 0{,}25x^4 + 0{,}5x^3 - 0{,}75x^2 - x + 1 \, dx$

$= \pi \left[\frac{1}{4} \cdot \frac{1}{5}x^5 + \frac{1}{2} \cdot \frac{1}{4}x^4 - \frac{3}{4} \cdot \frac{1}{3}x^3 - \frac{1}{2}x^2 + x\right]_{-2}^{1}$

$= \pi \left[\frac{1}{20}x^5 + \frac{1}{8}x^4 - \frac{1}{4}x^3 - \frac{1}{2}x^2 + x\right]_{-2}^{1}$

$= \pi \left(\left(\frac{1}{20} \cdot 1^5 + \frac{1}{8} \cdot 1^4 - \frac{1}{4} \cdot 1^3 - \frac{1}{2} \cdot 1^2 + 1\right) - \left(\frac{1}{20}(-2)^5 + \frac{1}{8}(-2)^4 - \frac{1}{4}(-2)^3 - \frac{1}{2}(-2)^2 - 2\right)\right)$

$= \pi \left(\frac{17}{40} - \left(-\frac{8}{5}\right)\right) = \pi \cdot \frac{81}{40} \approx 6{,}36$

Das Volumen beträgt ca. 6,36 VE.

e) Schnittpunkte mit der x-Achse berechnen

$f(x) = 0$

$3x^2 - 3x - 6 = 0$

(pq- oder abc-Formel)

$x_1 = -1$

$x_2 = 2$

Rotationsvolumen berechnen

$$\pi\int_{-1}^{2}(f(x))^2\,dx = \pi\int_{-1}^{2}(3x^2-3x-6)^2\,dx$$
$$= \pi\int_{-1}^{2}(3x^2-3x-6)\cdot(3x^2-3x-6)\,dx$$
$$= \pi\int_{-1}^{2}9x^4-18x^3-27x^2+36x+36\,dx$$
$$= \pi\left[9\cdot\tfrac{1}{5}x^5-18\cdot\tfrac{1}{4}x^4-27\cdot\tfrac{1}{3}x^3+36\cdot\tfrac{1}{2}x^2+36x\right]_{-1}^{2}$$
$$= \pi\left[\tfrac{9}{5}x^5-\tfrac{9}{2}x^4-9x^3+18x^2+36x\right]_{-1}^{2}$$
$$= \pi\left(\tfrac{9}{5}\cdot 2^5-\tfrac{9}{2}\cdot 2^4-9\cdot 2^3+18\cdot 2^2+36\cdot 2\right)$$
$$-\left(\tfrac{9}{5}\cdot(-1)^5-\tfrac{9}{2}\cdot(-1)^4-9\cdot(-1)^3+18\cdot(-1)^2\right.$$
$$\left.+36\cdot(-1)\right)$$
$$= \pi\left(\tfrac{288}{5}-\left(-\tfrac{153}{10}\right)\right) = \pi\cdot\tfrac{729}{10} \approx 229{,}02$$

Das Volumen beträgt ca. 229,02 VE.

f) Schnittpunkte mit der x-Achse berechnen

$f(x) = 0$

$4x^2+4x-8 = 0$

(pq- oder abc-Formel)

$x_1 = -2$

$x_2 = 1$

Rotationsvolumen berechnen

$$V = \pi\int_{-2}^{1}(f(x))^2\,dx = \pi\int_{-2}^{1}(4x^2+4x-8)^2\,dx$$
$$= \pi\int_{-2}^{1}(4x^2+4x-8)\cdot(4x^2+4x-8)\,dx$$
$$= \pi\int_{-2}^{1}16x^4+32x^3-48x^2-64x+64\,dx$$
$$= \pi\left[16\cdot\tfrac{1}{5}x^5+32\cdot\tfrac{1}{4}x^4-48\cdot\tfrac{1}{3}x^3-64\cdot\tfrac{1}{2}x^2+64x\right]_{-2}^{1}$$
$$= \pi\left[\tfrac{16}{5}x^5+8x^4-16x^3-32x^2+64x\right]_{-2}^{1}$$
$$= \pi\left(\left(\tfrac{16}{5}\cdot 1^5+8\cdot 1^4-16\cdot 1^3-32\cdot 1^2+64\cdot 1\right)\right.$$
$$-\left(\tfrac{16}{5}\cdot(-2)^5+8\cdot(-2)^4-16\cdot(-2)^3\right.$$
$$\left.\left.-32\cdot(-2)^2+64\cdot(-2)\right)\right)$$
$$= \pi\left(\tfrac{136}{5}-\left(-\tfrac{512}{5}\right)\right) = \pi\cdot\tfrac{648}{5} = 407{,}15$$

Das Volumen beträgt ca. 407,15 VE.

4 Rotationskörper beschreiben

a) Zylinder

b) Paraboloid

c) Kegel

5 Körper mit Veränderung

a) Donut ohne Loch in der Mitte ☺

b) Donut

6 Volumen berechnen

a) Schnittpunkte berechnen:

$f(x) = g(x)$

$(x-2)(x+2)+5 = x+7$	3. Binomische Formel
$(x^2-4)+5 = x+7$	zusammenfassen
$x^2+1 = x+7$	$-x$
$x^2-x+1 = 7$	-7
$x^2-x-6 = 0$	

(pq- oder abc-Formel)

$x_1 = -2$

$x_2 = 3$

Rotationsvolumen berechnen

$$V = \pi\int_{-2}^{3}(g(x)-f(x))^2\,dx$$
$$= \pi\int_{-2}^{3}(x+7-(x^2+1))^2\,dx$$
$$= \pi\int_{-2}^{3}(x+7-x^2-1)^2\,dx$$
$$= \pi\int_{-2}^{3}(-x^2+x+6)^2\,dx$$
$$= \pi\int_{-2}^{3}(-x^2+x+6)\cdot(-x^2+x+6)\,dx$$
$$= \pi\int_{-2}^{3}(x^4-2x^3-11x^2+12x+36)\,dx$$
$$= \pi\left[\tfrac{1}{5}x^5-2\cdot\tfrac{1}{4}x^4-11\cdot\tfrac{1}{3}x^3-12\cdot\tfrac{1}{2}x^2+36x\right]_{-2}^{3}$$
$$= \pi\left[\tfrac{1}{5}x^5-\tfrac{1}{2}x^4-\tfrac{11}{3}x^3+6x^2+36x\right]_{-2}^{3}$$
$$= \pi\left(\left(\tfrac{1}{5}\cdot 3^5-\tfrac{1}{2}\cdot 3^4-\tfrac{11}{3}\cdot 3^3+6\cdot 3^2+36\cdot 3\right)\right.$$
$$-\left(\tfrac{1}{5}\cdot(-2)^5-\tfrac{1}{2}\cdot(-2)^4-\tfrac{11}{3}\cdot(-2)^3\right.$$
$$\left.\left.+6\cdot(-2)^2+36\cdot(-2)\right)\right)$$
$$= \pi\,(71{,}1-(-33{,}1)) = 104{,}2\cdot\pi \approx 327{,}19$$

Das Volumen beträgt ca. 327,19 VE.

b) Schnittpunkte berechnen:

$f(x) = g(x)$

$x^2-4 = -1{,}75$	$+4$
$x^2 = 2{,}25$	Wurzel ziehen
$x_1 = 1{,}5$	
$x_2 = -1{,}5$	

Rotationsvolumen berechnen

$$V = \pi\int_{-1{,}5}^{1{,}5}(g(x)-f(x))^2\,dx$$
$$= \pi\int_{-1{,}5}^{1{,}5}(-1{,}75-(x^4-4))^2\,dx$$
$$= \pi\int_{-1{,}5}^{1{,}5}(-1{,}75-x^2+4)^2\,dx$$

$= \pi \int_{-1,5}^{1,5} (-x^2 + 2{,}25)^2\,dx$

$= \pi \int_{-1,5}^{1,5} x^4 - 4{,}5x^2 + 5{,}0625\,dx$

$= \pi \left[\frac{1}{5}x^5 - 4{,}5 \cdot \frac{1}{3}x^3 + 5{,}0625x\right]_{-1,5}^{1,5}$

$= \pi \left[\frac{1}{5}x^5 - 1{,}5x^3 + 5{,}0625x\right]_{-1,5}^{1,5}$

$= \pi \left(\left(\frac{1}{5} \cdot 1{,}5^5 - 1{,}5 \cdot 1{,}5^3 + 5{,}0625 \cdot 1{,}5\right) - \left(\frac{1}{5} \cdot (-1{,}5)^5 - 1{,}5 \cdot (-1{,}5)^3 + 5{,}0625 \cdot (-1{,}5)\right)\right)$

$= \pi(4{,}05 - (-10{,}125)) = \pi \cdot 14{,}175 \approx 44{,}53$

Das Volumen beträgt ca. 44,53 VE.

c) Schnittpunkte berechnen:

$f(x) = g(x)$

$x^2 + 1 = -x^2 + 3 \quad | +x^2$

$2x^2 + 1 = 3 \quad | -1$

$2x^2 = 2 \quad | :2$

$x^2 = 1 \quad$ | Wurzel ziehen

$x_1 = 1$

$x_2 = -1$

Rotationsvolumen berechnen

$V = \pi \int_{-1}^{1} (f(x) - g(x))^2\,dx$

$= \pi \int_{-1}^{1} (x^2 + 1 - (-x^2 + 3))^2\,dx$

$= \pi \int_{-1}^{1} (x^2 + 1 + x^2 - 3)^2\,dx$

$= \pi \int_{-1}^{1} (2x^2 - 2)^2\,dx = \pi \int_{-1}^{1} 4x^4 - 8x^2 + 4\,dx$

$= \pi \left[4 \cdot \frac{1}{5}x^5 - 8 \cdot \frac{1}{3}x^3 + 4x\right]_{-1}^{1}$

$= \pi \left[\frac{4}{5}x^5 - \frac{8}{3}x^3 + 4x\right]_{-1}^{1}$

$= \pi \left(\left(\frac{4}{5} \cdot 1^5 - \frac{8}{3} \cdot 1^3 + 4 \cdot 1\right) - \left(\frac{4}{5} \cdot (-1)^5 - \frac{8}{3} \cdot (-1)^3 + 4 \cdot (-1)\right)\right)$

$= \pi \left(\frac{32}{15} - \left(-\frac{32}{15}\right)\right) = \pi \cdot \frac{64}{15} \approx 13{,}40$

Das Volumen beträgt ca. 13,40 VE.

d) Schnittpunkte berechnen

$f(x) = g(x)$

$2 = \sqrt{x} \quad$ | Quadrieren

$4 = x$

Im Schaubild erkennt man, dass die y-Achse die Fläche begrenzt.

Rotationsvolumen berechnen

$V = \pi \int_{0}^{4} (f(x) - g(x))^2\,dx = \pi \int_{0}^{4} (2 - \sqrt{x})^2\,dx$

$= \pi \int_{0}^{4} 4 - 4\sqrt{x} + x\,dx = \pi \int_{0}^{4} 4 - 4x^{\frac{1}{2}} + x\,dx$

$= \pi \left[4x - 4 \cdot \frac{2}{3}x^{\frac{3}{2}} + \frac{1}{2}x^2\right]_0^4 = \pi \left[4x - \frac{8}{3}x^{\frac{3}{2}} + \frac{1}{2}x^2\right]_0^4$

$= \pi \left(\left(4 \cdot 4 - \frac{8}{3} \cdot 4^{\frac{3}{2}} + \frac{1}{2} \cdot 4\right) - \left(4 \cdot 0 - \frac{8}{3} \cdot 0^{\frac{3}{2}} + \frac{1}{2} \cdot 0\right)\right)$

$= \pi \cdot \frac{10}{3} \approx 10{,}47$

Das Volumen beträgt ca. 10,47 VE.

7 Um y = 1 rotieren

Man verschiebt die Funktion um 1 LE nach unten, also $g(x) = \sqrt{x-1} - 1$, und lässt diese Funktion um die x-Achse rotieren. Dabei erhält man das gleiche Rotationsvolumen.

$V = \pi \int_{1}^{4} (\sqrt{x-1} - 1)^2\,dx$

$= \pi \int_{1}^{4} x - 1 - 2\sqrt{x-1} + 1\,dx$

$= \pi \int_{1}^{4} x - 2(x-1)^{\frac{1}{2}}\,dx = \pi \left[\frac{1}{2}x^2 - 2 \cdot \frac{2}{3} \cdot (x-1)^{\frac{3}{2}}\right]_1^4$

$= \pi \left[\frac{1}{2}x^2 - \frac{4}{3} \cdot (x-1)^{\frac{3}{2}}\right]_1^4$

$= \pi \left(\left(\frac{1}{2} \cdot 4^2 - \frac{4}{3} \cdot (4-1)^{\frac{3}{2}}\right) - \left(\frac{1}{2} \cdot 1^2 - \frac{4}{3} \cdot (1-1)^{\frac{3}{2}}\right)\right)$

$= \pi \left(8 - \frac{4}{3}\sqrt{3}^3 - \left(\frac{1}{2} - 0\right)\right) = \pi \left(7{,}5 - \frac{4}{3}\sqrt{3}^3\right) \approx 0{,}57\pi$

Das Rotationsvolumen beträgt ca. 1,79 VE.

TRAINING 2

1 Eine Stammfunktion

a) $F(x) = 0{,}5 \cdot \frac{1}{3}x^3 = \frac{1}{6}x^3$

b) $F(x) = \frac{1}{2}x^2 - \cos(x)$

c) $F(x) = \frac{1}{5}(2x+3)^5 \cdot \frac{1}{2} = \frac{1}{10}(2x+3)^5$

d) $F(x) = \frac{1}{0{,}5}e^{0{,}5x} + x = 2e^{0{,}5x} + x$

e) $f(x) = x + x^{-2}$

$F(x) = \frac{1}{2}x^2 + \frac{1}{(-1)}x^{-1} = \frac{1}{2}x^2 - x^{-1}$

f) $f(x) = \frac{5}{2} \cdot \frac{1}{x} + e^x$

$F(x) = \frac{5}{2}\ln(|x|) + e^x$

2 F(1) = 2

a) $F(x) = 4 \cdot \frac{1}{4}x^4 + c = x^4 + c$

$F(1) = 1^4 + c = 1 + c$

$1 + c = 2 \quad | -1$

$c = 1$

$F(x) = x^4 + 1$

b) $F(x) = e^x + 2x + c$

$F(1) = e^1 + 2 \cdot 1 + c = e^1 + 2 + c$

$e^1 + 2 + c = 2 \quad | -2$

$e^1 + c = 0 \quad | -e^1$

$c = e^1$

$F(x) = e^x + 2x + e^1$

c) $F(x) = 3 \cdot \frac{1}{3}(4x+1)^3 \cdot \frac{1}{4} + c = \frac{1}{4}(4x+1)^3 + c$

$F(1) = \frac{1}{4}(4 \cdot 1 + 1)^3 + c = \frac{1}{4} \cdot 5^3 + c = \frac{125}{4} + c$

$\frac{125}{4} + c = 2 \qquad \left| -\frac{125}{4} \right.$

$c = 2 - \frac{125}{4} = -\frac{117}{4}$

$F(x) = \frac{1}{4}(4x+1)^3 - \frac{117}{4}$

d) $f(x) = 2 \cdot x^{-2}$

$F(x) = 2 \cdot (-1)x^{-1} + c = -2x^{-1} + c = -\frac{2}{x} + c$

$F(1) = -\frac{2}{1} + c = -2 + c$

$-2 + c = 2 \qquad | +2$

$c = 4$

$F(x) = -\frac{2}{x} + 4$

e) $F(x) = \frac{1}{2} \cdot e^{2x} + 3 \cdot \frac{1}{2}x^2 + c = \frac{1}{2}e^{2x} + \frac{3}{2}x^2 + c$

$F(1) = \frac{1}{2}e^{2 \cdot 1} + \frac{3}{2} \cdot 1^2 + c = \frac{1}{2}e^2 + \frac{3}{2} + c$

$\frac{1}{2}e^2 + \frac{3}{2} + c = 2 \qquad \left| -\frac{3}{2} \right.$

$\frac{1}{2}e^2 + c = \frac{1}{2} \qquad \left| -\frac{1}{2}e^2 \right.$

$c = \frac{1}{2} - \frac{1}{2}e^2$

$F(x) = \frac{1}{2}e^{2x} + \frac{3}{2}x^2 + \frac{1}{2} - \frac{1}{2}e^2$

f) $F(x) = \frac{1}{5}(3x+3)^5 \cdot \frac{1}{3} + c = \frac{1}{15}(3x+3)^5 + c$

$F(1) = \frac{1}{15}(3 \cdot 1 + 3)^5 + c = \frac{1}{15} \cdot 6^5 + c = \frac{7776}{15} + c$

$\frac{7776}{15} + c = 2 \qquad \left| -\frac{7776}{15} \right.$

$c = -\frac{2582}{5}$

$F(x) = \frac{1}{15}(3x+3)^5 - \frac{2582}{5}$

3 Schaubild begründen

A) Falsch. Zwar gilt $f(1) = 0$, aber es liegt kein VZW vor.

B) Wahr. Es gilt $f(-3) = 0$ und es liegt ein VZW von „–" nach „+" vor.

C) Wahr, da $f(x) > 0$ im Intervall $(-3;0)$ ist und somit F monoton steigend.

D) Unentscheidbar, da keine exakten Werte von F angegeben werden können.

E) Falsch, da F im Intervall $(-4;-3)$ monoton fallend ist und somit $F(-4) > F(-3)$ gelten muss.

4 Integral berechnen

a) $\int_0^3 \frac{1}{3}x^3 + x\,dx = \left[\frac{1}{3} \cdot \frac{1}{4}x^4 + \frac{1}{2}x^2\right]_0^3 = \left[\frac{1}{12}x^4 + \frac{1}{2}x^2\right]_0^3$

$= \left(\frac{1}{12} \cdot 3^4 + \frac{1}{2} \cdot 3^2\right) - \left(\frac{1}{12} \cdot 0^4 + \frac{1}{2} \cdot 0^2\right)$

$= 11{,}25 - 0 = 11{,}25$

b) $\int_0^z \frac{1}{3}x^3 + x\,dx = 6$

$\int_0^z \frac{1}{3}x^3 + x\,dx = \left[\frac{1}{3} \cdot \frac{1}{4}x^4 + \frac{1}{2}x^2\right]_0^z = \left[\frac{1}{12}x^4 + \frac{1}{2}x^2\right]_0^z$

$= \left(\frac{1}{12} \cdot z^4 + \frac{1}{2} \cdot z^2\right) - \left(\frac{1}{12} \cdot 0^4 + \frac{1}{2} \cdot 0^2\right)$

$= \frac{1}{12}z^4 + \frac{1}{2}z^2$

$\frac{1}{12}z^4 + \frac{1}{2}z^2 = 6 \qquad | -6$

$\frac{1}{12}z^4 + \frac{1}{2}z^2 - 6 = 0 \qquad$ | Substitution $z^2 = a$

$\frac{1}{12}a^2 + \frac{1}{2}a - 6 = 0$

(pq- oder abc-Formel)

$a_1 = 6$

$a_2 = -12$

Rücksubstituion $a = z^2$

$6 = z^2$

$\sqrt{6} = z_1$

$-\sqrt{6} = z_2$ keine Lösung, da $-\sqrt{6} < 0$

$-12 = z^2$ keine Lösung

5 Eingeschlossene Flächen

a) $f(x) = x^2 + x - 2$

$f(x) = 0$

$x^2 + x - 2 = 0$

(pq- oder abc-Formel)

$x_1 = 1$

$x_2 = -2$

$\int_{-2}^1 x^2 + x - 2\,dx = \left[\frac{1}{3}x^3 + \frac{1}{2}x^2 - 2x\right]_{-2}^1$

$= \left(\frac{1}{3} \cdot 1^3 + \frac{1}{2} \cdot 1^2 - 2 \cdot 1\right)$

$- \left(\frac{1}{3} \cdot (-2)^3 + \frac{1}{2} \cdot (-2)^2 - 2 \cdot (-2)\right)$

$= -\frac{7}{6} + \frac{20}{6} = \frac{13}{6} \approx 2{,}17$

Die Fläche beträgt ca. 2,17 FE.

b) $f(x) = g(x)$

$x^2 + x - 2 = 3x + 1 \qquad | -1$

$x^2 + x - 3 = 3x \qquad | -3x$

$x^2 - 2x - 3 = 0$

(pq- oder abc-Formel)

$x_1 = -1$

$x_2 = 3$

$g(0) = 1$

$f(0) = -2 \quad \Rightarrow \quad$ g liegt oberhalb von f

$$\int_{-1}^{3} g(x) - f(x)\,dx$$
$$= \int_{-1}^{3} 3x + 1 - (x^2 + x - 2)\,dx = \int_{-1}^{3} -x^2 + 2x + 3\,dx$$
$$= \left[-\tfrac{1}{3}x^3 + 2 \cdot \tfrac{1}{2}x^2 + 3x\right]_{-1}^{3} = \left[-\tfrac{1}{3}x^3 + x^2 + 3x\right]_{-1}^{3}$$
$$= \left(-\tfrac{1}{3} \cdot 3^3 + 3^2 + 3 \cdot 3\right)$$
$$- \left(-\tfrac{1}{3} \cdot (-1)^3 + (-1)^2 + 3 \cdot (-1)\right)$$
$$= 9 + \tfrac{5}{3} = \tfrac{32}{3} \approx 10{,}67$$

6 Mittelwert berechnen

a) $\frac{1}{3-(-1)} \int_{-1}^{3} 8x^3 - 1\,dx$
$$= \tfrac{1}{4} \int_{-1}^{3} 8x^3 - 1\,dx$$
$$= \tfrac{1}{4}\left[8 \cdot \tfrac{1}{4}x^4 - x\right]_{-1}^{3}$$
$$= \tfrac{1}{4}[2x^4 - x]_{-1}^{3}$$
$$= \tfrac{1}{4}((2 \cdot 3^4 - 3) - (2 \cdot (-1)^4 - (-1)))$$
$$= \tfrac{1}{4}(159 - 3) = \tfrac{1}{4} \cdot 156 = 39$$

b) $\frac{1}{1-0} \int_{-0}^{1} 4e^{2x} + 2\,dx = \frac{1}{1}$
$$\int_{0}^{1} 4e^{2x} + 2\,dx$$
$$= \left[4 \cdot \tfrac{1}{2}e^{2x} + 2x\right]_{0}^{1} = [2e^{2x} + 2x]_0^1$$
$$= (2e^{2 \cdot 1} + 2 \cdot 1) - (2e^{2 \cdot 0} + 2 \cdot 0)$$
$$= 2e^2 + 2 - 2 = 2e^2 \approx 14{,}78$$

7 Werte uneigentlicher Integrale

a) $A(z) = \int_{0}^{z} 2e^{-x}\,dx = [-2e^{-x}]_0^z$
$$= -2e^{-z} - (-2e^{-0})$$
$= -2e^{-z} + 2$ für $z \to \infty$ gilt:
$A(z) \to 2$, da $-2e^{-z} \to 0$

b) $A(z) = \int_{z}^{0} 5e^{-x} - 1\,dx = [-5e^{-x} - x]_z^0$
$$= (-5e^{-0} - 0) - (-5e^{-z} - z)$$
$= -5 + 5e^{-z} + z$ für $z \to -\infty$ gilt:
$A(z) \to \infty$, da $5e^{-z} \to \infty$.

c) $A(z) = \int_{z}^{-1} \frac{1}{x^2} + 2x\,dx = \left[-x^{-1} + 2 \cdot \frac{1}{2}x^2\right]_z^{-1}$
$$= \left[-\tfrac{1}{x} + x^2\right]_z^{-1}$$
$$= \left(-\tfrac{1}{-1} + (-1)^2\right) - \left(-\tfrac{1}{z} + z^2\right) = 2 + \tfrac{1}{z} - z^2$$

Für $z \to -\infty$ gilt:
$A(z) \to -\infty$, da $z^2 \to \infty$ und $\frac{1}{z} \to 0$.

8 Rotationskörper

a) Es entsteht eine Kugel.

b) $f(x) = 0$
$\sqrt{9 - x^2} = 0$
$9 - x^2 = 0 \quad | +x^2$
$9 = x^2 \quad |$ Wurzel ziehen
$x_1 = 3 \Rightarrow N_1(3\,|\,0)$
$x_2 = -3 \Rightarrow N_2(-3\,|\,0)$

c) $V = \pi \int_{-3}^{3} \left(\sqrt{9 - x^2}\right)^2 dx = \pi \int_{-3}^{3} 9 - x^2\,dx$
$$= \pi \left[9x - \tfrac{1}{3}x^3\right]_{-3}^{3}$$
$$= \pi \cdot \left(9 \cdot 3 - \tfrac{1}{3} \cdot 3^3\right) - \left(9 \cdot (-3) - \tfrac{1}{3} \cdot (-3)^3\right)$$
$$= \pi \cdot (18 - (-18)) = 36 \cdot \pi \approx 113{,}09$$

d) Das Volumen der Kugel wird kleiner.

SCHRITT 18

Das brauchst du wieder

$\cos(40°) = \frac{\text{Ankathete}}{5} = \frac{y}{5}$

$\sin(30°) = \frac{\text{Gegenkathete}}{z} = \frac{5}{z}$

$\cos(30°) = \frac{\text{Ankathete}}{z} = \frac{y}{5}$

1 „Du bist dran“ aus dem „So geht's“-Kasten

a) Zeichne die sin- bzw. cos-Funktionen sowie die Parallele zur x-Achse bei y = 0,3:

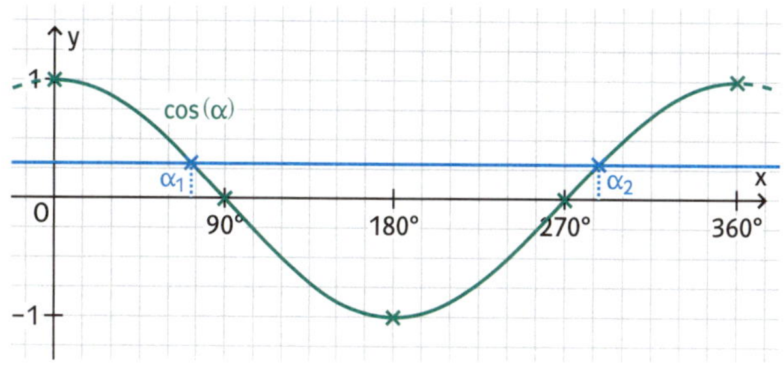

Lies die α-Werte der Schnittpunkte ab:
$\alpha_1 \approx 70°$, $\alpha_2 \approx 290°$

b) Löse die Gleichung mit dem Taschenrechner
$\cos(\alpha) = 0{,}3 \quad | \cos^{-1}(\ )$
$\alpha = \cos^{-1}(0{,}3)$
$\alpha_1 \approx 72{,}54°$

An der Zeichnung erkennt man, dass es einen zweiten Winkel α_2 geben muss, für den gilt:
$\alpha_2 \approx 270° + (90° - 72{,}54°)$
$= 270° + 17{,}46° = 287{,}46°$.

2 Winkel bestimmen

a)

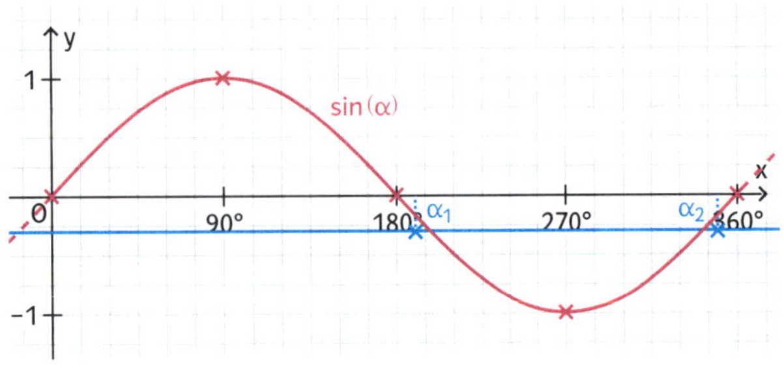

$\alpha_1 \approx 190°$, $\alpha_2 \approx 350°$

b) $\sin(\alpha) = -0{,}3 \quad |\sin^{-1}(\ )$

$\alpha = \sin^{-1}(-0{,}3)$

$(\alpha_1 \approx -17{,}46°)$

α_1 ist nicht im Bereich zwischen $0° \le \alpha \le 360°$.
An der Zeichnung oben erkennt man, dass es einen zweiten und dritten Winkel α_2 bzw. α_3 geben muss, für die gilt:

$\alpha_2 \approx 180° + 17{,}46° = 197{,}46°$

$\alpha_3 \approx 360° - 17{,}46° \approx 342{,}54°$

3 Winkel des Kosinus bestimmen

a) cos(α) und die Gerade $y = 0{,}4$ einzeichnen und die Schnittpunkte ablesen

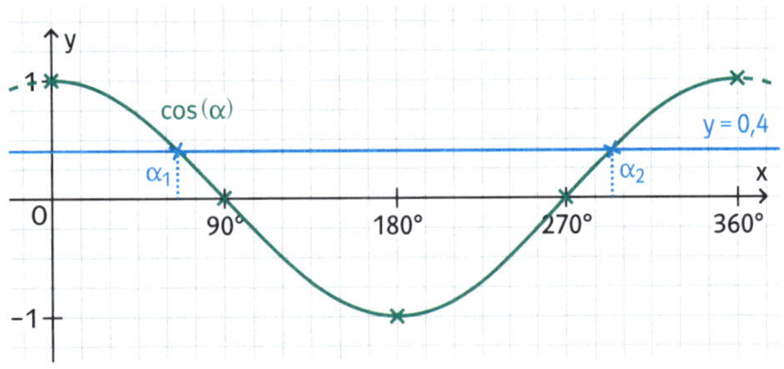

$\alpha_1 \approx 66°$, $\alpha_2 \approx 294°$

b) $\alpha_1 \approx 66°$, $\alpha_2 \approx 360° - 66° \approx 294°$

4 Winkelweiten bestimmen

Zeichnerisch:

a) $2\sin(\alpha) = 0{,}8 \quad |:2$

$\sin(\alpha) = 0{,}4$

sin(α) und die Gerade $y = 0{,}4$ einzeichnen und die Schnittpunkte ablesen.

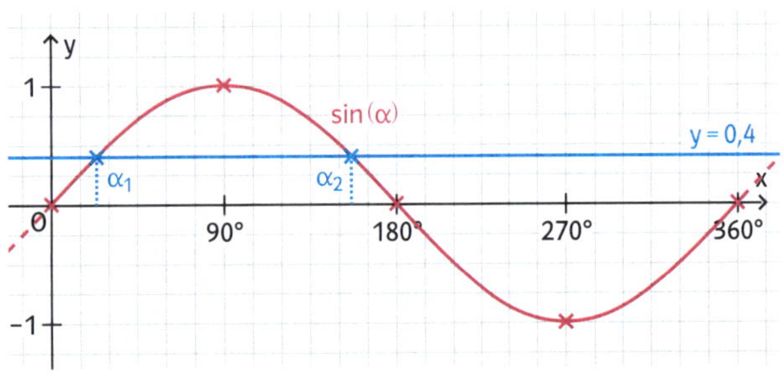

$\alpha_1 \approx 23{,}6°$, $\alpha_2 \approx 156{,}4°$

b) $4\cos(\alpha) = 1{,}2 \quad |:4$

$\cos(\alpha) = 0{,}3$

cos(α) und die Gerade $y = 0{,}3$ einzeichnen und die Schnittpunkte ablesen.

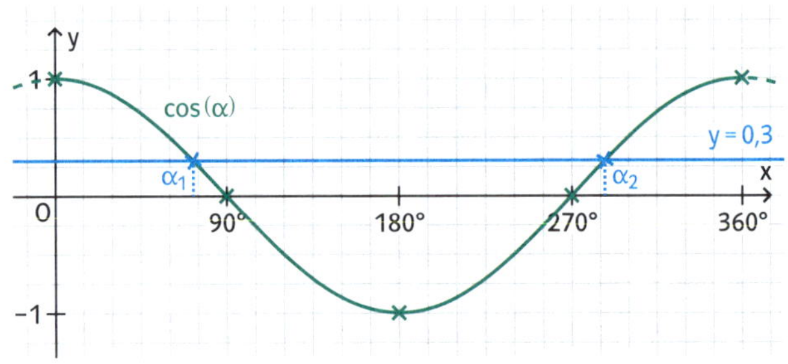

$\alpha_1 \approx 72{,}5°$, $\alpha_2 \approx 287{,}5°$

c) $3\sin(\alpha) = 5 \quad |:3$

$\sin(\alpha) = \frac{5}{3}$

sin(α) und die Gerade $y = \frac{5}{3}$ einzeichnen und die Schnittpunkte ablesen.

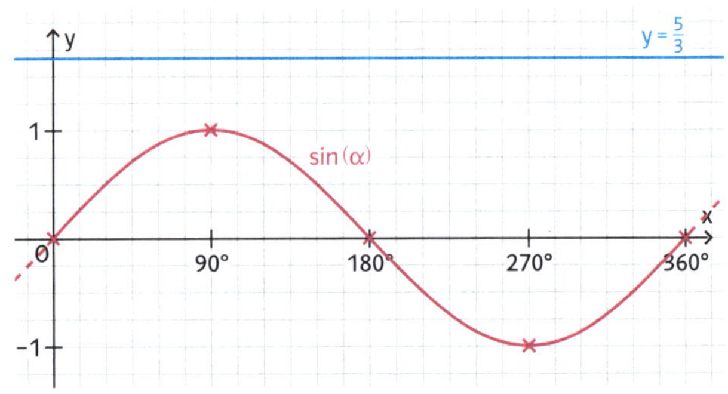

Keine Schnittpunkte, da die Werte von sin(α) nur zwischen −1 und 1 liegen.

Rechnerisch:

a) $2\sin(\alpha) = 0{,}8 \quad |:2$

$\sin(\alpha) = 0{,}4$

$\alpha_1 \approx 23{,}6°$, $\alpha_2 \approx 180° - 23{,}6° \approx 156{,}4°$

b) $4\cos(\alpha) = 1{,}2 \quad |:4$

$\cos(\alpha) = 0{,}3$

$\alpha_1 \approx 72{,}5°$, $\alpha_2 \approx 360° - 72{,}5° \approx 287{,}5°$

c) $3\sin(\alpha) = 5 \quad |:3$

$\sin(\alpha) = \frac{5}{3}$

keine Lösung

5 Weitere Winkelweiten bestimmen

Zeichnerisch:

a) $5\sin(\alpha) - 2 = -1{,}5 \quad |+2$

$5\sin(\alpha) = 0{,}5 \quad |:5$

$\sin(\alpha) = 0{,}1$

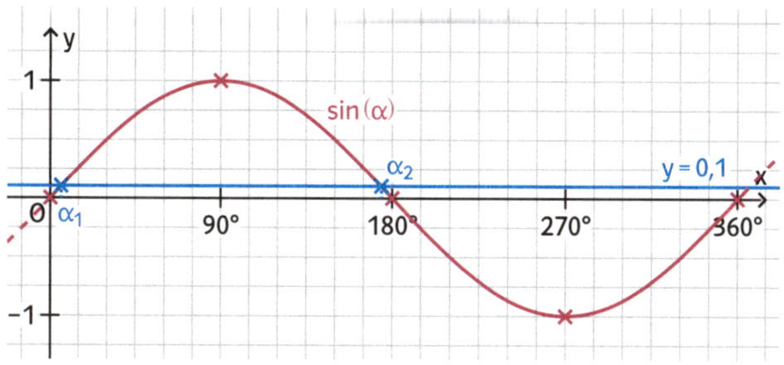

$\alpha_1 \approx 5{,}7°$, $\alpha_2 \approx 174{,}3°$

b) $0{,}3\cos(\alpha) + 1 = 1{,}3 \quad |-1$

$0{,}3\cos(\alpha) = 0{,}3 \quad |:0{,}3$

$\cos(\alpha) = 1$

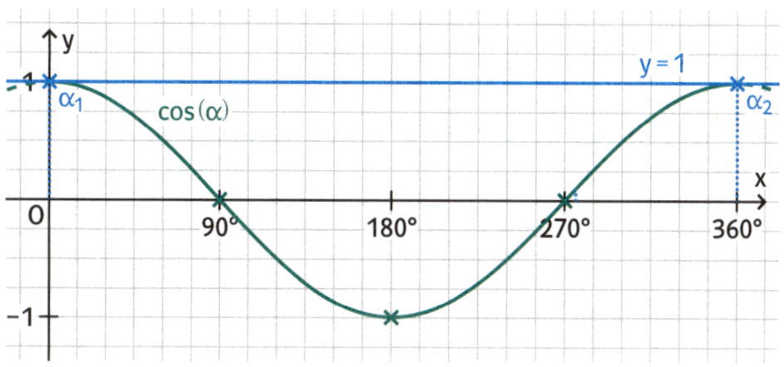

$\alpha_1 \approx 0°$, $\alpha_2 \approx 360°$

c) $0{,}1\cos(\alpha) + 2 = 1 \quad |-2$

$0{,}1\cos(\alpha) = -1 \quad |:0{,}1$

$\cos(\alpha) = 10$

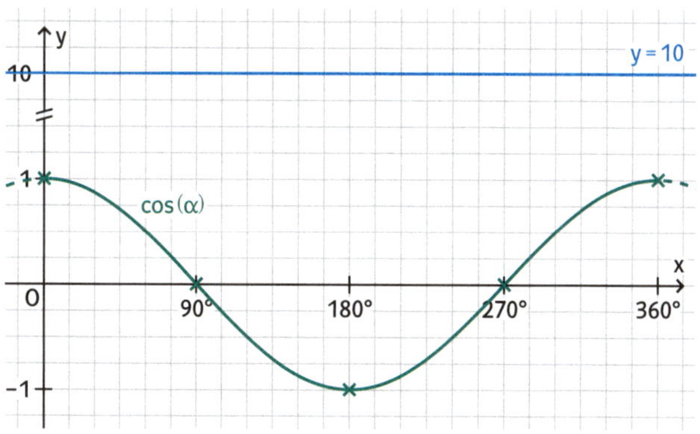

Keine Lösung, da der Kosinus nur Werte zwischen −1 und 1 annimmt.

Rechnerisch:

a) $5\sin(\alpha) - 2 = -1{,}5 \quad |+2$

$5\sin(\alpha) = 0{,}5 \quad |:5$

$\sin(\alpha) = 0{,}1$

$\alpha_1 \approx 5{,}7°$, $\alpha_2 \approx 180° - 5{,}7° \approx 174{,}3°$

b) $0{,}3\cos(\alpha) + 1 = 1{,}3 \quad |-1$

$0{,}3\cos(\alpha) = 0{,}3 \quad |:0{,}3$

$\cos(\alpha) = 1$

$\alpha_1 \approx 0°$, $\alpha_2 \approx 360° - 0° \approx 360°$

c) $0{,}1\cos(\alpha) + 2 = 1 \quad |-2$

$0{,}1\cos(\alpha) = -1 \quad |:0{,}1$

$\cos(\alpha) = 10$

keine Lösung

6 Werte zuordnen

Auf den Kärtchen sin (0°), sin (180°), cos (90°) und 0 steht der gleiche Wert.
Auf den Kärtchen cos (0°), sin (90°) und 1 steht der gleiche Wert.
Auf den Kärtchen cos (180°) und −1 steht der gleiche Wert.

7 Werte am Einheitskreis ablesen

a) $\sin(30°) = 0{,}5$

$\cos(30°) \approx 0{,}87$

b) $\sin^2(30°) + \cos^2(30°) = (0{,}5)^2 + (0{,}87)^2 \approx 1$

c) $\alpha = 0°$

$\sin(90° - 0°) = \cos(0°)$

$1 = 1$

$\alpha = 30°$

$\sin(90° - 30°) = \cos(30°)$

$0{,}87 = 0{,}87$ (gerundete Werte)

$\alpha = 90°$

$\sin(90° - 90°) = \cos(90°)$

$0 = 0$

8 Gleichung begründen

Am Einheitskreis und mittels des Satz des Pythagoras (im rechtwinkligen Dreieck ist $a^2 + b^2 = c^2$) gilt:
$\sin^2(\alpha) + \cos^2(\alpha) = (\text{Radius})^2 = 1^2 = 1$

SCHRITT 19

Das brauchst du wieder

$\cos(\alpha) = 0{,}5 \quad |\cos^{-1}(\ )$

$\alpha = \cos^{-1}(0{,}5)$

$\alpha_1 = 60°$

$\alpha_2 = 360° - 60° = 300°$

1 „Du bist dran" aus dem „So geht's"-Kasten

Zeichne die sin- bzw. cos- Funktionen sowie die Parallele zur x-Achse bei $y = 0{,}5$:

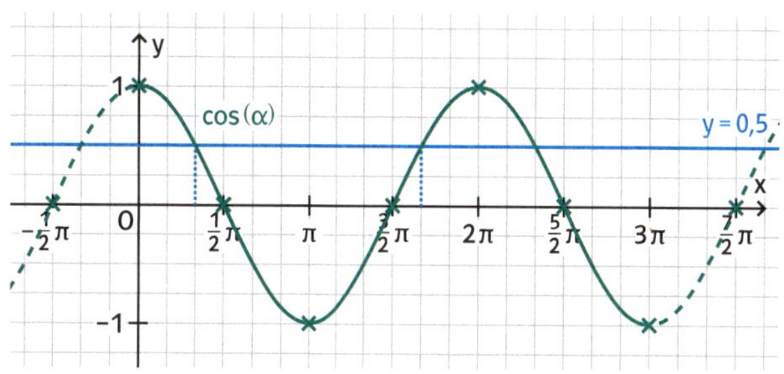

Löse die Gleichung mit dem Taschenrechner

$\cos(x) = 0{,}5 \qquad | \cos^{-1}(\ )$

$x = \cos^{-1}(0{,}5)$

$x_1 \approx 1{,}05$

An der Zeichnung erkennt man, dass es eine zweite Stelle x_2 geben muss, für die gilt:

$x_2 \approx 2\pi - 1{,}05 \approx 5{,}23$

Außerdem erkennt man, dass es eine weitere Nullstelle im Bereich zwischen 0 und 3π gibt:

$x_3 = 1{,}05 + 2\pi \approx 7{,}33$

2 Bogenmaß bestimmen

a)

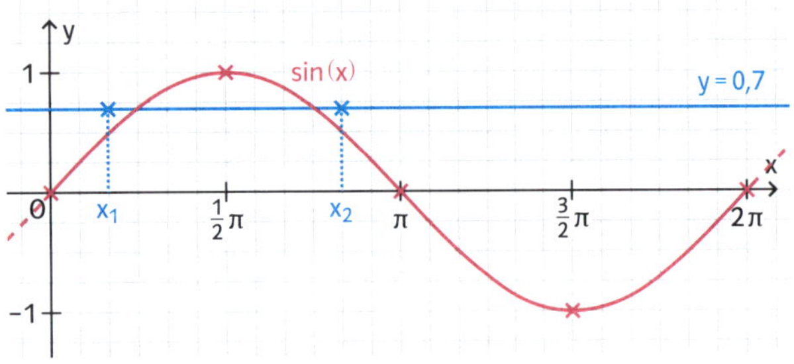

$\sin(x) = 0{,}7 \qquad | \sin^{-1}(\ )$

$x = \sin^{-1}(0{,}7)$

$x_1 \approx 0{,}77$

$x_2 \approx \pi - 0{,}77 \approx 2{,}37$

$x_3 \approx 0{,}77 + 2\pi \approx 7{,}05$

$x_4 \approx 2{,}37 + 2\pi \approx 8{,}65$

b)

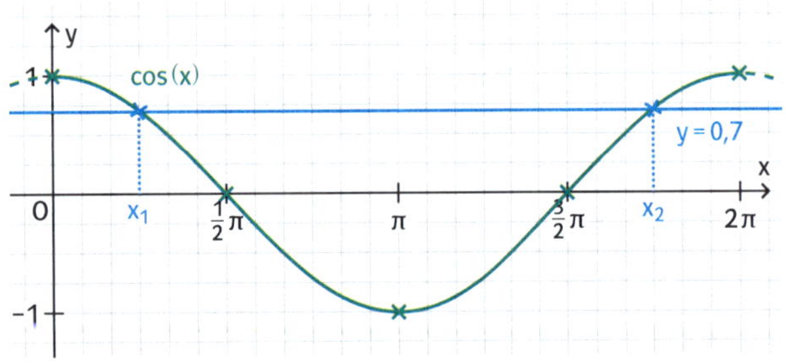

$\cos(x) = 0{,}7 \qquad | \cos^{-1}(\ )$

$x = \cos^{-1}(0{,}7)$

$x_1 \approx 0{,}80$

$x_2 \approx 2\pi - 0{,}80 \approx 5{,}49$

$x_3 \approx 0{,}80 + 2\pi \approx 7{,}08$

$(x_4 \approx 5{,}51 + 2\pi \approx 11{,}79)$

x_4 liegt nicht mehr im Bereich zwischen 0 und 3π.

c)

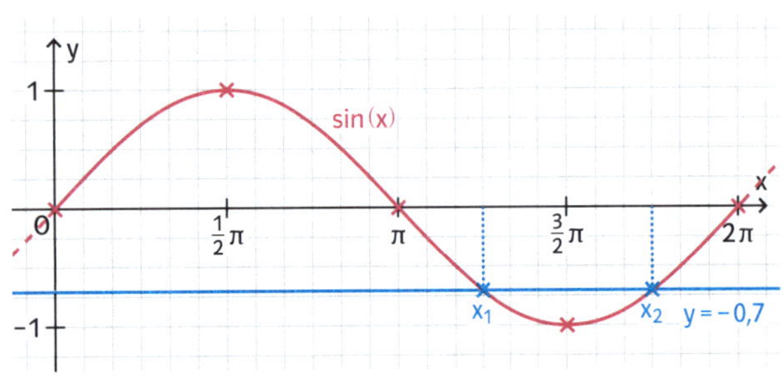

$\sin(x) = -0{,}7 \qquad | \sin^{-1}(\ )$

$x = \sin^{-1}(-0{,}7)$

$(x_0 \approx -0{,}77)$

x_0 liegt nicht mehr im Bereich zwischen 0 und 3π.

$x_1 \approx \pi + 0{,}77 \approx 3{,}91$

$x_2 \approx 2\pi - 0{,}77 \approx 5{,}51$

$(x_3 \approx 3{,}91 + 2\pi \approx 10{,}19)$

x_3 liegt nicht mehr im Bereich zwischen 0 und 3π.

d)

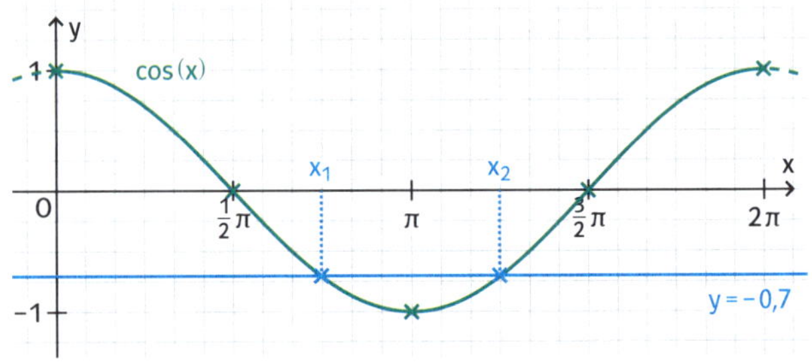

$\cos(x) = -0{,}7 \qquad | \cos^{-1}(\ )$

$x = \cos^{-1}(-0{,}7)$

$x_1 \approx 2{,}35$

$x_2 \approx 2\pi - 2{,}35 \approx 3{,}94$

$x_3 \approx 2{,}35 + 2\pi \approx 8{,}63$

$(x_4 \approx 3{,}94 + 2\pi \approx 10{,}21)$

x_4 liegt nicht mehr im Bereich zwischen 0 und 3π.

3 Zugehöriges Bogenmaß bestimmen

a) $x = \frac{\alpha}{180°} \cdot \pi = \frac{30°}{180°} \cdot \pi = \frac{1}{6}\pi$

b) $x = \frac{145°}{180°} \cdot \pi = \frac{29}{36}\pi$

c) $x = \frac{450°}{180°} \cdot \pi = \frac{5}{2}\pi$

d) $x = \frac{45°}{180°} \cdot \pi = \frac{1}{4}\pi$

e) $x = \frac{270°}{180°} \cdot \pi = \frac{3}{2}\pi$

f) $x = \frac{360°}{180°} \cdot \pi = 2\pi$

4 Zugehörige Winkel bestimmen

a) $\alpha = 180° \cdot \frac{x}{\pi} = 180° \cdot \frac{\frac{1}{3}\pi}{\pi} = \frac{180°}{3} = 60°$

b) $\alpha = 180° \cdot \frac{\frac{3}{2}\pi}{\pi} = \frac{180° \cdot 3}{2} = 270°$

c) $\alpha = 180° \cdot \frac{5\pi}{\pi} = 180° \cdot 5 = 900°$

d) $\alpha = 180° \cdot \frac{\frac{1}{8}\pi}{\pi} = \frac{180°}{8} = 22{,}5°$

e) $\alpha = 180° \cdot \frac{\frac{1}{9}\pi}{\pi} = \frac{180°}{9} = 20°$

f) $\alpha = 180° \cdot \frac{6\pi}{\pi} = 180° \cdot 6 = 1080°$

5 Werte ablesen

a) $\sin(0{,}5\pi) = 1, \ \cos(0{,}5\pi) = 0$

b) $\sin\left(\frac{3}{2}\pi\right) = -1, \ \cos\left(\frac{3}{2}\pi\right) = 0$

c) $\sin(5\pi) = 0, \ \cos(5\pi) = -1$

d) $\sin\left(\frac{7}{2}\pi\right) = -1, \ \cos\left(\frac{7}{2}\pi\right) = 0$

e) $\sin\left(\frac{1}{4}\pi\right) \approx 0{,}7, \cos\left(\frac{1}{4}\pi\right) \approx 0{,}7$

f) $\sin(6\pi) = 0,\ \cos(6\pi) = 1$

g) Gerade $y = 1$ einzeichnen und die Schnittpunkte mit dem Sinus ablesen.
$x = -1{,}5\pi; 0{,}5\pi; 2{,}5\pi; 4{,}5\pi$

h) Gerade $y = 0{,}5$ einzeichnen und die Schnittpunkte mit dem Kosinus ablesen.
$x = -\frac{5}{3}\pi; -\frac{1}{3}\pi; \frac{1}{3}\pi; 1\frac{2}{3}\pi; 2\frac{1}{3}\pi; 3\frac{2}{3}\pi; 4\frac{1}{3}\pi; 5\frac{2}{3}\pi$

i) Gerade $y = -0{,}7$ einzeichnen und die Schnittpunkte mit dem Sinus ablesen.
$x = -\frac{5}{4}\pi; -\frac{3}{4}\pi; \frac{3}{4}\pi; \frac{5}{4}\pi; \frac{11}{4}\pi; \frac{13}{4}\pi; \frac{19}{4}\pi; \frac{21}{4}\pi$

6 Sinuswerte zuordnen

Auf den Kärtchen $-2\pi; 0; 5\pi$ steht der gleiche Wert.
Auf den Kärtchen $-1{,}5\pi; 0{,}5\pi; 4{,}5\pi$ steht der gleiche Wert.
Auf den Kärtchen $-0{,}5\pi; 3{,}5\pi; 5{,}5\pi$ steht der gleiche Wert.

7 Lösungen einer Gleichung bestimmen

a) $3\sin(x) = 0 \quad | :3$
$\sin(x) = 0$
$x_1 = 0;\ x_2 = \pi;\ x_3 = 2\pi$

b) $2\sin(x) - 2 = 0 \quad | -2$
$2\sin(x) = 2 \quad | :2$
$\sin(x) = 1$
$x_1 = \frac{\pi}{2}$

c) $3\sin(x) - 2 = 0 \quad | +2$
$3\sin(x) = 2 \quad | :3$
$\sin(x) = \frac{2}{3}$
$x_1 \approx 0{,}25\pi;\ x_2 \approx 0{,}75\pi$

d) $3\sin(x) - \sin(x) = 1{,}2 \quad |$ sin zusammenfassen
$2\sin(x) = 1{,}2 \quad | :2$
$\sin(x) = 0{,}6$
$x_1 \approx 0{,}2\pi;\ x_2 \approx 0{,}8\pi$

e) $4\cos(x) = 4 \quad | :4$
$\cos(x) = 1$
$x_1 = 0;\ x_2 = 2\pi$

f) $4\cos(x) = 1 - 2\cos(x) \quad | +2\cos(x)$
$6\cos(x) = 1 \quad | :6$
$\cos(x) = \frac{1}{6}$
$x_1 \approx 0{,}45\pi;\ x_2 \approx 1{,}55\pi$

g) $(\sin(x))^2 = \frac{1}{4} \quad |$ Wurzel ziehen
$\sin(x) = \frac{1}{2}$ und $\sin(x) = -\frac{1}{2}$
$x_1 = \frac{1}{6}\pi;\ x_2 = \frac{5}{6}\pi$ und $x_3 = 1\frac{1}{6}\pi;\ x_4 = 1\frac{5}{6}\pi$

h) $(\cos(x))^2 = 0{,}36 \quad |$ Wurzel ziehen
$\cos(x) = 0{,}6$ und $\cos(x) = -0{,}6$
$x_1 \approx 0{,}3\pi;\ x_2 \approx 1{,}7\pi$ und $x_3 \approx 0{,}7\pi;\ x_4 \approx 1{,}3\pi$

i) $5(\cos(x))^2 = 20 \quad | :5$
$(\cos(x))^2 = 4 \quad |$ Wurzel ziehen
$\cos(x) = 2$ und $\cos(x) = -2$
Keine Lösungen, da der Kosinus nur Werte zwischen -1 und 1 annimmt.

8 Begründen und Erläutern

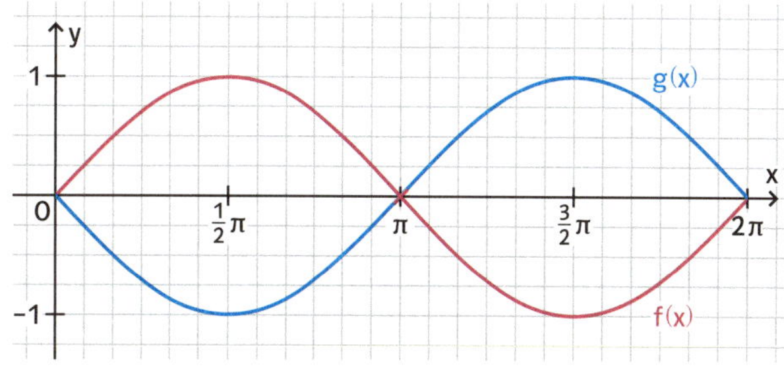

a) Da $\sin(x)$ punktsymmetrisch zum Ursprung ist, gilt $\sin(-x) = -\sin(x)$.

b) Bei $\sin(-x)$ wird der Sinus an der y-Achse gespiegelt, sein Abstand zur y-Achse bleibt aber gleich. Bei $-\sin(x)$ wird der Sinus an der x-Achse gespiegelt, sein Abstand zur y-Achse bleibt aber gleich.

SCHRITT 20

Das brauchst du wieder
II → A, III → D, IV → B

1 „Du bist dran" aus dem „So geht's"-Kasten

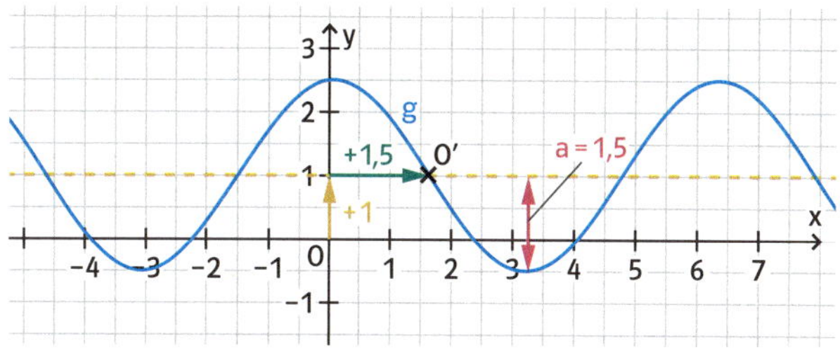

Skizziere den Graphen von $f(x) = \sin(x)$ und markiere die Mittellage von g (mit einer gestrichelten Linie) und den verschobenen Ursprung O′:
Der verschobene Ursprung O′ hat die Koordinate O′(1,5 | 1).
Lies die Werte für a, c, und d ab:
$a = 1{,}5$; $c = 1{,}5$ und $d = 1$.
Gib die Funktionsgleichung für g an:
$g(x) = 1{,}5 \cdot \sin(x - 1{,}5) + 1$

2 Ablesen der Funktionsgleichung

a) Falls man davon ausgeht, dass der Graph nach rechts verschoben wurde:

$a = 2,\ c = \frac{\pi}{2},\ d = -1$

$g(x) = 2 \cdot \sin\left(x - \frac{\pi}{2}\right) - 1$

Eine alternative Lösung erhält man, wenn man davon ausgeht, dass der Graph nach links verschoben wurde.

$a = 2,\ c = -\frac{\pi}{2},\ d = -1$

$g(x) = 2 \cdot \sin\left(x + \frac{\pi}{2}\right) - 1$

b) Falls man davon ausgeht, dass der Graph nach rechts verschoben wurde:
$a = 1{,}5,\ c = \pi,\ d = 1{,}5$
$g(x) = 1{,}5 \cdot \sin(x - \pi) + 1{,}5$
Eine alternative Lösung erhält man, wenn man davon ausgeht, dass der Graph nach links verschoben wurde.
$a = 1{,}5,\ c = -\pi,\ d = 1{,}5$
$g(x) = 1{,}5 \cdot \sin(x + \pi) + 1{,}5$

3 Parameter aus dem Graphen ablesen

a) $a = 1{,}5,\ c = -1,\ d = 1$
b) $a = 1,\ c = -0{,}5,\ d = 2$

4 Funktionen mit Parametern zeichnen

a) i)

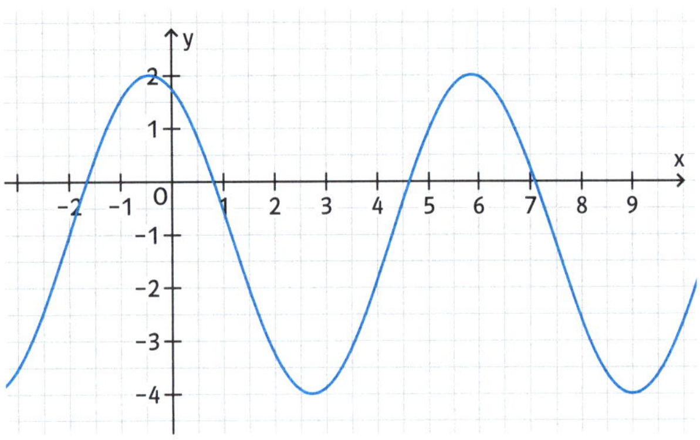

ii)

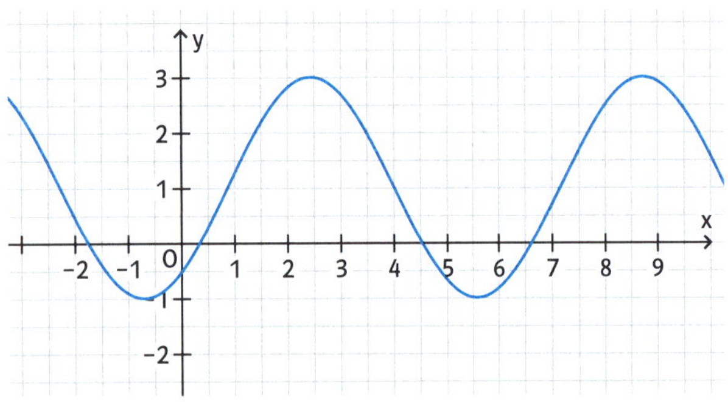

b) i)

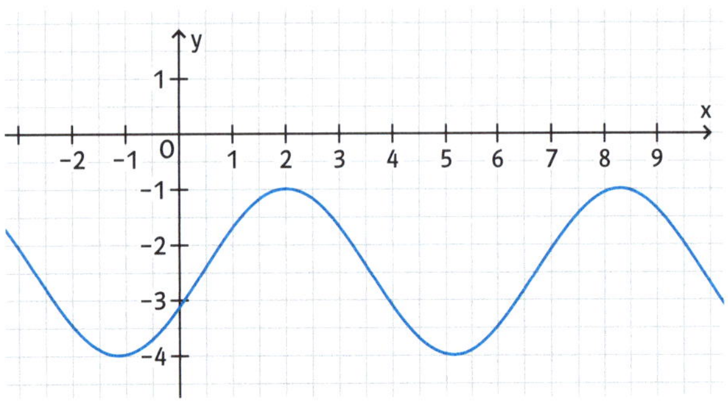

ii)

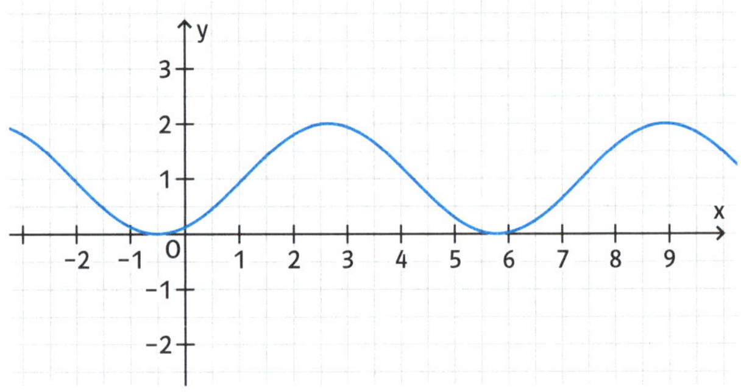

5 „Du bist dran" aus dem „So geht's"-Kasten

Beschreibe in Worten, welche Auswirkungen die Parameter der Funktion g(x) haben:

a) Man erhält den Graphen von g aus dem Graphen von f durch Streckung mit dem Faktor 1,5 in y-Richtung, Verschiebung in x-Richtung um π (also nach rechts) und Verschiebung in y-Richtung um 0,5 (also nach oben).
Skizziere zunächst den Graphen von $f(x) = \cos(x)$ in ein ausreichend großes Koordinatensystem. Skizziere die Mittellage und den verschobenen Ursprung O′. Skizziere dann ausgehend von O′ den nach dem oben genannten Faktor gestreckten Graphen der Kosinusfunktion:
Mittellage: $y = 0{,}5$
$O'(\pi \mid 0{,}5)$

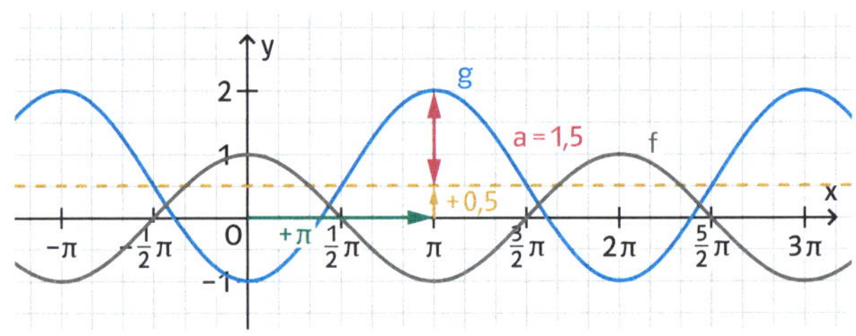

6 Graphen beschreiben und zeichnen

a) i) Man erhält den Graphen g aus dem Graphen von f durch Streckung mit dem Faktor 2, Verschiebung in x-Richtung um −π (also nach links) und in y-Richtung um 1 (also nach oben).

ii) Man erhält den Graphen g aus dem Graphen von f durch Streckung mit dem Faktor 2, Verschiebung in x-Richtung um $\frac{\pi}{2}$ (also nach rechts) und in y-Richtung um −1 (also nach unten).

b) i)

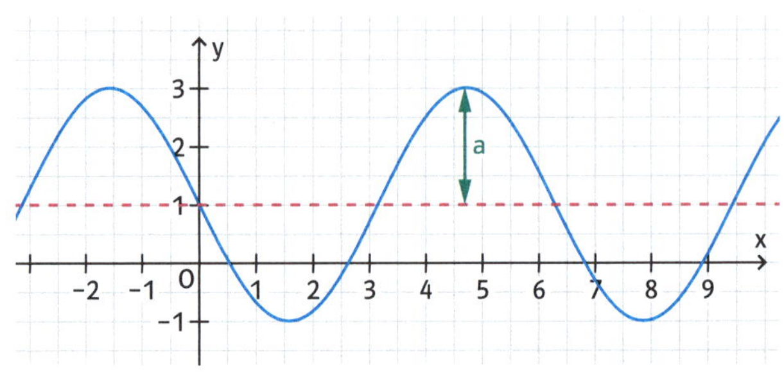

ii)

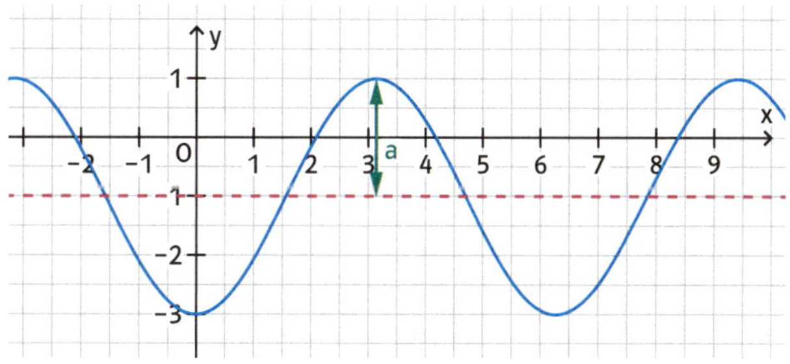

7 Funktionsgleichungen zuordnen

$A \rightarrow j$; $B \rightarrow h$; $C \rightarrow k$; $D \rightarrow i$

8 Funktionsgleichungen aufstellen

a) $f(x) = 2\cos(x)$

b) $f(x) = \cos(x) - 5$

c) $f(x) = -2\cos(x) + 3$

d) $f(x) = 0{,}2\cos(x + 3)$

9 Koordinaten ablesen

$A\left(-\frac{1}{4}\pi \middle| 0\right)$; $B(0|1{,}4)$; $C\left(\frac{3}{4}\pi \middle| 0\right)$;
$D\left(1\frac{1}{4}\pi \middle| -2\right)$; $E\left(1\frac{3}{4}\pi \middle| 0\right)$

SCHRITT 21

Das brauchst du wieder

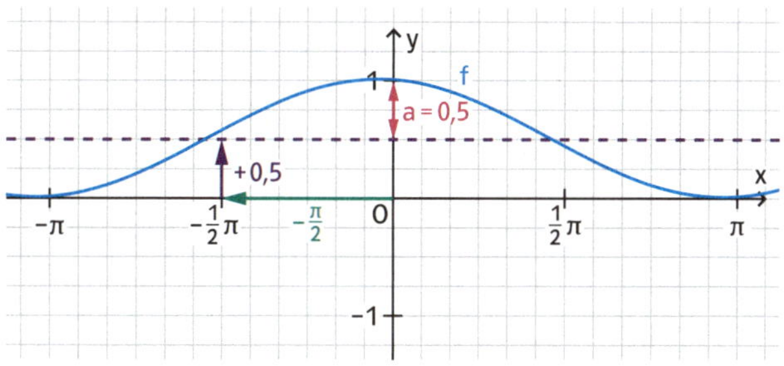

$a = 0{,}5$; $c = -\frac{\pi}{2}$; $d = 0{,}5$

1 „Du bist dran" aus dem „So geht's"-Kasten

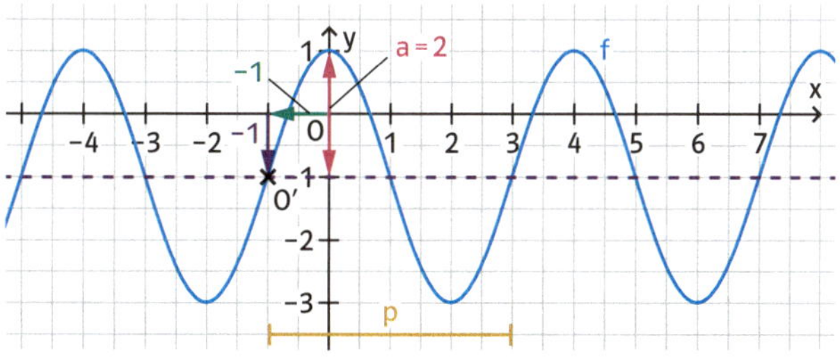

Markiere die Mittellage (mit einer gestrichelten Linie) und den verschobenen Ursprung O':

Der verschobene Ursprung O' hat die Koordinate $O'(-1|-1)$.

Lies die Werte für a, c, und d ab:

$a = 2$; $c = -1$ und $d = -1$.

Lies die Länge der Periode ab und bestimme daraus den Wert für b:

$p = 4$

$p = \frac{2\pi}{b} \quad | \cdot b$

$p \cdot b = 2\pi \quad | : p$

$b = \frac{2\pi}{p} = \frac{2\pi}{4} = \frac{\pi}{2}$

Setze die erhaltenen Parameter in die allgemeine Funktionsgleichung ein:

$f(x) = 2 \cdot \sin\left(\frac{\pi}{2} \cdot (x + 1)\right) - 1$

2 Ablesen der Funktionsgleichung

a) Falls man davon ausgeht, dass der Graph nach links verschoben wurde:

$a = 1$, $c = -\pi$, $d = -1$

$b = \frac{2\pi}{4\pi} = \frac{1}{2}$

$f(x) = \sin\left(\frac{1}{2}(x + \pi)\right) - 1$

Eine alternative Lösung erhält man, wenn man davon ausgeht, dass der Graph nach rechts verschoben wurde.

$a = 1$, $c = 3\pi$, $d = -1$

$b = \frac{2\pi}{4\pi} = \frac{1}{2}$

$f(x) = \sin\left(\frac{1}{2}(x - 3\pi)\right) - 1$

b) Falls man davon ausgeht, dass der Graph nach links verschoben wurde:

$a = 3$, $c = -0{,}5$, $d = 1$

$b = \frac{2\pi}{2} = \pi$

$f(x) = 3 \cdot \sin(\pi(x + 0{,}5)) + 1$

Eine alternative Lösung erhält man, wenn man davon ausgeht, dass der Graph nach rechts verschoben wurde.

$a = 3$, $c = 1{,}5$, $d = 1$

$b = \frac{2\pi}{2} = \pi$

$f(x) = 3 \cdot \sin(\pi(x - 1{,}5)) + 1$

3 Funktion beschreiben und Funktionsterm angeben

a) Der Graph von g geht aus dem Graphen f hervor durch Streckung mit dem Faktor 2 in y-Richtung, Streckung um den Faktor 3 in x-Richtung, Verschiebung um 1 auf der x-Achse und 1 auf der y-Achse.

$f(x) = 2\cos(3(x - 1)) + 1$

b) Der Graph von g geht aus dem Graphen f hervor durch Streckung mit dem Faktor 2,5 in y-Richtung, Streckung um den Faktor 4 in x-Richtung, Verschiebung um 4 auf der x-Achse und 2 auf der y-Achse.

$f(x) = 2{,}5\cos(4(x - 4)) + 2$

4 Funktionsgleichung aufstellen

a) $f(x) = \cos(2x)$

b) $f(x) = -2\cos(2x) + 3$

c) $f(x) = 0{,}2\cos\left(x - \frac{2}{3}\pi\right) - 3$

d) $f(x) = -2{,}5\cos(2{,}5(x - 5))$

5 „Du bist dran" aus dem „So geht's"-Kasten

Skizziere zunächst den Graphen von $g(x) = \cos(x)$ in ein ausreichend großes Koordinatensystem. Bestimme die Periode p von f. Skizziere damit den Graphen $h(x) = -\cos(2x)$ ergänzend zum Graphen von g:

$p = \frac{2\pi}{2} = \frac{2\pi}{2} = \pi$

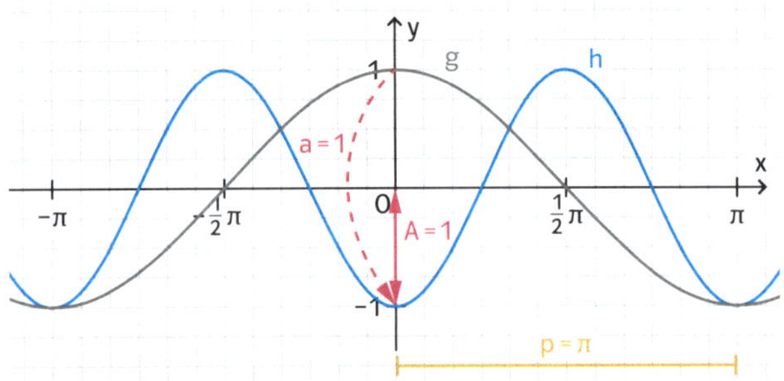

Skizziere den Graphen von $h(x) = -\cos(2x)$ in ein neues, ausreichend großes Koordinatensystem. Skizziere die Mittellage und den verschobenen Ursprung O'. Skizziere dann ausgehend von O' den Graphen von $f(x) = -\cos(2(x + \pi)) - 1$

Mittellage: $y = -1$

$O'(-\pi \mid -1)$

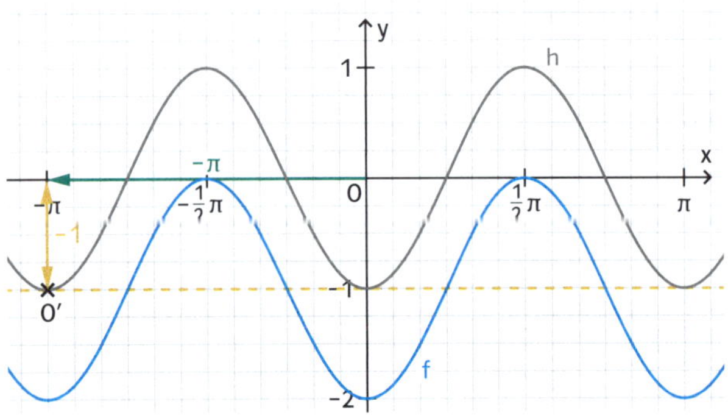

6 Zeichne den Graphen

a) $a = 2,\ b = 0{,}5\pi,\ c = 1,\ d = 1$

$p = \frac{2\pi}{b} = \frac{2\pi}{\frac{1}{2}\pi} = 4$

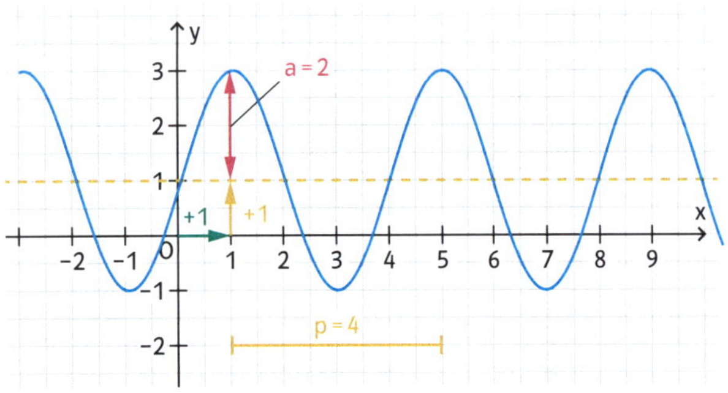

b) $a = -1{,}5,\ b = \pi,\ c = -2,\ d = -1$

$p = \frac{2\pi}{b} = \frac{2\pi}{\pi} = 2$

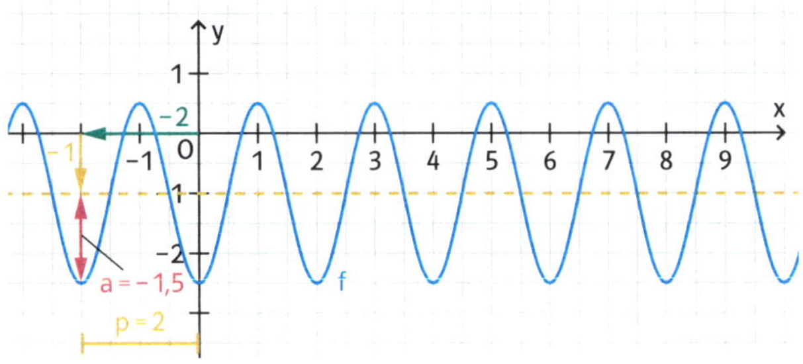

7 Weitere Funktionen zeichnen

a)

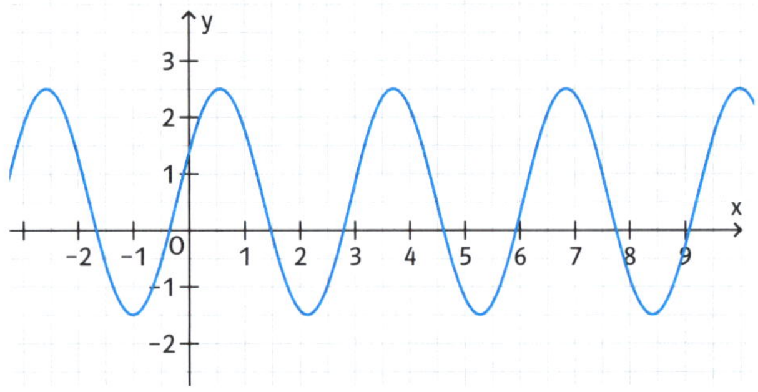

b)

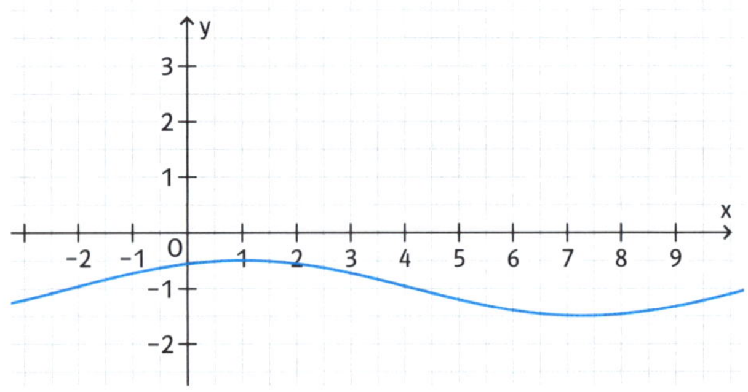

8 Funktionsterm aufstellen

$f(x) = \sin(0{,}5x)$

$f(x) = \sin(0{,}25(x - \pi))$

$f(x) = 2\sin(0{,}5x) + 1$

9 Vergleichen von Funktionstermen

$f(x) = 2\sin\left(3x - \frac{\pi}{2}\right)$ und $g(x) = 2\sin\left(3\left(x - \frac{\pi}{6}\right)\right)$

Gemeinsamkeiten: in y-Richtung mit dem Faktor 2 gestreckt, keine Verschiebung in y-Richtung, beide mit dem Faktor 3 in x-Richtung gestreckt.

Unterschiede: f ist um $\frac{\pi}{2}$ in x-Richtung verschoben, g um $\frac{\pi}{6}$

SCHRITT 22

Das brauchst du wieder

$\sin(x) = -0{,}75 \quad | \sin^{-1}(\ )$

$x = \sin^{-1}(0{,}75)$

$(x_0 = -0{,}84)$

x_0 liegt nicht mehr im Bereich zwischen 0 und 2π.

$x_1 = \pi + 0{,}84 = 3{,}98$

$x_2 = 2\pi - 0{,}84 = 5{,}44$

1 „Du bist dran" aus dem „So geht's"-Kasten

Vereinfache die Gleichung durch Äquivalenzumformungen so weit wie möglich:

$0{,}5\sin(2x + 1) - 2 = -2{,}25 \quad | +2$

$0{,}5\sin(2x + 1) = -0{,}25 \quad | \cdot 2$

$\sin(2x + 1) = -0{,}5$

Zeichne die sin-Funktion sowie die rechte Seite der Gleichung als Parallele zur x-Achse:

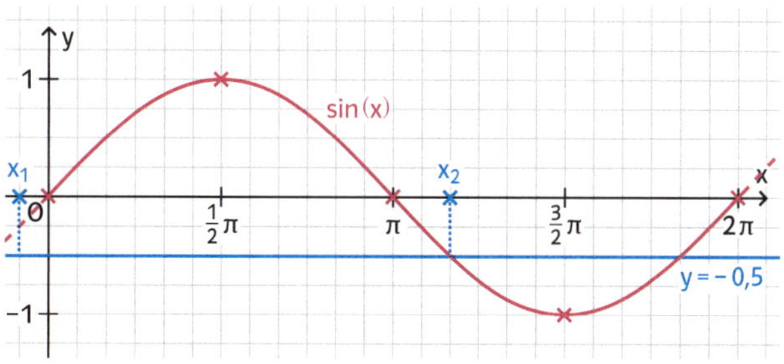

Berechne, wann der sin (x) den Wert der rechten Seite der Gleichung hat:

$\sin(x) = -0{,}5 \quad | \sin^{-1}(\ )$

$x_1 = \sin^{-1}(-0{,}5) = -0{,}52$

$x_2 = \pi + 0{,}52 = 3{,}66$

Setze das Argument der trigonometrischen Funktion mit deinen Lösungen gleich:

1. Fall:

$2x + 1 = -0{,}52 \quad | -1$

$2x = -1{,}52 \quad | : 2$

$x_1 = -0{,}76$

2. Fall:

$2x + 1 = 3{,}66 \quad | -1$

$2x = 2{,}66 \quad | : 2$

$x_2 = 1{,}33$

Berechne die Periode der Funktion:

$b = 2$

$p = \frac{2\pi}{b} = \frac{2\pi}{2} = \pi$

Bestimme alle Lösungen der Gleichungen im angegebenen Intervall, indem du die Periode zu den berechneten Werten addierst bzw. subtrahierst:

$x_3 \approx -0{,}76 + \pi \approx 2{,}38$

$x_4 \approx 1{,}33 + \pi \approx 4{,}47$

$x_5 \approx 2{,}38 + \pi \approx 5{,}52$

$(x_6 \approx 4{,}47 + \pi \approx 7{,}61)$

x_1 und x_5 sind nicht im Intervall.

Die Lösungen sind $x_2 \approx 1{,}33$, $x_3 \approx 2{,}38$, $x_4 \approx 4{,}47$ und $x_5 \approx 5{,}52$.

2 Bogenmaß bestimmen

a) $\sin(x + \pi) = 1$

Berechne, wann der sin (x) den Wert der rechten Seite der Gleichung hat:

$\sin(x) = 1 \quad | \sin^{-1}(\ )$

$x_1 = \frac{\pi}{2}$

Setze das Argument der trigonometrischen Funktion mit deinen Lösungen gleich:

$x + \pi = \frac{\pi}{2} \quad | -\pi$

$x_1 = -\frac{\pi}{2}$

Berechne die Periode der Funktion:

$b = 1$

$p = \frac{2\pi}{b} = \frac{2\pi}{1} = 2\pi$

Bestimme alle Lösungen der Gleichungen im angegebenen Intervall, indem du die Periode zu den berechneten Werten addierst bzw. subtrahierst:

$x_2 = -\frac{\pi}{2} + 2\pi = \frac{3}{2}\pi$

$\left(x_3 = \frac{3}{2}\pi + 2\pi = \frac{7}{2}\pi\right)$

x_1 und x_3 sind nicht im Intervall.

Die Lösung ist $x_2 = \frac{3}{2}\pi$.

b) *$\sin(x + \pi) = -1$*

Berechne, wann der sin (x) den Wert der rechten Seite der Gleichung hat:

$\sin(x) = -1 \quad | \sin^{-1}(\ )$

$x_1 = -\frac{\pi}{2}$

Setze das Argument der trigonometrischen Funktion mit deinen Lösungen gleich:

$x + \pi = -\frac{\pi}{2} \quad | -\pi$

$x_1 = -\frac{3}{2}\pi$

Berechne die Periode der Funktion:

$b = 1$

$p = \frac{2\pi}{b} = \frac{2\pi}{1} = 2\pi$

Bestimme alle Lösungen der Gleichungen im angegebenen Intervall, indem du die Periode zu den berechneten Werten addierst bzw. subtrahierst:

$x_2 = -\frac{3}{2}\pi + 2\pi = \frac{\pi}{2} \quad \left(x_3 = \frac{\pi}{2} + 2\pi = \frac{5\pi}{2}\right)$

x_1 und x_3 sind nicht im Intervall.

Die Lösung ist $x_2 = \frac{\pi}{2}$.

c) $2\sin(2x) = 0 \quad |:2$

$\sin(2x) = 0$

Berechne, wann der sin (x) den Wert der rechten Seite der Gleichung hat:

$\sin(x) = 0 \quad |\sin^{-1}(\ )$

$x_1 = 0$

$x_2 = \pi$

Setze das Argument der trigonometrischen Funktion mit deinen Lösungen gleich:

$2x = 0 \quad |:2$

$x_1 = 0$

$2x = \pi \quad |:2$

$x_2 = \frac{\pi}{2}$

Berechne die Periode der Funktion:

$b = 2$

$p = \frac{2\pi}{b} = \frac{2\pi}{2} = \pi$

Bestimme alle Lösungen der Gleichungen im angegebenen Intervall, indem du die Periode zu den berechneten Werten addierst bzw. subtrahierst:

$x_3 = 0 + \pi = \pi$

$x_4 = \frac{\pi}{2} + \pi = \frac{3\pi}{2}$

$x_5 = \pi + \pi = 2\pi$

Die Lösungen sind $x_1 = 0$, $x_2 = \frac{\pi}{2}$, $x_3 = \pi$, $x_4 = \frac{3\pi}{2}$ und $x_5 = 2\pi$.

d) $\cos(x + \pi) = 1$

Berechne, wann der cos (x) den Wert der rechten Seite der Gleichung hat:

$\cos(x) = 1 \quad |\cos^{-1}(\ )$

$x_1 = 0$

Setze das Argument der trigonometrischen Funktion mit deinen Lösungen gleich:

$x + \pi = 0 \quad |-\pi$

$x_1 = -\pi$

Berechne die Periode der Funktion:

$b = 1$

$p = \frac{2\pi}{b} = \frac{2\pi}{1} = 2\pi$

Bestimme alle Lösungen der Gleichungen im angegebenen Intervall, indem du die Periode zu den berechneten Werten addierst bzw. subtrahierst:

$x_2 = -\pi + 2\pi = \pi \quad (x_3 = \pi + 2\pi = 3\pi)$

x_1 und x_3 sind nicht im Intervall.

Die Lösung ist $x_2 = \pi$.

e) $3\cos(0{,}5x) = 0 \quad |:3$

$\cos(0{,}5x) = 0$

Berechne, wann der cos (x) den Wert der rechten Seite der Gleichung hat:

$\cos(x) = 0 \quad |\cos^{-1}(\ )$

$x_1 = \frac{\pi}{2}$

$x_2 = \frac{3\pi}{2}$

Setze das Argument der trigonometrischen Funktion mit deinen Lösungen gleich:

$0{,}5x = \frac{\pi}{2} \quad |\cdot 2$

$x_1 = \pi$

$0{,}5x = \frac{3\pi}{2} \quad |\cdot 2$

$x_2 = 3\pi$

Berechne die Periode der Funktion: $b = 0{,}5$

$p = \frac{2\pi}{b} = \frac{2\pi}{0{,}5} = 4\pi$

Bestimme alle Lösungen der Gleichungen im angegebenen Intervall, indem du die Periode zu den berechneten Werten addierst bzw. subtrahierst:

$x_3 = \pi + 4\pi = 5\pi$

x_2 und x_3 sind nicht im Intervall.

Die Lösung ist $x_1 = \pi$.

f) $2\cos(4x + \pi) = 1 \quad |:2$

$\cos(4x + \pi) = \frac{1}{2}$

Berechne, wann der cos (x) den Wert der rechten Seite der Gleichung hat:

$\cos(x) = \frac{1}{2} \quad |\cos^{-1}(\ )$

$x = \cos^{-1}\left(\frac{1}{2}\right)$

$x_1 \approx 1{,}05$

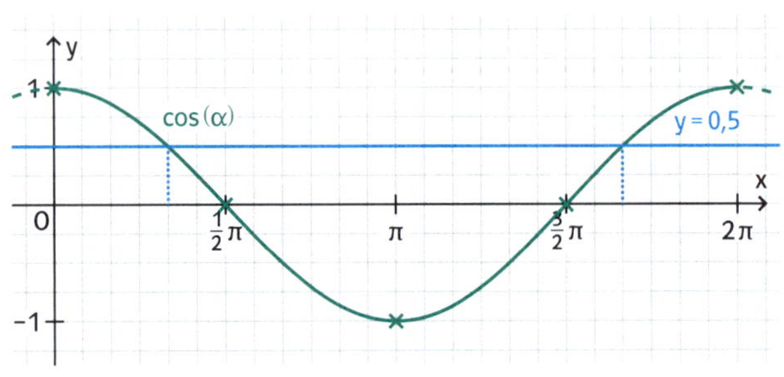

An der Zeichnung erkennt man, dass es eine zweite Stelle x_2 geben muss, für die gilt:

$x_2 \approx 2\pi - 1{,}05 \approx 5{,}23$

Setze das Argument der trigonometrischen Funktion mit deinen Lösungen gleich:

$4x + \pi = 1{,}05 \quad |-\pi$

$4x = -2{,}09 \quad |:4$

$x_1 = -0{,}52$

$4x + \pi = 5{,}23 \quad |-\pi$

$4x = 2{,}09 \quad |:4$

$x_2 = 0{,}52$

Berechne die Periode der Funktion:

$b = 4$

$p = \frac{2\pi}{b} = \frac{2\pi}{4} = \frac{1}{2}\pi$

Bestimme alle Lösungen der Gleichungen im angegebenen Intervall, indem du die Periode zu den berechneten Werten addierst bzw. subtrahierst:

$x_3 = -0{,}52 + \frac{1}{2}\pi = 1{,}05$

$x_4 = 0{,}52 + \frac{1}{2}\pi = 2{,}09$

$x_5 = 1{,}05 + \frac{1}{2}\pi = 2{,}62$

$x_6 = 2{,}09 + \frac{1}{2}\pi = 3{,}66$

$x_7 = 2{,}62 + \frac{1}{2}\pi = 4{,}19$

$x_8 = 3{,}66 + \frac{1}{2}\pi = 5{,}23$

$x_9 = 4{,}19 + \frac{1}{2}\pi = 5{,}76$

$\left(x_{10} = 5{,}23 + \frac{1}{2}\pi = 6{,}80\right)$

x_1 und x_{10} sind nicht im Intervall.
Die Lösungen sind x_2 bis x_9.

3 Lösungen bestimmen

a) $3\sin(x-2) = 0 \quad | :3$

$\sin(x-2) = 0$

$(x-2) = 0$, da $\sin 0 = 0$

$\Rightarrow x = 2$

b) $2\sin(x+1) - 2 = 0 \quad | +2$

$2\sin(x+1) = 2 \quad | :2$

$\sin(x+1) = 1$

$x + 1 = \frac{\pi}{2}$

$x = \frac{\pi}{2} - 1 \approx 0{,}57$

c) $3\sin(2x+1) - 2 = 0 \quad | +2$

$3\sin(2x+1) = 2 \quad | :3$

$\sin(2x+1) = \frac{2}{3}$

1. Fall:
$2x + 1 = 0{,}73 \quad | -1$
$2x = -0{,}27 \quad | :2$
$x_1 = -0{,}14$

2. Fall:
$2x + 1 = \pi - 0{,}73 \approx 2{,}41 \quad | -1$
$2x = 1{,}41 \quad | :2$
$x_2 = 0{,}71$

d) $3\sin(4x) - \sin(4x) = 1{,}2 \quad$ | Sinus zusammenfassen

$2\sin(4x) = 1{,}2 \quad | :2$

$\sin(4x) = 0{,}6$

1. Fall:
$4x \approx 0{,}64 \quad | :4$
$x_1 = 0{,}16$

2. Fall:
$4x = \pi - 0{,}64 \approx 2{,}5 \quad | :4$
$x_2 \approx 0{,}63$

e) $4\cos(x-3) = 4 \quad | :4$

$\cos(x-3) = 1$

1. Fall:
$x - 3 = 0 \quad | +3$
$x_1 = 3$

2. Fall:
$x - 3 = 2\pi \quad | -3$
$x_2 = 2\pi - 3 \approx 3{,}28$

f) $4\cos(2{,}5x) = 1 - 2\cos(2{,}5x) \quad | +2\cos(2{,}5x)$

$6\cos(2{,}5x) = 1 \quad | :6$

$\cos(2{,}5x) = \frac{1}{6}$

1. Fall:
$2{,}5x \approx 1{,}40 \quad | :2{,}5$
$x_1 = 0{,}56$

2. Fall:
$2{,}5x = 2\pi - 1{,}4 \approx 4{,}88 \quad | :2{,}5$
$x_2 \approx 1{,}95$

4 Gleichungen lösen

a) $(\sin(x-1))^2 = \frac{1}{4} \quad$ | Wurzel ziehen

1. Fall:
$\sin(x-1) = \frac{1}{2}$

1.1 Fall:
$x - 1 \approx 0{,}52 \quad | +1$
$x_1 = 1{,}52$

1.2 Fall:
$x - 1 \approx \pi - 0{,}52 \approx 2{,}62 \quad | +1$
$x_2 = 3{,}62$

2. Fall:
$\sin(x-1) = -\frac{1}{2}$

2.1 Fall:
$x - 1 \approx -0{,}52 \quad | +1$
$x_3 = 0{,}48$

2.2 Fall:
$x - 1 \approx \pi - (-0{,}52) \approx 3{,}66 \quad | +1$
$x_4 = 4{,}66$

b) $5(\cos(x-3))^2 = 20 \quad | :5$

$(\cos(x-3))^2 = 4 \quad$ | Wurzel ziehen

1. Fall:
$\cos(x-3) = 2 \quad$ keine Lösung

2. Fall:
$\cos(x-3) = -2 \quad$ keine Lösung

c) $4\sin^2(x) = \frac{1}{4}$ | : 4

$\sin^2(x) = \frac{1}{16}$

1. Fall:
$\sin(x) = \frac{1}{4}$

$x_1 \approx 0{,}25,\;\; x_2 = \pi - 0{,}25 \approx 2{,}89$

2. Fall:
$\sin(x) = -\frac{1}{4}$

$x \approx -0{,}25$, keine Lösung, aber
$x_3 = 2\pi - 0{,}25 \approx 6{,}03,\;\; x_4 = \pi + 0{,}25 \approx 3{,}39$

d) $\cos(x) - \cos(x)\sin(x) = 0$ | Kosinus ausklammern

$\cos(x)(1 - \sin(x)) = 0$ | Satz vom Nullprodukt

1. Fall:
$\cos(x) = 0$: $x_1 = \frac{\pi}{2},\;\; x_2 = \frac{3}{2}\pi$

2. Fall:
$1 - \sin(x) = 0$ | $+\sin(x)$

$1 = \sin(x)$: $x_1 = \frac{\pi}{2},\;\; x_2 = \frac{3}{2}\pi$

e) $2\cos(x) - 3\sin(x)\cos(x) = 0$ | Kosinus ausklammern

$\cos(x)(2 - 3\sin(x)) = 0$ | Satz vom Nullprodukt

$\cos(x) = 0$

$x_1 = \frac{\pi}{2},\;\; x_2 = \frac{3}{2}\pi$

$2 - 3\sin(x) = 0$ | $+3\sin(x)$

$2 = 3\sin(x)$ | : 3

$\frac{2}{3} = \sin(x)$

$x_3 \approx 0{,}73,\;\; x_4 = \pi - 0{,}73 \approx 2{,}41$

f) $\cos(x) - \cos^2(x) = 0$ | Kosinus ausklammern

$\cos(x)(1 - \cos(x)) = 0$ | Satz vom Nullprodukt

1. Fall:
$\cos(x) = 0$

$x_1 = \frac{\pi}{2},\;\; x_2 = \frac{3}{2}\pi$

2. Fall:
$1 - \cos(x) = 0$ | $+\cos(x)$

$1 = \cos(x)$

$x_3 = 0,\;\; x_4 = 2\pi$

5 Zuordnen und berechnen

a) I: $f(x) = 3\sin(2(x-2)) + 3$

II: $f(x) = 2\sin(3(x-3)) + 1$

b) zeichnerisch: Gerade mit der Gleichung $y = 3$ einzeichnen und die Schnittpunkte ablesen:

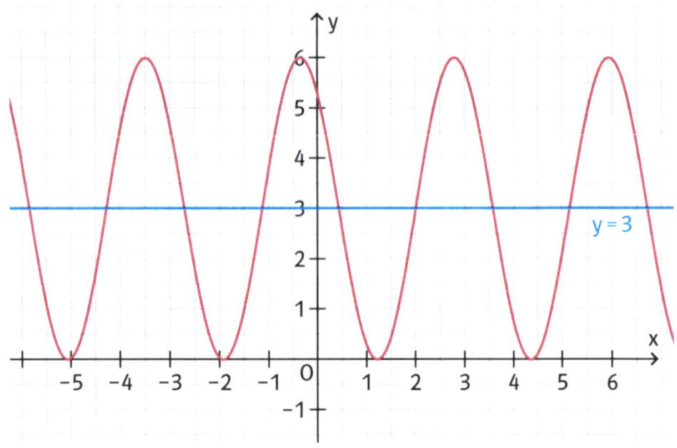

$x_1 \approx -5{,}9;\;\; x_2 \approx -4{,}3;\;\; x_3 = -2{,}6;\;\; x_4 \approx -1{,}1;$
$x_5 \approx 0{,}4;\;\; x_6 \approx 3{,}6;\;\; x_7 \approx 5{,}1$

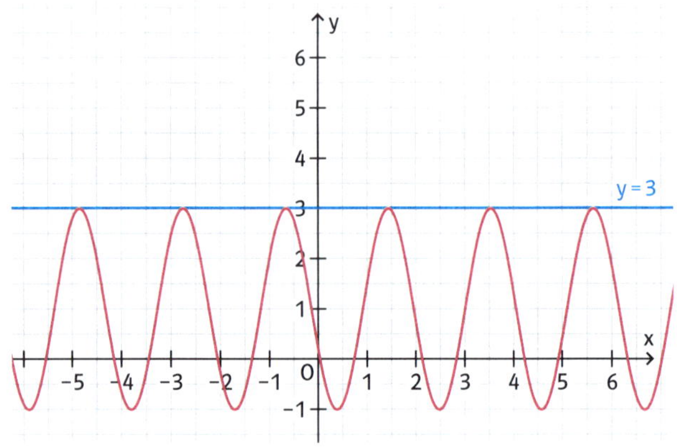

$x_1 \approx -4{,}9;\;\; x_2 \approx -2{,}8;\;\; x_3 = -0{,}6;\;\; x_4 \approx 1{,}4;$
$x_5 \approx 3{,}5;\;\; x_6 \approx 5{,}6$

6 Gleichungen lösen

a) $2\sin^2(x) + \sin(x) - 1 = 0$ | substituiere $\sin(x) = a$

$2a^2 + a - 1 = 0$

(pq- oder abc-Formel)

$a_1 = \frac{1}{2},\;\; a_2 = -1$

$\sin(x) = \frac{1}{2} \;\;\Rightarrow\;\; x_1 = \frac{\pi}{6}$

$\sin(x) = -1 \;\;\Rightarrow\;\; x_2 = -\frac{\pi}{2}$

b) $\sin^2(x) - 3\sin(x) + 2 = 0$ | substituiere $\sin(x) = a$

$a^2 - 3a + 2 = 0$

(pq- oder abc-Formel)
$a_1 = 2,\;\; a_2 = 1$ | rücksubstituiere
$\sin(x) = 2$ keine Lösung
$\sin(x) = 1$

$x_1 = \frac{\pi}{2}$

c) $2\cos^2(x) + 3\cos(x) + 1 = 0$ | substituiere $\cos(x) = a$

$2a^2 + 3a + 1 = 0$

(pq- oder abc-Formel)

$a_1 = -\frac{1}{2},\ a_2 = -1$ | rücksubstituiere

$\cos(x) = -\frac{1}{2}$

$x_1 = 2{,}09,\ x_2 = 2\pi - 2{,}09 \approx 4{,}19$

$\cos(x) = -1$

$x_3 = \pi$

d) $\sin^2(x) + \sin(x) - 2 = 0$ | substituiere $\sin(x) = a$

$a^2 + a - 2 = 0$

(pq- oder abc-Formel)

$a_1 = 1,\ a_2 = -2$ | rücksubstituiere

$\sin(x) = 1$

$x_1 = \frac{\pi}{2}$

$\sin(x) = -2$ keine Lösung

7 Schiffe fahren lassen

a)

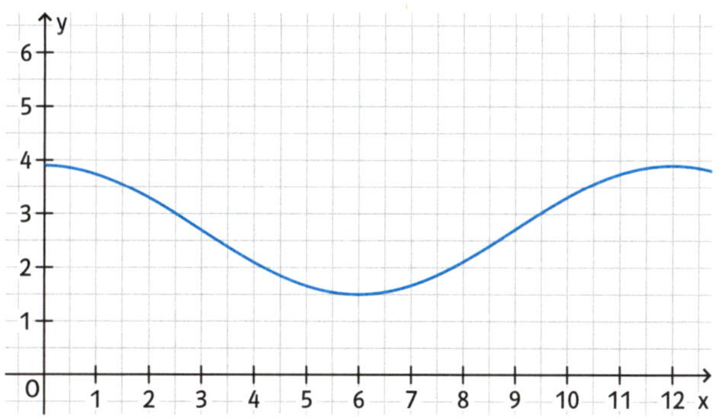

b) Amplitude

$3{,}9 - 1{,}5 = 2{,}4$

$2{,}4 : 2 = 1{,}2$ Amplitude

Verschiebung an der y-Achse

$3{,}9 - 1{,}2 = 2{,}7$

Periode bestimmen

Vom Wassermaximum zum nächsten Wassermaximum sind es 12 Stunden (da von Wassermaximum zum Minimum 6 Stunden sind).

$p = 12 \quad \Rightarrow \quad b = \frac{2\pi}{p} = \frac{2\pi}{12} = \frac{\pi}{6}$

Verschiebung auf der x-Achse

Der Sinus startet gewöhnlich bei $P(0\,|\,0)$ mit einer Nullstelle, also direkt zwischen Maximum und Minimum, d.h., er ist um 3 nach links verschoben.

$f(x) = 1{,}2\sin\left(\frac{\pi}{6}(x+3)\right) + 2{,}7$

c)

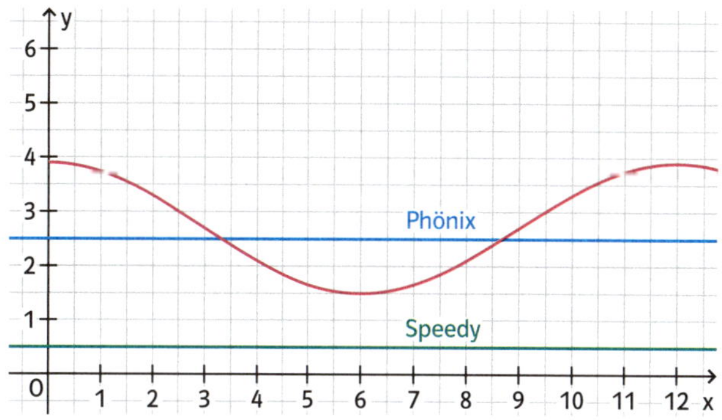

Speedy kann immer fahren, die Phönix von 0 bis ca. 3:20 Uhr und ab ca. 8:30 Uhr

Speedy:

Speedy hat keine Schnittpunkte mit der Funktion, jedoch liegt ihr Wert immer unterhalb.

Phönix:

$1{,}2\sin\left(\frac{\pi}{6}(x+3)\right) + 2{,}7 = 2{,}5$ | $-2{,}7$

$1{,}2\sin\left(\frac{\pi}{6}(x+3)\right) = -0{,}2$ | $:1{,}2$

$\sin\left(\frac{\pi}{6}(x+3)\right) = -\frac{1}{6}$

1. Fall:

$\frac{\pi}{6}(x+3) \approx -0{,}17$ | $:\frac{\pi}{6}$

$x + 3 \approx -0{,}32$ | -3

$x_1 = -3{,}32$

2. Fall:

$\frac{\pi}{6}(x+3) = \pi + 0{,}17 \approx 3{,}31$ | $:\frac{\pi}{6}$

$x + 3 \approx 6{,}32$ | -3

$x_2 = 3{,}32$

$x_1 = -3{,}32$

$x_2 = 3{,}32$

Periode $p = 12$

$x_3 = -3{,}32 + 12 = 8{,}68$

und

$x_4 = 3{,}32 + 12 = 15{,}32$

x_1 und x_4 liegen nicht im Intervall $[0; 12]$ und sind keine Lösungen.

Lösungen sind $x_2 = 3{,}32$ und $x_3 = 8{,}68$.

8 Schwierige Gleichungen

a) $\cos^2(x) - 3\sin^2(x) = 1$ | ersetze $\cos^2(x) = 1 - \sin^2(x)$

$1 - \sin^2(x) - 3\sin^2(x) = 1$ | vereinfache

$1 - 4\sin^2(x) = 1$ | -1

$-4\sin^2(x) = 0$ | $:(-4)$

$\sin^2(x) = 0$ | Wurzel ziehen

$\sin(x) = 0$

$x_1 = 0,\ x_2 = \pi,\ x_3 = 2\pi$

b) $3\sin^2(x) + 4\cos^2(x) = 12$ | ersetze $\sin^2(x) = 1 - \cos^2(x)$

$3(1 - \cos^2(x)) + 4\cos^2(x) = 12$ | Klammer auflösen

$3 - 3\cos^2(x) + 4\cos^2(x) = 12$ | zusammenfassen

$3 + \cos^2(x) = 12$ | -3

$\cos^2(x) = 9$ | Wurzel ziehen

1. Fall:
$\cos(x) = 3$ keine Lösung

2. Fall:
$\cos(x) = -3$ keine Lösung

SCHRITT 23

Das brauchst du wieder

b) $f(x) = -x^3 - 4x$

$F(x) = -1 \cdot \frac{1}{3+1}x^{3+1} - 4\frac{1}{1+1}x^{1+1} = -\frac{1}{4}x^4 - 2x^2$

d) $f(x) = (3x - 1)^4$

$F(x) = \frac{1}{3} \cdot \frac{1}{4+1}(3x - 1)^{4+1} = \frac{1}{15}(3x - 1)^5$

1 „Du bist dran" aus dem „So geht's"-Kasten

a) Leite f(x) nach der Summenregel ab:

$f'(x) = \cos(x) + 2x$

Bilde eine Stammfunktion, indem du beide Summanden einzeln integrierst:

$F(x) = -\cos(x) + \frac{1}{3}x^3$

b) Leite f(x) nach der Kettenregel ab:

$f'(x) = -3(-\sin(-x + 2) \cdot (-1))$
$= -3\sin(-x + 2)$

Gib eine Stammfunktion mithilfe der Methode der linearen Substitution an:

$F(x) = -3 \cdot (\sin(-x + 2)) \cdot (-1) - x$
$= 3 \cdot \sin(-x + 2) - x$

2 Ableitungen und Stammfunktionen bestimmen

a) $f'(x) = 4\cos(2x + 1) - \sin(x)$

$F(x) = 2 \cdot (-\cos(2x + 1)) \cdot \left(\frac{1}{2}\right) + \sin(x)$

$= -\cos(2x + 1) + \sin(x)$

b) $f'(x) = -4\cos(x)$
$F(x) = -4(-\cos(x)) + 2x$
$= 4\cos(x) + 2x$

c) $f'(x) = -\frac{1}{2}\left(-\sin\left(\frac{1}{4}x\right)\right) \cdot \frac{1}{4} + \frac{2}{3}x + 1$

$= \frac{1}{8}\sin\left(\frac{1}{4}x\right) + \frac{2}{3}x + 1$

$F(x) = -\frac{1}{2}\left(\sin\left(\frac{1}{4}x\right)\right) \cdot 4 + \frac{1}{3}x^3 \cdot \frac{1}{3} + x^2 \cdot \frac{1}{2} + \frac{1}{2}x$

$F(x) = -2\left(\sin\left(\frac{1}{4}x\right)\right) + \frac{1}{9}x^3 + \frac{1}{2}x^2 + \frac{1}{2}x$

d) $f(x) = 2 \cdot \cos(x) - \frac{1}{x^2} = 2 \cdot \cos(x) - x^{-2}$

$f'(x) = -2\sin(x) + 2x^{-3}$
$F(x) = 2\sin(x) + x^{-1}$

3 Ableitung und Stammfunktion bilden

a) $f'(x) = \cos(3x + 5) \cdot 3 = 3\cos(3x - 5)$

$F(x) = -\cos(3x - 5) \cdot \frac{1}{3} = -\frac{1}{3}\cos(3x - 5)$

b) $f'(x) = 0$
$F(x) = \sin(15) \cdot x$

c) $f'(x) = \frac{1}{3} \cdot \cos(3x) \cdot 3 = \cos(3x)$

$F(x) = \frac{1}{3} \cdot (-\cos(3x)) \cdot \frac{1}{3} + 5x = -\frac{1}{9}\cos(3x) + 5x$

d) $f'(x) = \frac{1}{3}\cos(3x + 5) \cdot 3 = \cos(3x + 5)$

$F(x) = \frac{1}{3}(-\cos(3x + 5)) \cdot \frac{1}{3} = -\frac{1}{9}\cos(3x + 5)$

e) $f'(x) = 2\cos(5x) \cdot 5 = 10\cos(5x)$

$F(x) = 2(-\cos(5x)) \cdot \frac{1}{5} + 3x = -\frac{2}{5}\cos(5x) + 3x$

f) $f'(x) = \cos(3x) \cdot 3 = 3\cos(3x)$

$F(x) = \sin(3) \cdot x + (-\cos(3x)) \cdot \frac{1}{3}$

$= \sin(3) \cdot x - \frac{1}{3}\cos(3x)$

4 Ableitungen bestimmen

a) $f'(x) = \cos(x) \cdot \cos(x) + \sin(x) \cdot (-\sin(x))$
$= \cos^2(x) - \sin^2(x)$

b) $f'(x) = 2 \cdot 2x \cdot \sin(x) + 2x^2\cos(x)$
$= 4x \cdot \sin(x) + 2x^2\cos(x)$

c) $f'(x) = 2 \cdot \sin(x) \cdot \cos(x)$

d) $f'(x) = \cos(x^2) \cdot 2x = 2x \cdot \cos(x^2)$

e) $f'(x) = 3 \cdot (\sin(4x + 3))^2 \cdot \cos(4x + 3) \cdot 4$
$= 12(\sin(4x + 3))^2 \cdot \cos(4x + 3)$

f) $f'(x) = 2 \cdot \cos(2x - 3) \cdot (-\sin(2x - 3)) \cdot 2 + 7$
$= -4\cos(2x - 3)\sin(2x - 3)$

g) $f'(x) = \cos(2x^2 + 3x) \cdot (4x + 3)$

h) $f'(x) = 2(2x + \cos(x)) \cdot (2 - \sin(x))$
$= 2(2 - \sin(x))(2x + \cos(x))$

i) $f'(x) = 3 \cdot 2 \cdot x \cdot \sin(5x) + 3x^2\cos(5x) \cdot 5$
$= 6x \cdot \sin(5x) + 15x^2\cos(5x)$

j) $f'(x) = (3\cos(2x) \cdot 2)\cos(4x)$
$+ (3\sin(2x) + 5) \cdot (-\sin(4x) \cdot 4)$
$= 6\cos(2x)\cos(4x) - 4(3\sin(2x) + 5)\sin(4x)$

5 Ableitung an einer Stelle

a) $f'(x) = \cos(x + 2)$
$f'(2) = \cos(2 + 2) = \cos(4)$

b) $f'(x) = 0$
$f'(2) = 0$

c) $f'(x) = \frac{1}{3}(-\sin(3x) \cdot 3) = -\sin(3x)$

$f'(2) = -\sin(3 \cdot 2) = -\sin(6)$

d) $f'(x) = \frac{1}{3}(-\sin(3x - 2) \cdot 3 = -\sin(3x - 2))$

$f'(2) = -\sin(3 \cdot 2 - 2) = -\sin(4)$

6 Steigung berechnen

a) $f'(x) = 3\cos(x+2)$

$3\cos(x+2) = 3 \quad |:3$

$\cos(x+2) = 1$

1. Fall:

$x + 2 = 0 \quad |-2$

$x = -2$

2. Fall:

$x + 2 = 2\pi \quad |-2$

$x = 2\pi - 2 \approx 4{,}28$

b) $f'(x) = 0$ keine Lösungen

c) $f'(x) = -\sin(3x)\cdot 3 = -3\sin(3x)$

$-3\sin(3x) = 3 \quad |:(-3)$

$\sin(3x) = -1$

$3x = \frac{3}{2}\pi \quad |:3$

$x = \frac{1}{2}\pi$

d) $f'(x) = \frac{1}{3}(-\sin(6x-2)\cdot 6) = -2\sin(6x-2)$

$-2\sin(6x-2) = 3 \quad |:(-2)$

$\sin(6x-2) = -\frac{3}{2}$

Keine Lösungen, da der Sinus zwischen −1 und 1 verläuft.

7 Graphen zuordnen

$A \to II$; $B \to III$; $C \to I$

8 Parallele Tangenten

Die Parallele zur Geraden y hat die Steigung 2.

a) $f'(x) = -0{,}5\cos(6x)\cdot 6 = -3\cos(6x)$

$-3\cos(6x) = 2 \quad |:(-3)$

$\cos(6x) = -\frac{2}{3}$

$6x \approx 2{,}30 \quad |:6$

$x \approx 0{,}38$

b) $f'(x) = -\sin(-2x)\cdot(-2) = 2\sin(-2x)$

$2\sin(-2x) = 2 \quad |:2$

$\sin(-2x) = 1$

$-2x = \frac{\pi}{2} \quad |:(-2)$

$x = -\frac{\pi}{4} \approx -0{,}79$

9 Wendepunkte und -tangenten

a) $f'(x) = -2\sin(x)$

$f''(x) = -2\cos(x)$

$f'''(x) = 2\sin(x)$

$f''(x) = 0$

$-2\cos(x) = 0 \quad |:(-2)$

$\cos(x) = 0$

1. Fall:

$x_1 = \frac{\pi}{2}$

2. Fall:

$x_2 = \frac{3}{2}\pi$

x_1: $f'''\left(\frac{\pi}{2}\right) = -2\sin\left(\frac{\pi}{2}\right) = -2\cdot 1 = -2 \neq 0 \Rightarrow$ WP

x_2: $f'''\left(\frac{3}{2}\pi\right) = -2\sin\left(\frac{3}{2}\pi\right) = -2\cdot(-1) = 2 \neq 0$ WP

x_1: $f\left(\frac{\pi}{2}\right) = 2\cos\left(\frac{\pi}{2}\right) = 2\cdot 0 = 0 \Rightarrow W_1\left(\frac{\pi}{2}\middle|0\right)$

x_2: $f\left(\frac{3}{2}\pi\right) = 2\cos\left(\frac{3}{2}\pi\right) = 2\cdot 0$

$= 0 \Rightarrow W_2\left(\frac{3}{2}\pi\middle|0\right)$

b) $f'(x) = -2\sin(x)$

$f'\left(\frac{\pi}{2}\right) = -2\sin\left(\frac{\pi}{2}\right) = -2\cdot 1 = -2 = m_{Tangente}$

$y = mx + c$ allgemeine Tangentengleichung

$0 = -2\cdot\frac{\pi}{2} + c = -\pi + c \quad |+\pi$

$c = \pi$

$y = -2x + \pi$

$f'\left(\frac{3}{2}\pi\right) = -2\sin\left(\frac{3}{2}\pi\right) = -2\cdot(-1) = 2 = m_{Tangente}$

$y = mx + c$ allgemeine Tangentengleichung

$0 = 2\cdot\frac{3}{2}\pi + c = 3\pi + c \quad |-3\pi$

$c = -3\pi$

$y = 2x - 3\pi$

c) Wendetangenten gleichsetzen

$-2x + \pi = 2x - 3\pi \quad |-2x$

$-4x + \pi = -3\pi \quad |-\pi$

$-4x = -4\pi \quad |:(-4)$

$x = -\pi$

x-Wert in eine Wendetangente einsetzen, um den y-Wert zu erhalten:

$y = 2\pi - 3\pi = -\pi$

Sie schneiden sich im Punkt $S(\pi\,|\,-\pi)$.

10 Höhere Ableitung

a) $f^{(100)}(x) = \sin(x)$

b) $f^{n}(x) = (-1)^{b}\sin(x)$ mit n = gerade

und $b = \frac{n}{2}$ ganzzahlig

TRAINING 3

1 Winkel bestimmen

Zeichnerisch: Gleichung umformen, sodass Sinus bzw. Kosinus alleine auf einer Seite des Gleichheitszeichens stehen.

a) $6\sin(\alpha) - 2 = 1 \quad |+2$

$6\sin(\alpha) = 3 \quad |:6$

$\sin(\alpha) = \frac{1}{2}$

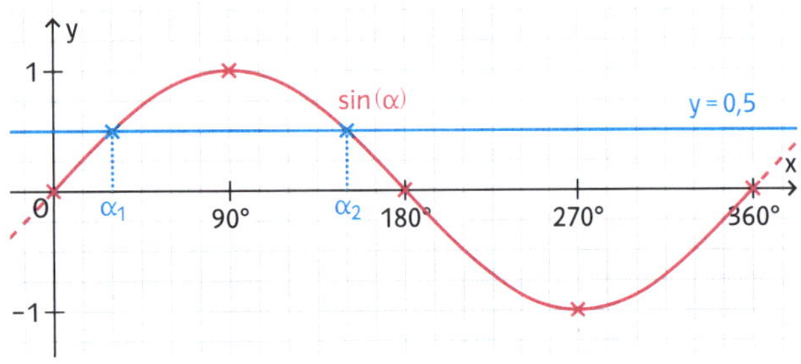

$\alpha_1 = 30°,\ \alpha_2 = 150°$

b) $0{,}9\cos(\alpha) + 1 = 1{,}9 \quad |-1$

$0{,}9\cos(\alpha) = 0{,}9 \quad |:0{,}9$

$\cos(\alpha) = 1$

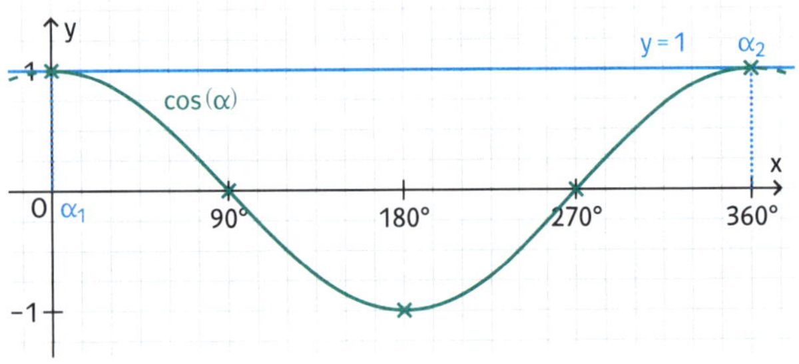

$\alpha_1 = 0°,\ \alpha_2 = 360°$

c) $0{,}1\cos(\alpha) + 5 = 1 \quad |-5$

$0{,}1\cos(\alpha) = -4 \quad |:0{,}1$

$\cos(\alpha) = -40$

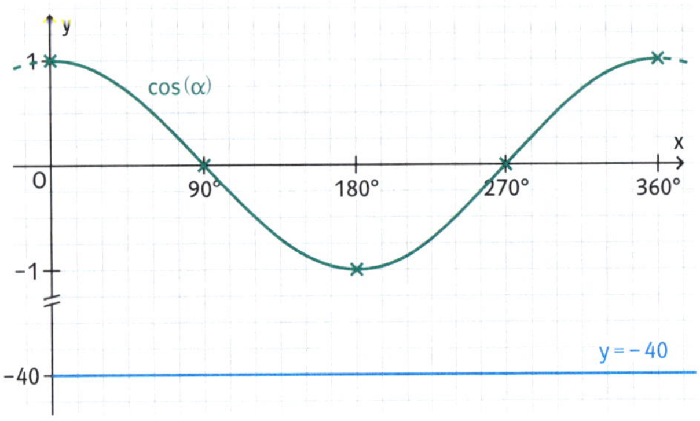

keine Lösung

Rechnerisch:

a) $6\sin(\alpha) - 2 = 1 \quad |+2$

$6\sin(\alpha) = 3 \quad |:6$

$\sin(\alpha) = \frac{1}{2}$

$\alpha_1 = 30°,\ \alpha_2 = 90° - 180° = 150°$

b) $0{,}9\cos(\alpha) + 1 = 1{,}9 \quad |-1$

$0{,}9\cos(\alpha) = 0{,}9 \quad |:0{,}9$

$\cos(\alpha) = 1$

$\alpha_1 = 0°,\ \alpha_2 = 360°$

c) $0{,}1\cos(\alpha) + 5 = 1 \quad |-5$

$0{,}1\cos(\alpha) = -4 \quad |:0{,}1$

$\cos(\alpha) = -40 \quad$ keine Lösung

2 Winkel aus dem Bogenmaß bestimmen

a) $\alpha = \frac{x}{\pi} \cdot 180° = \frac{\frac{1}{6}\pi}{\pi} \cdot 180° = 30°$

b) $\alpha = \frac{x}{\pi} \cdot 180° = \frac{\frac{5}{2}\pi}{\pi} \cdot 180° = 450°$

c) $\alpha = \frac{x}{\pi} \cdot 180° = \frac{7\pi}{\pi} \cdot 180° = 1260°$

d) $\alpha = \frac{x}{\pi} \cdot 180° = \frac{\frac{6}{8}\pi}{\pi} \cdot 180° = 135°$

e) $\alpha = \frac{x}{\pi} \cdot 180° = \frac{\frac{4}{9}\pi}{\pi} \cdot 180° = 80°$

f) $\alpha = \frac{x}{\pi} \cdot 180° = \frac{3\pi}{\pi} \cdot 180° = 540°$

3 Funktionsgleichungen aufstellen

a) $f(x) = 3\cos(4x)$

b) $f(x) = \cos(x - 3) - 5$

c) $f(x) = -0{,}5\cos(5x + 4) + 3$

4 Lösungen bestimmen

a) $(\cos(x + 5))^2 = 0{,}36 \quad$ | Wurzel ziehen

1. Fall:

$\cos(x + 5) = 0{,}6$

1.1 Fall:

$x + 5 \approx 0{,}93 \quad |-5$

$x_1 = -4{,}07$

1.2 Fall:

$x + 5 = 2\pi - 0{,}93 \approx 4{,}07 \quad |-5$

$x_2 = -0{,}93$

2. Fall:

$\cos(x + 5) = -0{,}6$

2.1 Fall:

$x + 5 \approx 2{,}21 \quad |-5$

$x_3 = -2{,}79$

2.2 Fall:

$x + 5 = 2\pi - 2{,}21 \approx 4{,}07 \quad |-5$

$x_4 = -0{,}93$

b) $\cos^2(x) - \cos(x) = 0 \quad$ | Kosinus ausklammern

$\cos(x)(\cos(x) - 1) = 0 \quad$ | Satz vom Nullprodukt

1. Fall:

$\cos(x) = 0$

$x_1 = \frac{1}{2}\pi,\ x_2 = \frac{3}{2}\pi$

2. Fall:

$\cos(x) - 1 = 0 \quad | +1$

$\cos(x) = 1$

$x_3 = 0,\ x_4 = 2\pi$

c) $4\sin^2(x) = \frac{1}{4} \quad | :4$

$\sin^2(x) = \frac{1}{16} \quad |$ Wurzel ziehen

1. Fall:

$\sin(x) = \frac{1}{4}$

$x_1 \approx 0{,}25,\ x_2 = \pi - 0{,}25 \approx 2{,}89$

2. Fall:

$\sin(x) = -\frac{1}{4}$

$x \approx -0{,}25$, da wir nur Lösungen zwischen 0 und 2π betrachten.

$x_3 = 2\pi - 0{,}25 \approx 6{,}03$

$x_4 = \pi + 0{,}25 \approx 3{,}39$

d) $2\cos(x) - 3\sin(x)\cos(x) = 0 \quad |$ Kosinus x ausklammern

$\cos(x)(2 - 3\sin(x)) = 0 \quad |$ Satz vom Nullprodukt

1. Fall:

$\cos(x) = 0$

$x_1 = \frac{1}{2}\pi,\ x_2 = \frac{3}{2}\pi$

2. Fall:

$2 - 3\sin(x) = 0 \quad | +3\sin(x)$

$2 = 3\sin(x) \quad | :3$

$\frac{2}{3} = \sin(x)$

$x_3 \approx 0{,}73,\ x_4 = \pi - 0{,}73 \approx 2{,}41$

5 Gleichungen lösen

a) $2\cos^2(\pi x) + 3\cos(\pi x) = 2 \quad | -2$

$2\cos^2(\pi x) + 3\cos(\pi x) - 2 = 0 \quad |$ substituiere $\cos(\pi x) = a$

$2a^2 + 3a - 2 = 0$

(pq- oder abc-Formel)

$a_1 = \frac{1}{2},\ a_2 = -2 \quad |$ rücksubstitutiere

$\cos(\pi x) = \frac{1}{2}$

1. Fall:

$\pi x_1 \approx 1{,}05 \quad | :\pi$

$x_1 \approx 0{,}33$

2. Fall:

$\pi x_2 = 2\pi - 1{,}05 \approx 5{,}23 \quad | :\pi$

$x_2 \approx 1{,}66$

$\cos(\pi x) = -2$ keine Lösung

b) $\cos^2(x) - \frac{1}{2}\cos(x) = \frac{1}{2} \quad | -\frac{1}{2}$

$\cos^2(x) - \frac{1}{2}\cos(x) - \frac{1}{2} = 0 \quad |$ substituiere $\cos(x) = a$

$a^2 - \frac{1}{2}a - \frac{1}{2} = 0$

(pq- oder abc-Formel)

$a_1 = 1,\ a_2 = -\frac{1}{2} \quad |$ rücksubstitutiere

$\cos(x) = 1$

$x_1 = 0,\ x_2 = 2\pi$

$\cos(x) = -\frac{1}{2}$

$x_1 = 2{,}09,\ x_2 = 2\pi - 2{,}09 \approx 4{,}19$

c) $6\sin(x) - \sin^2(x) = 5 \quad | -5$

$6\sin(x) - \sin^2(x) - 5 = 0 \quad |$ substituiere $\sin(x) = a$

$-a^2 + 6a - 5 = 0$

(pq- oder abc-Formel)

$a_1 = 1,\ a_2 = 5 \quad |$ rücksubstitutiere

$\sin(x) = 1$

$x = \frac{\pi}{2}$

$\sin(x) = 5$ keine Lösung

d) $\sin^4(x) + \frac{1}{6}\sin^2(x) - \frac{1}{3} = 0 \quad |$ substituiere $\sin^2(x) = a$

$a^2 + \frac{1}{6}a - \frac{1}{3} = 0$

(pq- oder abc-Formel)

$a_1 = \frac{1}{2},\ a_2 = -\frac{2}{3} \quad |$ rücksubstitutiere

$\sin^2(x) = \frac{1}{2} \quad |$ Wurzel ziehen

$\sin(x) \approx 0{,}71$

$x_1 \approx 0{,}79,\ x_2 = \pi - 0{,}79 \approx 2{,}35$

$\sin^2(x) = -\frac{2}{3}$ keine Lösung

6 Wasserhöhe

a) $\cos\left(\frac{\pi}{12}t - \pi\right) = 0$

$\frac{\pi}{12}t - \pi = \frac{\pi}{2} \quad | +\pi$

$\frac{\pi}{12}t = \frac{3}{2}\pi \quad | :\frac{\pi}{12}$

$t_1 = 18$

$t_2 = 24 - 18 = 6$

Im Intervall (6 ; 18) steigt die Wasserhöhe.

b) „größte Änderung": Suche das Maximum.
„kleinste Änderung": Suche Minimum.

$f(t) = \cos\left(\frac{\pi}{12}t - \pi\right)$

$f'(t) = -\sin\left(\frac{\pi}{12}t - \pi\right) \cdot \frac{\pi}{12} = -\frac{\pi}{12}\sin\left(\frac{\pi}{12}t - \pi\right)$

$f''(t) = \frac{\pi}{12}\left(-\cos\left(\frac{\pi}{12}t - \pi\right)\right) \cdot \frac{\pi}{12}$

$= -\left(\frac{\pi}{12}\right)^2\cos\left(\frac{\pi}{12}t - \pi\right)$

$f'(t) = 0$

1. Fall:

$-\frac{\pi}{12}\sin\left(\frac{\pi}{12}t - \pi\right) = 0 \quad \left| : \left(-\frac{\pi}{12}\right)\right.$

$\sin\left(\frac{\pi}{12}t - \pi\right) = 0$

$\frac{\pi}{12}t - \pi = 0 \quad | +\pi$

$\frac{\pi}{12}t = \pi \quad \left| : \left(\frac{\pi}{12}\right)\right.$

$t = 12$

$f''(12) = -\left(\frac{\pi}{12}\right)^2\cos\left(\frac{\pi}{12} \cdot 12 - \pi\right)$

$= -\left(\frac{\pi}{12}\right)^2\cos(\pi - \pi) = -\left(\frac{\pi}{12}\right)^2\cos(0)$

$= -\left(\frac{\pi}{12}\right)^2 \cdot 1 = -\left(\frac{\pi}{12}\right)^2 < 0 \quad \Rightarrow \quad \text{HP}$

$f(12) = \cos\left(\frac{\pi}{12} \cdot 12 - \pi\right) = \cos(\pi - \pi) = \cos(0) = 1$

$\Rightarrow \quad H(12|1)$

2. Fall:

$\frac{\pi}{12}t - \pi = \pi \quad | +\pi$

$\frac{\pi}{12}t = 2\pi \quad \left| : \left(\frac{\pi}{12}\right)\right.$

$t = 24$

$t = 24$ liegt nicht im Intervall, ist also keine Lösung.

3. Fall:

$\frac{\pi}{12}t - \pi = 2\pi \quad | +\pi$

$\frac{\pi}{12}t = 3\pi \quad \left| : \left(\frac{\pi}{12}\right)\right.$

$t = 36$

$t = 36$ liegt nicht im Intervall, ist also keine Lösung.

Die Wasserhöhe ändert sich am schnellsten zum Zeitpunkt $t = 12$ und am langsamsten zum Zeitpunkt $t = 0$.

c) Suche Nullstellen der Änderungsrate:
$f(t) = 0$

$\cos\left(\frac{\pi}{12}t - \pi\right) = 0$

$\frac{\pi}{12}t - \pi = \frac{\pi}{2} \quad | +\pi$

$\frac{\pi}{12}t = \frac{3}{2}\pi \quad \left| : \frac{\pi}{12}\right.$

$t_1 = 18$

$t_2 = 24 - 18 = 6$

$f'(t) = -\frac{\pi}{12}\sin\left(\frac{\pi}{12}t - \pi\right)$

$f'(6) = -\frac{\pi}{12}\sin\left(\frac{\pi}{12} \cdot 6 - \pi\right) = -\frac{\pi}{12}\sin\left(\frac{1}{2}\pi - \pi\right)$

$= -\frac{\pi}{12}\sin\left(-\frac{1}{2}\pi\right) > 0 \quad \Rightarrow \quad \text{TP}$

Kleinste Wasserhöhe zum Zeitpunkt $t = 6$.

$f'(t) = -\frac{\pi}{12}\sin\left(\frac{\pi}{12}t - \pi\right)$

$f'(18) = -\frac{\pi}{12}\sin\left(\frac{\pi}{12} \cdot 18 - \pi\right)$

$= -\frac{\pi}{12}\sin\left(\frac{3}{2}\pi - \pi\right)$

$= -\frac{\pi}{12}\sin\left(\frac{1}{2}\pi\right) < 0 \quad \Rightarrow \quad \text{HP}$

Größte Wasserhöhe zum Zeitpunkt $t = 18$.

SCHRITT 24

Das brauchst du wieder

$m = \frac{12-3}{6-3} = \frac{9}{3} = 3 \qquad m = \frac{4-8}{5-3} = \frac{-4}{2} = -2$

1 „Du bist dran" aus dem „So geht's"-Kasten

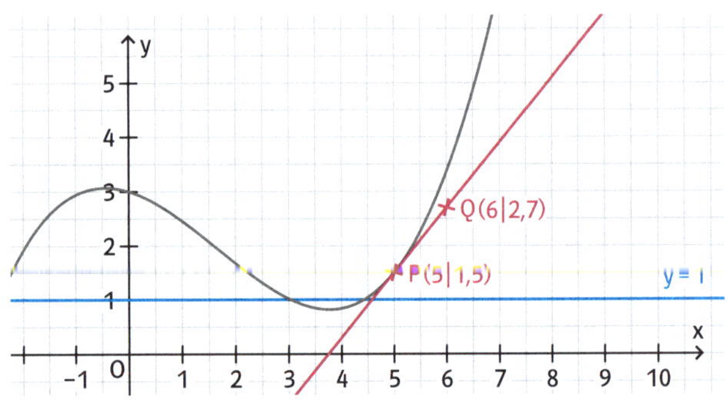

a) Zeichne eine Gerade mit dem genannten Funktionswert ein und lies die x-Werte der Schnittpunkte ab:

$x_1 \approx 3$ und $x_2 \approx 4{,}4$

b) Lies die zwei Punkte ab:

$A(3|1)$ und $B(6|3{,}3)$

Berechne die mittlere Änderungsrate:

$m = \frac{3{,}3 - 1}{6 - 3} = \frac{2{,}3}{3} \approx 0{,}77$

c) Zeichne die Tangente ein und lies zwei Punkte ab, die auf der Tangente liegen:

$P(5|1{,}5)$ und $Q(6|2{,}7)$

Berechne die momentane Änderungsrate:

$m = \frac{2{,}7 - 1{,}5}{6 - 5} = \frac{1{,}2}{1} = 1{,}2$

2 Abbildung

a) $x_1 \approx 1{,}6$ und $x_2 \approx 5{,}3$

b) $A(1\,|\,3{,}5)$ und $B(4\,|\,5{,}2)$

$m = \frac{5{,}2 - 3{,}5}{4 - 1} = \frac{1{,}7}{3} \approx 0{,}57$

c) Zeichne die Tangente ein und lies zwei Punkte ab, die auf der Tangente liegen:
$P(5\,|\,4{,}5)$ und $Q(6\,|\,3{,}3)$

$m = \frac{3{,}3 - 4{,}5}{6 - 5} = \frac{-1{,}2}{1} = -1{,}2$

3 Schleichender Graph

a) $N(0\,|\,0)$, $H(1\,|\,1)$

b) $S_1(0{,}2\,|\,0{,}5)$, $S_2(2{,}7\,|\,0{,}5)$

c) $m = \frac{0{,}4 - 1}{3 - 1} = -\frac{0{,}6}{2} = -0{,}3$

d) Punkte auf der Tangente: $P_1(1\,|\,1{,}1)$, $P_2(3\,|\,0{,}4)$

$\Rightarrow \quad m = \frac{0{,}4 - 1{,}1}{3 - 1} = \frac{-0{,}7}{2} = -0{,}35$

4 Hoch-und-runter-Graph

a) $N_1(-1{,}8\,|\,0)$, $N_2(2{,}7\,|\,0)$, $N_3(5{,}1\,|\,0)$ $S_y(0\,|\,3)$, $H(0\,|\,3)$, $T(4\,|\,-1)$

b) $S_1(-1{,}3\,|\,1{,}5)$, $S_2(1{,}7\,|\,1{,}5)$, $S_3(5{,}6\,|\,1{,}5)$

c) $m = \frac{-0{,}4 - 2{,}4}{3 - 1} = -1{,}4$

d) Punkte auf der Tangente: $P_1(1\,|\,2{,}5)$, $P_2(2\,|\,1)$

$\Rightarrow \quad m = \frac{1 - 2{,}5}{2 - 1} = -1{,}5$

5 W-Graph

a) $N_1(-2{,}4\,|\,0)$, $N_2(0\,|\,0)$, $N_3(2{,}4\,|\,0)$ $S_y(0\,|\,0)$, $T_1(-1{,}7\,|\,-2{,}3)$, $T_2(1{,}7\,|\,-2{,}3)$, $H(0\,|\,0)$

b) $S_1(-2{,}2\,|\,-1{,}5)$, $S_2(-1{,}1\,|\,-1{,}5)$, $S_3(1{,}1\,|\,-1{,}5)$, $S_4(2{,}2\,|\,-1{,}5)$

c) $S_1(-2{,}7\,|\,2)$, $S_2(2{,}7\,|\,2)$

d) $m = \frac{-2 - (-1{,}25)}{-2 - (-1)} = \frac{-0{,}75}{-1} = 0{,}75$

e) Punkte auf der Tangente:
$P_1(0\,|\,0{,}75)$, $P_2(2\,|\,-3{,}25)$

$\Rightarrow \quad m = \frac{-3{,}25 - 0{,}75}{2 - 0} = \frac{-4}{2} = -2$

6 Berg- und Talfahrt

a) $N_1(-2\,|\,0)$, $N_2(5\,|\,0)$, $H(3\,|\,4)$, $T(5\,|\,0)$, $W(4\,|\,2)$

b) $S_1(2{,}3\,|\,2)$, $S_2(4\,|\,2)$, $S_3(5{,}7\,|\,2)$

c) $m = \frac{2 - 0}{4 - 2} = \frac{2}{2} = 1$

d) Punkte auf der Tangente:
$P_1(3\,|\,5)$, $P_2(5\,|\,-1)$ $\quad\Rightarrow\quad m = \frac{-1 - 5}{5 - 3} = \frac{-6}{2} = -3$

SCHRITT 25

Das brauchst du wieder

$f(x) = 6 \cdot x^5 + e^{7x}$

$f'(x) = 6 \cdot 5x^4 + 7e^{7x} = 30x^4 + 7e^{7x}$

$f(x) - \frac{1}{2} \cdot x^4 - 2x^{-3}$

$f'(x) = \frac{1}{2} \cdot 4x^3 - 2 \cdot (-3) \cdot x^{-4} = 2x^3 + 6x^{-4}$

1 „Du bist dran" aus dem „So geht's"-Kasten

a) Setze die Funktionsgleichung gleich null und löse die Gleichung nach x auf:

$\frac{1}{4}x^4 - 2x^2 + 5 = 0$

$u = x^2$

$\frac{1}{4}u^2 - 2u + 5 = 0$

Löse die Gleichung mit der abc- oder der pq-Formel.
Es gibt keine Lösung, also gibt es keine Nullstelle.

b) Bestimme die Ableitung f' und f":

$f'(x) = x^3 - 4x$

$f''(x) = 3x^2 - 4$

Setze die erste Ableitung gleich null und löse die Gleichung nach x auf:

$x^3 - 4x = 0$

$x(x^2 - 4) = 0$

1. Fall: $x_1 = 0$

2. Fall: $x^2 - 4 = 0 \quad |+4$

$x^2 = 4 \quad |\sqrt{\ }$

$x_2 = -2$

$x_3 = 2$

Setze die Lösungen in die zweite Ableitung ein:

$f''(0) = -4 < 0 \quad\Rightarrow\quad$ HP

$f''(-2) = 8 > 0 \quad\Rightarrow\quad$ TP

$f''(2) = 8 > 0 \quad\Rightarrow\quad$ TP

c) Bestimme die Ableitung f''':

$f'''(x) = 6x$

Setze die zweite Ableitung gleich null und löse die Gleichung nach x auf:

$3x^2 - 4 = 0 \quad |+4$

$3x^2 = 4 \quad |:3$

$x^2 = \frac{4}{3}$

$x_1 = -\frac{2}{\sqrt{3}}$

$x_2 = \frac{2}{\sqrt{3}}$

Setze die Lösungen in die dritte Ableitung ein:

$f'''\left(-\frac{2}{\sqrt{3}}\right) \neq 0 \quad\Rightarrow\quad$ WP

$f'''\left(\frac{2}{\sqrt{3}}\right) \neq 0 \quad\Rightarrow\quad$ WP

d) Bestimme die Steigung m der Funktion im Wendepunkt:

WP1: $f'\left(-\frac{2}{\sqrt{3}}\right) = -\frac{8}{3\sqrt{3}} + \frac{8}{\sqrt{3}} = -\frac{8}{3\sqrt{3}} + \frac{24}{3\sqrt{3}} = \frac{16}{3\sqrt{3}}$

WP2: $f'\left(\frac{2}{\sqrt{3}}\right) = \frac{8}{3\sqrt{3}} - \frac{8}{\sqrt{3}} = \frac{8}{3\sqrt{3}} - \frac{24}{3\sqrt{3}} = \frac{-16}{3\sqrt{3}}$

Bestimme den Winkel α mit der Formel $\alpha = \tan^{-1}(m)$:

WP1: $\alpha = \tan^{-1}\left(\frac{16}{3\sqrt{3}}\right) \approx 72{,}01°$

WP2: $\alpha = \tan^{-1}\left(\frac{-16}{3\sqrt{3}}\right) \approx -72{,}01°$

e) Bestimme die Punkte A und B:

$f(-1) = \frac{1}{4}(-1)^4 - 2(-1)^2 + 5 = \frac{1}{4} - 2 + 5$

$= 3\frac{1}{4} = \frac{13}{4}$

$f(2) = \frac{1}{4} \cdot 2^4 - 2 \cdot 2^2 + 5 = 4 - 8 + 5 = 1$

Bestimme den Abstand mit der Formel $d = \sqrt{(b-a)^2 + (f(b) - f(a))^2}$:

$d = \sqrt{(2-(-1))^2 + \left(1 - \frac{13}{4}\right)^2} = \sqrt{3^2 + \left(-\frac{9}{4}\right)^2} = \frac{15}{4}$

2 Funktionsdiskussion

a) $\frac{1}{9}x^3 - \frac{1}{3}x^2 - \frac{8}{3}x = 0$

$x\left(\frac{1}{9}x^2 - \frac{1}{3}x - \frac{8}{3}\right) = 0$

1. Fall: $x = 0$

2. Fall: $\frac{1}{9}x^2 - \frac{1}{3}x - \frac{8}{3} = 0$

Löse die Gleichung mit der abc- oder der pq-Formel.

$x_1 \approx 6{,}62 \Rightarrow N_1(6{,}62 \mid 0)$

$x_2 \approx -3{,}62 \Rightarrow N_2(-3{,}62 \mid 0)$

b) $f'(x) = \frac{1}{3}x^2 - \frac{2}{3}x - \frac{8}{3}$

$f''(x) = \frac{2}{3}x - \frac{2}{3}$

$\frac{1}{3}x^2 - \frac{2}{3}x - \frac{8}{3} = 0$

Löse die Gleichung mit der abc- oder der pq-Formel.

$x_1 = 4$

$x_2 = -2$

$f''(4) = \frac{8}{3} - \frac{2}{3} = \frac{6}{3} = 2 > 0 \Rightarrow$ TP

$f''(-2) = \frac{-4}{3} - \frac{2}{3} = -\frac{6}{3} = -2 < 0 \Rightarrow$ HP

c) $f'''(x) = \frac{2}{3}$

$\frac{2}{3}x - \frac{2}{3} = 0$

$x = 1$

$f'''(1) = \frac{2}{3} \neq 0$

d) $f'(1) = \frac{1}{3} - \frac{2}{3} - \frac{8}{3} = -\frac{9}{3}$

$\alpha = \tan^{-1}\left(-\frac{9}{3}\right) \approx -71{,}57°$

e) $f(-1) = \frac{1}{9} \cdot (-1)^3 - \frac{1}{3} \cdot (-1)^2 - \frac{8}{3} \cdot (-1)$

$= -\frac{1}{9} - \frac{1}{3} + \frac{8}{3} = -\frac{1}{9} + \frac{7}{3} = \frac{20}{9}$

$f(2) = \frac{1}{9} \cdot 2^3 - \frac{1}{3} \cdot 2^2 - \frac{8}{3} \cdot 2$

$= \frac{8}{9} - \frac{4}{3} + \frac{16}{3} = \frac{8}{9} + \frac{12}{3} = \frac{44}{9}$

$d = \sqrt{(2-(-1))^2 + \left(\frac{44}{9} - \frac{20}{9}\right)^2}$

$= \sqrt{3^2 + \left(\frac{24}{9}\right)^2} = \frac{\sqrt{145}}{3}$

3 $f(x) = (x-2)\left(-\frac{1}{8}x^2 - \frac{5}{8}x - \frac{5}{4}\right)$

a) Nullstellen: $f(x) = 0$

$(x-2)\left(-\frac{1}{8}x^2 - \frac{5}{8}x - \frac{5}{4}\right) = 0$ | Satz vom Nullprodukt

$x - 2 = 0$ | +2

$x_1 = 2 \Rightarrow N_1(2 \mid 0)$

$-\frac{1}{8}x^2 - \frac{5}{8}x - \frac{5}{4} = 0$

(pq- oder abc-Formel)
keine weiteren Lösungen

Schnittpunkte mit der y-Achse: $f(0)$

$f(0) = (0-2)\left(-\frac{1}{8} \cdot 0^2 - \frac{5}{8} \cdot 0 - \frac{5}{4}\right)$

$= -2 \cdot \left(-\frac{5}{4}\right) = \frac{10}{4} = 2{,}5 \Rightarrow S_y(0 \mid 2{,}5)$

b) $f(x) = (x-2)\left(-\frac{1}{8}x^2 - \frac{5}{8}x - \frac{5}{4}\right)$

$= -\frac{1}{8}x^3 - \frac{5}{8}x^2 - \frac{5}{4}x + \frac{2}{8}x^2 + \frac{10}{8}x + \frac{10}{4}$

$= -\frac{1}{8}x^3 - \frac{3}{8}x^2 + \frac{10}{4}$

$f'(x) = -\frac{3}{8}x^2 - \frac{6}{8}x = -\frac{3}{8}x^2 - \frac{3}{4}x$

$f''(x) = -\frac{6}{8}x - \frac{3}{4} = -\frac{3}{4}x - \frac{3}{4}$

$f'(x) = 0$

$-\frac{3}{8}x^2 - \frac{3}{4}x = 0$ | x ausklammern

$x\left(-\frac{3}{8}x - \frac{3}{4}\right) = 0$ | Satz vom Nullprodukt

$x_1 = 0$

$-\frac{3}{8}x - \frac{3}{4} = 0$ | $+\frac{3}{4}$

$-\frac{3}{8}x = \frac{3}{4}$ | $:\left(-\frac{3}{8}\right)$

$x_2 = -2$

$f''(0) = -\frac{3}{4} \cdot 0 - \frac{3}{4} = -\frac{3}{4} < 0 \Rightarrow$ HP

$f''(-2) = -\frac{3}{4} \cdot (-2) - \frac{3}{4} = \frac{3}{4} > 0 \Rightarrow$ TP

c) $f''(x) = -\frac{6}{8}x - \frac{3}{4} = -\frac{3}{4}x - \frac{3}{4}$

$f'''(x) = -\frac{3}{4}$

$f''(x) = 0$

$-\frac{3}{4}x - \frac{3}{4} = 0 \quad | +\frac{3}{4}$

$-\frac{3}{4}x = \frac{3}{4} \quad | : \left(-\frac{3}{4}\right)$

$x = -1$

$f'''(-1) = -\frac{3}{4} \neq 0 \quad \Rightarrow \quad \text{WP}$

d) $f'(-1) = -\frac{3}{8} \cdot (-1)^2 - \frac{3}{4} \cdot (-1) = -\frac{3}{8} + \frac{3}{4}$

$= \frac{3}{8} \quad \Rightarrow \quad m = \frac{3}{8}$

$\alpha = \tan^{-1}\left(\left|\frac{3}{8}\right|\right) = \tan^{-1}\left(\frac{3}{8}\right) \approx 20{,}56°$

e) $f(1) = (1-2)\left(-\frac{1}{8} \cdot 1^2 - \frac{5}{8} \cdot 1 - \frac{5}{4}\right)$

$= 2 \quad \Rightarrow \quad A(1\,|\,2)$

$f(-1) = (-1-2)\left(-\frac{1}{8} \cdot (-1)^2 - \frac{5}{8} \cdot (-1) - \frac{5}{4}\right)$

$= 2{,}25 \quad \Rightarrow \quad W(-1\,|\,2{,}25)$

$d = \sqrt{(b-a)^2 + (f(b) - f(a))^2}$

$d = \sqrt{(-1-1)^2 + (2{,}25-2)^2} \approx 2{,}02$

4 $f(x) = -3\cos(8-x) + 2$

a) Nullstellen: $f(x) = 0$

$-3\cos(8-x) + 2 = 0 \quad | -2$

$-3\cos(8-x) = -2 \quad | : (-3)$

$\cos(8-x) = \frac{2}{3}$

1. Fall:

$8 - x \approx 0{,}84 \quad | +x$

$8 = 0{,}84 + x \quad | -0{,}84$

$7{,}16 = x$

2. Fall:

$8 - x \approx 2\pi - 0{,}84 \approx 5{,}44 \quad | +x$

$8 = 5{,}44 + x \quad | -5{,}44$

$2{,}56 = x$

3. Fall: (aus Symmetriegründen und wegen der Intervallgrenzen)

$8 - x \approx -0{,}84 \quad | +x$

$8 = -0{,}84 + x \quad | +0{,}84$

$8{,}84 = x$

Schnittpunkte mit der y-Achse: $f(0)$

$f(0) = -3\cos(8-0) + 2 \approx 2{,}44$

b) $f(x) = -3\cos(8-x) + 2$

$f'(x) = -3 \cdot (-1) \cdot (-\sin(8-x)) = -3\sin(8-x)$

$f''(x) = -3 \cdot (-1) \cdot (\cos(8-x)) = 3\cos(8-x)$

$f'''(x) = 3 \cdot (-1) \cdot (-\sin(8-x)) = 3\sin(8-x)$

$f'(x) = 0$

$-3\sin(8-x) = 0 \quad | : (-3)$

$\sin(8-x) = 0$

1. Fall:

$8 - x = 0 \quad | +x$

$8 = x_1$

2. Fall:

$8 - x = \pi \quad | +x$

$8 = \pi + x \quad | -\pi$

$8 - \pi = x \approx 4{,}86$

3. Fall:

$8 - x = 2\pi \quad | +x$

$8 = 2\pi + x \quad | -2\pi$

$8 - 2\pi = x \approx 1{,}72$

$f''(8) = 3\cos(8-8) = 3\cos(0)$

$= 3 \cdot 1 = 3 > 0 \quad \Rightarrow \quad \text{TP}$

$f''(8-\pi) = 3\cos(8-8+\pi) = 3\cos(\pi)$

$= 3 \cdot (-1) = -3 < 0 \quad \Rightarrow \quad \text{HP}$

$f''(8-2\pi) = 3\cos(8-8+2\pi) = 3\cos(2\pi)$

$= 3 \cdot 1 = 3 > 0 \quad \Rightarrow \quad \text{TP}$

c) $f''(x) = -3 \cdot (-1) \cdot (\cos(8-x)) = 3\cos(8-x)$

$f'''(x) = 3 \cdot (-1) \cdot (-\sin(8-x)) = 3\sin(8-x)$

$f''(x) = 0$

$3\cos(8-x) = 0 \quad | : 3$

$\cos(8-x) = 0$

1. Fall:

$8 - x = -\frac{\pi}{2} \quad | +x$

$8 = -\frac{\pi}{2} + x \quad | +\frac{\pi}{2}$

$8 + \frac{\pi}{2} = x_1$

2. Fall:

$8 - x = \frac{\pi}{2} \quad | +x$

$8 = \frac{\pi}{2} + x \quad | -\frac{\pi}{2}$

$8 - \frac{\pi}{2} = x_2$

3. Fall:

$8 - x = \frac{3\pi}{2} \quad | +x$

$8 = \frac{3\pi}{2} + x \quad | -\frac{3\pi}{2}$

$8 - \frac{3\pi}{2} = x_3$

$f'''\left(8 + \frac{\pi}{2}\right) = 3\sin\left(8 - 8 - \frac{\pi}{2}\right) = 3\sin\left(-\frac{\pi}{2}\right)$

$= 3 \cdot (-1) = -3 \neq 0$

$f'''\left(8 - \frac{\pi}{2}\right) = 3\sin\left(8 - 8 + \frac{\pi}{2}\right) = 3\sin\left(\frac{\pi}{2}\right)$

$= 3 \cdot 1 = 3 \neq 0$

$f'''\left(8 - \frac{3\pi}{2}\right) = 3\sin\left(8 - 8 + \frac{3\pi}{2}\right) = 3\sin\left(\frac{3\pi}{2}\right)$

$= 3 \cdot (-1) = -3 \neq 0$

d) $f(0) = -3\cos(8-0) + 2 \approx 2{,}44$

$f'(0) = -3\sin(8-0) \approx -2{,}97$

$\alpha = \tan^{-1}(|-2{,}97|) = \tan^{-1}(2{,}97) \approx 71{,}39°$

e) $f(1) = -3\cos(8-1) + 2 \approx -0{,}26 \quad \Rightarrow \quad A(1|-0{,}26)$
$f(3) = -3\cos(8-3) + 2 \approx 1{,}15 \quad \Rightarrow \quad B(3|1{,}15)$

$d = \sqrt{(b-a)^2 + (f(b) - f(a))^2}$

$d = \sqrt{(3-1)^2 + (1{,}15 - (-0{,}26))^2} \approx 2{,}45$

5 $f(x) = 2 - e^{-x+3}$

a) Nullstellen: $f(x) = 0$

$2 - e^{-x+3} = 0 \quad | +e^{-x+3}$
$2 = e^{-x+3} \quad |$ ln anwenden
$\ln(2) = -x + 3 \quad | +x$
$\ln(2) + x = 3 \quad | -\ln(2)$
$x = 3 - \ln(2) \approx 2{,}31 \quad \Rightarrow \quad N(2{,}31|0)$

Schnittpunkte mit der y-Achse: $f(0)$
$f(0) = 2 - e^{-0+3} = 2 - e^3$
$\approx -18{,}09 \quad \Rightarrow \quad S_y(0|-18{,}09)$

b) $f(x) = 2 - e^{-x+3}$
$f'(x) = -(-1)e^{-x+3} = e^{-x+3}$
$f''(x) = -e^{-x+3}$
$f'''(x) = e^{-x+3}$
$f'(x) = 0$
$e^{-x+3} = 0$ keine Lösung, da $e^{-x+3} \neq 0$
$\Rightarrow$ keine Extremstellen.

c) $f''(x) = -e^{-x+3}$
$f'''(x) = e^{-x+3}$
$f''(x) = 0$
$-e^{-x+3} = 0$ keine Lösung, da $e^{-x+3} \neq 0$
$\Rightarrow$ keine Wendestellen.

d) $f(1) = 2 - e^{-1+3} = 2 - e^2 \approx -5{,}39 \quad \Rightarrow \quad P(1|-5{,}39)$
$f'(1) = e^{-1+3} = e^2 \approx 7{,}39 \quad \Rightarrow \quad m = 7{,}39$
$\alpha = \tan^{-1}(|7{,}39|) = \tan^{-1}(7{,}39) \approx 82{,}29°$

6 $f(x) = e^{\sin(x)} - 1$

a) Nullstellen: $f(x) = 0$

$e^{\sin(x)} - 1 = 0 \quad | +1$
$e^{\sin(x)} = 1 \quad |$ ln anwenden
$\sin(x) = \ln(1) = 0$
$x_1 = 0 \quad \Rightarrow \quad N_1(0|0)$
$x_2 = \pi \quad \Rightarrow \quad N_2(\pi|0)$
$x_3 = 2\pi \quad \Rightarrow \quad N_3(2\pi|0)$

Schnittpunkte mit der y-Achse: $f(0)$
$f(0) = e^{\sin(0)} - 1 = e^0 - 1$
$= 1 - 1 = 0 \quad \Rightarrow \quad S_y(0|0)$

b) $f(x) = e^{\sin(x)} - 1$
$f'(x) = \cos(x)e^{\sin(x)}$
$f''(x) = -\sin(x)e^{\sin(x)} + \cos(x)\cos(x)e^{\sin(x)}$
$= e^{\sin(x)}(-\sin(x) + \cos^2(x))$
$f'''(x) = \cos(x)e^{\sin(x)}(-\sin(x) + \cos^2(x))$
$+ e^{\sin(x)}(-\cos(x) - 2\cos(x)\sin(x))$
$= \cos(x)e^{\sin(x)}$
$(-\sin(x) + \cos^2(x) - 1 - 2\sin(x))$
$= \cos(x)e^{\sin(x)}(\cos^2(x) - 1 - 3\sin(x))$

$f'(x) = 0$
$\cos(x)e^{\sin(x)} = 0$, da $e^{\sin(x)} \neq 0$ gilt:
$\cos(x) = 0$
$x_1 = -\frac{\pi}{2}$
$x_2 = \frac{\pi}{2}$
$x_3 = \frac{3}{2}\pi$

$f''\left(-\frac{\pi}{2}\right) = e^{\sin\left(-\frac{\pi}{2}\right)}\left(-\sin\left(-\frac{\pi}{2}\right) + \cos^2\left(-\frac{\pi}{2}\right)\right)$
$= e^{-1}(-(-1) + 0) = e^{-1} > 0 \quad \Rightarrow \quad$ TP
$f''(x) = e^{\sin\left(\frac{\pi}{2}\right)}\left(-\sin\left(\frac{\pi}{2}\right) + \cos^2\left(\frac{\pi}{2}\right)\right)$
$= e^1(-1 + 0) = -e^1 < 0 \quad \Rightarrow \quad$ HP
$f''\left(\frac{3}{2}\pi\right) = e^{\sin\left(\frac{3}{2}\pi\right)}\left(-\sin\left(\frac{3}{2}\pi\right) + \cos^2\left(\frac{3}{2}\pi\right)\right)$
$= e^{-1}(-(-1) + 0) = e^{-1} > 0 \quad \Rightarrow \quad$ TP

c) $f''(x) = -\sin(x)e^{\sin(x)} + \cos(x)\cos(x)e^{\sin(x)}$
$= e^{\sin(x)}(-\sin(x) + \cos^2(x))$
$f'''(x) = \cos(x)e^{\sin(x)}(-\sin(x) + \cos^2(x))$
$+ e^{\sin(x)}(-\cos(x) - 2\cos(x)\sin(x))$
$= \cos(x)e^{\sin(x)}(-\sin(x) + \cos^2(x) - 1 - 2\sin(x))$
$= \cos(x)e^{\sin(x)}(\cos^2(x) - 1 - 3\sin(x))$

$f''(x) = 0$
$e^{\sin(x)}(-\sin(x) + \cos^2(x)) = 0$, da $e^{\sin(x)} \neq 0$ gilt:
$-\sin(x) + \cos^2(x) = 0 \quad |$ ersetze $\cos^2(x) = 1 - \sin^2(x)$
$-\sin(x) + 1 - \sin^2(x) = 0 \quad |$ umsortieren
$-\sin^2(x) - \sin(x) + 1 = 0 \quad |$ substituiere $\sin(x) = a$
$-a^2 - a + 1 = 0$
(pq- oder abc-Formel)
$a_1 = \frac{1 + \sqrt{5}}{-2} \approx -1{,}62$
$a_2 = \frac{1 - \sqrt{5}}{-2} \approx 0{,}62 \quad |$ rücksubstitutiere
$\sin(x) = -1{,}62$ keine Lösung

$\sin(x) = 0{,}62$
$x_1 \approx 0{,}67$
$x_2 \approx \pi - 0{,}67 \approx 2{,}47$

$f'''(0{,}61) = \cos(0{,}61)e^{\sin(0{,}61)}(\cos^2(0{,}61) - 1 - 3\sin(0{,}61)) \neq 0 \quad \Rightarrow \quad$ WP
$f'''(2{,}47) = \cos(2{,}47)e^{\sin(2{,}47)}(\cos^2(2{,}47) - 1 - 3\sin(2{,}47)) \neq 0 \quad \Rightarrow \quad$ WP

SCHRITT 26

Das brauchst du wieder

B) $G = \frac{1}{2}\pi \cdot r^2 = \frac{1}{2}\pi \cdot (3\,m)^2$
$= 4{,}5\pi m^2 \qquad h = 10\,m$
$V = G \cdot h = 4{,}5\pi m^2 \cdot 10\,m$
$= 45\pi m^3 \approx 141{,}37\,m^3$

C) $G = \pi \cdot r^2 = \pi \cdot (15\,\text{mm})^2$
$= 225\pi\text{mm}^2 \qquad h = 200\,\text{mm}$
$V = G \cdot h = 225\pi\text{mm}^2 \cdot 200\,\text{mm}$
$= 45\,000\pi\text{mm}^3 \approx 141\,371{,}67\,\text{mm}^3$

D) $G = \frac{1}{2}a \cdot b = \frac{1}{2}2\,\text{m} \cdot 3\,\text{m} = 3\,\text{m}^2 \qquad h = 6\,\text{m}$

$V = G \cdot h = 3\,\text{m}^2 \cdot 6\,\text{m} = 18\,\text{m}^3$

1 „Du bist dran" aus dem „So geht's"-Kasten

a) *Bestimme die erste und zweite Ableitung der Funktion f:*
$f'(x) = 4x^3 - 4x$
$f''(x) = 12x^2 - 4$
Setze $x = 0$ in die erste und zweite Ableitung ein:
$f'(0) = 4 \cdot 0^3 - 4 \cdot 0 = 0$
$f''(x) = 12 \cdot 0^2 - 4 = -4 < 0$
An der Stelle $x = 0$ befindet sich ein Hochpunkt.

b) *Bestimme die dritte Ableitung der Funktion f:*
$f'''(x) = 24x$
Setze die zweite Ableitung gleich null:
$12x^2 - 4 = 0 \quad |+4$
$12x^2 = 4 \quad |:12$
$x^2 = \frac{1}{3} \quad |\sqrt{\ }$
$x_1 = -\sqrt{\frac{1}{3}},\ x_2 = \sqrt{\frac{1}{3}}$
Setze die eben bestimmten Werte in die dritte Ableitung ein:
$f'''\left(\sqrt{\frac{1}{3}}\right) = 24 \cdot \sqrt{\frac{1}{3}} \neq 0$
$f'''\left(-\sqrt{\frac{1}{3}}\right) = -24 \cdot \sqrt{\frac{1}{3}} \neq 0$

An den Stellen $x_1 = -\sqrt{\frac{1}{3}}$ und $x_2 = \sqrt{\frac{1}{3}}$ hat f Wendestellen, womit hier der Graph jeweils am steilsten verläuft.

c) *Bestimme die Funktionswerte von f an den Rändern des Intervalls:*
$f(1) = 1 - 2 + 1 = 0$
$f(-1) = 1 - 2 + 1 = 0$
Bestimme die Fläche zwischen der durch die eben bestimmten Funktionswerte gegebenen Geraden und dem Graphen der Funktion im Intervall von −1 bis 1:

$$A = \left|\int_{-1}^{1} f(x) - 0\,dx\right|$$
$$= \left|\int_{-1}^{1} x^4 - 2x^2 + 1\,dx\right|$$
$$= \left|\left[\frac{1}{5}x^5 - \frac{2}{3}x^3 + x\right]_{-1}^{1}\right| = \left|\frac{16}{15}\right| = 1{,}0\overline{6}$$

Berechne das Volumen V mit der Querschnittsfläche A und der Länge l:
$A = 106{,}\overline{6}\,\text{m}^2$ (Da x in 10 Metern angegeben wird.)
$V = G \cdot h = A \cdot l = 106{,}\overline{6} \cdot 1500 = 160\,000$
Der Aushub beträgt $160\,000\,\text{m}^3$.

2 Warenrampe

a) Warenannahme $P(0\,|\,1)$, Boden $B(6\,|\,0)$
Satz des Pythagoras:

$d = \sqrt{(x_2 - x_1)^2 + (y_2 - y_1)^2}$
$= \sqrt{(6 - 0)^2 + (0 - 1)^2}$
$= \sqrt{37} \approx 6{,}08$
Die Länge der Rampe beträgt ca. 6,08 m.

b) $V = G \cdot h$
Wir drehen die Rampe der Einfachheit halber.
$G = \frac{1}{2} \cdot g \cdot h = \frac{1}{2} \cdot 1 \cdot 6 = 3$
Hier: $h = 4 \quad \Rightarrow \quad V = 3 \cdot 4 = 12$
Das Betonvolumen beträgt ca. $12\,\text{m}^3$.

3 Kanal

a) Die Breite des Kanals entspricht dem Abstand der Extrempunkte.
$f(x) = -0{,}25x^4 + x^2$
$f'(x) = -x^3 + 2x$
$f''(x) = -3x^2 + 2$
$f'''(x) = -6x$
$f'(x) = 0$
$-x^3 + 2x = 0 \quad |$ x ausklammern
$x(-x^2 + 2) = 0 \quad |$ Satz vom Nullprodukt
$x_1 = 0$
$-x^2 + 2 = 0 \quad |+x^2$
$2 = x^2$

1. Fall:
$x_2 \approx -1{,}41$

2. Fall:
$x_3 \approx 1{,}41$
$f''(0) = 2 > 0 \quad \Rightarrow \quad$ TP
$f''(-1{,}41) = -4 < 0 \quad \Rightarrow \quad$ HP
$f(-1{,}41) = -1 + 2 = 1 \quad \Rightarrow \quad H_1(-1{,}41\,|\,1)$
$f''(1{,}41) = -4 < 0 \quad \Rightarrow \quad$ HP
$f(1{,}41) = -1 + 2 = 1 \quad \Rightarrow \quad H_2(1{,}41\,|\,1)$

Die Breite entspricht der Differenz der x-Werte:
$|-1{,}41 - 1{,}41| = 2{,}82$.
Die Breite beträgt 2,82 m.

b) „Maximale Tiefe": Abstand vom tiefsten Punkt zum höchsten Punkt.
Aus a) $T(0\,|\,0)$ und $H_1(-1{,}41\,|\,1)$ bzw. $H_2(1{,}41\,|\,1)$ folgt:
Die Höhendifferenz beträgt 1 m.
Die maximale Tiefe beträgt 1 m.

c) $f''(x) = 0$

$$-3x^2 + 2 = 0 \qquad | +3x^2$$
$$2 = 3x^2 \qquad | :3$$
$$\frac{2}{3} = x^2 \qquad | \text{ Wurzel ziehen}$$
$$x_1 \approx 0{,}82$$
$$x_2 \approx -0{,}82$$
$$f'''(0{,}82) = -6 \cdot 0{,}82 = -4{,}92 \neq 0 \quad \Rightarrow \quad W_1$$
$$f'''(-0{,}82) = -6 \cdot (-0{,}82) = 4{,}92 \neq 0 \quad \Rightarrow \quad W_2$$

Es gibt zwei „steilste Stellen“, nämlich bei $x_1 \approx 0{,}82$ und $x_2 \approx -0{,}82$.

d) Das Volumen erhält man durch die Multiplikation der Querschnittsfläche und der Länge. Die Querschnittsfläche erhält man, indem man $y = 1$ einzeichnet und dann die Fläche zwischen den Graphen berechnet.

$$\int_{-1{,}41}^{1{,}41} (1 - (-0{,}25x^4 + x^2))\,dx$$
$$= \int_{-1{,}41}^{1{,}41} (1 + 0{,}25x^4 - x^2)\,dx$$
$$= \left[x + 0{,}05x^5 - \frac{1}{3}x^3\right]_{-1{,}41}^{1{,}41}$$
$$= \left(1{,}41 + 0{,}05 \cdot 1{,}41^5 - \frac{1}{3} \cdot 1{,}41^3\right)$$
$$-\left(-1{,}41 - 0{,}05 \cdot 1{,}41 + \frac{1}{3} \cdot 1{,}41\right) \approx -1{,}51$$

Die Querschnittsfläche beträgt ca. $1{,}51\,m^2$.

V = Querschnittsflächen · Länge
$= 1{,}51 \cdot 1000 = 1510$

Das Volumen beträgt $1510\,m^3$.

4 Prisma

a) $f(x) = -\frac{1}{6}x^3 + \frac{3}{2}x$

$$f(-3) = -\frac{1}{6} \cdot (-3)^3 + \frac{3}{2} \cdot (-3) = 0 \quad \Rightarrow \quad \text{A liegt auf f.}$$
$$f(3) = -\frac{1}{6} \cdot 3^3 + \frac{3}{2} \cdot 3 = 0 \quad \Rightarrow \quad \text{B liegt auf f.}$$

$$g(x) = -\frac{1}{2} \cdot x^2 + \frac{9}{2}$$
$$g(3) = -\frac{1}{2} \cdot 3 + \frac{9}{2} = 0 \quad \Rightarrow \quad \text{A liegt auf g.}$$
$$g(-3) = -\frac{1}{2}(-3)^2 + \frac{9}{2} = 0 \quad \Rightarrow \quad \text{B liegt auf g.}$$

$$f(-4) = \frac{14}{3}$$
$$g(-4) = -3{,}5$$

$\Rightarrow$ $f(x)$ liegt oberhalb von $g(x)$.

$$f(0) = 0$$
$$g(0) = \frac{9}{2}$$

$\Rightarrow$ $f(x)$ liegt unterhalb von $g(x)$
$\Rightarrow$ A ist ein Schnittpunkt.

$$f(4) = -\frac{14}{3}$$
$$g(4) = -3{,}5$$

$\Rightarrow$ $f(x)$ liegt unterhalb von $g(x)$
$\Rightarrow$ B ist ein Berührpunkt.

b) $\int_{-3}^{3} g(x) - f(x)\,dx$

$$= \int_{-3}^{3} -\frac{1}{2}x^2 + \frac{9}{2} - \left(-\frac{1}{6}x^3 + \frac{3}{2}x\right)dx$$
$$= \int_{-3}^{3} \frac{1}{6}x^3 - \frac{1}{2}x^2 - \frac{3}{2}x + \frac{9}{2}\,dx$$
$$= \left[\frac{1}{24}x^4 - \frac{1}{6}x^3 - \frac{3}{4}x^2 + \frac{9}{2}x\right]_{-3}^{3}$$
$$= \left(\frac{1}{24} \cdot 3^4 - \frac{1}{6} \cdot 3^3 - \frac{3}{4} \cdot 3^2 + \frac{9}{2} \cdot 3\right)$$
$$-\left(\frac{1}{24}(-3)^4 - \frac{1}{6} \cdot (-3)^3 - \frac{3}{4} \cdot (-3)^2 + \frac{9}{2} \cdot (-3)\right)$$
$$= 1{,}125 - (-12{,}375) = 13{,}5$$

Die Fläche beträgt 13,5 FE.

c) $V = G \cdot h = 13{,}5 \cdot 10 = 135$

Das Volumen beträgt 135 VE.

5 Flakon

a) $f(x) = -\frac{1}{18}x^2 + \frac{5}{9}x + \frac{1}{9}$

$$f'(x) = -\frac{1}{9}x + \frac{5}{9}$$
$$f''(x) = -\frac{1}{9}$$
$$f'(x) = 0$$
$$-\frac{1}{9}x + \frac{5}{9} = 0 \qquad \left| -\frac{5}{9}\right.$$
$$-\frac{1}{9}x = -\frac{5}{9} \qquad \left| :\left(-\frac{1}{9}\right)\right.$$
$$x = 5$$
$$f''(5) = -\frac{1}{9} < 0 \quad \Rightarrow \quad HP$$
$$f(5) = -\frac{1}{18} \cdot 5^2 + \frac{5}{9} \cdot 5 + \frac{1}{9} = 1{,}5$$

Die maximale Breite der Parfumflasche beträgt $2 \cdot 1{,}5\,cm = 3\,cm$.

b) $\int_{2}^{8} -\frac{1}{18}x^2 + \frac{5}{9}x + \frac{1}{9}\,dx$

$$= \left[-\frac{1}{54}x^3 + \frac{5}{18}x^2 + \frac{1}{9}x\right]_2^8$$
$$= \left(-\frac{1}{54} \cdot 8^3 + \frac{5}{18} \cdot 8^2 + \frac{1}{9} \cdot 8\right)$$
$$-\left(-\frac{1}{54} \cdot 2^3 + \frac{5}{18} \cdot 2^2 + \frac{1}{9} \cdot 2\right)$$
$$= \frac{248}{27} - \frac{32}{27} = \frac{216}{27} = 8$$

Aus Symmetriegründen gilt: $8 \cdot 2 = 16$

Die Grundfläche des Flakons beträgt $16\,cm^2$.

c) $V = G \cdot h = 16 \cdot 7 = 112$

Im Flakon sind $112\,cm^3$ (112 ml) Parfum.

d) Der Karton muss mindestens 6 cm lang sein (Länge des Flakons), 3 cm breit (Breite des Flakons) und 7 cm hoch.
Das Volumen beträgt $126\,cm^3$.

SCHRITT 27

Das brauchst du wieder

b) $f(x) = 2x^2 - 3x,\ b = 1 \qquad f(1) = 2 - 3 = -1$
$f'(x) = 4x - 3 \qquad f'(1) = 4 - 3 = 1$
$-1 = 1 \cdot 1 + c \qquad c = -2$
$y = x - 2$

1 „Du bist dran" aus dem „So geht's"-Kasten

a) *Lies aus dem Graphen den Zeitpunkt des Maximums ab:*
Das Maximum liegt bei $t = 2$.
Bestimme mithilfe der Produktregel die erste Ableitung:
$u(t) = 1{,}5t \qquad u'(t) = 1{,}5$
$v(t) = e^{-0{,}5t+1} \qquad v'(t) = -0{,}5e^{-0{,}5t+1}$
$f'(t) = 1{,}5 \cdot e^{-0{,}5t+1} + 1{,}5t \cdot (-0{,}5e^{-0{,}5t+1})$
$= 1{,}5 \cdot e^{-0{,}5t+1} - 0{,}75t \cdot e^{-0{,}5t+1}$
$= e^{-0{,}5t+1}(1{,}5 - 0{,}75t)$
Setze die erste Ableitung gleich null:
$e^{-0{,}5t+1}(1{,}5 - 0{,}75t) = 0$
$e^{-0{,}5t+1} \neq 0$
$1{,}5 - 0{,}75t = 0 \qquad |+0{,}75t$
$1{,}5 = 0{,}75t \qquad |:0{,}75t$
$t = 2$
Bestimme mithilfe der Produktregel die zweite Ableitung:
$u(t) = e^{-0{,}5t+1} \qquad u'(t) = -0{,}5e^{-0{,}5t+1}$
$v(t) = 1{,}5 - 0{,}75t \qquad v'(t) = -0{,}75$
$f''(t) = -0{,}5e^{-0{,}5t+1} \cdot (1{,}5 - 0{,}75t)$
$+ e^{-0{,}5t+1} \cdot (-0{,}75)$
$= e^{-0{,}5t+1}(-0{,}75 + 0{,}375t) + e^{-0{,}5t+1} \cdot (-0{,}75)$
$= e^{-0{,}5t+1}(-0{,}75 + 0{,}375t - 0{,}75)$
$= e^{-0{,}5t+1}(-1{,}5 + 0{,}375t)$
Um zu überprüfen, ob es sich um eine Extremstelle handelt, musst du das Ergebnis in die zweite Ableitung einsetzen:
$f''(2) = e^{-0{,}5\cdot 2+1}(-1{,}5 + 0{,}375 \cdot 2)$
$= e^0(-0{,}75) = -0{,}75 < 0$
Die Funktion f hat bei $t = 2$ einen Hochpunkt.

b) *Setze den Wert für t in die erste Ableitung ein:*
$f'(4) = e^{-0{,}5\cdot 4+1}(1{,}5 - 0{,}75 \cdot 4) \approx -0{,}55$

c) *Beschreibe, welche Information du mithilfe der Gleichung berechnen kannst:*
Die Gleichung bestimmt die mittlere Änderungsrate im Zeitraum von $t = 0$ bis $t = 2$.

d) *Setze die zweite Ableitung gleich null:*
$e^{-0{,}5t+1}(-1{,}5 + 0{,}375t) = 0$
$e^{-0{,}5t+1} \neq 0$
$-1{,}5 + 0{,}375t = 0$
$t = 4$
Bestimme mithilfe der Produktregel die dritte Ableitung:
$u(t) = e^{-0{,}5t+1} \qquad u'(t) = -0{,}5e^{-0{,}5t+1}$
$v(t) = -1{,}5 + 0{,}375t \qquad v'(t) = 0{,}375$
$f'''(t) = -0{,}5e^{-0{,}5t+1} \cdot (-1{,}5 + 0{,}375t)$
$+ e^{-0{,}5t+1} \cdot 0{,}375$
$= e^{-0{,}5t+1}(-0{,}5(-1{,}5 + 0{,}375t) + 0{,}375)$
$= e^{-0{,}5t+1}(0{,}75 - 0{,}1875t + 0{,}375)$
$= e^{-0{,}5t+1}(1{,}125 - 0{,}1875t)$
Um zu überprüfen, ob es sich um eine Wendestelle handelt, setze dein Ergebnis von oben in die dritte Ableitung ein:
$f'''(4) = e^{-0{,}5\cdot 4+1}(1{,}125 - 0{,}1875 \cdot 4)$
$= e^{-1} \cdot 0{,}375 \neq 0$
Die Funktion hat bei $t = 4$ eine Wendestelle.

e) *Untersuche die erste Ableitung für Werte von t, die rechts vom Maximum liegen:*
$f'(t) = e^{-0{,}5t+1}(1{,}5 - 0{,}75t)$
Der erste Faktor ist wegen der e-Funktion immer größer als null.
Der zweite Faktor ist für $t > 2$ kleiner als null.
Somit ist f' für $t > 2$ immer kleiner als null.

f) *Bestimme die Tangente im Punkt $P(4\,|\,f(4))$:*
$f(4) \approx 39{,}21$
$m = f'(4) \approx -0{,}55$
$39{,}21 = -0{,}55 \cdot 4 + c \qquad |+2{,}2$
$41{,}41 = c$
$y = -0{,}55x + 41{,}41$
Schneide die Tangentengleichung mit der Geraden $y = 37$:
$37 = -0{,}55x + 41{,}41 \qquad |-41{,}41$
$-4{,}41 = -0{,}55x \qquad |:(-0{,}55)$
$x \approx 8{,}02$
Ca. 4 Tage nach Verabreichung des Medikaments (und 8 Tage nach Beginn der Aufzeichnung) wird wieder die Normaltemperatur erreicht.

2 Mathe-App

a) Bestimmung der Nullstellen:
$-1{,}5x^3 + 4{,}5x^2 = 0$
$x^2(-1{,}5x + 4{,}5) = 0$
$x_1 = 0$
$-1{,}5x + 4{,}5 = 0 \qquad |-4{,}5$
$-1{,}5x = -4{,}5 \qquad |:(-1{,}5)$
$x_2 = 3$
Die App wird in den ersten drei Jahren nach Erscheinen aktiv genutzt.

b) Bestimmung des Hochpunktes:

$f'(x) = -4{,}5x^2 + 9x$

$f''(x) = -9x + 9$

$f'(x) = 0$

$-4{,}5x^2 + 9x = 0$

$3x(-1{,}5x + 3) = 0$

$x_1 = 0$

$-1{,}5x + 3 = 0$

$x_2 = 2$

$f''(0) = 9 > 0$ Tiefpunkt bei $x = 0$
(Passt zum Erscheinen der App zu diesem Zeitpunkt)

$f''(2) = -9 < 0$ Hochpunkt bei $x = 2$.
Nach zwei Jahren hat die App die meisten Nutzer.

c) Bestimmung des Wendepunktes:

$f'''(x) = -9$

$f''(x) = 0$

$-9x + 9 = 0$

$x_1 = 1$

$f'''(1) = -9 \neq 0$ Wendepunkt bei $x = 1$

Nach einem Jahr ändert sich das Nutzerverhalten am stärksten.

3 Wasserbehälter

a) $V(t) = 0{,}01(t^3 - 24t^2 + 300)$

$V'(t) = 0{,}01(3t^2 - 48t) = 0{,}03t^2 - 0{,}48t$

$V''(t) = 0{,}01(6t - 48) = 0{,}06t - 0{,}48$

$V'(t) = 0$

$0{,}03t^2 - 0{,}48t = 0$ | t ausklammern

$t(0{,}03t - 0{,}48) = 0$ | Satz vom Nullprodukt

$t_1 = 0$

$0{,}03t - 0{,}48 = 0$ | $+0{,}48$

$0{,}03t = 0{,}48$ | $: 0{,}03$

$t_2 = 16$

$V''(0) = 0{,}06 \cdot 0 - 0{,}48 = -0{,}48 < 0 \Rightarrow$ HP

hier uninteressant

$V''(16) = 0{,}06 \cdot 16 - 0{,}48 = 0{,}48 > 0 \Rightarrow$ TP

$V(16) = 0{,}01(16^3 - 24 \cdot 16^2 + 300) = -17{,}48$

$V_{gesamt} = 30 - 17{,}48 = 12{,}52$

Zum Zeitpunkt $t = 16$ ist der Wasserbehälter mit $12{,}52\,m^3$ am wenigsten gefüllt.

b) $V'(t) = 0{,}01(3t^2 - 48t) = 0{,}03t^2 - 0{,}48t$

$V'(10) = 0{,}03 \cdot 10^2 - 0{,}48 \cdot 10 = -1{,}8$

Die momentan e Änderungsrate beträgt $-1{,}8\frac{m^3}{h}$.

c) Das Ergebnis des Terms beschreibt die durchschnittliche Wasseränderung zwischen der 10. und 20. Stunde.

d) $V'(10) = 0{,}03 \cdot 10^2 - 0{,}48 \cdot 10 = -1{,}8$

$V(10) = 0{,}01(10^3 - 24 \cdot 10^2 + 300) = -11$

$y = mx + c$ mit $m = -1{,}8$ und $V(10) = -11$

$-11 = -1{,}8 \cdot 10 + c$

$-11 = -18 + c$ | $+18$

$7 = c$

$y = -1{,}8x + 7$

$0 = -1{,}8x + 7$ | -7

$-7 = -1{,}8x$ | $:(-1{,}8)$

$3{,}89 \approx x$

$\Rightarrow 10 + 3{,}89 = 13{,}89$

Nach ca. 13,89 h befindet sich kein Wasser mehr im Behälter.

4 Medikament

a) $f(t) = 10te^{-0{,}25t}$

$f'(t) = 10e^{-0{,}25t} + 10t \cdot (-0{,}25)e^{-0{,}25t}$

$= 10e^{-0{,}25t}(1 - 0{,}25t)$

$f''(t) = -0{,}25 \cdot 10e^{-0{,}25t}(1 - 0{,}25t)$

$+ 10e^{-0{,}25t}(-0{,}25)$

$= -2{,}5e^{-0{,}25t}(1 - 0{,}25t + 1)$

$= -2{,}5e^{-0{,}25t}(2 - 0{,}25t)$

$f'(t) = 0$

$10e^{-0{,}25t}(1 - 0{,}25t) = 0{,}10e^{-0{,}25t} \neq 0$

$1 - 0{,}25t = 0$ | $+0{,}25t$

$1 = 0{,}25t$ | $: 0{,}25$

$4 = t$

$f''(4) = -2{,}5e^{-0{,}25 \cdot 4}(2 - 0{,}25 \cdot 4)$

$= -2{,}5e^{-1}(1) \approx -0{,}92 < 0 \Rightarrow$ HP

$f(4) = 10 \cdot 4e^{-0{,}25 \cdot 4} = 40e^{-1}$

$\approx 14{,}72 \Rightarrow H(4 \mid 14{,}72)$

Zum Zeitpunkt $t = 4$ ist die Konzentration mit $14{,}72\frac{mg}{l}$ am größten.

b) $f'(3) = 10e^{-0{,}25 \cdot 3}(1 - 0{,}25 \cdot 3)$

$= 10e^{-0{,}75}(1 - 0{,}75) = 2{,}5e^{-0{,}75} \approx 1{,}18$

Die momentane Änderungrate beträgt $1{,}18\frac{mg}{l}$ pro Stunde.

c) Der Term beschreibt die durchschnittliche Konzentration des Medikaments im Blut zwischen der achten und vierten Stunde.

d) $f'(8) = 10e^{-0{,}25 \cdot 8}(1 - 0{,}25 \cdot 8)$

$= 10e^{-2}(1 - 2) = -10e^{-2} \approx -1{,}35 = m$

$f(8) = 10 \cdot 8 \cdot e^{-0{,}25 \cdot 8} = 80e^{-2} \approx 10{,}83$

$y = mx + c$

$80e^{-2} = -10e^{-2} \cdot 8 + c$ | $+80e^{-2}$

$160e^{-2} = c$

$y = -10e^{-2}x + 160e^{-2}$

$0 = -10e^{-2}x + 160e^{-2}$ | $+10e^{-2}x$

$10e^{-2}x = 160e^{-2}$ | $: 10e^{-2}$

$x = 16$

Das Medikament ist zum Zeitpunkt $x = 16$ vollständig abgebaut.

SCHRITT 28

Das brauchst du wieder

b) $A = 4\,cm \cdot 1{,}5\,cm = 6\,cm^2$
$U = 2 \cdot 4\,cm + 2 \cdot 1{,}5\,cm = 11\,cm$

1 „Du bist dran" aus dem „So geht's"-Kasten

Stelle die Gleichung für den Flächeninhalt des betrachteten Rechtecks auf:
$A = x \cdot y$
Formuliere mit den Angaben aus der Aufgabenstellung die Nebenbedingung:
$x + y = 60$
Vereinfache diese Gleichung und forme sie so um, dass eine der Unbekannten durch die andere dargestellt wird:
$x + y = 60 \quad | -x$
$y = 60 - x$
Setze diese Nebenbedingung in die Formel für den Flächeninhalt ein und bestimme damit die Zielfunktion:
$A(x) = x \cdot (60 - x)$
Gib den Definitionsbereich der Zielfunktion an:
Da die Formel nur Sinn ergibt, wenn beide Faktoren größer als null sind, gilt:
$0 < x < 60$
Leite die Zielfunktion zweimal ab, um ihren Extremwert bestimmen zu können:
$A(x) = x \cdot (60 - x) = 60x - x^2$
$A'(x) = 60 - 2x$
$A''(x) = -2$
Setze die erste Ableitung gleich null, um mögliche Extremstellen zu bestimmen:
$60 - 2x = 0 \quad | -60$
$-2x = -60 \quad | :(-2)$
$x = 30$
Setze diesen Wert in die zweite Ableitung ein, um die Art der Extremstelle zu bestimmen:
$f''(30) = -2 < 0$: Hochpunkt
Bestimme das Maximum und die andere gesuchte Größe:
$A(30) = 60 \cdot 30 - 30^2 = 900$
$y = 60 - 30 = 30$
Der größte Auslauf hat die Längen $x = 30\,m$ und $y = 30\,m$ und einen Flächeninhalt von $900\,m^2$.

2 Häschen

Stelle die Gleichung für den Flächeninhalt des betrachteten Rechtecks auf:
$A = x \cdot y$
Formuliere mit den Angaben aus der Aufgabenstellung die Nebenbedingung:
$x + y = 80$
Vereinfache diese Gleichung und forme sie so um, dass eine der Unbekannten durch die andere dargestellt wird:
$x + y = 80 \quad | -x$
$y = 80 - x$
Setze diese Nebenbedingung in die Formel für den Flächeninhalt ein und bestimme damit die Zielfunktion:
$A(x) = x \cdot (80 - x)$
Gib den Definitionsbereich der Zielfunktion an:
Da die Formel nur Sinn ergibt, wenn beide Faktoren größer als null sind, gilt:
$0 < x < 80$
Leite die Zielfunktion zweimal ab, um ihren Extremwert bestimmen zu können:
$A(x) = x \cdot (80 - x) = 80x - x^2$
$A'(x) = 80 - 2x$
$A''(x) = -2$
Setze die erste Ableitung gleich null, um mögliche Extremstellen zu bestimmen:
$80 - 2x = 0 \quad | -80$
$-2x = -80 \quad | :(-2)$
$x = 40$
Setze diesen Wert in die zweite Ableitung ein, um die Art der Extremstelle zu bestimmen:
$f''(40) = -2 < 0 \quad \Rightarrow \quad HP$
Bestimme das Maximum und die andere gesuchte Größe:
$A(40) = 80 \cdot 40 - 40^2 = 1600$
$y = 80 - 40 = 40$
Der größte Auslauf hat die Längen $x = 40\,m$ und $y = 40\,m$ und einen Flächeninhalt von $1600\,m^2$.

3 Tomatenbeet

Zielfunktion: $A = x \cdot y$
Nebenbedingung:
$U = 2x + y$ mit $U = 4, x, y > 0$
$4 = 2x + y \quad | -2x$
$4 - 2x = y$
y in A einsetzen und die Ableitungen bilden:
$A(x) = x \cdot (4 - 2x) = 4x - 2x^2$
$A'(x) = 4 - 4x$
$A''(x) = -4$
$A'(x) = 0$
$4 - 4x = 0 \quad | +4x$
$4 = 4x \quad | :4$
$1 = x$
$A''(1) = -4 < 0 \quad \Rightarrow \quad HP$
Werte berechnen:
$A(1) = 4 \cdot 1 - 2 \cdot 1^2 = 2$
$y = 4 - 2 \cdot 1 = 2$
Sie hat die besten Maße für ihr Beet gewählt.

4 Igelbox

Zielfunktion:

$V = G \cdot h = (1-2x) \cdot (1-2x) \cdot x$

$= (1-4x+4x^2) \cdot x$

$= x - 4x^2 + 4x^3$

Nebenbedingung: $0 < x < 0{,}5$

Ableitungen bilden:

$V(x) = 4x^3 - 4x^2 + x$

$V'(x) = 12x^2 - 8x + 1$

$V''(x) = 24x - 8$

$V'(x) = 0$

$12x^2 - 8x + 1 = 0$

$x_1 = \frac{1}{2},\ x_2 = \frac{1}{6}$

$V''\left(\frac{1}{2}\right) = 24 \cdot \frac{1}{2} - 8 = 12 - 8$

$= 4 > 0$

$\Rightarrow$ TP, keine Lösung, da das maximale Volumen gesucht wird.

$V''\left(\frac{1}{6}\right) = 24 \cdot \frac{1}{6} - 8 = 4 - 8 = -4 \quad \Rightarrow \quad$ HP

Werte berechnen

$V\left(\frac{1}{6}\right) = 4 \cdot \left(\frac{1}{6}\right)^3 - 4 \cdot \left(\frac{1}{6}\right)^2 + \frac{1}{6} = 0{,}074$

Seitenlänge: $1\,m - \frac{1}{6}m = \frac{5}{6}m \approx 0{,}83\,m$

Das maximale Volumen beträgt $0{,}074\,m^3$ bei einer Seitenlänge von ca. 0,83 m und einer Höhe von 0,17 m.

5 Koalabox

a) Variante 1:

$V = G \cdot h$

$500\,000 = 60 \cdot 60 \cdot h \quad |:3600$

$139 \approx h$

Die Box hat eine Höhe von ca. 139 cm.

Variante 2:

$V = G \cdot h$

$500\,000 = 80 \cdot 80 \cdot h \quad |:6400$

$78 \approx h$

Die Box hat eine Höhe von ca. 78 cm.

Variante 3:

$V = G \cdot h$

$500\,000 = 100 \cdot 100 \cdot h \quad |:10\,000$

$50 = h$

Die Box hat eine Höhe von 50 cm.

b) *Oberfläche berechnen*

$O = 2 \cdot G + 4 \cdot S$ mit S = Seitenfläche (identisch, da gleiche Längen)

Variante 1:

$O = 2 \cdot 60 \cdot 60 + 4 \cdot 60 \cdot 139 = 40\,560$

Variante 1 hat eine Oberfläche von $40\,560\,cm^2$.

Variante 2:

$O = 2 \cdot 80 \cdot 80 + 4 \cdot 80 \cdot 78 = 37\,760$

Variante 2 hat eine Oberfläche von $37\,760\,cm^2$.

Variante 3:

$O = 2 \cdot 100 \cdot 100 + 4 \cdot 100 \cdot 50 = 40\,000$

Variante 3 hat eine Oberfläche von $40\,000\,cm^2$.

Variante 2 hat die geringste Oberfläche.

c) Zielfunktion:

$O = 2 \cdot G + 4 \cdot S$

$= 2 \cdot x^2 + 4 \cdot x \cdot h$

$= 2x^2 + 4xh$

Nebenbedingung:

$V = G \cdot h = x^2 \cdot h \quad$ mit $V = 500\,000,\ x, h > 0$

$500\,000 = x^2 \cdot h$

$\frac{500\,000}{x^2} = h$

h in O einsetzen und Ableitungen bilden:

$O(x) = 2x^2 + 4x \cdot \frac{500\,000}{x^2} = 2x^2 + \frac{2\,000\,000}{x}$

$O'(x) = 4x - \frac{2\,000\,000}{x^2}$

$O''(x) = 4 + \frac{4\,000\,000}{x^3}$

$O'(x) = 0$

$4x - \frac{2\,000\,000}{x^2} = 0 \quad \left| + \frac{2\,000\,000}{x^2}\right.$

$4x = \frac{2\,000\,000}{x^2} \quad | \cdot x^2$

$4x^3 = 2\,000\,000 \quad |:4$

$x^3 = 500\,000 \quad$ | 3. Wurzel ziehen

$x \approx 79$

$O''(x) = 4 + \frac{4\,000\,000}{79^3} \approx 12 > 0 \quad \Rightarrow \quad$ TP

$O(79) = 2 \cdot 79^2 + \frac{2\,000\,000}{79} \approx 37\,798$

$h = \frac{500\,000}{79^2} \approx 80$

Die ideale Box hat die Grundflächenseitenlänge von ca. 79 cm und eine Höhe von ca. 80 cm.

6 Zoofeier

a) $V = \pi r^2 h = \pi \cdot (4^2) \cdot 12 \approx 603$

Das Volumen beträgt ca. $603\,cm^3$.

b) $O = \pi r^2 + 2\pi r h = \pi \cdot 4^2 + 2\pi \cdot 4 \cdot 12 \approx 352$

Die Oberfläche beträgt ca. $352\,cm^2$.

c) Zielfunktion:

$O = \pi r^2 + 2\pi r h$

Nebenbedingung:

$V = \pi r^2 h$ mit $x, h > 0$ und $V = 603$

$603 = \pi r^2 h \quad |:\pi r^2$

$\frac{603}{\pi r^2} = h$